LES SCIENCES
physiques et naturelles
Par J. DUTILLEUL et E. RAMÉ

ENSEIGNEMENT PRIMAIRE — COURS MOYEN ET SUPÉRIEUR

Paris — Librairie Larousse

Les Sciences
physiques et naturelles

VINGT ET UNIÈME ÉDITION

DES MÊMES AUTEURS

Les Sciences physiques et naturelles : cours préparatoire et élémentaire. In-8°, 128 pages (format 13 × 19°, 143 figures et 5 planches dont 4 en couleurs hors texte. Cartonné.................. 0 fr. 80

Les Sciences physiques et naturelles : cours élémentaire et moyen. In-8°, 192 pages, 284 gravures, 4 planches en couleurs. 16° édition. Cartonné....................................... 1 fr. 10

Les Sciences physiques et naturelles : cours moyen et supérieur. In-8°, 288 pages, 570 gravures, 8 planches en couleurs. 17° édition. Cartonné....................................... 1 fr. 50

(Ouvrages honorés d'une souscription du Ministère de l'Agriculture et couronnés par la Société nationale d'encouragement au progrès.)

ENSEIGNEMENT PRIMAIRE — COURS MOYEN ET SUPÉRIEUR

LES SCIENCES

physiques et naturelles

avec leurs applications à l'Agriculture, à l'Industrie, à l'Hygiène et à l'Économie domestique,
par J. DUTILLEUL ET E. RAMÉ

570 gravures
8 planches hors texte en couleurs

PARIS. — LIBRAIRIE LAROUSSE
RUE MONTPARNASSE, 13-17. — SUCCURSALE : RUE DES ÉCOLES, 58 (SORBONNE)

AVERTISSEMENT

Nous avons eu dessein, en écrivant cet ouvrage pour le **cours moyen** (*certificat d'études*), de faire œuvre nouvelle. Si modestes que soient les études *scientifiques* et *agricoles* à l'école primaire, nous pensons qu'elles doivent unir, à la simplicité qui convient au jeune âge, la **précision rigoureuse**, aussi bien que le caractère synthétique qui font l'intérêt des bons ouvrages scientifiques. Même nous avons laissé entrevoir quelque chose de ce vaste enchaînement de la nature qui met de l'ordre dans les phénomènes physiques, et qui relie dans une progression continue tous les êtres vivants. Mais nous avons pris soin d'allier à cette préoccupation **un plan et une disposition particulièrement simples**.

Chaque leçon, complète en *4 pages,* est disposée de façon qu'on puisse d'un coup d'œil, pour ainsi dire, en embrasser l'ensemble. Cela lui donne une unité, une clarté d'aspect essentiellement pédagogique. — Les **résumés**, courts, mais complets, constituent la seule partie à confier intégralement à la mémoire de l'enfant; ils forment une revision tout indiquée pour le *certificat d'études.*

Dans un ouvrage aussi étendu que le nôtre, nous avons pu, sans restreindre le moins du monde la part des **sciences physiques et naturelles**, donner une large place aux *notions d'agriculture,* trop négligées dans un pays qui est le plus agricole de l'Europe. Elles s'appuient *toujours sur les notions scientifiques* données dans les premières parties de l'ouvrage.

Nous avons tenu à être conformes non seulement aux instructions ministérielles, mais encore aux *programmes départementaux* dont beaucoup élargissent de plus en plus la part des sciences à l'école primaire. Nous avons aussi voulu que le présent livre fût encore celui du **cours supérieur**. Tous les *passages qui sont imprimés en petit texte,* les *lectures complémentaires* et quelques leçons que le maître reconnaîtra aisément (comme l'*Histoire de l'écorce terrestre,* etc.) lui sont spécialement réservés. A ce cours appartiennent aussi les quelques *leçons supplémentaires de sciences physiques* par lesquelles, suivant un usage assez général, nous avons terminé le volume.

L'illustration, d'une documentation abondante et choisie, éclaire le texte. Des photographies prises sur le vif, et reproduites par la photogravure, mettent sous les yeux des élèves les expériences faites par nous-mêmes, lesquelles peuvent être répétées partout avec un matériel peu coûteux. Enfin, n'ayant point à masquer, sous un vague coloris, des imperfections de dessin, nous avons consacré aux seuls sujets qui comportent des images en couleur *huit belles planches hors texte,* dont on appréciera l'utilité et l'exactitude.

Les Auteurs.

LES SCIENCES PHYSIQUES ET NATURELLES

NOTIONS PRÉLIMINAIRES.

1. Objet des sciences physiques et naturelles. — Les sciences physiques et naturelles ont pour objet l'étude des *corps bruts* et des *êtres vivants*, de leurs propriétés ou de leur organisation.

2. Les trois règnes de la nature. — On distingue dans la nature trois groupes ou *règnes* : le *règne minéral*, le *règne végétal*, le *règne animal*.

Le **règne minéral** comprend les *corps bruts*, comme la pierre, le grès, etc., sans mouvement et sans vie, mais qui peuvent se constituer suivant des formes géométriques, comme le *cristal de roche* (*fig.* 1). — Le **règne végétal** comprend les êtres vivants qui n'ont ni mouvement, ni sensibilité, mais qui *vivent*, c'est-à-dire qui naissent, grandissent et meurent. Ce sont les *plantes*. — Le **règne animal** comprend les êtres vivants qui ont non seulement la vie, mais le *mouvement* et la *sensibilité*. Ce sont les *animaux*.

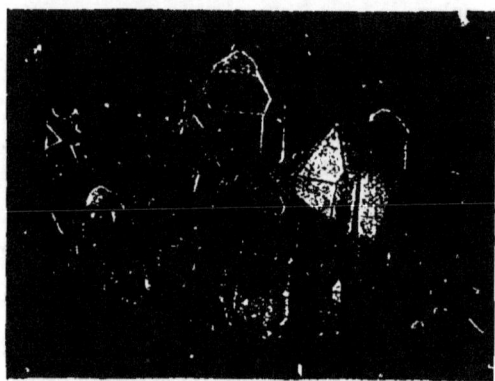

Fig. 1. — Cristaux de roche.

L'homme met à contribution pour son usage les trois règnes de la nature. Les *minéraux* lui donnent des matériaux de construction, des matières premières pour l'industrie; ils entrent dans la constitution de la terre végétale, nécessaire au développement des végétaux et des animaux dont il se nourrit. Les *végétaux* servent à l'habitation de l'homme; ils le nourrissent, l'habillent et le chauffent. Ils nourrissent encore les animaux dont l'homme tire un si grand parti. Les *animaux* servent, à leur tour, à nourrir et à habiller l'homme; ils l'aident aussi dans ses travaux.

3. Applications des sciences physiques et naturelles. — Les *sciences physiques* font connaître les propriétés des minéraux et l'action des forces auxquelles obéissent les trois règnes de la nature.

Les *sciences naturelles* traitent de l'organisation et des conditions d'existence des êtres vivants; elles étudient les règles de leur hygiène et les principes bien entendus de l'habitation et de la vie domestique. Enfin l'*agriculture*, qui a pour but la production des végétaux et l'élevage des animaux, par la culture du sol, est une application constante des sciences naturelles.

Pour connaître la vie réelle, il faut étudier les **sciences physiques et naturelles** et leurs applications à l'*agriculture*, à l'*hygiène*, à l'*industrie* et à l'*économie domestique*.

I. — SCIENCES PHYSIQUES

1re LEÇON. — PROPRIÉTÉS DES CORPS.

SOMMAIRE. — Les différents corps. — Changement d'état des corps. — Corps composés; corps simples. — Acides, bases, sels.

1. *Les différents corps (solides — liquides — gaz)*. — Les corps bruts se présentent à l'état *solide*, à l'état *liquide* ou à l'état *gazeux*.

Les *pierres*, le *bois*, le *fer*, etc. ont une forme déterminée et sont plus ou moins durs et résistants : ce sont des **corps solides** (*fig.* 2).

L'*eau*, le *vin*, l'*huile*, etc. n'ont pas d'autre forme que la forme

Fig. 2. — Corps solide (Roche calcaire).

Fig. 3. — Corps liquide (Eau).

Fig. 4. — Corps gazeux (Air).

intérieure des vases qui les contiennent et s'écoulent facilement d'un vase dans un autre. Toutefois, quelle que soit leur forme, leur volume reste le même : ce sont des **corps liquides** (*fig.* 3).

Expérience. — Plongeons un verre, l'ouverture en bas, dans un vase plein d'eau. L'eau n'y pénètre pas; c'est qu'elle est repoussée par un corps qui remplit le verre. En effet, si nous inclinons le verre (*fig.* 4), des bulles s'en échappent, traversent le liquide et arrivent à la surface de l'eau; c'est de l'air qui était dans le verre et qui en a été chassé par l'eau.

L'*air* est un corps très léger, il presse sur les parois du vase qui le contient parce qu'il tend à occuper le plus de place possible : c'est un **corps gazeux**.

Tous les corps, solides, liquides ou gazeux, sont *pesants,* mais les différentes parties d'un corps solide restent unies les unes aux autres; celles d'un liquide glissent les unes sur les autres; celles d'un gaz se repoussent. Aussi l'on dit que les gaz sont *expansibles*. On peut les comprimer, mais leur force élastique augmente avec la pression (*fig.* 5).

2. Un même corps peut passer par différents états. — En général, quand on *chauffe* suffisamment un corps solide, il devient liquide; si on continue à chauffer le liquide obtenu, il se transforme en vapeur, c'est-à-dire qu'il devient gazeux. Ainsi la *glace* se transforme en *eau*, puis en *vapeur* (*fig.* 6, 7 et 8).

Fig. 5. — L'enfant qui souffle dans le bocal comprime l'air dont la force élastique chasse l'eau.

Au contraire, lorsqu'on *refroidit* suffisamment une vapeur, elle passe à l'état liquide; si on continue à refroidir le liquide obtenu, il passe à l'état solide. Ainsi la *vapeur d'eau* se transforme en *eau*, puis en *glace*.

Quand on chauffe les métaux, ils se liquéfient; en se refroidissant, ils redeviennent solides.

Chaque corps se présente à l'état solide, ou liquide, ou gazeux, mais il passe d'un état à un autre si on le chauffe ou si on le refroidit.

3. Les corps (solides, liquides ou gazeux) sont simples ou composés.

EXPÉRIENCE. — Faisons rougir une cuiller en fer et plaçons-y du sucre; celui-ci fond, noircit et laisse dégager de la vapeur blanche qui, reçue sur une assiette froide, se transforme en fines *gouttelettes d'eau*. Il reste dans la cuiller en fer une matière noire, plus légère que le sucre : c'est du *charbon*. Le sucre est donc formé de

Fig. 6. — L'eau solide (Glace). Fig. 7. — Si la température est supérieure à 0°, la glace se transforme en liquide (Eau). Fig. 8. — L'eau chauffée se transforme en gaz (Vapeur d'eau).

corps, non pas mélangés, mais intimement unis; c'est un **corps composé**.

Le *fer*, le *cuivre*, le *soufre*, etc. n'ont jamais pu être décomposés : on dit donc qu'ils ne sont formés que d'une seule substance; ce sont des **corps simples**.

4. Les acides, les bases et les sels sont des corps composés. — Les *acides*, quand ils sont dissous dans l'eau, ont la propriété de rougir la teinture bleue de tournesol[1]. Les plus importants sont l'acide sulfurique (*vitriol*), l'acide azotique (*eau-forte*) et l'acide chlorhydrique (*esprit de sel*).

Les *bases*, quand elles sont solubles dans l'eau, ramènent au bleu la teinture de tournesol rougie par un acide. Les bases contiennent ordinairement un métal. Les plus importantes sont la *potasse caustique*, la *soude caustique* et la *chaux éteinte*.

Les *sels* sont le résultat de l'union intime, de la combinaison, d'un acide avec une base ou un métal. L'acide sulfurique uni à la potasse donne le sulfate de potassium; uni au fer, il donne le sulfate de fer.

RÉSUMÉ

On distingue dans la nature les **corps solides** (plus ou moins durs et résistants); les **corps liquides**, qui n'ont d'autre forme que celle des vases qui les contiennent, et les **corps gazeux**, corps légers, qui cherchent à occuper le plus de place possible.

En général, quand on *chauffe* un corps solide, il devient liquide; si on continue à chauffer le liquide obtenu, il se transforme en vapeur, c'est-à-dire qu'il devient gazeux. Inversement, en *refroidissant* une vapeur, elle devient liquide, puis solide.

Les **corps composés** sont formés de plusieurs substances intimement unies. Les principaux sont les *acides*, comme l'acide sulfurique; les *bases*, comme la potasse, et les *sels*, formés par l'union d'un acide et d'une base, comme le sulfate de potassium.

Les **corps simples** ne sont formés que d'une seule substance.

EXERCICES

QUESTIONS ET EXPÉRIENCES. — *1. Vous enfoncez brusquement dans l'eau un entonnoir renversé, en tenant la main près de la petite ouverture; dites ce que vous ressentez et donnez-en l'explication. — 2. Pourquoi le bouchon qui ferme le pistolet à air des enfants est-il violemment chassé quand on pousse le piston? — 3. Quand vous mettez un morceau de glace dans votre bouche, que devient-il? Pourquoi?*

DEVOIR. — *Décrivez les différents états dans lesquels les divers corps peuvent se présenter et montrez comment un même corps peut passer d'un état à un autre, en prenant comme exemple l'eau.*

---

1. **Tournesol**: matière colorante d'un bleu violet extraite de certains lichens (plantes sans fleurs ni racines qu'on trouve même là où aucune plante ne peut pousser).

3ᵉ LEÇON. — L'AIR ET LE VENT.

SOMMAIRE. — L'atmosphère : air chaud et air froid; montgolfières. — Les vents : brises, moussons, vents alizés. — Direction et vitesse des vents : rose des vents, girouette. — Utilité et inconvénients du vent : cyclones, trombes.

1. L'atmosphère. — L'air est un corps gazeux qui nous entoure de toutes parts; il forme autour de la Terre une sorte d'enveloppe, de moins en moins dense à mesure que l'on s'élève. La pesanteur retient les plus hautes molécules d'air à 60 ou 80 kilomètres de la surface de la Terre. Cette enveloppe s'appelle l'*atmosphère*.

2. Air chaud, air froid. — EXPÉRIENCE. — Si l'on entr'ouvre la porte d'une salle chauffée et si l'on place une bougie allumée au bas de l'ouverture (*fig. 9*), on voit la flamme s'incliner *du dehors en dedans*. Si l'on place ensuite cette bougie

Fig. 9. — L'air froid du dehors pénètre dans la salle par le bas de la porte ; l'air chaud s'échappe par le haut.

en haut de l'ouverture, on voit la flamme s'incliner *du dedans au dehors*. C'est *l'air froid* du dehors qui, en pénétrant dans l'intérieur, fait incliner la flamme de la bougie du bas, et c'est *l'air chaud* de la salle qui, en s'échappant au dehors, fait incliner la flamme de la bougie du haut. Il y a deux courants : l'un, inférieur, formé d'air froid, et l'autre, supérieur, formé d'air chaud; *l'air chaud, qui est monté dans le haut de la salle, est donc plus léger que l'air froid*.

Fig. 10. — Montgolfière (chauffée au départ et sans aéronaute).

3. Montgolfières. — Les frères Montgolfier[1] ont été les premiers à utiliser cette propriété de l'air chaud. Au-dessous de l'ouverture d'une enveloppe en

---

[1]. Montgolfier (Joseph et Etienne), nés à Vidalon-lez-Annonay (Ardèche); ils inventèrent les ballons à air chaud à la fin du XVIIIᵉ siècle.

papier en forme de boule (*fig.* 10), ils allumèrent un feu de paille. L'air chaud remplit l'enveloppe et l'entraîna dans l'atmosphère : c'était la *montgolfière*.

4. Vents. — Les vents sont des courants d'air qui s'établissent au sein de l'atmosphère; ils ont pour cause des différences de température de l'air entre des régions plus ou moins éloignées.

La **brise**, vent frais qui souffle sur les côtes, est due à ce que la terre, corps solide, s'échauffe, puis se refroidit plus vite que l'eau.

Fig. 11. — Le matin, la brise de mer souffle vers la terre.

Fig. 12. — Le soir, la brise de terre souffle vers la mer.

Au lever du soleil, la terre s'échauffe plus vite que l'eau; au contact du sol, l'air s'échauffe aussi et s'élève dans l'atmosphère; l'air de la mer vient prendre sa place. Au contraire, au coucher du soleil, la terre se refroidissant plus vite que l'eau, l'air frais de la terre prend la place de l'air plus chaud de la mer qui s'élève.

La **brise** qui souffle de la mer vers la terre s'appelle *brise de mer* (*fig.* 11); celle qui souffle de la terre vers la mer est la *brise de terre* (*fig.* 12).

Les moussons ou vents *saisonniers* sont des vents qui soufflent six mois dans une direction et six mois dans l'autre.

On les observe principalement dans les mers de Chine et des Indes et sur le continent asiatique. Les moussons, dirigées vers les continents en été, le sont en sens contraire en hiver. Elles sont dues à ce que l'air froid de la Sibérie et de l'Asie centrale vient, en hiver, remplacer l'air plus chaud de la mer, tandis qu'en été l'air plus frais de la mer vient remplacer l'air plus chaud des continents.

Les **vents alizés** soufflent toute l'année des pôles vers l'équateur[1]. On les observe surtout dans l'Océan Pacifique et l'Océan Atlantique. Ils sont dus à ce fait que l'air plus froid des zones tempérées vient remplacer l'air chaud de l'équateur qui s'élève.

Le *sirocco* est un vent brûlant qui vient des déserts d'Asie et d'Afrique, traverse la Méditerranée et atteint les côtes de France et d'Italie. Dans le grand désert du Sahara, ce vent est connu sous le nom de *simoun*.

Le *mistral* du Languedoc et de la Provence est un vent froid et sec qui vient, du Massif Central, remplacer brusquement l'air plus chaud du golfe de Gênes.

5. *Direction et vitesse des vents.* — Les vents soufflent dans toutes les directions. On en distingue huit principales : le *nord*, le *nord-ouest*, l'*ouest*, le *sud-ouest*, le *sud*, le *sud-est*, l'*est* et le *nord-est*. On les représente graphiquement sous la forme d'une étoile à huit branches appelée **rose des vents**.

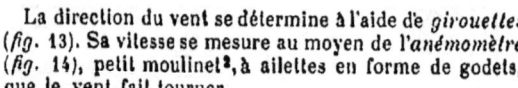

Fig. 13. — Girouette. (Le coq fait toujours face au vent.)

La direction du vent se détermine à l'aide de *girouettes* (*fig*. 13). Sa vitesse se mesure au moyen de l'*anémomètre* (*fig*. 14), petit moulinet[2], à ailettes en forme de godets, que le vent fait tourner facilement. Elle est indiquée par le nombre de tours faits en un temps donné, et inscrits automatiquement sur un petit cadran. Dans nos pays, la vitesse moyenne du vent est de 5 à 6 mètres par seconde. Lorsqu'elle atteint 25 à 30 mètres, on dit qu'il y a *tempête*, et au-dessus de 30 mètres, *ouragan*.

6. *Utilité du vent.* — Le vent fait marcher les navires à voiles et tourner les ailes des moulins à vent ; il balaye l'air vicié[3] des villes et le remplace par un air pur ; il aide à la propagation[4] des plantes en transportant au loin le pollen (Voir *34ᵉ leçon*) des fleurs et les graines ; enfin, en amenant les nuages et la pluie dans l'intérieur des continents, il y apporte en même temps la fertilité.

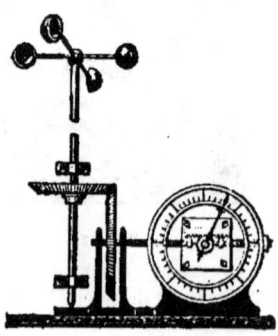

Fig. 14. — Anémomètre.

Les vents ont une grande influence sur la nature des *climats*[5] ; ils

---

1. Équateur : grand cercle dont tous les points sont à égale distance des pôles.
2. Moulinet : petite roue de moulin à vent.
3. Vicié : gâté, corrompu.
4. Propagation : multiplication.
5. Climat. Le climat d'un pays est l'ensemble des conditions atmosphériques : vents, nuages, pluies, orages, etc.

apportent la chaleur ou le froid, la pluie ou la sécheresse, suivant les régions qu'ils ont traversées. Ainsi, en France, les *vents du nord et d'est*, qui ont parcouru les uns les régions polaires et les autres la Russie et l'Allemagne, sont généralement froids et secs; au contraire, les *vents du sud*, venant de l'intérieur de l'Afrique et ayant passé sur la Méditerranée, sont chauds et humides; enfin, les *vents d'ouest*, qui viennent de balayer les vapeurs de l'Océan Atlantique, sont le plus souvent pluvieux.

7. Inconvénients du vent. — Le *vent* souffle parfois avec tant de violence qu'il déracine les arbres, renverse les maisons, brise et détruit tout ce qu'il rencontre.

Les *cyclones* ou *typhons*, immenses tourbillons[1] atmosphériques, sévissent dans l'Océan Indien, dans la mer de Chine et aux Antilles. Dans la vallée du Mississippi[2], ils portent le nom de *tornades*.

Les *trombes*, sortes de petits cyclones, qui s'observent même dans nos pays, n'ont qu'une courte durée, mais elles ont parfois une violence telle qu'elles détruisent les récoltes et déracinent les plus gros arbres.

RÉSUMÉ

La couche d'*air* qui environne la Terre constitue l'**atmosphère**. L'air chaud, étant plus léger que l'air froid, s'élève, et un air plus froid vient le remplacer. Il s'établit donc dans l'atmosphère des courants qu'on appelle *vents*.

Parmi les **vents**, on distingue la *brise de mer* et la *brise de terre*, les *moussons* et les *vents alizés*. On connaît encore le *sirocco* ou *simoun* et le *mistral*.

La direction des vents se détermine à l'aide de *girouettes*; leur vitesse se mesure au moyen de l'*anémomètre*.

Le vent fait marcher les navires à voiles, tourner les ailes des moulins à vent; il assainit les villes et apporte la fertilité dans l'intérieur des continents; enfin il a une grande influence sur les climats.

Lorsque le vent souffle avec violence (*cyclones*, *trombes*), il cause d'épouvantables désastres.

EXERCICES

QUESTIONS ET EXPÉRIENCES. — 1. Pourquoi, en Provence, la plupart des arbres s'inclinent-ils vers le sud-est? — 2. Si l'on jette de légers morceaux de papier dans une cheminée où il y a du feu, qu'arrive-t-il?

DEVOIRS. — I. Montrez que l'air chaud est plus léger que l'air froid. Citez une application de cette propriété. — II. Parlez des vents réguliers.

---

1. Tourbillon : vent impétueux qui souffle en tournoyant.

2. Mississippi : le plus grand fleuve des États-Unis; se jette dans le golfe du Mexique.

3ᵉ LEÇON. — COMPOSITION DE L'AIR. — L'AÉRATION.

SOMMAIRE. — Composition de l'air : oxygène et azote; combustion vive, combustion lente. — Air pur et air vicié. — L'air et l'hygiène. — L'air et les plantes.

1. L'air est un mélange d'oxygène et d'azote. — C'est Lavoisier[1] qui, le premier, l'a montré.

Expérience. — Fixons verticalement, dans une terrine à moitié remplie d'eau, une bougie allumée et coiffons-la d'un bocal (*fig.* 15 et 16). La flamme de la bougie s'allonge, pâlit et s'éteint ; en même

Fig. 15. — Une bougie brûle dans un bocal aussi longtemps que l'air se renouvelle.

Fig. 16. — Elle s'y éteint si on plonge le bocal dans l'eau, l'air ne se renouvelant plus.

temps, une certaine quantité d'eau monte dans le bocal, environ jusqu'au cinquième de la hauteur. Il est évident que la combustion de la bougie a fait disparaître une partie de l'air, dont l'eau a pris la place; que le gaz qui a disparu entretenait la combustion et que celui qui est resté ne l'entretient pas.

Le premier s'appelle *oxygène;* il a formé avec les matières qui composent la bougie d'autres gaz (*gaz carbonique* [voir page 38] et *vapeur d'eau*) qui ont disparu dans l'eau de la terrine. Le gaz qui reste dans le bocal se nomme *azote*.

Dans l'air, on trouve encore, mais en petite quantité, du **gaz carbonique**, de la **vapeur d'eau** et un gaz appelé *argon*[2].

Enfin, une multitude de *poussières* y sont en suspension; on les distingue facilement lorsqu'un rayon de soleil pénètre dans une chambre peu éclairée. Au milieu des poussières flottent aussi de petits êtres vivants, appelés *microbes*,

---

1. **Lavoisier :** illustre chimiste français, l'un des créateurs de la chimie moderne, né et mort à Paris (1743-1794).

2. **Argon :** gaz incolore, inodore et sans saveur qui entre pour un centième environ dans la composition de l'air.

qui propagent les maladies contagieuses. Aussi vaut-il mieux essuyer les parquets avec un linge que de les balayer, ou du moins ne balayer qu'après avoir légèrement arrosé.

2. L'oxygène. — Il est, de tous les corps, le plus répandu dans la nature ; il existe non seulement dans l'air, dont il forme à peu près le *cinquième*, mais il constitue les *huit neuvièmes* du poids de l'eau et il entre dans la constitution des végétaux et des animaux; enfin la plupart des minéraux en contiennent.

3. Préparation. — EXPÉRIENCE. — On peut extraire l'oxygène de l'eau ou de l'air, mais dans les laboratoires[1] on le retire ordinairement d'un sel blanc appelé *chlorate de potassium*. Je chauffe un peu de ce sel dans un tube à essais (*fig.* 17) mis en communication, par un tube recourbé, avec un bocal rempli d'eau et placé dans une terrine. Le chlorate de potassium, qui est formé de trois corps : *chlore, potassium et oxygène*, fond, puis se décompose ; l'oxygène seul se dégage et remplit peu à peu le bocal.

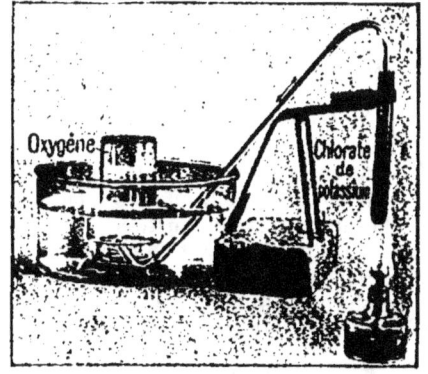

Fig. 17. — L'oxygène se dégage du chlorate de potassium en fusion.

4. Propriétés de l'oxygène. — L'oxygène pur est un gaz incolore[2], inodore[3], sans saveur[4]. Sa propriété principale est d'*activer les combustions*.

EXPÉRIENCE. — Une allumette ne présentant plus qu'un point rouge se rallume et brûle avec un vif éclat lorsqu'on l'introduit dans un flacon contenant de l'oxygène ; le charbon (*fig.* 18), le soufre, etc. qui se consument à l'air, brûlent avec plus de vivacité si l'on dirige sur eux un jet d'oxygène.

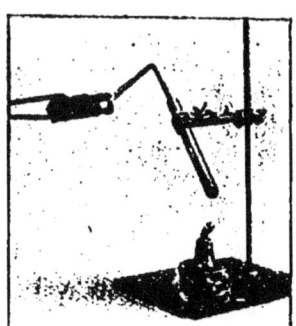

Fig. 18. — Un jet d'oxygène rend incandescent un charbon presque éteint.

5. Combustion vive, combustion lente. — On dit qu'un corps *brûle*, c'est-à-dire qu'il est en combustion, lorsqu'il *s'unit intimement à l'oxygène* de l'air pour former un ou plusieurs composés. Si cette union

---

1. Laboratoire : salle disposée pour faire des expériences ou des préparations qui exigent l'emploi d'instruments de physique ou de produits chimiques.

2. Incolore : qui n'a pas de couleur.
3. Inodore : qui n'a pas d'odeur.
4. Saveur (sans) : qui n'a pas de goût.

s'opère avec production de chaleur et de lumière, c'est une *combustion vive*. S'il n'y a pas production de lumière, c'est une *combustion lente*. La pourriture du bois, la rouille du fer sont produites par des combustions lentes. Lavoisier démontra en 1777 que la *respiration* de l'homme est une combustion lente (Voir 24° leçon).

Un grand nombre de corps peuvent ainsi s'unir à l'oxygène. Les uns, comme le charbon, le soufre, le phosphore, etc., forment avec lui, en présence de l'eau, des *acides;* les autres, comme le fer, le cuivre, etc., forment avec l'oxygène des *oxydes*.

6. L'azote. — L'azote, gaz incolore, inodore et sans saveur, *n'entretient ni la combustion ni la respiration;* une bougie allumée placée dans un flacon ne contenant que de l'azote s'éteint (*fig.* 16). Dans l'air, ce gaz a pour effet de modérer l'action de l'oxygène, c'est-à-dire de ralentir les combustions.

L'azote entre dans la composition des végétaux et de la chair des animaux. Il est indispensable à la vie des plantes. La terre végétale en renferme toujours, mais en quantité insuffisante; le cultivateur doit lui en fournir sous forme d'*engrais* (Voir 37° et 38° leçons).

7. Air pur et air vicié. — Par la respiration, l'homme et les animaux produisent une grande quantité de *gaz carbonique*, il s'en produit aussi dans toutes les combustions. Cependant la composition de l'air atmosphérique ne s'en trouve pas sensiblement modifiée, car les feuilles des végétaux, sous l'influence de la lumière solaire, absorbent le gaz carbonique de l'air et mettent de l'oxygène en liberté (V. *33° leçon*). Mais il n'en est pas de même de l'air enfermé dans une enceinte où il ne peut se renouveler.

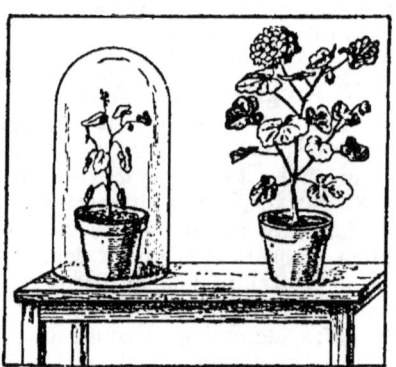

Fig. 19. — Une plante à l'air libre se développe; dans un air confiné, elle s'étiole.

Introduisons un oiseau dans un bocal fermé, il ne tarde pas à mourir, car, en respirant, il a *aspiré l'oxygène* de l'air et *exhalé du gaz carbonique* qui ne peut entretenir la respiration (Voir 24° leçon).

8. L'air et l'hygiène. — De même, lorsque plusieurs personnes séjournent dans une chambre trop petite ou trop *hermétiquement*[1] close, l'air s'appauvrit très vite en oxygène et devient irrespirable. Ces personnes éprouvent un ma-

---

1. **Clore hermétiquement :** clore de façon hermétique, c'est-à-dire parfaite.

laise général, des *nausées*, des *vertiges*, puis elles tombent en *syncope*[1] et peuvent mourir asphyxiées.

Il faut donc renouveler l'air altéré de nos demeures en ouvrant portes et fenêtres. Pendant la nuit il est bon de laisser entr'ouverte la fenêtre de la chambre à coucher. Les chambres des malades surtout doivent être aérées très souvent, mais en prenant les précautions nécessaires pour éviter les refroidissements subits.

9. L'air et les plantes. — Les plantes *respirent* comme les animaux, c'est-à-dire qu'elles prennent à l'air son oxygène et rejettent du gaz carbonique ; il est donc dangereux de laisser pendant la nuit des plantes ou des fleurs dans une chambre où l'on couche.

Une plante placée dans un bocal fermé *s'étiole* et meurt (*fig.* 19), car elle a besoin d'air pur pour se développer. Pour que les récoltes soient belles, il faut donc que l'air puisse circuler librement autour des plantes. Les semis en lignes facilitant cette libre circulation doivent être préférés aux semis à la volée (Voir *36ᵉ leçon*). Les labours et les hersages ont aussi pour but de rendre la terre *perméable*[2] à l'air qui doit arriver aux racines.

RÉSUMÉ

Lavoisier a découvert que l'**air** est un mélange de deux gaz : l'**oxygène** et l'**azote**. L'*oxygène* est la partie active de l'air, c'est lui qui entretient *les combustions* et, par conséquent, la respiration des animaux et des végétaux. L'*azote*, au contraire, *modère* l'action trop vive de l'oxygène et *n'entretient ni la combustion ni la respiration*.

L'air est indispensable aux êtres vivants. Dans nos habitations, il se trouve altéré par la respiration ; nous devons donc le renouveler de temps en temps, surtout dans les chambres de malades.

Les plantes respirent comme les animaux ; elles exhalent donc du gaz carbonique. Il faut éviter de laisser pendant la nuit des plantes ou des fleurs dans une chambre où l'on couche.

EXERCICES

QUESTIONS ET EXPÉRIENCES. — 1. *Pourquoi le feu est-il plus vif quand on baisse le tablier jusqu'au niveau du feu ? — 2. Pourquoi les vents coulis, qui se glissent sous les portes, sont-ils plus forts quand la pièce est chauffée ? — 3. Soufflez dans un fourneau de pipe et projetez par le tuyau un courant d'air à la hauteur des deux tiers de la flamme d'une bougie. La flamme s'incline : vous y laissez tomber une pincée de limaille de fer, que se passe-t-il ? — 4. Les bûches, les menus copeaux et la sciure de bois brûlent-ils différemment et pourquoi ?*

DEVOIR. — *Montrez que l'air est un mélange d'oxygène et d'azote. Importance de l'oxygène.*

---

1. Syncope ou évanouissement : diminution des mouvements du cœur.

2. Perméable : qui peut être traversé par l'eau, par l'air ou la lumière.

4ᵉ LEÇON. — LA PRESSION ATMOSPHÉRIQUE.

SOMMAIRE. — La pression atmosphérique : sa mesure. — Baromètre, pompes, siphon, tâte-vin, ventouses.

1. L'air est pesant. — EXPÉRIENCE. — Mettons de l'eau dans un ballon et faisons-la bouillir; la vapeur qui se forme chasse l'air et remplit le récipient. Bouchons alors convenablement le ballon, lais-

Fig. 20. — Le ballon, d'où l'eau bouillante a chassé l'air, est bouché, refroidi et pesé.

Fig. 21. — Le ballon est débouché; l'air y rentre et en augmente le poids.

sons-le refroidir un instant, puis, après l'avoir essuyé, pesons-le (*fig.* 20) : nous trouvons un certain poids. En se refroidissant, la vapeur d'eau se *liquéfie;* si on débouche alors le ballon, en posant le bouchon dans le plateau, l'air extérieur rentre et le fléau de la balance s'incline (*fig.* 21). Pour rétablir l'équilibre, il faut ajouter un certain poids qui représente celui de l'air rentré dans le ballon.

L'air est donc pesant, comme tous les corps. Le poids d'un litre d'air est de 1 gr. 3.

2. La pression atmosphérique est le poids de l'atmosphère. — L'atmosphère exerce sur tous les corps une pression considérable *qui se transmet en tous sens* (V. 6ᵉ leçon).

EXPÉRIENCES. — 1° Sur un verre plein d'eau (*fig.* 22), appliquons une feuille de papier et retournons le verre; l'eau ne tombe pas, car l'air presse de bas en haut la feuille de papier avec une force supérieure au poids de l'eau. — 2° Dans une terrine pleine d'eau, plaçons, l'ouverture en bas, un bocal dans lequel arrive un tube de verre recourbé (*fig.* 23); l'eau s'établit dans le bocal au même niveau

Fig. 22. — La pression atmosphérique maintient le papier contre le verre plein d'eau.

que dans la terrine. Par l'extrémité du tube, aspirons l'air intérieur; aussitôt la pression atmosphérique, qui s'exerce à la sur-

Fig. 23. — Dans le bocal, l'eau est au même niveau que dans la cuvette: un élève se dispose à aspirer l'air.

Fig. 24. — En aspirant, l'élève raréfie l'air du bocal; la pression atmosphérique fait monter l'eau.

face de l'eau de la terrine, la fait monter dans le bocal (*fig. 24*).

3. Mesure de la pression atmosphérique. — Expérience. — Torricelli, célèbre physicien italien (1608-1647), fit l'expérience suivante : il remplit de mercure un tube de verre long d'environ 1 mètre et fermé à l'une de ses extrémités. Bouchant avec le doigt l'extrémité ouverte, il la plongea dans un verre à moitié plein de mercure (*fig. 25*). Il retira alors le doigt (*fig. 26*) et vit la colonne de mercure descendre et s'arrêter à une hauteur d'environ 76 *centimètres*, le surplus du métal s'écoulant dans le verre.

Dans le haut du tube de Torricelli, l'air ne pénètre pas, il n'y a rien : *c'est le vide*. Mais, à la surface du mercure contenu dans le verre, la *pression atmosphérique* exerce une poussée qui empêche le mercure du tube de s'écouler dans le verre V. 6ᵉ *leçon*). **La pression atmosphérique est donc égale au poids de la colonne de mercure de 76 centimètres.**

Si le tube de verre a une ouverture de $0^{m^2},0001$, le volume du mercure sera de $0,0001 \times 0,76 = 0^{m^3},000076$ ou $0^{dm^3},076$. La densité (Voir 55ᵉ *leçon*) du mercure étant 13,6, son poids sera $0,076 \times 13,6 = 1^{kg},033$: telle est la pression atmosphérique sur une surface de 1 centimètre carré.

Fig. 25 et 26. — Expérience de Torricelli. — 1. Le mercure qui remplit le tube est maintenu par le doigt de l'opérateur. — 2. Le tube plongé dans le verre et le doigt retiré, le mercure reste dans le tube, maintenu à une certaine hauteur par la pression atmosphérique.

Si on faisait l'expérience avec l'eau, dont la densité est 1, c'est-à-dire plus de treize fois moins forte que celle du mercure, la colonne d'eau s'arrêterait à une hauteur de $0{,}76 \times 13{,}6 = 10^m,33$.

4. Le baromètre mesure la pression atmosphérique. — On en construit de plusieurs espèces; le plus simple, le *baromètre à cuvette* (*fig.* 27), n'est autre chose qu'un tube de Torricelli où le mercure monte ou descend suivant que la pression atmosphérique augmente ou diminue. Le tube est fixé sur une planchette graduée en millimètres, sur laquelle on lit la hauteur exacte de la colonne de mercure.

Tous les cultivateurs devraient posséder un baromètre afin de pouvoir faire certains travaux en temps utile. En effet la vapeur d'eau ou l'air humide pèsent moins que l'air sec. Aussi quand le baromètre monte, surtout s'il monte lentement, il est probable qu'il *fera beau temps*; au contraire, lorsqu'il descend, il est presque certain qu'il *fera mauvais temps*.

Le baromètre sert aussi à mesurer l'*altitude* d'un lieu, c'est-à-dire sa hauteur au-dessus du niveau de la mer. En effet, à mesure qu'on s'élève, les couches d'air moins comprimées exercent une moindre pression.

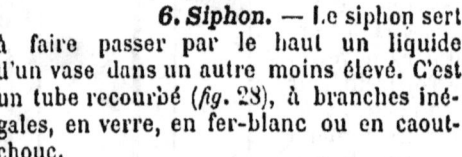

Fig. 27.
Baromètre à cuvette.

5. Pompes. — Les *pompes* sont des machines qui servent à élever les liquides. Elles reposent toutes sur le principe expliqué par les figures 23 et 24. La pompe la plus employée est la *pompe aspirante* (Voir *lecture complémentaire*, p. 77).

6. Siphon. — Le siphon sert à faire passer par le haut un liquide d'un vase dans un autre moins élevé. C'est un tube recourbé (*fig.* 28), à branches inégales, en verre, en fer-blanc ou en caoutchouc.

Pour s'en servir, on l'*amorce*, c'est-à-dire qu'on le remplit de liquide, puis on plonge la petite branche dans le vase supérieur et la grande branche dans le vase inférieur.

Fig. 28. — Siphon amorcé.

L'écoulement se produit et se continue tant qu'il y a une différence de niveau entre les deux liquides.

La pression atmosphérique s'exerce également à l'extrémité de la grande branche, et, transmise par l'eau, à l'extrémité de la petite; l'écoulement n'est déterminé que par l'excédent du poids du liquide de la grande branche.

7. Tâte-vin. — Pour se servir de cet instrument (*fig.* 29), on le plonge dans le fût plein, on attend que le vin y ait pénétré, puis on ferme l'orifice supérieur avec le pouce. On retire l'instrument, la pression atmosphérique maintient le liquide dans le tube aussi longtemps qu'on en maintient l'ouverture supérieure fermée.

8. Ventouse. — Une *ventouse* est un vase en verre que l'on place sur un point quelconque du corps (*fig.* 30) pour y attirer le sang par un *jeu de pression atmosphérique*.

Pour appliquer une ventouse, on jette à l'intérieur un peu de papier enflammé (ou mieux, un peu d'alcool) et, avant qu'il soit éteint tout à fait, on place le vase sur la peau. Une partie de l'air du vase chauffé et dilaté s'est échappée. L'air raréfié du vase se refroidit bientôt. On voit la peau, poussée par la pression atmosphérique, se gonfler et rougir par le sang qui afflue à l'épiderme.

Fig. 29. Emploi du tâte-vin.

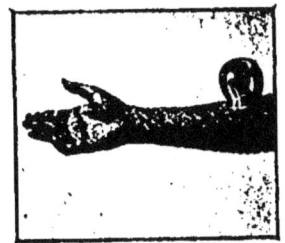

Fig. 30. — Effets de la ventouse.

RÉSUMÉ

L'air est pesant ; un litre d'air pèse 1 gr. 3. L'*atmosphère* exerce sur tous les corps une *pression* considérable qui peut faire équilibre à une colonne de mercure de 76 centimètres de hauteur.

On évalue exactement la pression atmosphérique à l'aide du **baromètre**. Cet instrument donne des indications sur les changements de temps ; il permet en outre de mesurer l'altitude d'un lieu.

Les **pompes** servent à élever les liquides ; la plus employée est la *pompe aspirante*. C'est la pression atmosphérique qui fait monter les liquides dans les pompes ; c'est encore elle qui fait fonctionner le siphon, le tâte-vin, etc.

EXERCICES

QUESTIONS ET EXPÉRIENCES. — *1. Pourquoi ne met-on pas de pompes aspirantes aux puits très profonds ? — 2. Quand on plonge dans l'eau une de ces seringues que les enfants taillent dans le sureau, pourquoi l'eau monte-t-elle dans la seringue si l'on tire à soi le piston? — 3. Vous buvez avec une paille ; comment le liquide peut-il arriver à votre bouche? — 4. Votre père met un robinet à une pièce de vin; le vin s'écoule à peine. Pourquoi ? Que doit-il faire?*

DEVOIRS. — *I. Parlez du baromètre. Construction et usages. — II. Expliquez le fonctionnement du siphon et de la ventouse.*

5ᵉ LEÇON. — L'EAU.

SOMMAIRE. — Composition de l'eau. — L'hydrogène. — Corps dissous dans l'eau : eaux minérales. — L'eau et l'hygiène : eau potable, eau filtrée. — L'eau dans l'industrie. — L'eau dans l'agriculture : irrigations, drainages.

1. L'eau, sa composition. — *L'eau n'est pas un corps simple;* Lavoisier a montré qu'elle est formée par la *combinaison* [1] de deux gaz, l'**hydrogène** et l'**oxygène**.

2. L'hydrogène est le plus léger de tous les gaz. — Il pèse 14 fois et demie moins que l'air. On le prépare en mettant dans un tube à essais (*fig.* 31) des rognures de zinc et de l'acide chlorhydrique étendu d'eau. Il se dégage un gaz, l'*hydrogène*, qui, à l'extrémité d'un tube effilé, peut brûler avec une flamme très pâle, mais très chaude. Si on recouvre cette flamme d'un verre, les parois sont bientôt recouvertes de fines gouttelettes d'eau. C'est que l'hydrogène en brûlant s'est emparé de l'oxygène de l'air pour former de la vapeur d'eau.

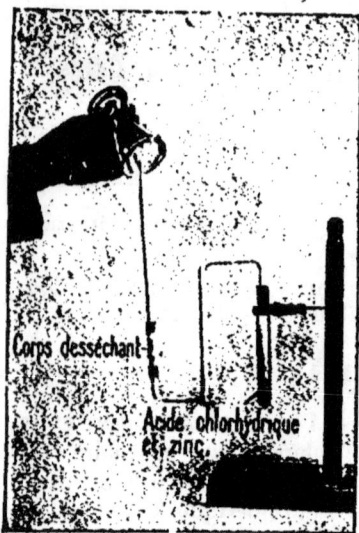

Fig. 31. — Le chlore de l'acide chlorhydrique s'unit au zinc et l'hydrogène, gaz inflammable, se dégage.

3. L'eau dissout la plupart des corps. — Dans un verre d'eau, mettons un morceau de sucre, il disparaît; on dit qu'*il se dissout*. Un morceau de savon y disparaît de même, mais plus lentement. L'eau dissout aussi des gaz (p. 14).

Un grand nombre de corps peuvent ainsi se dissoudre dans l'eau; aussi ne se rencontre-t-elle jamais pure dans la nature. Elle tient toujours en *dissolution* non seulement de l'air, indispensable à la respiration des poissons, mais encore des matières solides. Ce sont ces matières qui forment un dépôt au fond du vase dans lequel on a fait bouillir de l'eau, lorsqu'elle est évaporée.

4. Eaux minérales. — Ce sont des eaux qui ont dissous dans le sein de la terre des matières les rendant propres à guérir certaines maladies. Il y a des eaux minérales *ferrugineuses, sulfureuses*, etc. Lorsque ces eaux sont chaudes, on dit qu'elles sont *thermales*.

5. Caractères des eaux potables. — Une eau *potable*, c'est-à-dire bonne à boire, doit être fraîche, sans odeur et d'une saveur

---

[1]. **Combinaison** : union intime de deux ou plusieurs corps en un seul, lequel a des propriétés différentes de celles des corps qui ont servi à le composer.

agréable. Elle doit dissoudre le savon sans former de *grumeaux* [1] et tenir en dissolution de l'air et certaines matières minérales.

Les eaux trop *calcaires* qui font un dépôt blanc (craie) dans les vases qui les contiennent, les eaux *plâtrées* qui ne peuvent ni dissoudre le savon ni cuire les légumes, les eaux *putrides* où flottent des débris d'animaux ou de végétaux sont indigestes ou dangereuses.

6. *L'eau bouillie est saine mais indigeste*. — Les eaux de puits sont parfois altérées par des infiltrations de purin, par des eaux d'égout, etc.; les eaux de rivière, en traversant villes et villages, reçoivent et entraînent les germes de certaines maladies contagieuses [2]. On doit donc, surtout en temps d'*épidémie* [3], faire bouillir pendant un quart d'heure l'eau destinée à la boisson. Comme l'air qui y est dissous en est chassé par l'ébullition, on doit ensuite agiter cette eau pour l'aérer et la rendre digestible.

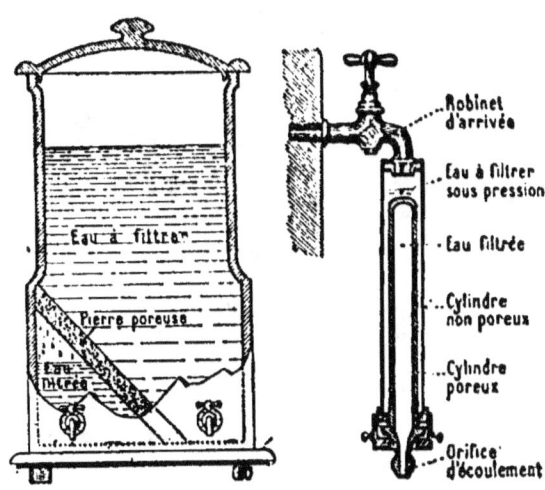

Fig. 32. — Filtre de ménage sans pression.

Fig. 33. — Filtre Chamberland avec pression.

7. *L'eau bien filtrée est saine et digestible*. — On filtre l'eau en la faisant passer à travers une couche de charbon de bois comprimé entre deux couches de sable. Le sable et le charbon doivent être remplacés plusieurs fois dans l'année; d'ailleurs l'eau filtrée peut encore contenir les germes de maladies contagieuses, il est prudent de la faire bouillir avant de s'en servir comme boisson. Le filtrage lent à travers une porcelaine poreuse (*fig. 32, 33*) peut seul arrêter la plus grande partie des microbes [4] contenus dans l'eau.

8. *L'eau distillée est pure mais non potable*. — Pour distiller l'eau, on se sert d'un appareil appelé *alambic* (*fig. 34*). La vapeur d'eau qui se forme dans la chaudière traverse, dans un conduit appelé *serpentin*, un récipient plein d'eau froide nommé *réfrigérant*. En s'y refroidissant, elle se condense, elle redevient liquide. L'eau distillée n'est pas bonne à boire, parce qu'elle est privée d'air et de ses principes minéraux; elle est employée en pharmacie.

---

1. Grumeaux: petites portions de matières solides en suspension dans l'eau.
2. Contagieuse (maladie): qui se communique facilement.
3. Épidémie: maladie qui, dans une localité, atteint un grand nombre d'individus en même temps.
4. Microbes: sorte d'algues invisibles à l'œil nu et dont les sécrétions sont souvent des poisons.

9. L'eau et l'hygiène. — L'eau sert non seulement à faire cuire nos aliments et à laver le linge, mais à entretenir notre corps à l'état de propreté. La poussière et la sueur bouchent les milliers de pores dont notre peau est percée, aussi faut-il la nettoyer souvent. Chaque matin, on doit se laver la figure et les mains. Il faut aussi, le plus souvent possible, prendre un bain, mais on ne doit se mettre dans l'eau que quatre ou cinq heures après le repas, c'est-à-dire lorsque la digestion est terminée.

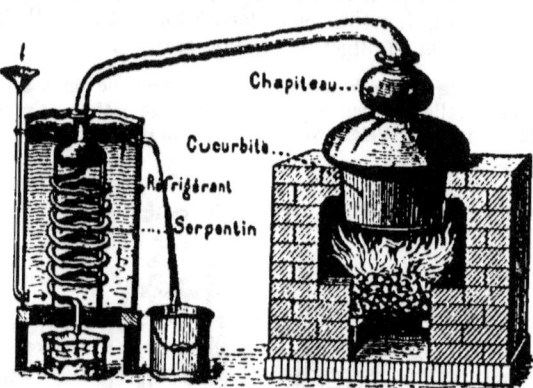

Fig. 34. — Alambic ordinaire.

L'eau est une boisson excellente, cependant son usage immodéré trouble la digestion et occasionne des coliques. Lorsqu'on a chaud, on doit éviter de boire de l'eau froide, car on s'expose à contracter une maladie très grave appelée *fluxion de poitrine*.

10. L'eau dans l'industrie. — L'eau est employée dans presque toutes les industries ; elle fait tourner les roues des moulins à eau et,

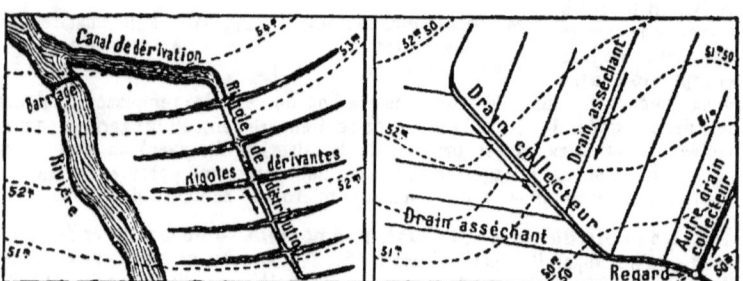

Fig. 35. — Plan d'un terrain irrigué.   Fig. 36. — Plan d'un drainage.

sous forme de vapeur, met en mouvement les machines à vapeur ; enfin dans les rivières, les canaux et les mers, elle permet le transport des marchandises d'un pays à un autre.

11. L'eau dans l'agriculture. — L'eau est indispensable à la vie des végétaux parce qu'elle entre en proportion considérable dans la constitution de leurs tissus; elle apporte aussi dans toutes les parties de la plante les matériaux nutritifs qui leur conviennent. Tantôt elle n'agit qu'à titre de dissolvant, tantôt elle fournit l'un ou l'autre de ses éléments (oxygène, hydrogène), parfois les deux simultanément, aux corps qui réagissent les uns sur les autres.

C'est par leurs racines que les végétaux puisent cette eau dans le sol qui en contient des réserves considérables.

Pour certaines terres trop sèches, on recourt à l'**irrigation** (*fig.* 35). A l'aide de barrages, on arrête l'eau des sources ou des rivières et, par des rigoles, on la conduit sur tous les points du terrain.

L'eau qui *croupit*[1] nuit à la *germination* des graines et au développement des plantes; de plus, elle laisse dégager des *miasmes*[2] malsains. On fait disparaître l'excès d'eau par le **drainage** (*fig.* 36). Pour cela, on creuse des fossés où l'on place des tuyaux en terre cuite appelés *drains* (*fig.* 37) par où l'eau s'écoule dans la rivière.

Fig. 37. — Deux drains unis par un manchon.

RÉSUMÉ

L'eau n'est pas un **corps simple**; elle est formée par la combinaison de deux gaz, l'*hydrogène* et l'*oxygène*. Un litre d'eau pure pèse 1 kilogramme, à la température de 4° au-dessus de zéro.

Un grand nombre de corps peuvent se dissoudre dans l'eau ; les *eaux minérales*, chargées de matières qu'elles ont dissoutes dans le sein de la terre, sont utilisées en médecine.

Une **eau potable** doit être fraîche, sans odeur et d'une saveur agréable. Lorsqu'elle est suspecte, on doit la faire bouillir ou la filtrer.

L'eau est indispensable dans la vie domestique, dans l'industrie et dans l'agriculture.

Pour arroser de grandes étendues, on a recours à l'*irrigation*. Par le *drainage*, on débarrasse les terres de leur excès d'eau.

EXERCICES

QUESTIONS D'INTELLIGENCE. — *1. Le puits d'une ferme se trouve dans le verger, en contre-bas de l'écurie. L'eau de ce puits a mauvais goût; quelle peut en être la cause? — 2. L'eau de pluie est-elle bonne à boire? — 3. Pourquoi l'eau distillée n'est-elle pas potable? — 4. Citez une ou deux régions de la France enrichies par l'irrigation.*

DEVOIRS. — *I. L'eau dans l'habitation. Ce qu'on entend par eau potable. Précautions à prendre avant de se servir comme boisson d'une eau suspecte. — II. Les drainages et les irrigations.*

---

1. **Qui croupit** : qui séjourne sans mouvement sur un terrain.
2. **Miasmes** : émanations qui proviennent de substances animales ou végétales en décomposition et qui exercent sur les animaux une influence dangereuse.

6ᵉ LEÇON. — L'ÉQUILIBRE DES LIQUIDES.

SOMMAIRE. — Vases communicants : niveau d'eau, sources, puits, puits artésiens. — Distribution de l'eau dans les villes; jets d'eau. — La poussée des liquides et des gaz : corps flottants, vaisseaux, ballons.

1. L'équilibre des liquides. Vases communicants. — Les différentes parties d'un liquide glissant les unes sur les autres sont très sensibles à la loi de la pesanteur. Aussi tout liquide tend à établir horizontalement sa surface; c'est pourquoi l'eau des rivières et des fleuves s'écoule sans cesse vers des dépressions plus profondes.

Des liquides inégalement denses se superposent. Par exemple, dans la veilleuse, l'huile, moins dense que l'eau, surnage.

Fig. 38. — L'entonnoir communique avec un tube en verre par l'intermédiaire d'un tuyau en caoutchouc. L'eau s'établit au même niveau dans l'entonnoir et dans le tube.

Quand deux ou plusieurs vases communiquent entre eux, l'eau qu'on verse dans l'un se rend dans les autres dès qu'elle atteint l'orifice du tuyau de communication et les surfaces libres du liquide se maintiennent à la même hauteur (fig. 38).

Le niveau d'eau, les puits, les puits artésiens, la distribution de l'eau dans les villes, le jeu des écluses d'un canal, les canaux d'irrigation, etc. sont des applications des *vases communicants*.

2. Niveau d'eau. — *Le niveau d'eau* (Voir lecture complémentaire, p. 79) *sert à reconnaître si deux points sont au même niveau ou à déterminer la différence des niveaux.*

Il se compose d'un tube en fer-blanc recourbé à ses deux extrémités; à celles-ci sont fixés deux tubes de verre. Dans l'appareil, porté par un pied à trois branches, on verse de l'eau qui s'établit au même niveau dans les deux tubes de verre.

3. Sources et puits. — Lorsqu'on examine une carrière, une tranchée de chemin de fer, on voit que le sous-sol est formé de couches de terrain placées les unes au-dessus des autres. Les unes se laissent facilement traverser par l'eau, on les appelle couches **perméables**; les autres, au contraire, s'opposent au passage de l'eau, on les appelle couches **imperméables**. — Lorsque la pluie tombe, une partie ruisselle à la surface du sol, et forme les torrents et les rivières. C'est l'*eau de ruissellement*. Mais la plus grande partie, l'*eau d'infiltration*, pénètre dans le sol et s'y enfonce jusqu'à ce qu'elle rencontre une couche de terrain *imperméable*. Si cette couche est inclinée, l'eau en suit la pente et peut arriver dans la vallée à la surface du sol, où elle jaillit en source. Sinon, elle forme sur la couche de terrain imperméable une *nappe d'eau souterraine* (fig. 39).

Lorsqu'on creuse un trou dans un terrain contenant une *nappe d'eau*, on obtient un *puits* (*fig.* 39). On doit éviter de creuser les puits dans le voisinage des lieux d'aisances et des fosses à purin, car l'eau peut être empoisonnée par les liquides qui en proviennent.

4. Puits artésiens. — Une couche de terrain *perméable*, de sable par exemple, placée entre deux couches de terrain *imperméable*, comme

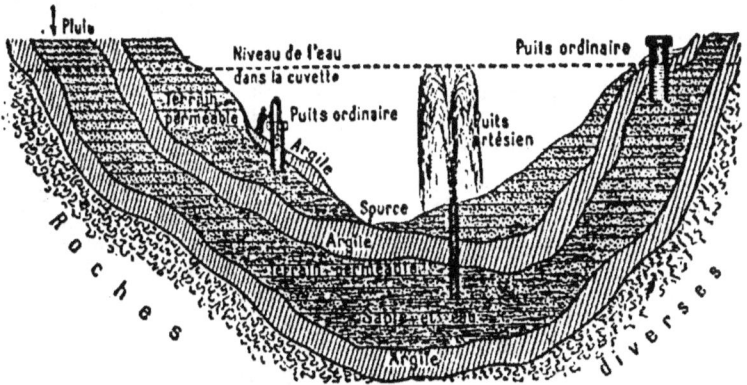

Fig. 39. — Coupe d'un terrain montrant comment l'eau se comporte dans les puits ordinaires et les puits artésiens.

l'argile, s'est parfois infléchie avec elles et la nappe d'eau qui s'y amasse s'y trouve comme emprisonnée.

Si donc, dans une plaine ou une vallée, on fore[1] un trou qui traverse la couche d'argile supérieure, l'eau montera dans ce puits ou même en jaillira en *jet d'eau*. C'est une application du principe des *vases communicants*. Les puits de ce genre sont appelés **puits artésiens** (*fig.* 39) parce que les premiers ont été creusés dans l'*Artois*.

A Paris, les puits artésiens de *Grenelle* et de la *Butte-aux-Cailles* ont plus de 500 mètres de profondeur. La couche perméable qui les alimente d'eau *affleure*[2] en Normandie et en Champagne, puis s'enfonce dans le *bassin parisien*. L'eau des puits artésiens est très *limpide*[3], et sa température est assez élevée et toujours la même. C'est grâce aux puits artésiens que certaines parties du sud de l'Algérie ont été rendues habitables. Ils permettent d'atteindre la nappe d'eau souterraine qui s'alimente dans les hauts plateaux et autour de chacun d'eux il s'est formé une île de verdure appelée oasis.

5. Distribution de l'eau dans les villes. Jets d'eau. — Sur une colline plus élevée que les maisons, on établit un réservoir où l'eau est ordinairement amenée à l'aide de grandes pompes. De là descendent vers la ville des tuyaux qui remontent aux différents étages des maisons (*fig.* 40) et qui sont

---

1. Forer : percer.
2. Affleure : Se trouve à la surface du sol,
n'est pas recouverte par d'autres terrains.
3. Limpide : claire, transparente.

fermés par des robinets. Ces robinets étant au-dessous du réservoir, l'eau y monte aisément et s'échappe avec force. Si on perce le tuyau conducteur, l'eau jaillit puis retombe en gerbe, elle forme un *jet d'eau*.

6. La poussée des liquides. — Corps flottants. — Lorsqu'on enfonce une boîte vide dans l'eau, l'ouverture en haut, on éprouve une *résistance* très sensible. Si l'on perce le fond ou le côté de la boîte, elle s'enfonce plus facilement et l'on voit

Fig. 40. — Coupe montrant la distribution de l'eau dans les villes. — Le réservoir à gauche de la figure communique par un tuyau avec le bassin central et la maison de droite.

l'eau jaillir à l'intérieur (*fig.* 41). L'eau exerce donc une *poussée* dans tous les sens. Ordinairement la poussée de droite fait équilibre à celle de gauche, mais celle qui s'exerce de bas en haut, n'ayant point de contrepoids, tend à soulever les corps plongés dans l'eau.

Le premier, Archimède[1] mesura cette force ; il trouva qu'elle dépendait essentiellement du volume du liquide déplacé par le corps et il énonça le principe suivant : *Tout corps plongé dans un liquide reçoit une poussée de bas en haut égale au poids du liquide qu'il déplace.*

C'est pour cette raison qu'un bouchon de liège lâché au fond de l'eau remonte à la surface et flotte (*fig.* 42).

Fig. 41. — Une boîte, où l'on a pratiqué deux ouvertures, plongée dans l'eau d'un récipient ; l'eau jaillit dans l'intérieur.

Fig. 42. — Un bouchon de liège, maintenu au fond de l'eau, puis lâché, remonte à la surface, où il surnage et flotte.

EXPÉRIENCE. — Si l'on maintient sous l'eau 1 dcm. cube de bois de sapin qui pèse environ 0 kilog. 500, il est soumis à deux forces : 1° son poids qui tend à le faire descendre ; 2° la poussée de l'eau qui tend à le faire remonter. Comme il déplace 1 dcm. cube d'eau qui pèse 1 kilog., la poussée de bas en haut est de 1 kilog. Elle est donc plus forte que le poids du bloc de sapin ; par conséquent, si on cesse de le maintenir, il remonte à la surface, il *flotte*. A ce moment, le poids du sapin et la poussée de l'eau se font équilibre ; car si on mesure le volume du sapin plongé dans l'eau, c'est-à-dire

---

1. Archimède : le plus grand géomètre de l'antiquité, né à Syracuse (Sicile) en 287 av. J.-C.

le volume de l'eau déplacée, on trouve 0 dm³, 500, et l'on sait qu'un tel volume d'eau pèse 0 kilog. 500.

Si on faisait la même expérience avec 1 décimètre cube de marbre qui pèse 2 kilog. 800, il irait au fond de l'eau.

C'est par ce principe qu'on peut expliquer la natation, la flottabilité des vaisseaux, etc.

Le principe d'Archimède s'applique également aux *gaz ;* un corps s'élève dans l'air lorsque le poids du volume d'air qu'il déplace est supérieur à son propre poids. C'est en vertu de ce principe que les aérostats ou ballons montent dans l'atmosphère et y flottent.

RÉSUMÉ

Lorsqu'on verse un liquide dans des **vases communicants**, ce liquide s'établit à la même hauteur dans tous les vases. La *distribution de l'eau* dans les villes, le *niveau d'eau* et les *puits* reposent sur le principe des *vases communicants*.

Le *niveau d'eau* sert à reconnaître si deux points sont au même niveau, sinon à déterminer la différence des niveaux.

La plus grande partie de l'eau de pluie pénètre dans le sol et forme des *nappes d'eau souterraines*. Lorsque ces eaux arrivent dans les vallées à la surface du sol, elles forment des **sources**.

Lorsqu'on creuse un trou dans un terrain contenant une nappe d'eau, on a un *puits ordinaire* si le liquide ne dépasse pas l'orifice du puits ; si l'eau jaillit au-dessus du sol, on a un *puits artésien*.

Un corps plongé dans un liquide ou dans un gaz éprouve une poussée de bas en haut égale au poids du liquide ou du gaz qu'il déplace. C'est ce qui explique que les vaisseaux puissent flotter et que les ballons montent dans l'atmosphère.

EXERCICES

QUESTIONS ET EXPÉRIENCES. — *1. Versez lentement et le long du bord un peu de vin rouge dans un verre aux trois quarts rempli d'eau. Expliquez ce qui se passe. — 2. Les sources sont-elles plus nombreuses dans les pays accidentés que dans les pays plats ? — 3. Mettez un œuf frais : 1º dans de l'eau pure ; 2º dans de l'eau salée ; 3º dans de l'eau très salée. Notez sa position dans les trois cas. — 4. Les grands navires de guerre, recouverts d'une épaisse cuirasse d'acier, flottent sur l'eau tandis qu'un simple clou tombe au fond de la mer ; pourquoi ? — 5. Jetez un bouchon de liège à l'eau : il flottera. Retirez-le et enfoncez-y des pointes jusqu'à ce qu'il flotte entre deux eaux. Pesez-le alors, et dites quel est son volume.*

DEVOIRS. — *I. Votre père vient d'établir un jet d'eau dans votre jardin. Comment s'y est-il pris ? A quelle hauteur l'eau jaillit-elle ? Pourquoi ? — II. Comment se forme une source ? Expliquez la différence qu'il y a entre un puits ordinaire et un puits artésien.*

7ᵉ LEÇON. — LA GLACE ET LA VAPEUR D'EAU.

SOMMAIRE. — La glace. — La vapeur d'eau. — Brouillards et nuages, pluie, neige, verglas, rosée et gelée blanche.

1. Les trois états de l'eau. — Sur les hautes montagnes, en toute saison, l'eau se présente à l'état *solide* (glace ou neige); dans les rivières, les lacs et la mer, elle est à l'*état liquide*, et, dans l'atmosphère, à l'*état de vapeur* (gazeux).

2. Glace. — L'eau forme de la glace lorsque sa température descend au-dessous de zéro degré. En passant de l'*état liquide* à l'état solide, elle *augmente brusquement de volume* et fait éclater les vases qui la renferment. C'est ce qui se produit en hiver lorsqu'il gèle et que les conduites d'eau non abritées se fendent. Pour la même raison, certaines pierres qui absorbent facilement l'humidité se *fendillent* et se *désagrègent*[1] sous l'action des gelées ; on doit éviter de les employer dans les constructions. Enfin, si les plantes gèlent et périssent, c'est qu'elles renferment de l'eau qui, en se solidifiant, déchire leurs tissus.

Dans les champs, les fortes gelées soulèvent la surface du sol, et les racines supérieures des plantes ne se trouvent plus suffisamment en contact avec la terre. C'est pour la tasser qu'au début du printemps les cultivateurs *roulent* les blés (Voir *40ᵉ leçon*).

Fig. 43. — La vapeur d'eau d'une bouillotte vient se condenser sur une assiette froide et tombe en gouttelettes.

3. Vapeur d'eau. — De l'eau placée dans une assiette finit par disparaître; elle se transforme en *vapeur*, gaz plus léger que l'air, qui s'élève dans l'atmosphère. A la surface des rivières, des lacs et de la mer, le même phénomène d'évaporation se produit; il y a donc toujours de la vapeur d'eau dans l'air; elle y forme les *nuages*.

D'autre part, si l'on place une assiette froide (*fig.* 43) dans la vapeur produite par l'eau qui bout, elle se couvre aussitôt de gouttelettes d'eau; de même, en été, une bouteille que l'on apporte de la cave se couvre très vite d'une buée. C'est qu'au contact des corps froids la vapeur d'eau se *condense*, c'est-à-dire redevient liquide.

4. L'eau dans l'atmosphère. — Il se produit à chaque instant dans l'atmosphère des phénomènes d'*évaporation* et de *condensation*.

Dans un verre d'eau, on peut faire dissoudre plusieurs morceaux de sucre, mais il arrive un moment où un dernier morceau reste au fond du verre sans

---

1. Désagréger (se): se réduire en grains ou en poussière.

se dissoudre. On dit alors que l'eau est *saturée* de sucre. Si on fait chauffer cette eau, le dernier morceau pourra se dissoudre. Mais si on la laisse refroidir, une partie du sucre se dépose au fond du verre.

Dans l'atmosphère, il se passe un phénomène analogue: la vapeur d'eau qui s'élève constamment à la surface des lacs et de la mer se dissout dans l'air. Plus l'air est chaud, plus il peut dissoudre de vapeur d'eau. Mais il arrive un moment où il n'en peut plus dissoudre; il en est *saturé*.

5. Brouillards et nuages. — Lorsque l'atmosphère saturée se refroidit, la vapeur se *condense* en gouttelettes microscopiques qui flottent dans l'air et l'obscurcissent. Si ces gouttelettes s'accumulent

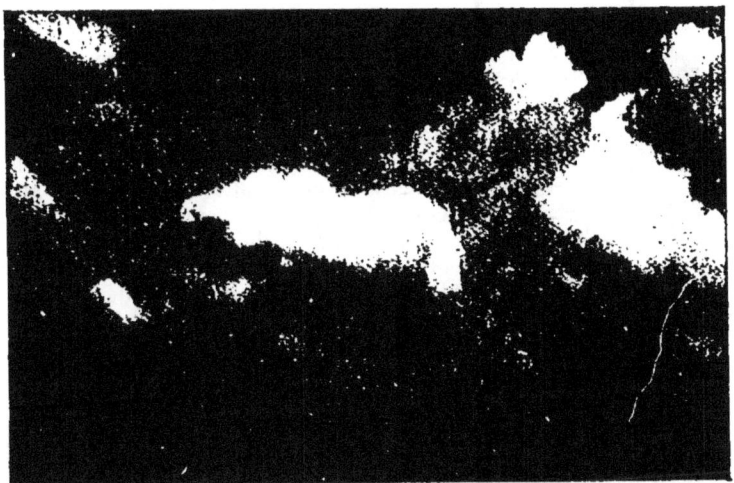

Fig. 44. — Cumulus : nuages arrondis, fréquents en été ; le soir, ils annoncent la pluie.

près de la surface du sol, elles forment les **brouillards**. Si elles s'amassent à une certaine hauteur dans l'atmosphère, elles forment les **nuages** (*fig.* 44).

Les nuages contribuent à la fertilité du sol, non seulement parce qu'ils lui apportent la pluie, mais aussi parce que, mauvais conducteurs de la chaleur, ils le préservent, pendant le jour, de l'ardeur du soleil et empêchent, pendant la nuit, la chaleur du sol de se perdre dans l'atmosphère.

6. Pluie, neige, grêle, verglas. — Lorsqu'un *nuage* se *refroidit*, les *fines gouttelettes* dont il est formé *se réunissent en gouttes* et tombent : c'est la **pluie**.

On dit parfois que telle région du globe reçoit annuellement $0^m,10$ de pluie. On constate ce fait à l'aide du *pluviomètre* (*fig.* 45). C'est un vase cylindrique dont le couvercle en forme d'entonnoir a l'ouverture inférieure très étroite et soustrait ainsi à l'évaporation l'eau recueillie dans le vase. Un tube de verre part du bas de l'appareil et s'élève sur le côté, formant vase communicant. On lit aisément sur le tube gradué la hauteur que l'eau atteint dans l'appareil.

Si le nuage se *refroidit au-dessous de 0°*, les fines gouttelettes dont il est formé se *solidifient* en petits cristaux étoilés et tombent : c'est la **neige** (*fig.* 46).

Pendant les temps d'orage, sous l'influence du *froid*, les gouttelettes d'eau se solidifient brusquement et tombent : c'est la **grêle**.

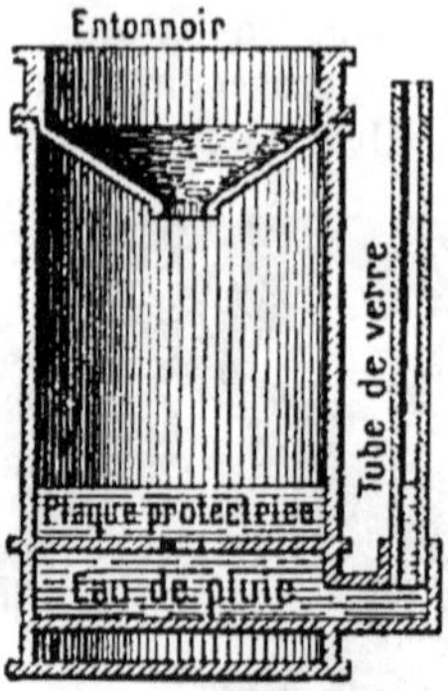

Au contact du sol, une pluie *très froide* et très fine se congèle et forme une couche unie et transparente. C'est le **verglas**, qui persiste si le sol est au-dessous de 0°.

7. Utilité et inconvénients de la neige. — Lorsque la neige couvre la terre, elle préserve les plantes de l'action de la gelée; quand elle fond, elle abandonne au sol certaines substances fertilisantes qu'elle contient. Il en résulte que, dans les années où il tombe beaucoup de neige, les récoltes sont habituellement abondantes.

Fig. 45. — Pluviomètre.

Dans les pays du nord et sur les hauts plateaux, il se produit parfois de terribles tempêtes appelées *tourmentes*, pendant lesquelles la neige est violemment poussée par le vent. Ces tempêtes sont souvent funestes aux voyageurs. Enfin certains pays de montagnes sont exposés aux *avalanches*, masses de neige qui se détachent des hauteurs et grossissent sans cesse en entraînant avec elles tout ce qu'elles rencontrent.

8. Rosée et gelée blanche. — Pendant la nuit, et surtout à la pointe du jour, la terre se refroidit plus vite que l'air. Aussi l'air qui se trouve en contact avec le sol se refroidit et laisse déposer, sous forme de gouttelettes, une partie de la vapeur d'eau qu'il contient : c'est la **rosée**.

Fig. 46. — La neige est formée de petits cristaux de formes très variées.

Lorsque la température du sol descend au-dessous de zéro degré, la rosée se transforme en glace : c'est la **gelée blanche**.

Si, pendant la nuit, le ciel est couvert de nuages, la terre se refroidit moins vite et la rosée est moins abondante. Parfois même, le vent, en chassant les couches d'air qui se trouvent à la surface du sol, ne leur laisse pas le temps de se refroidir et empêche la formation de la rosée ou de la gelée blanche.

La rosée est très utile, car elle entretient l'humidité du sol. Mais au printemps les effets de la gelée blanche sur les végétaux sont désastreux et il suffit souvent d'une seule nuit pour compromettre une récolte.

On parvient à prévenir les funestes effets de la gelée blanche en plaçant au-dessus des plantes des abris, planches ou paillassons.

Pour préserver une grande étendue de terrain, on fait brûler, avant le lever du soleil, et en différents endroits de la région à protéger, des matières qui produisent beaucoup de fumée (paille humide, substances résineuses), de façon à obtenir des nuages artificiels.

9. Lune rousse. — Dans certaines campagnes, on attribue les dégâts causés par la gelée blanche à la lune d'avril, qu'on appelle **lune rousse** parce que les bourgeons gelés *roussissent;* c'est le refroidissement du sol dû à l'absence de nuages et non pas la lune qui est la cause de ces désastres, car les bourgeons ne gèlent pas lorsque la lune est cachée par les nuages, ceux-ci empêchant le rayonnement de la Terre.

RÉSUMÉ

L'*eau* existe dans la nature à l'état **solide, liquide, gazeux.**

Au-dessous de zéro degré, l'eau augmente brusquement de volume en se transformant en *glace.*

A la surface des lacs et des mers, il se produit constamment de la *vapeur d'eau*, qui se dissout dans l'atmosphère. Lorsque l'air se refroidit, elle se condense en gouttelettes extrêmement petites qui flottent dans l'atmosphère et forment les *brouillards* et les *nuages.*

Lorsqu'un nuage se refroidit, les gouttelettes dont il est formé grossissent et tombent : c'est la *pluie.* Si la température de ce nuage descend au-dessous de zéro, de petits cristaux étoilés se forment et tombent: c'est la *neige.* Enfin, sous l'influence du froid et de l'électricité, il peut tomber de la *grêle.*

Par suite du refroidissement de la terre, à la suite d'une nuit sereine, il se forme de la *rosée* et même, lorsque la température du sol descend au-dessous de zéro, de la *gelée blanche.*

EXERCICES

QUESTIONS ET EXPÉRIENCES. — *1. Pourquoi la glace flotte-t-elle à la surface de l'eau? — 2. Comment peut-on démontrer qu'il y a de la vapeur d'eau dans l'air? — 3. Le brouillard qui obscurcissait la vallée ce matin s'est dissipé peu à peu, dès que le soleil s'est levé à l'horizon; pourquoi?*

DEVOIRS. — *I. Vous avez entendu dire « La rosée tombe ». L'expression est-elle juste? Dites comment se forme la rosée et quels en sont les effets sur les plantes. — II. Montrez comment l'eau de la mer et des nuages parvient à la surface des continents et revient à la mer ou aux nuages.*

8ᵉ LEÇON. — LE CARBONE OU CHARBON.

SOMMAIRE. — Charbons naturels : diamant, graphite, houille, anthracite, tourbe. — Charbons artificiels : coke, charbon de bois, noir de fumée, noir animal.

1. Carbone. — *Le* carbone *est du* **charbon** *pur*. Il y a deux sortes de **charbons** : les *charbons naturels,* qu'on trouve tout formés dans la nature, et les *charbons artificiels,* qui sont fabriqués par les hommes.
On appelle vulgairement *charbons* ou *combustibles,* ceux d'entre eux qui sont employés pour le chauffage ; tels sont : la houille, l'anthracite, le charbon de bois, etc.

2. Charbons naturels. — Les principaux sont : le *diamant,* le *graphite,* la *houille,* l'*anthracite* et la *tourbe.*

3. Le diamant est du charbon pur cristallisé. — C'est le plus dur des corps connus. Généralement *incolore,* il est parfois *jaune, rose, bleu* ou *noir.* Convenablement taillé (*fig.* 47, 48), il produit des effets de lumière qui le font rechercher pour la bijouterie ; il est employé aussi en horlogerie et sert à faire des outils pour couper le verre.

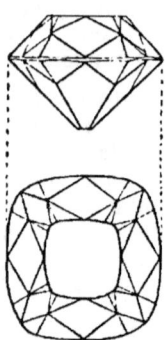
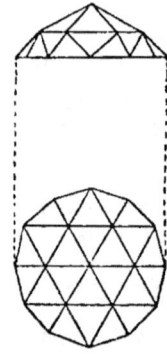

Fig. 47. — Diamant taillé en brillant.

Fig. 48. — Diamant taillé en rose.

Les *diamants noirs* sont les plus durs ; fixés à l'extrémité d'outils en acier, ils permettent de creuser des trous de mine dans le granit. C'est ainsi qu'on a percé les tunnels du *Mont-Cenis* et du *Saint-Gothard.*
Le diamant est très rare ; on l'a d'abord trouvé aux Indes et au Brésil, disséminé dans certains sables d'*alluvion*[1]. Actuellement, à Kimberley, dans l'Afrique du Sud, on extrait chaque année environ 10 kilogrammes de diamants de certaines roches appelées *terres bleues.*
Le plus gros diamant connu est le *Cullinan,* trouvé à la mine *Premier,* de Kimberley, et offert en 1907 par le *Transvaal* à Édouard VII, roi d'Angleterre. Il pèse 3 027 carats. On estime qu'après la taille il pèsera environ 1 500 carats, c'est-à-dire 308 grammes.
Le *Régent,* qui appartient à la France, est l'un des plus beaux diamants ; il pèse 29 gr. 61 et est estimé 12 millions de francs.

4. Graphite. — Le graphite, appelé aussi **plombagine** ou **mine de plomb,** est du charbon presque pur. Doux au toucher, il peut être rayé par l'ongle et laisse sur le papier une tache grise. On le trouve en France, en Angleterre et surtout en Sibérie (Voir *planche* I, p. 84).

---

1. Alluvion (sables d') : qui ont été déposés par les fleuves et les rivières.

Scié en petites baguettes, le graphite constitue la *mine* des crayons durs, dits *crayons à la mine de plomb*. Broyé et pétri avec de l'argile très pure, il donne une pâte qui sert à faire les crayons tendres ou *crayons Conté*. Délayé avec de l'huile, il sert à noircir les objets en fonte ou en tôle pour les préserver de la rouille. Enfin on l'emploie mélangé avec des matières grasses pour diminuer le frottement des engrenages des machines.

5. Houille. — La houille ou **charbon de terre** est noire et brillante. Elle provient de l'altération lente de végétaux qui ont été charriés par les eaux, puis recouverts par des dépôts successifs il y a des milliers de siècles. On la trouve en couches superposées, à une plus ou moins grande profondeur. Pour arriver jusqu'à elle et l'exploiter, on creuse des puits et, dans chaque couche de houille traversée, on perce des galeries. Puits et galeries constituent ce qu'on appelle une **mine** (*fig.* 49).

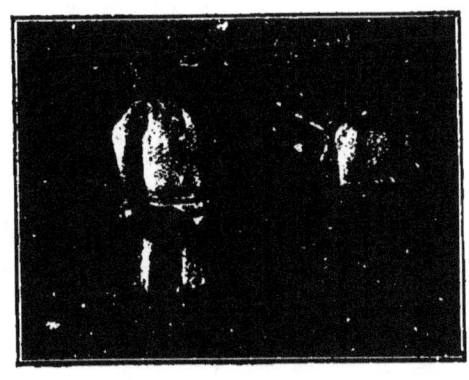

Fig. 49. — Abatage de la houille dans une galerie basse.

En France les principales mines de houille se trouvent dans les départements du Nord et du Centre.

La houille est le principal combustible domestique et industriel; elle alimente les machines à vapeur des usines, des chemins de fer et des bateaux à vapeur; enfin, chauffée en vase clos [1], elle fournit le *gaz d'éclairage*, et, comme résidus, le *goudron* et le *coke*.

6. Anthracite. — L'anthracite ou **charbon de pierre** ressemble beaucoup à la houille, mais il brûle moins vite. On l'emploie dans les appareils de chauffage à combustion ralentie.

7. Tourbe. — La **tourbe** est une matière brune et *spongieuse* [2], très pauvre en charbon. Elle est de formation récente et provient de la décomposition des plantes des marais. En France, on en trouve surtout en Bretagne et dans la Somme; on l'exploite à la bêche et on la fait sécher au soleil.

La tourbe est un médiocre combustible qui dégage beaucoup de fumée. On l'emploie parfois comme litière.

8. Charbons artificiels. — Les principaux sont : le **coke**, le **charbon de bois**, le **noir de fumée** et le **noir animal**.

---

1. **Clos** (vase): bien fermé, de façon à ne pas donner passage à l'air extérieur.
2. **Spongieuse** : poreuse, de la nature de l'*éponge*.

SCIENCES PHYSIQUES.   36

9. Coke. — Le *coke* est ce qui reste de la houille lorsqu'on en a extrait le *gaz d'éclairage*. C'est un charbon qui brûle sans fumée et sans flamme, tout en produisant beaucoup de chaleur.

10. Charbon de bois. — Le *charbon de bois* s'obtient en brûlant incomplètement du bois dans un courant d'air insuffisant (*fig.* 50).

Dans la forêt, le charbonnier choisit un terrain uni et bien dégagé sur lequel il plante des pieux de manière à former une espèce de cheminée, autour de laquelle il dispose debout et légèrement inclinés, en étages superposés, des morceaux de bois longs d'environ 50 centimètres. Il recouvre la meule ainsi obtenue, qui a la forme demi-sphérique, de feuilles et de mottes de gazon, en laissant à la base quelques ouvertures pour l'arrivée de l'air, puis il enflamme la masse en jetant dans la cheminée du bois bien allumé. Le feu se propage lentement dans la meule, et l'air ne circulant que difficilement, le bois, au lieu de se consumer, se transforme en charbon. Quand la carbonisation est terminée, le charbonnier bouche toutes les ouvertures et laisse refroidir, puis il retire le charbon et le met dans de grands sacs.

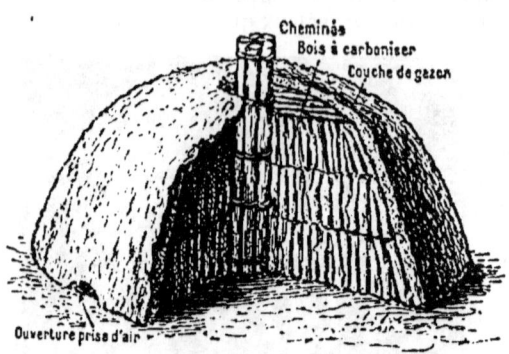

Fig. 50. — Meule de bois préparée pour la fabrication du charbon (coupe).

Les boulangers retirent du four le charbon à demi consumé pour le mettre dans des appareils en tôle appelés *étouffoirs*; faute d'air, la combustion cesse : on obtient la **braise**.

11. Le charbon de bois est un désinfectant. — Le charbon de bois, *très poreux*, **absorbe les gaz**. Aussi l'on *désinfecte* les fosses d'aisances en y jetant de la poussière de charbon, et l'on *filtre* les eaux des mares et des étangs en les faisant passer sur une couche de charbon de bois comprimée entre deux couches de sable de rivière.

Le charbon de bois est surtout employé comme combustible pour la cuisine; il entre aussi dans la composition de la poudre.

12. Noir de fumée. — Le **noir de fumée** ou *suie* est une poussière noire qui s'amasse dans les cheminées.

On l'obtient en grande quantité en faisant brûler des *matières résineuses*, dont la combustion est toujours incomplète, et en faisant passer la fumée dans une chambre, puis dans des sacs de toile. Le noir le plus fin se dépose dans les sacs les plus éloignés.

Le noir de fumée est employé dans la peinture, et aussi dans la fabrication de l'encre d'imprimerie et de l'encre de Chine. Mélangé à de l'argile, il sert à faire les crayons des dessinateurs.

13. Noir animal. — Le noir animal ou *charbon animal* résulte de la calcination des os *en vase clos*. C'est un corps noir, qui contient peu de charbon, mais qui est un puissant décolorant.

Expérience. — Agitons du vin avec du noir animal en poudre et filtrons (*fig.* 51); nous obtenons un liquide incolore.

Dans la fabrication du sucre, on emploie le noir animal pour décolorer les jus de betterave ou de canne à sucre.

RÉSUMÉ

Les principaux **charbons naturels** sont : 1° le *diamant*, le plus dur des corps connus; il est employé en bijouterie et en horlogerie; on en fabrique aussi des pointes d'outils; — 2° le *graphite*

Fig. 51. — Le noir animal décolore le vin.

ou *plombagine*, qui sert à faire des crayons, à noircir les objets en fonte ou en tôle, à diminuer le frottement des engrenages, etc.; — 3° la *houille*, qui sert à chauffer nos habitations, les machines à vapeur, et qui fournit, par sa distillation en vase clos, le gaz d'éclairage et le coke; — 4° l'*anthracite*, qui brûle moins vite que la houille; — 5° la *tourbe*, qui est un mauvais combustible.

Les **charbons artificiels** sont : 1° le *coke*, que l'on obtient en distillant la houille : sa combustion produit beaucoup de chaleur; — 2° le *charbon de bois*, qui se fabrique en brûlant incomplètement du bois dans un courant d'air insuffisant. On l'emploie comme combustible pour la cuisine. Il sert aussi à filtrer les eaux croupies, à désinfecter les fosses d'aisances; — 3° le *noir de fumée*, ou *suie*, employé dans la peinture et dans la fabrication de l'encre d'imprimerie, de l'encre de Chine, des crayons noirs, etc.; — 4° le *noir animal*, charbon d'os calcinés; c'est un décolorant employé dans la fabrication du sucre.

EXERCICES

Questions et Expériences. — *1. Le diamant est-il plus utile que la houille? — 2. Vous avez oublié sur le feu du pain grillé. Que retrouvez-vous quand vous revenez? — 3. Lorsque la lampe file et que vous mettez une assiette au-dessus du verre, qu'arrive-t-il? Pourquoi?*

Devoirs. — *I. La houille, ses origines et son extraction. Ses usages. — II. Indiquez comment on fabrique le charbon de bois. Propriétés et usages.*

9ᵉ LEÇON. — LE GAZ CARBONIQUE, ETC.

SOMMAIRE. — Le gaz carbonique : préparation; sa présence dans les eaux minérales et dans l'air : fontaines incrustantes; applications à l'agriculture et à l'hygiène : l'asphyxie. — L'oxyde de carbone. — Le gaz des marais : le grisou.

1. Gaz carbonique. — Lorsque du *carbone* brûle au milieu de l'air, il se *combine* à l'*oxygène* pour donner du *gaz carbonique*, gaz incolore et inodore, plus lourd que l'air.

Le gaz carbonique n'entretient ni la combustion ni la respiration.

EXPÉRIENCE. — Faisons arriver du gaz carbonique dans un bocal où brûle une bougie (*fig.* 52) : elle s'éteint bientôt et un animal y périt asphyxié. — Dissous dans l'eau, il lui donne une saveur légèrement piquante et favorise la digestion. Il rend mousseux le vin (*vin de Champagne*), la bière, le cidre et les limonades. *L'eau de Seltz* n'est que de l'eau ordinaire qui a dissous, sous pression, une grande quantité de gaz carbonique.

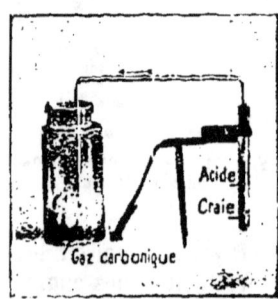

Fig. 52. — Le gaz carbonique se dégage du calcaire (craie) sur lequel on a versé de l'acide chlorhydrique, et s'accumule au fond du bocal; la bougie s'éteint.

2. Préparation du gaz carbonique. — On le prépare en mettant dans un tube à essais du *carbonate de calcium* (craie, marbre, etc.) avec de l'eau et du *vinaigre* (ou bien de l'*acide chlorhydrique*. Voir p. 62). Le carbonate de calcium est décomposé et des bulles de gaz carbonique se dégagent en produisant une *effervescence*[1]. Le gaz carbonique, plus lourd que l'air, peut être recueilli dans un flacon ouvert.

3. Le gaz carbonique existe dans les eaux minérales. — Certaines eaux minérales, très riches en gaz carbonique et en carbonate de calcium, perdent une partie de leur gaz carbonique lorsqu'elles arrivent à la surface du sol et le carbonate de calcium se dépose sur les objets *immergés*[2]. On les nomme des *fontaines incrustantes* : telle est la source de Saint-Allyre, près de Clermont-Ferrand.

Lorsque ces eaux, en filtrant à travers le sol, atteignent une cavité (grotte), elles déposent sur ses parois une couche de carbonate de calcium et, si l'eau *suinte*[3] à la partie supérieure, il se forme des colonnes verticales descendantes appelées **stalactites** et, en dessous, des colonnes montantes appelées **stalagmites** qui rejoignent parfois les premières.

4. Le gaz carbonique existe dans l'atmosphère. — Il provient de la *respiration de l'homme*, des *animaux* et des *plantes*, des *combustions* (chauffage, éclairage), des *fermentations*[4], des *putréfactions*[5],

---

1. **Effervescence** : sorte de bouillonnement avec dégagement de gaz.
2. **Immergé** : plongé dans l'eau.
3. **Suinte** : s'écoule, sort insensiblement.
4. **Fermentation** : décomposition qui s'effectue dans les substances animales ou végétales sous l'influence de l'air, de l'humidité et d'une chaleur tempérée.
5. **Putréfaction** : décomposition des corps organisés après la mort.

enfin il s'en dégage du cratère des volcans et de certaines fissures [1] du sol, comme dans la grotte du Chien, près de Naples (Italie).

L'homme qui respire exhale du gaz carbonique. En soufflant avec un tube dans de l'eau de chaux, celle-ci se trouble aussitôt et devient blanche : il se forme du carbonate de calcium.

La quantité de gaz carbonique qui existe dans l'air ne varie pas, car les parties vertes des plantes, sous l'influence des rayons solaires, décomposent ce gaz en oxygène qui se dégage, et en carbone qui se fixe dans les tissus de la plante. C'est ce carbone qui rend le bois combustible.

Ainsi les plantes qui, par la respiration, produisent constamment du gaz carbonique, en décomposent pendant le jour par leurs feuilles une plus grande quantité, de sorte qu'en définitive elles assainissent l'atmosphère.

Expérience. — Introduisons un rameau avec feuilles vertes dans un flacon plein d'eau additionnée d'un peu d'*eau de Seltz*, agencé comme l'indique la figure 53; exposons le flacon au soleil ; on voit bientôt des bulles de gaz se détacher de la surface des feuilles et se réunir à la partie supérieure du tube fermé d'un bouchon ; l'on constate que ce gaz est de l'oxygène.

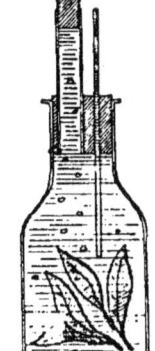

Fig. 53. — Les feuilles dégagent de l'oxygène.

5. Applications à l'agriculture. — Certains corps, comme le carbonate et le phosphate de calcium, indispensables à la nourriture des plantes, ne peuvent être absorbés par les racines que s'ils sont dissous par l'eau qu'elles puisent dans le sol. Or ces corps ne se dissolvent que dans de l'eau contenant du gaz carbonique; aussi laboure-t-on profondément le sol pour que ce gaz puisse y pénétrer par l'intermédiaire de l'air et de l'eau de pluie.

6. Applications à l'industrie. — Le gaz carbonique passe à l'état liquide lorsqu'on le soumet à une pression de 36 atmosphères dans un réservoir refroidi par de la glace.

Le commerce livre le *gaz carbonique liquéfié* dans des cylindres en fer forgé très résistants. En s'évaporant à l'air, il produit un abaissement de température considérable et se solidifie sous forme de neige. Quand on mélange cette neige avec un liquide, par exemple avec de l'éther, la température du mélange s'abaisse jusqu'à 90° au-dessous de zéro.

Un kilogramme de gaz carbonique liquéfié se transforme en plus de 400 litres de gaz carbonique à la pression ordinaire. Une telle expansion de gaz exerce naturellement une poussée que l'on utilise dans les cafés, par exemple, en la dirigeant sur la surface de la bière que l'on veut faire monter aux pompes.

7. Le gaz carbonique asphyxie. — *Le gaz carbonique n'est pas un poison, mais il peut amener l'asphyxie lorsque l'air en renferme une trop grande quantité.* On doit donc avoir soin d'*aérer* les pièces où l'on séjourne et les étables, écuries, etc. occupées par les animaux.

Comme le gaz carbonique est plus lourd que l'air, il s'accumule à la surface

---

1. **Fissure :** petite fente, petite crevasse.

du sol; aussi lorsqu'on pénètre dans un endroit où il se produit de ce gaz, par exemple dans une cave où fermentent des raisins, on doit tenir à la main une bougie allumée. Si la bougie s'éteint, c'est qu'il y a une trop grande quantité de gaz carbonique dans l'air, il faut remonter au plus vite et aérer la cave.

8. L'oxyde de carbone empoisonne. — Le *carbone*, en brûlant dans un endroit où l'air n'arrive pas librement, donne de l'*oxyde de carbone*.

L'**oxyde de carbone**, *gaz incolore et inodore, est un poison violent;* il cause des *maux de tête*, des *vertiges*, puis l'empoisonnement. Les *poêles mobiles*, où il y a beaucoup de charbon pour un faible courant d'air, produisent une grande quantité d'oxyde de carbone; ils constituent un sérieux danger si leur tuyau n'est pas engagé dans une cheminée d'un bon tirage. Les *poêles en fonte*, lorsqu'ils sont chauffés au rouge, laissent passer à travers leurs parois l'oxyde de carbone des couches de charbon les moins chauffées. Il faut donc surveiller leur fonctionnement. — Enfin, on ne doit jamais fermer complètement la *clef* d'un poêle pour ralentir la combustion, car les gaz ne pouvant plus s'échapper par le tuyau se répandraient dans la pièce.

Les *réchauds, chaufferettes,* et en général tous les *appareils dépourvus de tirage*, dégagent de l'*oxyde de carbone;* ils doivent être rejetés.

9. Le gaz des marais (grisou). — Les matières végétales, en se décomposant lentement au fond des *eaux stagnantes* [1], donnent naissance au *gaz des marais*, composé de *carbone* et d'*hydrogène*.

Fig. 54. — Le carbure d'hydrogène (gaz des marais) se dégage du fond des eaux stagnantes.

Pour recueillir ce gaz on agite avec un bâton la vase des marais et on recueille les bulles qui s'en dégagent dans un flacon rempli d'eau au préalable et muni d'un large entonnoir (*fig.* 54).

En Perse, en Italie et même en France, dans le Dauphiné, le gaz des marais se dégage des fissures du sol; mais c'est principalement dans les mines de houille que l'on a à redouter le dégagement subit de ce gaz appelé **grisou**, car, mélangé à l'air des galeries, il prend feu au contact d'une flamme et produit de terribles explosions connues sous le nom de **coups de grisou**. Pour les éviter, les mineurs se servent d'une *lampe de sûreté*, inventée par Davy [2] en 1815.

La lampe de Davy repose sur ce principe que les toiles métalliques refroidissent suffisamment les gaz qui les traversent pour faire cesser

---

1. Stagnantes (eaux) : qui ne s'écoulent pas. | 2. Davy : chimiste anglais (1778-1829).

leur combustion. En effet, si l'on abaisse une toile métallique sur une flamme, celle-ci s'arrête sous la toile et les gaz traversent les mailles sans brûler (*fig.* 55) [Voir p. 47, § 3].

La *lampe de sûreté* (*fig.* 56) se compose essentiellement d'une lampe à huile ordinaire enveloppée d'une toile métallique. Si le grisou pénètre dans l'intérieur de la toile, il peut s'y produire une petite explosion, mais la flamme ne pouvant traverser la toile métallique, la lampe s'éteint et le mineur est averti qu'il doit se retirer. On aère alors vigoureusement la galerie envahie par le grisou.

RÉSUMÉ

Le **gaz carbonique** *n'entretient ni la combustion ni la respiration*; il se dissout dans l'eau et favorise la digestion.

Le *gaz carbonique de l'air* est un produit de

Fig. 55. — La flamme ne traverse pas une toile métallique.

Fig. 56. — Lampe de Davy.

la *respiration* de l'*homme*, des *animaux* et des *plantes*, des différentes *combustions* (chauffage, éclairage), des *fermentations*, des *putréfactions*.

C'est grâce au gaz carbonique que l'eau peut dissoudre certains corps nécessaires à la nourriture des plantes. De plus, pendant le jour, les végétaux décomposent le *gaz carbonique* de l'atmosphère en *carbone* qu'elles retiennent et en *oxygène* qu'elles rejettent.

Il est dangereux de séjourner dans un endroit fermé où il se produit du gaz carbonique, car on peut être asphyxié.

L'**oxyde de carbone** *est un poison violent*. Il se produit lorsque l'air n'arrive pas en quantité suffisante sur un foyer; on doit rejeter tous les appareils de chauffage qui ne possèdent pas un bon tirage.

Le **gaz des marais**, appelé aussi *grisou*, s'accumule parfois dans les mines de houille et y produit des explosions terribles.

EXERCICES

QUESTIONS D'INTELLIGENCE. — *1. Pourquoi évite-t-on de placer le vinaigrier sur le marbre de la cheminée? — 2. A quel moment de la journée l'air de la forêt est-il le moins chargé de gaz carbonique? — Comment le gaz carbonique, étant plus lourd que l'air, peut-il monter dans le tuyau de la cheminée?*

DEVOIRS. — *I. Le gaz carbonique, sa production et son utilité. Précautions que l'on doit prendre pour éviter l'asphyxie par ce gaz. — II. L'oxyde de carbone. Dans quels appareils se produit-il surtout, et pourquoi?*

10ᵉ LEÇON. — LA CHALEUR. — DILATATION.

SOMMAIRE. — La chaleur. — Dilatation des solides, des liquides et des gaz : le thermomètre. — Vaporisation à l'air libre. — Vaporisation en vase clos : machine à vapeur.

1. La chaleur et le froid. — Nous disons qu'un corps est *chaud* ou *froid* selon les impressions qu'il produit sur nous. Ces impressions varient d'ailleurs suivant l'état du corps et celui de nos organes. Ainsi, en hiver, un corps qui est chaud pour une personne venant du dehors semble froid à une autre personne qui est dans la pièce.

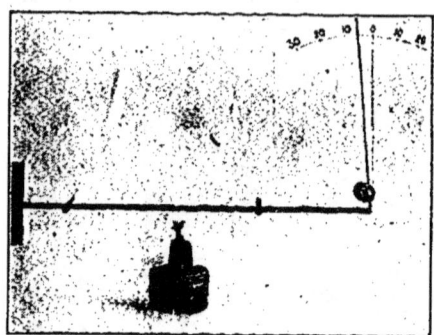

Fig. 57. — La chaleur fait dilater le fer.

On dit qu'un corps *s'échauffe* lorsqu'il reçoit de la chaleur, et qu'il *se refroidit* lorsqu'il en perd. Plus il perd de chaleur, plus il est froid. La *chaleur* est une des grandes forces de la nature qui modifient l'état des corps.

Le soleil nous donne la *chaleur naturelle* ; les combustibles (bois, charbon, etc.) nous donnent la *chaleur artificielle*.

2. La chaleur dilate les corps. — En échauffant les corps, la chaleur augmente leur volume, elle les dilate. Poussée à un certain degré, elle change leur état, *elle transforme les solides en liquides* (c'est la *fusion*) *et les liquides en vapeur* (c'est la *vaporisation*).

3. Dilatation des solides. — Expérience. Disposons une tige de fer de façon que, arro-

Fig. 58, 59. — Un liquide se dilate par l'action de la chaleur. 1. Liquide à la température ordinaire. 2. Le même liquide plongé dans l'eau chaude et dilaté.

tée d'un bout par un corps solide, elle vienne buter par l'autre bout contre l'extrémité inférieure d'une aiguille à tricoter qui traverse un bouchon et se meut sur un cadran. Si l'on chauffe la tige, elle s'allonge et pousse l'aiguille qui décrit un arc de cercle en s'éloignant de la verticale (*fig.* 57).

4. Dilatation des corps liquides. — EXPÉRIENCE. Fermons un tube à essais, rempli d'eau colorée, au moyen d'un bouchon traversé par un petit tube ouvert aux deux bouts (*fig.* 58). L'eau colorée monte jusqu'à un point que l'on rend bien visible à l'aide d'une collerette en papier. Plongeons le tube à essais dans l'eau chaude; la colonne de liquide monte aussitôt dans le petit tube (*fig.* 59).

5. Dilatation des gaz. — Tous les corps se dilatent, mais les liquides se dilatent plus que les solides, et les gaz plus que les liquides.

Tous les gaz se dilatent également pour une même élévation de température; si l'on s'oppose à leur dilatation, leur force élastique augmente à mesure qu'on les chauffe.

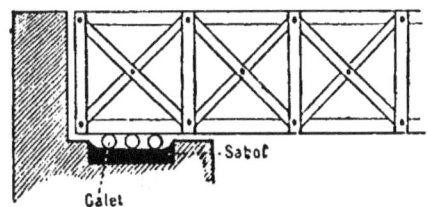

Fig. 60. — Les tabliers des ponts métalliques ont une extrémité non fixée et reposent sur des galets afin de permettre la dilatation.

6. Applications. — La *dilatation* des corps *solides* se produit avec une très grande *force* quand ils sont chauffés. C'est pour leur permettre de se dilater sans inconvénient que les ponts métalliques ne sont pas fixés sur la maçonnerie et que l'une de leurs extrémités est même supportée par de petites roues (*galets*). De même le *charron* fait le cercle de fer un peu plus petit que la roue, puis il le chauffe fortement (*fig.* 61). Le cercle s'agrandit et on peut y enchâsser la roue. On l'arrose alors avec de l'eau; en se refroidissant, il se contracte et maintient solidement l'assemblage de la pièce.

Le *thermomètre*, qui sert à mesurer la température, est lui-même une application de la dilatation des liquides.

Fig. 61. — Cerclage des roues. 1. Le cercle chauffé se dilate. 2. Le cercle refroidi se contracte.

7. Thermomètre. — Selon que les corps sont plus ou moins chauds, on dit que leur *température* est plus ou moins *élevée*. Pour la mesurer, on se sert d'un *thermomètre* (*fig.* 62). C'est un tube de verre très étroit d'où l'on a chassé l'air et terminé à sa partie inférieure par un réservoir plein de mercure ou d'alcool. Lorsque la température s'élève, le liquide se dilate et monte dans le tube; au contraire, il se contracte et descend lorsque la température s'abaisse.

Pour *graduer un thermomètre*, on le place d'abord dans de la *glace fondante*; le mercure se refroidit et se contracte, on marque l'endroit où il s'arrête : c'est le *zéro*. On met ensuite le thermomètre dans de la *vapeur d'eau bouillante*, le mercure s'échauffe et se dilate, on marque l'endroit où il s'arrête : c'est le point *cent*. On divise ensuite l'intervalle compris entre les deux points en cent parties égales qu'on appelle *degrés centigrades*. On trace des divisions semblables au-dessous du zéro, pour indiquer les basses températures.

Le thermomètre est fixé sur une planchette qui porte les divisions chiffrées.

8. Utilité du thermomètre. — Le *thermomètre* est employé dans certaines industries pour connaître la température des liquides. Dans les *magnaneries*[1], *serres*[2], salles de classe, chambres de malades, partout où l'on veut une température régulière, on place un thermomètre. Enfin les médecins s'en servent pour connaître le degré de fièvre des malades (V. 24ᵉ *leçon*, § 6).

9. L'évaporation à l'air libre refroidit les corps. — Nous avons vu (p. 30) que de l'eau exposée à l'air sur une assiette disparaît, *s'évapore*. Cette évaporation est plus rapide lorsqu'il fait chaud, surtout si l'air est agité par le vent.

Pour se transformer en vapeur, un liquide a besoin de chaleur; il l'emprunte aux corps environnants; *l'évaporation refroidit donc les corps*. Il est dangereux de se mettre dans un courant d'air lorsqu'on est en sueur ou de conserver du linge humide sur la peau. Pour avoir de l'eau fraîche, en été, il suffit d'entourer une carafe d'un linge mouillé et de la placer dans un courant d'air.

Fig. 62. — Thermomètre.

10. L'ébullition en vase clos donne à la vapeur une grande force élastique. — De l'eau qui bout dans une marmite se réduit rapidement en vapeur. Aussi longtemps qu'elle bout à l'air libre, sa température reste à 100 degrés. Si on ferme hermétiquement la marmite, l'ébullition est retardée, mais la vapeur acquiert une tension, une *force élastique*, de plus en plus grande. On la met en évidence en introduisant un peu d'eau dans un porte-plume métallique fermé solidement par un bouchon et en le plaçant sur le feu. Le bouchon est bientôt chassé avec force.

11. Machine à vapeur. — On utilise la force de la vapeur dans les *machines à vapeur*. La vapeur produite sous pression dans une chaudière de forme spéciale et à parois très résistantes est conduite dans un *cylindre* où se trouve un *piston*. Par le jeu d'un appareil appelé *tiroir* (*fig.* 63 et 64), la vapeur est distribuée tantôt au-dessus, tantôt au-dessous du piston et lui communique un mouvement de *va-et-vient*. A chaque course du piston, la vapeur qui a servi et qui est détendue est chassée vers un *trou de sortie*. Le mouvement de va-et-vient du piston est transformé aisément en mouvement de *rotation*. Pour cela une

---

1. Magnanerie : bâtiment où l'on élève des vers à soie.
2. Serre : construction vitrée où l'on entretient une température constante et où l'on place les plantes qui redoutent le froid.

bielle ou tige d'acier est articulée à la fois à la tige du piston et à une manivelle fixée sur l'essieu d'une roue qu'on veut faire tourner. On fait mouvoir ainsi les locomotives ou les roues motrices des machines.

RÉSUMÉ

La chaleur produit des impressions de chaud et de froid. En échauffant les corps, elle les **dilate** et va jusqu'à **changer leur état.**

Le *thermomètre* sert à mesurer les températures. C'est un tube de verre très étroit muni d'un réservoir contenant un liquide, *mercure* ou *alcool*.

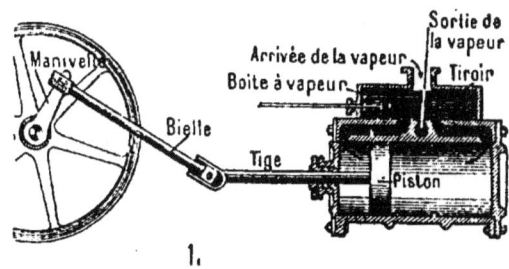

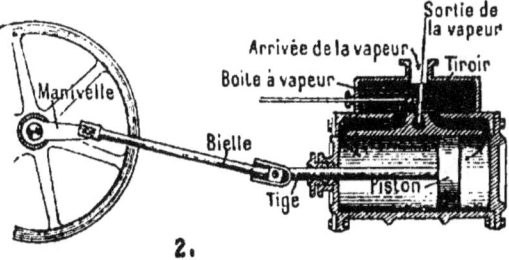

Fig. 63, 64. — Le va-et-vient du piston fait tourner les roues de la locomotive. 1, 1re phase; 2, 2e phase.

Le liquide monte sous l'action de la chaleur et descend sous l'action du froid.

Pour se transformer en vapeur, un liquide a besoin de chaleur. Lorsqu'on ne lui en fournit pas, il l'emprunte aux corps environnants, il les refroidit.

Lorsqu'on chauffe un liquide, il se transforme rapidement en vapeur. Produite en *vase clos*, la vapeur acquiert une très grande force d'expansion qu'on utilise dans les *machines à vapeur*.

EXERCICES

QUESTIONS ET EXPÉRIENCES. — 1. Comment fait-on pour ouvrir un flacon bouché à l'émeri qu'on ne parvient pas à déboucher à la main? — 2. Peut-on dire que notre main est un thermomètre? Donne-t-elle toujours des indications exactes? par exemple quand nous la plongeons dans l'eau froide au sortir de l'eau chaude? — 3. Pourquoi le linge humide exposé au soleil sèche-t-il très vite? — 4. Quand l'eau bout dans une marmite, le couvercle est agité de petites secousses. Pourquoi?

DEVOIRS. — I. Dites quelques mots de la dilatation des corps. Montrez quelques applications. — II. Parlez de la vapeur produite en vase clos. Citez quelques applications de la machine à vapeur.

11ᵉ LEÇON. — LA CHALEUR. — CONDUCTIBILITÉ.

SOMMAIRE. — Rayonnement. — Conductibilité des corps solides et liquides : ses applications à l'hygiène et à l'agriculture. — Chaleur lumineuse et chaleur obscure. — Chauffage : cheminées, poêles, calorifères.

1. Rayonnement de la chaleur. — Les rayons du soleil nous arrivent à travers l'espace vide qui le sépare de la Terre. La chaleur du poêle nous parvient à travers l'air de l'appartement.

La chaleur se propage à travers le vide et à travers les gaz, par rayonnement et en ligne droite, comme la lumière.

Un corps mat[1] et noir, comme le noir de fumée, perd sa chaleur par rayonnement bien plus vite qu'un métal poli et blanc. Inversement, il s'échauffe beaucoup plus vite. — Les vêtements blancs sont préférables, en été, aux vêtements noirs; ils absorbent moins de chaleur solaire.

2. Conductibilité des corps. — *La chaleur se propage aussi à travers les liquides et les solides, par la conductibilité.*

Si l'on chauffe l'extrémité d'une barre de *fer*, la chaleur est bientôt *conduite* jusqu'à l'autre extrémité; on dit, pour cette raison, que le fer est **bon conducteur** de la chaleur.

Répétons la même expérience avec une baguette en *bois*. Tandis que l'une de ses extrémités brûle, l'autre s'échauffe à peine. On dit, pour cette raison, que le bois est **mauvais conducteur** de la chaleur.

Les métaux (argent, cuivre, fer, etc.) sont *bons conducteurs*; les pierres, le verre, la terre et le bois le sont moins; les liquides le sont moins encore. L'air, les substances filamenteuses (laine, coton, chanvre et les autres corps poreux qui contiennent de l'air emprisonné) sont des corps *mauvais conducteurs*. Si nous tendons un morceau de mousseline sur une boule de cuivre et que nous appliquions dessus une braise rouge, le cuivre conduit si bien la chaleur que la mousseline ne se consume pas.

EXPÉRIENCE. — Au contraire, si dans un tube à essais plein d'eau l'on met un peu de beurre maintenu au fond par une rondelle de plomb, on peut faire bouillir l'eau à la partie supérieure du tube, sans que le beurre vienne à fondre. C'est que le verre et surtout l'eau conduisent mal la chaleur (*fig. 65*).

Fig. 65. — L'eau conduit mal la chaleur.

3. Applications. — Un corps *s'échauffe* ou *se refroidit* suivant qu'il est placé dans un *milieu plus chaud* ou *plus froid* que lui.

Pour retarder son changement de température, il suffit de l'enve-

---

1. Mat (corps) : corps ni poli ni brillant.

lopper d'un corps mauvais conducteur de la chaleur. Ainsi nos vêtements nous protègent contre le froid pour deux raisons : 1° ils sont composés de filaments (laine, coton, chanvre, etc.) mauvais conducteurs; 2° ils emprisonnent entre les mailles de leurs tissus de l'air, corps mauvais conducteur, qui empêche la chaleur du corps de se perdre au dehors. Les étoffes qui nous préservent le mieux du froid sont les moins serrées et les plus *moelleuses* [1], c'est-à-dire celles qui retiennent une très grande quantité d'air : telles sont les étoffes de laine et les fourrures.

Les habitants des pays chauds, les Arabes par exemple, portent en été des vêtements de laine, afin de se protéger contre la chaleur extérieure plus élevée que celle du corps. En hiver, nous entourons de paille, corps mauvais conducteur, les pompes et les tuyaux de conduite pour que l'eau ne se congèle pas ; nous enveloppons de même la tige et les branches des plantes qui ne résistent pas au froid; les jardiniers *buttent* les artichauts, c'est-à-dire accumulent de la terre autour de chaque pied, puis les recouvrent d'une couche de feuilles sèches ou de paille pour leur permettre de résister aux gelées de l'hiver. Pour conserver un bloc de glace, nous l'enroulons dans une couverture de laine. — Enfin, nous avons vu qu'une toile métallique arrête la combustion d'un gaz (*fig*. 55). En effet, la chaleur de la flamme qui lèche une toile métallique se propage rapidement dans toute la masse du métal bon conducteur, puis se répand dans l'air par rayonnement. Ainsi les gaz, quand ils traversent la toile, ne sont plus assez chauds pour rester enflammés.

4. Chaleur lumineuse. Chaleur obscure. — On appelle *chaleur lumineuse* celle qui est accompagnée de lumière, comme la chaleur du soleil. — On

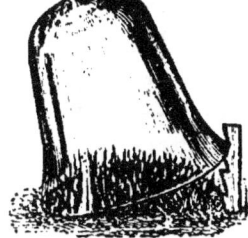

Fig. 66. — Cloche de jardin, en verre.

Fig. 67. — Châssis de jardin, vitré.

appelle *chaleur obscure* celle qui n'est pas accompagnée de lumière, comme la chaleur d'un poêle.

Le verre possède la singulière propriété de se laisser facilement traverser par la chaleur lumineuse, mais d'arrêter presque complètement la chaleur obscure. C'est pour utiliser cette propriété qu'au printemps les jardiniers recouvrent leurs semis de *cloches* en verre (*fig*. 66) ou de *châssis vitrés* (*fig*. 67). La chaleur lumineuse du soleil traverse le verre et échauffe le sol. Mais la chaleur obscure rayonnée par le sol s'accumule sous le verre et active la végétation. On ne renouvelle l'air des cloches ou des châssis que dans le cou-

---

1. Moelleux : doux à la main.

rant de la journée, lorsqu'il fait déjà chaud. On obtient ainsi des fruits et des légumes précoces, qu'on appelle des *primeurs*.

Lorsque les plantes sont trop grandes ou qu'elles réclament une chaleur régulière, on les place dans des *serres*, constructions vitrées où l'on entretient en hiver une température constante au moyen de *calorifères*.

5. Chauffage. — Les corps qui brûlent en produisant de la chaleur et de la lumière sont utilisés dans des *appareils de chauffage* : cheminées, poêles ou calorifères.

6. Cheminées. — Une *cheminée* est un foyer ouvert, placé contre un mur et surmonté d'un conduit qui débouche au-dessus du toit.

Lorsqu'on fait du feu dans une cheminée, l'air du conduit s'échauffe, devient plus léger et monte en entraînant les gaz de la combus-

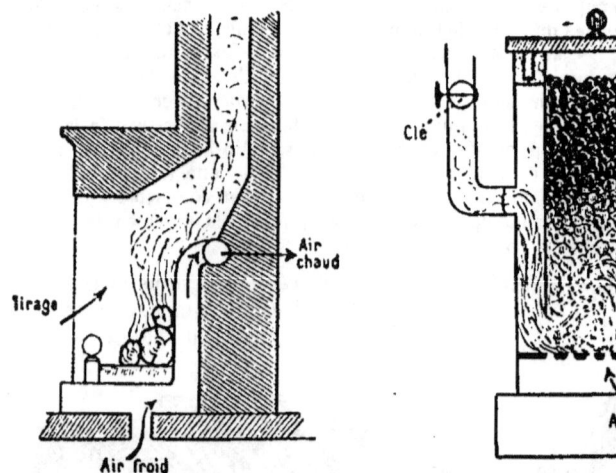

Fig. 68. — Cheminée d'appartement (coupe).

Fig. 69. — Poêle à combustion ralentie (coupe).

tion (*fig.* 68). L'air de la chambre est alors attiré dans le foyer et il est remplacé par l'air du dehors qui entre par les joints des portes et des croisées. L'atmosphère de la pièce est donc constamment renouvelée; aussi le chauffage par les cheminées est-il *le plus salubre*, mais c'est aussi *le plus coûteux*, car il n'utilise qu'une faible partie de la chaleur fournie par le combustible; le reste s'échappe à l'extérieur par le tuyau.

7. Poêles. — Le *poêle* est, de tous les appareils de chauffage, *le plus économique*, car sa grande surface conductrice utilise presque toute la chaleur fournie par le combustible.

Les **poêles de faïence** sont les meilleurs. Ils s'échauffent, il est vrai, plus lentement que ceux de fonte, mais ils conservent la chaleur plus longtemps; enfin ils ne répandent aucune odeur désagréable.

Lorsque les **poêles en fonte** deviennent rouges, ils laissent passer à travers leurs parois des gaz de la combustion; on doit donc éviter de les chauffer trop fortement.

Les **poêles mobiles** à *combustion ralentie* (*fig.* 69) sont d'un usage dangereux, car si le tirage toujours faible devient insuffisant, les gaz de la combustion se répandent dans la pièce et peuvent produire l'asphyxie.

Les poêles à *combustion progressive* (salamandres, etc.) chauffent bien, à peu de frais, et avec moins de dangers.

8. Calorifères. — Les **calorifères** sont surtout employés dans les édifices publics, hôpitaux, mairies, etc.

Ils se composent d'un foyer, ordinairement placé dans la cave. L'air, l'eau ou la vapeur se rendent dans les différentes pièces de la maison par des conduites cachées dans l'épaisseur des murs.

RÉSUMÉ

La chaleur se propage en ligne droite, à travers le vide et à travers l'air par **rayonnement**, à travers les liquides et les solides par **conductibilité**.

Les métaux (argent, cuivre, fer, etc.) sont des corps **bons conducteurs** de la chaleur, tandis que l'air, les substances filamenteuses, le bois, etc. sont des corps **mauvais conducteurs**.

Pour empêcher ou retarder le changement de température d'un corps, on l'enveloppe d'un corps mauvais conducteur.

La chaleur est dite **lumineuse** lorsqu'elle est accompagnée de lumière; elle est dite **obscure** dans le cas contraire. Le verre a la propriété de se laisser traverser par la chaleur lumineuse et de s'opposer au passage de la chaleur obscure. Les jardiniers utilisent cette propriété pour les *châssis* et les *serres*.

Les appareils de chauffage les plus connus sont : les *cheminées*, très hygiéniques, mais qui laissent perdre beaucoup de chaleur ; les *poêles*, plus économiques, mais qui doivent être choisis avec soin et surveillés de très près ; les *calorifères*, qui sont surtout employés dans les édifices publics.

EXERCICES

QUESTIONS ET EXPÉRIENCES. — *1. Notre filtre à café est en métal ; pourquoi le manche est-il en bois ? — 2. La fermière a fait la soupe avant d'aller aux champs, comment peut-elle la tenir chaude jusqu'à son retour ? — 3. On jette un papier très léger dans une cheminée où il y a du feu ; expliquez ce qui se produit. — 4. Le feu a pris à vos vêtements ; vaut-il mieux fuir ou vous rouler par terre ? Pourquoi ?*

DEVOIRS. — *I. Montrez comment on peut retarder le refroidissement des corps. — II. La chaleur lumineuse et la chaleur obscure. Propriété du verre; parti qu'en tirent les jardiniers. — III. Principaux appareils de chauffage. Avantages et inconvénients de chacun d'eux.*

12ᵉ LEÇON. — LA LUMIÈRE. — L'ÉCLAIRAGE.

SOMMAIRE. — La lumière naturelle, son utilité. — L'éclairage artificiel : chandelles et bougies ; huiles végétales et huile minérale, lampes ; gaz d'éclairage ; acétylène ; éclairage électrique.

1. La lumière naturelle. — La *lumière* est ce qui rend les objets sensibles à notre vue. Les corps qui émettent de la lumière par eux-mêmes sont appelés *corps enflammés* ou **corps lumineux** : tels sont le soleil, les étoiles, la flamme d'une bougie, etc. Ceux qui, recevant de la lumière, nous la renvoient et sont ainsi rendus visibles sont des **corps éclairés** : tels sont la lune et les objets qui nous entourent.

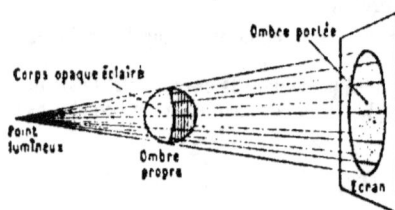

Fig. 70. — Corps opaque éclairé par un point lumineux.

Un corps *transparent* est traversé par la lumière et laisse voir les objets placés derrière lui : tels sont l'air, le verre, etc.

Un corps *opaque* arrête la lumière et ne permet pas de distinguer les objets placés derrière lui : tels sont le bois, les pierres, etc. Derrière un corps opaque éclairé par un *point lumineux* (*fig.* 70) se trouve un espace non éclairé qu'on appelle l'*ombre* du corps.

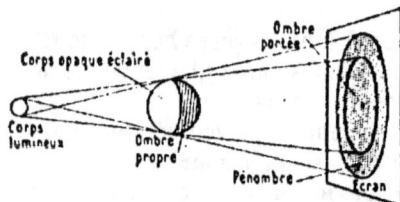

Fig. 71. — Corps opaque éclairé par un corps lumineux.

S'il est éclairé par un *corps lumineux* (*fig.* 71), il y a de plus autour de l'ombre une portion d'espace qui ne reçoit qu'une partie de la lumière : c'est la *pénombre*.

2. Utilité de la lumière. — Dans un lieu obscur, une plante se décolore et dépérit, car ses parties vertes, en l'absence des rayons solaires, ne peuvent pas décomposer le gaz carbonique de l'air et absorber le carbone qui forme le bois. La lumière est donc indispensable aux végétaux. — C'est pourquoi on doit préférer les semis en lignes aux semis à la volée, parce que l'air y circule plus facilement, et aussi parce que la lumière éclaire mieux la plante. — La lumière est également nécessaire aux animaux et à l'homme ; les personnes qui séjournent dans des chambres peu éclairées deviennent pâles et languissantes.

3. Éclairage artificiel. — Le soleil nous procure un *éclairage naturel*. A son défaut, nous obtenons un *éclairage artificiel* à l'aide des **chandelles et des bougies, des lampes à huile et à pétrole, du gaz d'éclairage, de l'acétylène, de l'électricité**, etc.

4. Chandelles. — On fabrique des *chandelles* en coulant du suif dans des moules traversés par une mèche de coton tordue. Les chandelles donnent une flamme fumeuse et peu éclairante ; elles ont de plus l'inconvénient de couler et de tacher les objets.

5. Bougies. — Du suif, on retire l'*acide stéarique* avec lequel on fabrique des *bougies*. Cet acide est fondu et coulé dans des moules traversés par une mèche de coton tressée et imprégnée d'acide borique. Les bougies (*fig.* 72) donnent une flamme éclairante et salissent moins que les chandelles, mais elles sont un mode d'éclairage coûteux.

6. Huiles végétales. — On emploie pour l'éclairage les huiles extraites des graines du colza, de la *cameline*, etc. (Voir *43ᵉ leçon*).

7. Huile minérale. — On trouve dans le sein de la terre, en Russie sur les bords de la mer Caspienne et surtout dans l'Amérique du Nord, des nappes d'une *huile minérale* composée de carbone et d'hydrogène et appelée **pétrole**, qui fournit un éclairage très économique.

Le pétrole brut n'est pas pur, on le purifie par distillation et on en retire différents produits dont les principaux sont :

1° L'**essence de pétrole** ou essence minérale qui sert pour l'éclairage. C'est un liquide très dangereux, car ses vapeurs s'enflamment facilement.

2° L'**huile de pétrole** (*luciline, saxoléine, oriflamme, etc.*) qui sert pour l'éclairage.

3° Les **huiles lourdes** de pétrole qui servent au graissage et au chauffage des machines à vapeur. Elles laissent déposer, en se refroidissant, une matière blanche,

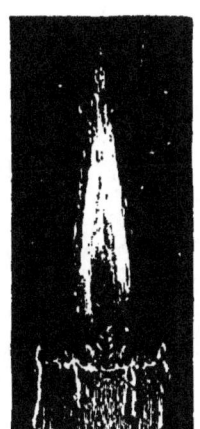

Fig. 72. — Flamme d'une bougie : A, cône obscur; B, cône lumineux; C, enveloppe externe chaude.

la *paraffine*, que l'on emploie dans la fabrication de certaines bougies et de certaines allumettes.

4° De la **vaseline**, matière blanche et onctueuse, utilisée en pharmacie.

8. Lampes. — Les anciens brûlaient l'huile végétale dans un simple vase muni d'une mèche. Aujourd'hui nous possédons des *lampes* à huile perfectionnées où un mécanisme approprié pousse le liquide dans la mèche ; telle est la *lampe à modérateur*.

Les *lampes à pétrole* (*fig.* 73), de plus en plus employées, se composent d'un réservoir en verre, en porcelaine ou en métal, et d'une monture en cuivre que l'on peut dévisser pour introduire le liquide. Une mèche de coton est maintenue dans l'engrenage de deux petites roues dentées. On élève ou on abaisse la mèche en tournant un bouton. L'air arrive autour de la flamme par une galerie percée de trous et surmontée d'une cheminée en verre qui active le tirage.

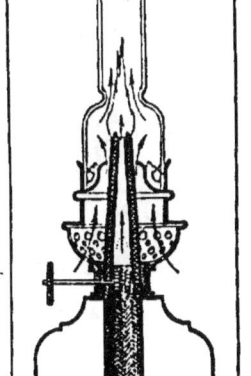

Fig. 73. — Lampe à pétrole (coupe). La cheminée en verre, étranglée, active la combustion.

SCIENCES PHYSIQUES.

Le pétrole s'enflamme facilement; on ne doit garnir une lampe qu'en plein jour et jamais en présence du feu. On éteint le pétrole enflammé en le noyant avec du sable ou des cendres, mais non avec de l'eau.

9. Gaz d'éclairage. — Le *gaz d'éclairage* provient de la distillation de la houille (Voir *lecture complémentaire*, p. 80).

EXPÉRIENCE. — On peut expérimenter très simplement la production du gaz d'éclairage en chauffant de la *râpure de liège* dans un tube à essais. Le gaz se dégage, et après avoir traversé la ouate qui retient le goudron, il peut être enflammé à l'extrémité d'un tube effilé (*fig.* 74).

Fig. 74. — Usine à gaz en miniature.

On le brûle dans des becs de différentes formes. Dans le *bec papillon* (*fig.* 75), le gaz s'échappant par une fente étroite subit une combustion assez complète en donnant une flamme mince et large. Dans le *bec Auer* (*fig.* 76), la flamme est entourée d'un manchon fragile en treillis composé d'oxydes métalliques infusibles qui, portés à l'*incandescence* [1], la rendent très brillante.

Le gaz d'éclairage est dangereux à respirer, car il contient de

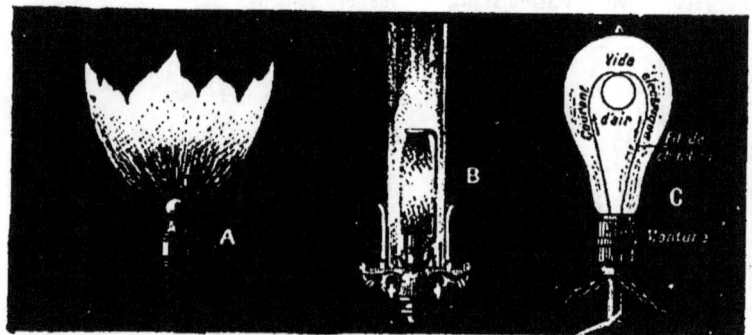

Fig. 75, 76, 77. — A, bec de gaz papillon. B, bec de gaz avec manchon Auer. C, lampe à incandescence.

l'*oxyde de carbone*. Il forme avec l'air un mélange détonant et peut provoquer des explosions terribles. Il sert à l'éclairage des rues et des appartements, au chauffage et, à cause de sa légèreté, au gonflement des ballons.

---

1. Incandescence : état d'un corps chauffé jusqu'à devenir blanc.

10. Acétylène. — L'*acétylène*, gaz composé de *carbone* et d'*hydrogène*, s'obtient en mettant en présence de l'eau et du *carbure de calcium* [1]. — Il donne une flamme éblouissante lorsqu'on le brûle dans un bec à orifice très étroit.

11. Les flammes contiennent du charbon incandescent. — Toutes les *flammes* qui nous éclairent sont des *gaz* en combustion. Mais leur éclat tient à la présence de particules *solides* qui sont portées à l'incandescence; ainsi l'huile, la bougie, le gaz d'éclairage, etc., donnent une flamme éclairante parce que les gaz qui brûlent tiennent en suspension du *charbon* qui est porté à l'incandescence. En effet, si l'on abaisse une soucoupe froide sur une flamme, il s'y dépose du noir de fumée. La lumière du soleil elle-même est due à l'incandescence de particules solides très variées dans des vapeurs enflammées.

12. Éclairage électrique. — L'*éclairage électrique* n'est pas produit par la *combustion* d'un gaz ou d'une vapeur, mais par l'*étincelle électrique* qui jaillit entre les deux parties d'un circuit interrompu (*lampes à arc*), ou par l'*incandescence* (*fig.* 77) d'un fil fin de charbon ou de métal intercalé dans un circuit fermé (*lampe à incandescence*) [V. 59ᵉ leçon].

RÉSUMÉ

La **lumière** nous permet de voir les objets. Il y a des *corps lumineux* et des *corps éclairés*. Parmi ceux-ci on distingue les corps *transparents* et les corps *opaques*.

La lumière est indispensable aux plantes ainsi qu'aux animaux et à l'homme. Le soleil nous procure l'**éclairage naturel**. Nous obtenons un **éclairage artificiel** à l'aide de divers moyens : les *chandelles*, peu employées; la *bougie*, fort coûteuse; les *huiles végétales*, l'*huile minérale* ou *pétrole*, que l'on brûle dans des *lampes*; le *gaz d'éclairage*, obtenu par la distillation de la houille et, depuis quelques années, le *gaz acétylène*; enfin l'*éclairage électrique*, qui est coûteux mais hygiénique.

EXERCICES

QUESTIONS D'INTELLIGENCE. — *1. Des fagots étaient entassés depuis plusieurs mois sur un pré; on les retire. De quelle couleur est l'herbe qu'ils recouvraient? — 2. Sur un arbre les fruits du pourtour sont plus gros et plus colorés que ceux de l'intérieur; pourquoi? — 3. De quel côté vont se diriger les branches d'un géranium placé à l'intérieur d'une boutique près de la vitrine? — 4. Un ballon vient d'atterrir; avant de le dégonfler, pourquoi l'aéronaute fait-il éloigner les fumeurs? — 5. Pourquoi les lampes dont on a enlevé le verre fument-elles?*

DEVOIRS. — *I. Influence de la lumière solaire sur les végétaux, l'homme et les animaux. — II. Décrivez deux systèmes d'éclairage artificiel.*

---

1. Carbure de calcium : corps obtenu en chauffant très fortement, dans le four électrique, un mélange de chaux et de charbon.

13ᵉ LEÇON. — LE SOUFRE. — LE PHOSPHORE.

SOMMAIRE. — Le soufre : ses usages. — Le gaz sulfureux : ses applications. — L'acide sulfurique : les sulfates. — Le sulfure de carbone. — L'acide sulfhydrique.
Le phosphore : ses usages ; allumettes chimiques.

1. Soufre. — Le soufre est un corps solide, de couleur jaune clair, qui s'enflamme facilement. On le trouve, mélangé à des matières

Fig. 78. — Solfatare de Pouzzoles (Italie).

terreuses, dans le voisinage des anciens volcans, par exemple au pied du Vésuve (*fig.* 78) en Italie et de l'Etna en Sicile[1].

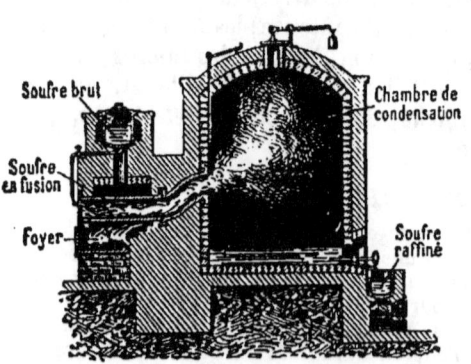

Fig. 79. — Raffinage du soufre.

Le soufre est séparé de la terre par *fusion* ou par *distillation*[2], puis *raffiné* et livré au commerce en bâtons appelés **canons de soufre**, ou à l'état de poudre fine, appelée **fleur de soufre**.

2. Raffinage du soufre. — On chauffe dans une chaudière (*fig.* 79) le soufre brut, obtenu par fusion ou par une première distillation ; il descend dans une cornue chauffant pour les faire ensuite retomber à l'état de liquide et pour en séparer les parties non volatiles ou en recueillir les principes les plus volatils.

---

1. **Sicile** : grande île de la Méditerranée, à 30 kil. au sud de l'Italie. Capit. *Palerme*.
2. **Distillation** : action de *distiller*, c'est-à-dire de réduire les liquides en vapeur en les

en fonte, plus fortement chauffée, où il se transforme en vapeurs. Ces vapeurs se rendent dans une grande chambre en maçonnerie sur les parois de laquelle elles se condensent en une poudre fine appelée **fleur de soufre**.

Si on continue l'opération, les murs de la chambre s'échauffent peu à peu et, lorsque leur température s'élève à 111°, le soufre *redevient liquide* et s'écoule dans un vase. De là, on le fait passer dans des moules coniques en bois, plongés dans l'eau froide; on obtient ainsi le **soufre en canons**.

3. Usages du soufre. — Le *soufre* entre dans la composition de la *poudre de chasse* et dans la fabrication des *allumettes*; il sert à *sceller*[1] le fer dans la pierre, à préparer du *gaz sulfureux*, de l'*acide sulfurique* et du *sulfure de carbone*.

La *fleur de soufre* est employée pour arrêter le développement de l'*oïdium*, champignon parasite de la vigne (Voir *47e leçon*).

On traite par des *pommades soufrées* certaines maladies de la peau.

4. Gaz sulfureux. — Le **gaz sulfureux**, composé de *soufre* et d'*oxygène*, se produit lorsque du soufre brûle à l'air. Ce gaz est impropre à la combustion et à la respiration; c'est un *décolorant* et un *désinfectant*.

5. Le gaz sulfureux est impropre à la combustion. — Si on y plonge une bougie allumée, elle s'éteint. — Pour éteindre un feu de cheminée, on brûle environ un demi-kilogramme de fleur de soufre dans le foyer que l'on ferme *hermétiquement* avec un drap mouillé. Le soufre s'empare de l'oxygène de l'air pour former du gaz sulfureux, de sorte qu'il ne reste dans le tuyau de la cheminée que de l'azote et du gaz sulfureux. Comme ces gaz n'entretiennent pas la combustion, le feu ne tarde pas à s'éteindre.

6. Le gaz sulfureux est impropre à la respiration. — Son action suffocante est mortelle pour les hommes, les animaux et les plantes. Ainsi il est employé en *fumigations*[2] pour guérir la *gale*[3].

Il détruit de même la plupart des microbes qui transmettent les maladies contagieuses. Aussi l'on s'en sert pour désinfecter les vêtements et les objets de literie des malades, pour assainir les salles des hôpitaux, les *cales*[4] des navires, etc., pour détruire les puces et les punaises. — Pour combattre le champignon des moisissures qui s'établit dans les tonneaux vides, on y fait brûler une mèche soufrée en fermant la bonde.

7. Le gaz sulfureux est un décolorant. —

Fig. 80. — Enlèvement d'une tache par le gaz sulfureux.

---

1. Sceller : fixer une pièce de fer dans une pierre ou dans un mur au moyen du plâtre ou de plomb.

2. Fumigation : action de produire une vapeur, un gaz qu'on met en contact avec la partie malade.

3. Gale : maladie causée par l'*acarus de la gale*, animal très petit qui s'introduit sous la peau et y détermine des démangeaisons insupportables.

4. Cale : partie la plus basse dans l'intérieur d'un navire.

Des violettes placées au-dessus d'une soucoupe où brûle du soufre se décolorent rapidement.

On enlève les taches de fruits ou de vin sur du linge en plaçant sous ce linge humide un cornet de papier sous lequel on brûle du soufre (*fig.* 80), puis en lavant à grande eau. On emploie encore le gaz sulfureux pour blanchir la laine, la soie, les plumes, les chapeaux de paille, etc.

8. Acide sulfurique. — L'**acide sulfurique**, appelé aussi *vitriol*, est un composé de *soufre*, d'*oxygène* et d'*hydrogène*. C'est un liquide de consistance huileuse, incolore ou légèrement coloré en brun, très dangereux à manier.

L'acide sulfurique est très employé dans l'industrie. Avec le fer, il forme un composé, le *sulfate de fer* ou **vitriol vert**, et avec le cuivre le *sulfate de cuivre* ou **vitriol bleu**.

Le *sulfate de fer* est employé pour teindre les étoffes, pour fabriquer l'encre ordinaire, pour désinfecter les fosses d'aisances, pour détruire la *cuscute* de la luzerne et les mousses des prairies naturelles (Voir 42e leçon).

Le *sulfate de cuivre*, employé aussi dans la teinturerie, sert surtout à sulfater les semences de blé, afin de les préserver de la *carie* et du *charbon* (Voir 40e leçon), et à combattre le *mildiou* de la vigne (Voir 47e leçon), etc.

9. Sulfure de carbone. — Le *sulfure de carbone* est un composé de *soufre* et de *carbone*. C'est un liquide qui dissout le soufre, le caoutchouc, les corps gras, etc. On s'en sert pour enlever les matières grasses (le *suint*) de la laine des moutons, pour détruire les *charançons* du blé (Voir 54e leçon), le *phylloxéra* de la vigne (Voir 47e leçon), pour *vulcaniser* ou durcir le caoutchouc, etc.

10. Acide sulfhydrique. — L'**acide sulfhydrique** est un composé de *soufre* et d'*hydrogène*. C'est un gaz très *vénéneux*[1], d'une odeur repoussante d'œuf pourri, qui se forme lorsque certaines matières organiques se *putréfient*. Il se dégage des fosses d'aisances, où il cause parfois des accidents lorsque celles-ci sont mal aérées. Certaines eaux minérales contiennent de l'acide sulfhydrique; telles sont les eaux de *Barèges* et de *Cauterets* (Hautes-Pyrénées), d'*Enghien* (Seine-et-Oise), etc. Ces eaux servent au traitement des *voies respiratoires*.

11. Phosphore. — Le **phosphore**, corps solide, incolore ou légèrement ambré[2], est lumineux dans l'obscurité. C'est un poison violent, très dangereux à manier, car il s'enflamme par le simple frottement et ses brûlures sont très graves. Sous l'action de la chaleur et à l'abri de l'air, il se transforme en *phosphore rouge*, corps non vénéneux et beaucoup *moins inflammable* que le *phosphore ordinaire*.

Le phosphore s'extrait des *os* ou du *phosphate de calcium* naturel, très employé comme *engrais*. (V. p. 177.)

Le phosphore entre dans la composition d'une pâte (*mort aux rats*) destinée à détruire les rats et autres animaux nuisibles, mais il est surtout employé dans la préparation des *allumettes*.

12. Allumettes chimiques. — Les *allumettes* ordinaires sont en bois de peuplier ou de tremble. Ces bois sont débités en petites bû-

---

1. **Vénéneux**: qui agit comme poison. | 2. **Ambré**: comme l'ambre jaune.

chettes dont une des extrémités est trempée d'abord dans du soufre fondu, corps éminemment combustible, puis dans une pâte inflammable composée de phosphore ordinaire, de colle forte, de sable fin et d'une matière colorante.

Les allumettes ordinaires sont cause de nombreux incendies, car elles s'enflamment au moindre frottement ; de plus, leur fabrication est très malsaine. Les allumettes où le *phosphore rouge* remplace le *phosphore ordinaire* ne s'enflamment que sur un frottoir spécial et ne sont pas vénéneuses. Comme le soufre répand une odeur désagréable en brûlant, on lui substitue parfois de la *paraffine*.

Enfin, dans les *allumettes-bougies*, le bois et le soufre sont remplacés par des mèches de coton non tordues, que l'on passe dans un bain de cire fondue.

13. Feux follets. — Les os, le cerveau, etc. contiennent du phosphore. Lorsque ces matières entrent en décomposition, il se forme un gaz composé de *phosphore* et d'*hydrogène*, qui a la propriété de s'enflammer en arrivant à l'air. C'est lui qui forme les *feux follets*, flammes que l'on aperçoit parfois la nuit, principalement dans les cimetières, et que les gens ignorants et superstitieux prenaient autrefois pour des *revenants*.

RÉSUMÉ

Le **soufre** se trouve au voisinage des volcans et se vend sous forme de *soufre en canons* et de *fleur de soufre*. Il entre dans la composition de la poudre de chasse et dans la fabrication des allumettes ; il sert à combattre l'oïdium de la vigne, etc.

Le **gaz sulfureux** s'obtient en brûlant du soufre. On l'emploie pour blanchir la laine, la soie et les plumes, pour éteindre les feux de cheminée, etc. On s'en sert aussi comme désinfectant.

L'**acide sulfurique** sert à préparer le sulfate de fer, *vitriol vert*, et le sulfate de cuivre, *vitriol bleu*, très utiles à l'agriculture.

Le **sulfure de carbone** est un dissolvant et un insecticide.

L'**acide sulfhydrique**, gaz vénéneux, à odeur repoussante, se dégage des fosses d'aisances.

Le **phosphore** s'extrait des os des animaux. C'est un poison violent, qui entre dans la fabrication des allumettes. Les engrais appelés *phosphates* en contiennent.

EXERCICES

QUESTIONS ET EXPÉRIENCES. — *1. Lorsque votre père enflamme une allumette ordinaire, il l'élève au-dessus de sa tête ; pourquoi ? — 2. Dans une chambre où l'on a fait brûler du soufre, on a oublié de retirer un bouquet de lilas ; qu'en est-il résulté ? — 3. Plongez un rat de cave allumé dans un bocal où on brûle du soufre ; dites ce qui s'y passe. — 4. La nuit, là où vous avez frotté une allumette ordinaire, vous apercevez une trace lumineuse ; à quoi est-elle due ? — 5. Pourquoi trempe-t-on l'extrémité des allumettes dans le soufre ?*

DEVOIRS. — *I. Le soufre, ses usages. — II. Le gaz sulfureux ; racontez une expérience où vous avez constaté son pouvoir décolorant.*

14e LEÇON. — LE CALCAIRE. — LE PLATRE, ETC.

SOMMAIRE. — Le calcaire ou pierre à chaux : préparation et usages de la chaux ; mortier, chaux hydraulique, ciments, béton. — La pierre à plâtre : préparation et usages du plâtre. — La potasse et la soude du commerce : les savons.

1. Le calcaire ou pierre à chaux. — Le *calcaire* (en chimie *carbonate de calcium*) est une roche (craie, marbre, pierre à bâtir) composée de *gaz carbonique* et de *chaux* et qui fait effervescence avec les acides (Voir p. 38).

Fig. 81. — Four à chaux.

2. Préparation de la chaux vive. — Expérience. — Mettons un morceau de craie dans un couvercle métallique sans soudure (par exemple, celui d'une boîte à cirage) et pesons le tout. Ensuite plaçons le couvercle sur un feu vif dans le poêle de la classe. Le gaz carbonique s'échappe et la chaux reste. Pesons à nouveau. La différence des deux poids indique le poids du gaz carbonique.

On prépare industriellement de grandes quantités de chaux en entassant des pierres calcaires dans des fours de forme ovoïde [1] (*fig. 81*) que l'on chauffe au moyen de fagots. — La chaux ainsi obtenue est la *chaux vive*, corps solide, blanc, très avide d'eau.

3. Chaux éteinte, lait de chaux, eau de chaux. — Lorsqu'on met la *chaux vive* en contact avec de l'eau, elle s'échauffe, se gonfle, puis se fendille (*fig. 82, 83*) et tombe en poussière ; c'est la **chaux éteinte**.

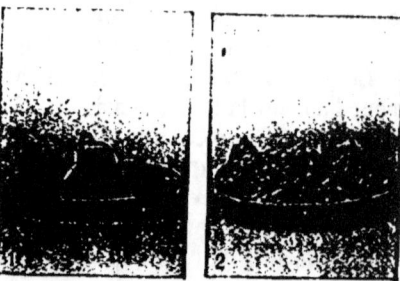

Fig. 82, 83. — La chaux en s'éteignant se gonfle et se fendille : 1. Morceau de chaux ; 2. Même morceau lorsque la chaux est éteinte.

En délayant dans l'eau de la chaux éteinte, on obtient une bouillie blanche appelée **lait de chaux**. Si on filtre cette bouillie, on obtient un liquide incolore appelé **eau de chaux**.

4. Usages. — La chaux est employée pour le *chaulage* des semences de céréales (Voir *40e leçon*) et pour l'*amendement* (Voir *37e leçon*) des terres argileuses. — Dans l'industrie, elle sert à purifier le gaz d'éclairage, à préparer le gaz ammoniac, etc. ; enfin une quantité énorme de chaux entre dans la composition des mortiers.

Le *lait de chaux* sert à blanchir les murs, à badigeonner [2] les arbres

---

1. Ovoïde : qui a la forme d'un œuf. | 2. Badigeonner : couvrir de peinture à l'eau.

fruitiers, etc., car il brûle les germes des maladies et les plantes parasites.

5. Mortiers. — Les mortiers servent à unir entre elles les pierres des constructions. Le **mortier ordinaire** est un mélange de chaux, de sable et d'eau; il a la propriété de durcir peu à peu, car la chaux reforme, avec le gaz carbonique de l'air, du *carbonate de calcium*.

Lorsqu'on *calcine*t du calcaire contenant de 10 à 30 pour 100 d'argile, on obtient la **chaux hydraulique**, qui possède la propriété de durcir sous l'eau.

Si le calcaire contient de 30 à 50 pour 100 d'argile, on obtient du **ciment** qui, mélangé à l'eau, se solidifie rapidement soit à l'air, soit sous l'eau. Les ciments les plus renommés sont ceux de *Vassy* (Yonne), de *Boulogne-sur-Mer* (Pas-de-Calais) et de *Portland* (Angleterre).

Le **béton** s'obtient en mélangeant du ciment ou de la chaux hydraulique à des cailloux. On l'emploie à la base des constructions qui doivent être très résistantes, comme les piles des ponts, les jetées des ports, etc.

6. Pierre à plâtre. — La pierre à plâtre ou **gypse** est une roche blanc jaunâtre, composée d'acide sulfurique, de chaux et d'eau; *elle ne fait pas effervescence avec les acides*. — Lorsqu'on la chauffe, il s'en dégage de la *vapeur d'eau* et il reste un résidu blanc, *friable*[2]: c'est le **plâtre** (appelé *sulfate de calcium* par les chimistes).

Les eaux qui ont dissous la pierre à plâtre s'appellent **eaux séléniteuses**; elles sont lourdes et indigestes, ne cuisent pas les légumes et sont impropres au savonnage.

Fig. 84. — Four à plâtre prêt pour l'allumage.

7. Préparation du plâtre. — Pour préparer le **plâtre**, on chauffe la pierre à plâtre dans des fours (*fig.* 84), puis on la pulvérise dans un moulin. On le conserve, dans des sacs, à l'abri de l'humidité.

8. Usages. — Le plâtre est employé dans l'agriculture comme *amendement*, surtout pour les prairies artificielles (*fig.* 85), et dans les constructions, pour les *enduits*.

---

1. **Calciner** : chauffer très fortement un corps solide.
2. **Friable** : qui se réduit aisément en poudre.

Gâché[1] avec une dissolution chaude de colle forte, le plâtre donne le *stuc*, substance très dure et qui peut prendre un beau poli. En mélangeant à cette pâte des oxydes métalliques, on obtient des stucs colorés qui imitent parfaitement le marbre.

Fig. 85. — Le plâtre active la végétation.

9. Potasse du commerce. — Expérience. — Dans une petite marmite à moitié remplie de cendres de bois, ajoutons de l'eau jusqu'aux deux tiers et faisons bouillir pendant quelques minutes. Retirons du feu, laissons reposer un moment, puis filtrons le liquide avec un filtre de papier buvard. Remettons le liquide ainsi clarifié dans la marmite bien nettoyée et faisons bouillir jusqu'à évaporation complète; il reste dans le vase un résidu grisâtre appelé **potasse du commerce**. C'est en réalité une combinaison de potasse et de gaz carbonique, le *carbonate de potassium*, analogue au carbonate de calcium.

On la fabrique surtout dans les contrées où les forêts sont abondantes et les transports difficiles, comme en Amérique et en Russie. Les arbres qu'on ne peut vendre sont brûlés dans des fosses de 1 mètre de profondeur; puis, les cendres obtenues sont lessivées et les liquides évaporés. Les résidus constituent la *potasse d'Amérique* ou *de Russie*.

10. Usages. — La potasse est employée pour le blanchiment des toiles et le dégraissage des tissus; elle entre dans la fabrication des savons noirs, du verre, de l'eau de Javel, etc.

A la campagne, les ménagères utilisent les cendres de bois du foyer, qui contiennent de la potasse impure, pour *couler la lessive*.

11. Soude du commerce. — En traitant les cendres des végétaux marins comme on a traité les cendres de bois, on obtient la **soude du commerce**. Les soudes du commerce entrent dans la fabrication du verre, des savons durs, etc. Sous le nom de **cristaux**, elles servent à faire les lessives pour blanchir le linge.

La soude du commerce est, en réalité, un composé de gaz carbonique et de soude, le *carbonate de sodium*, analogue au carbonate de potassium.

Les composés formés par la potasse et la soude avec d'autres acides que le gaz carbonique sont employés en agriculture comme engrais, par exemple l'azotate de potasse (Voir 38e leçon).

---

1. **Gâché** : détrempé, délayé (en parlant du plâtre ou du mortier).

12. Savons. — On fabrique les *savons* en versant dans de grandes cuves pleines d'eau bouillante un *corps gras, huile* ou *suif*, avec de la potasse ou de la soude. A la fin de l'opération, on ajoute des dissolutions salées de potasse ou de soude, et il se forme une pâte que l'on coule dans des moules.

Les *savons noirs*, savons mous, sont préparés avec de la *potasse*. Les *savons ordinaires*, savons durs, sont préparés avec de la *soude*.

Tous ont la propriété de dissoudre les substances grasses ; on les emploie pour nettoyer le linge, pour les soins de propreté, etc.

RÉSUMÉ

La **chaux vive** s'obtient en chauffant des pierres *calcaires* dans des fours. Au contact de l'eau, la *chaux vive* s'échauffe, se gonfle, puis se fendille ; elle devient **chaux éteinte**.

La chaux entre dans la composition des mortiers ; elle sert à amender les terres, à chauler les semences des céréales, etc.

Le **plâtre** s'obtient en chauffant le *gypse* ou *pierre à plâtre*. On l'utilise dans la construction, pour les enduits ; il sert aussi à amender les terres.

La **potasse** du commerce s'extrait des cendres des végétaux *terrestres*. Elle entre dans la fabrication des savons noirs, du verre, de l'eau de Javel, etc. Elle est employée pour le blanchiment des toiles et le dégraissage des tissus.

La **soude** du commerce s'extrait des cendres des végétaux *marins*. Elle entre dans la fabrication du verre, des savons durs, etc. Sous le nom vulgaire de « cristaux », elle sert au lessivage du linge.

Les engrais à base de potasse ou de soude sont très recherchés.

EXERCICES

QUESTIONS ET EXPÉRIENCES. — *1. Un chemineau qui s'était endormi dans une cabane adossée à un four à chaux a été trouvé mort le lendemain matin ; quelle peut être la cause de sa mort ? — 2. Si à l'aide d'une paille on souffle dans de l'eau de chaux, qu'arrive-t-il ? — 3. Délayez un peu de plâtre dans la moitié de son poids d'eau, versez aussitôt la pâte obtenue sur une pièce de monnaie neuve passée à la mine de plomb. La pâte durcit et donne un moule en creux de la pièce. Opérez de même sur le moule obtenu, afin d'obtenir une copie en relief de la pièce. — 4. Le savon, préparé avec un corps gras, détache les vêtements graisseux. Comment expliquez-vous cela ? — 5. Dans la lessiveuse, doit-on mettre le linge de couleur avec le linge blanc ?*

DEVOIRS. — *I. La chaux et le plâtre : préparation et usages. — II. Mortiers et béton. — III. Potasse et soude du commerce. Préparation et usages.*

15ᵉ LEÇON. — LE CHLORE. — L'AMMONIAQUE.

SOMMAIRE. — Le chlore : ses usages; chlorure de chaux et eau de Javel. — L'acide chlorhydrique. — Le chlorure de sodium. — Les marais salants.
L'ammoniaque, ses usages. — L'acide azotique : la gravure sur cuivre.

1. Le chlore. — Le chlore est un gaz jaune verdâtre, d'odeur *suffocante* [1], dangereux à respirer. Il est *décolorant* et *désinfectant*.

On s'en sert pour blanchir les tissus d'*origine végétale* (chanvre, lin, coton), la pâte à papier, pour enlever les taches d'encre sur les livres, etc.

Il est employé aussi pour désinfecter les fosses d'aisances, détruire les miasmes des hôpitaux, des égouts, etc.

2. Préparation du chlore. — Expérience. — Pour préparer du chlore, on chauffe très doucement un tube à essais (*fig.* 86) contenant environ 1 gr. de bioxyde de manganèse et un peu d'acide chlorhydrique. Le chlore se dégage; comme il est plus lourd que l'air, on peut le recueillir dans un flacon débouché. Si dans ce flacon on a placé un papier où l'on vient d'écrire, les caractères pâlissent.

Fig. 86. — L'acide chlorhydrique chauffé avec du bioxyde de manganèse laisse dégager un gaz décolorant (le chlore).

3. Le chlorure de chaux. — Comme le chlore à l'état de gaz serait peu facile à transporter, on l'emploie surtout sous forme de **chlorure de chaux**, poudre blanche qu'on obtient en faisant passer lentement du chlore gazeux sur de la chaux éteinte. Le chlorure de chaux laisse dégager du *chlore* lorsqu'il est exposé à l'air ou lorsqu'on l'arrose avec un acide, du vinaigre par exemple.

4. L'eau de Javel. — Elle sert à blanchir le linge. On l'obtient en faisant passer le chlore gazeux dans une bouillie liquide de potasse.

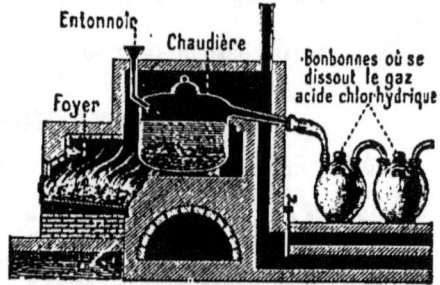

Fig. 87. — Préparation industrielle de l'acide chlorhydrique (esprit de sel).

5. Acide chlorhydrique (*esprit de sel*). — L'acide chlorhydrique est un composé de *chlore* et d'*hydrogène*. C'est un gaz incolore, d'une odeur piquante, que l'on prépare en introduisant

---

1. Suffocante (odeur) : qui fait perdre la respiration.

dans une cornue de verre du *sel marin* fondu (chlorure de sodium) et de l'*acide sulfurique*. On recueille le gaz qui se dégage.

Le gaz chlorhydrique est très soluble dans l'eau; c'est cette *dissolution*, préparée industriellement (*fig.* 87) et connue dans le commerce sous le nom d'acide chlorhydrique ou *esprit de sel*, qu'on emploie pour *décaper* [1] les métaux, pour fabriquer le chlore, l'hydrogène, etc.

6. Chlorure de sodium. — Le **chlorure de sodium** ou **sel de cuisine** se trouve au sein de la terre en couches plus ou moins épaisses, comme à *Wielicska* (Pologne), à *Vic* et à *Dieuze* (Alsace-Lorraine).

Fig. 88. — Les marais salants de La Rochelle.

On l'exploite, soit à ciel ouvert, soit à l'aide de galeries souterraines : c'est le **sel gemme**.

Il existe des **sources salées** constituées par des eaux qui, ayant traversé des gisements salins, ont dissous le chlorure de sodium. On en extrait le sel par évaporation.

Le chlorure de sodium se trouve aussi en dissolution dans l'eau de la mer; elle en contient environ 25 grammes par litre. Pour l'en retirer, on fait arriver cette eau dans des bassins, parfois maçonnés, de moins en moins *profonds*, qu'on appelle **marais salants** (*fig.* 88). *La chaleur du soleil fait évaporer l'eau, et le sel se dépose* en cristaux de forme cubique : c'est le **sel marin**. En France, les plus importants marais salants se trouvent dans la Loire-Inférieure, la Charente-Inférieure, la Gironde et sur les bords de la Méditerranée, des Pyrénées à l'embouchure du Rhône.

Le sel de table doit être raffiné, c'est-à-dire dissous de nouveau et évaporé jusqu'à cristallisation pour le débarrasser de ses impuretés.

---

1. **Décaper**: enlever les impuretés qui recouvrent une surface métallique.

7. Usages du sel de cuisine. — Le sel est un aliment. De plus, il excite l'appétit et aide à la digestion ; on en fait un grand usage dans la préparation des aliments. On l'emploie aussi pour la conservation des viandes, des poissons, pour faire fondre la neige.

Les bestiaux aiment beaucoup le sel ; si on le mélange à leur nourriture dans la proportion de 1 pour 100, ils se portent mieux et leur chair est meilleure. Enfin on le sème parfois sur les prairies afin d'augmenter la qualité des fourrages.

8. Ammoniaque. — Si dans un tube de verre on chauffe un mélange de *chaux* et de *purin* (*fig.* 89), il se dégage un gaz incolore qui pique les yeux et provoque les larmes, le **gaz ammoniac**. — C'est un composé d'*azote* et d'*hydrogène*. Il s'en produit chaque fois que des matières organiques contenant de l'azote entrent en *putréfaction;* ainsi le purin, le fumier, etc., laissent dégager du gaz ammoniac.

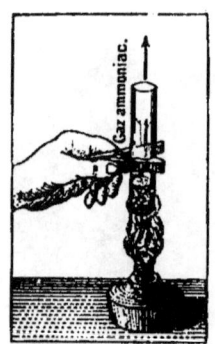

Fig. 89. — Le gaz ammoniac se dégage du purin.

Il est très soluble dans l'eau; 1 litre d'eau peut dissoudre plus de 600 litres de ce gaz. Cette *dissolution* est désignée sous le nom d'**ammoniaque** ou d'**alcali volatil**. On en obtient de grandes quantités dans l'épuration du gaz d'éclairage.

9. Usages de l'ammoniaque. — *L'ammoniaque dissout les corps gras;* aussi on l'utilise dans l'industrie pour dégraisser les laines. Étendue d'eau, elle est employée pour enlever les taches de graisse sur les vêtements et pour nettoyer les collets des habits.

Les médecins se servent de l'alcali volatil pour *cautériser*[1] les morsures de vipères, les piqûres de guêpes, etc.; les *vétérinaires*[2], pour combattre la *météorisation des ruminants* (Voir 50ᵉ leçon).

L'ammoniaque forme avec l'acide sulfurique le sulfate d'ammoniaque, très employé en *agriculture* comme *engrais* (Voir 38ᵉ leçon).

10. L'acide azotique. — L'acide azotique ou acide nitrique est un liquide jaune pâle, répandant à l'air des vapeurs dangereuses à respirer. C'est un acide très énergique; il attaque tous les métaux, sauf l'or, l'argent et le platine.

Les *efflorescences*[3] blanches qui se développent sur les murs humides et que l'on désigne sous le nom de *salpêtre* sont des composés d'acide azotique et de divers métaux; on les appelle des *azotates*.

L'acide azotique est employé pour teindre en jaune la laine, la

---

1. **Cautériser :** brûler une partie d'un corps vivant.
2. **Vétérinaire :** celui qui pratique l'art de guérir les animaux (*médecine vétérinaire*).
3. **Efflorescence :** sorte de poussière semblable à de la moisissure.

soie, les plumes. Sous les noms d'**eau-forte** (ou **eau seconde**), il sert dans les ateliers à *décaper* rapidement le cuivre, le bronze, le laiton, et pour graver sur cuivre.

11. Gravure sur cuivre. — Pour graver une plaque de cuivre, on la recouvre d'abord d'une mince couche de *cire* et on fait un léger bourrelet sur les bords, de façon à former comme une petite cuvette. Sur cette cire, on trace ensuite le *dessin* que l'on veut reproduire, puis avec une pointe fine on creuse les traits du dessin, de manière à mettre à nu la surface du métal. On verse sur la plaque ainsi préparée de l'*acide azotique :* le métal est attaqué dans les parties nues et reste intact dans les parties recouvertes de cire. Lorque l'eau-forte a suffisamment agi, on lave la plaque, on enlève la cire avec de l'essence de térébenthine; on voit alors le dessin reproduit en creux.

RÉSUMÉ

Le **chlore** est un gaz jaune verdâtre que l'on emploie pour blanchir les toiles, la pâte à papier, pour désinfecter les fosses d'aisances, assainir les hôpitaux, etc.

L'**acide chlorhydrique** ou **esprit de sel** est du gaz chlorhydrique dissous dans l'eau; il sert à décaper les métaux, à fabriquer l'hydrogène, etc.

Le **chlorure de sodium** se retire du sein de la terre (*sel gemme*) ou des eaux de la mer (*sel marin*). Il est employé pour l'assaisonnement des aliments, la conservation des viandes, du poisson, etc. Mélangé à la nourriture des bestiaux, il stimule leur appétit.

Le **gaz ammoniac** se produit lorsque des matières organiques azotées entrent en putréfaction. La *dissolution de gaz ammoniac* (*alcali volatil*) sert à dégraisser les étoffes, à cautériser les morsures des vipères et les piqûres des insectes, à combattre la météorisation des bestiaux, etc.

Les *sels ammoniacaux* sont des engrais excellents.

L'**acide azotique** sert à teindre en jaune la laine, la soie, les plumes, à graver sur le cuivre, etc.

EXERCICES

QUESTIONS D'INTELLIGENCE. — **1.** *Votre petite sœur a détaché la robe bleu ciel de sa poupée avec de l'eau de Javel. Qu'est-il arrivé?* — **2.** *Les moutons élevés dans la baie du Mont-Saint-Michel sont appelés moutons de pré-salé; pourquoi leur chair est-elle si recherchée?* — **3.** *Pourquoi éprouvez-vous des picotements dans le nez quand vous entrez dans une écurie mal tenue?* — **4.** *La « pierre infernale » est un azotate d'argent; cela explique-t-il ses effets caustiques?*

DEVOIRS. — **I.** *Le sel marin : provenance, extraction, usages.* — **II.** *Parlez du gaz ammoniac et de l'ammoniaque ou alcali volatil. Principaux usages de l'alcali volatil.* — **III.** *Votre père a gravé votre nom sur votre plaque de bicyclette. Indiquez comment il s'y est pris.*

16ᵉ LEÇON. — L'ARGILE. — LE SABLE.

SOMMAIRE. — L'argile : ses usages ; briques et tuiles, poteries, faïences et porcelaine. — Le sable : ses usages ; fabrication du verre.

1. Argile. — L'argile ou *terre glaise* est douce et grasse au toucher, facile à rayer et à couper. *Elle ne fait pas effervescence avec les acides.* Elle est l'un des éléments principaux du *sol végétal*, et constitue parfois un *sous-sol* imperméable. Elle est souvent colorée par des matières étrangères (oxydes, etc.).

Pétrie avec de l'eau, l'argile donne une pâte *onctueuse* qui, soumise à la cuisson, se transforme en pierre dure, rude au toucher et peu sensible à l'action de l'air et de l'humidité. L'argile sert à fabriquer les *briques* et les *tuiles*, les *poteries*, les *faïences* et la *porcelaine*.

2. Briques et tuiles. — Pour fabriquer les **briques** et les **tuiles** on arrose d'eau une argile commune (*terre glaise*) ; on la pétrit de façon à former une *pâte consistante*[1] et on en remplit un cadre en bois ou en fer dont l'intérieur présente exactement la forme de l'objet à mouler (*fig. 90*). Avant de les cuire dans des fours, on les met sécher à l'ombre, sous un hangar. Leur couleur rouge est due à l'action du feu sur l'oxyde de fer contenu dans l'argile.

Fig. 90. — Fabrication des briques au cadre.

Les briques sont employées dans les constructions, surtout là où le sol ne fournit pas de pierres à bâtir. Les tuiles servent à couvrir les maisons.

Avec l'**argile réfractaire**, argile presque pure qu'on trouve à Nanterre (Seine), à Montereau (Seine-et-Marne), etc., on fait des briques qui peuvent supporter de très hautes températures. Les foyers, l'intérieur des hauts fourneaux, les creusets, etc., sont en *argile réfractaire*.

3. Poteries. — Pour fabriquer les **poteries**, on ajoute du sable (ou de la craie) à l'argile humide, afin que la pâte ne se fendille pas à la cuisson, puis on confectionne l'objet sur le *tour à potier* (*fig. 91*).

Le *tour à potier* se compose de deux plateaux de bois fixés sur un axe vertical qui peut tourner sur lui-même. L'ouvrier place la pâte sur le plateau supérieur ; puis, tout en poussant le plateau inférieur avec le pied pour faire mouvoir le tour, des deux mains, il travaille la matière et lui donne la forme convenable. La pièce ainsi obtenue est exposée à l'air où elle sèche lentement, puis elle est cuite dans des fours.

---

1. Consistante : assez dure pour ne pas se déformer.

Les vases ainsi obtenus sont *poreux*[1] et se laissent traverser par les liquides. Pour les rendre étanches[2], on les plonge dans une bouillie faite d'argile et de *litharge* (oxyde de plomb). Il s'en dépose à la surface une légère couche que l'on fait fondre par une nouvelle cuisson; elle forme alors un vernis, une *couverte* imperméable.

4. Faïences. — Les faïences se fabriquent comme les poteries, mais on emploie un mélange d'argile presque pure (*argile plastique*) et de *quartz* (Voir 18e leçon) réduit en poussière. On leur fait subir aussi une deuxième cuisson pour fondre le

Fig. 91. — Tour à potier.

vernis dont on les a recouvertes.

On fabrique des faïences à Nevers (Nièvre), à Montereau (Seine-et-Marne), à Creil (Oise), à Choisy-le-Roi (Seine), à Gien (Loiret), etc.

5. Porcelaine. — La porcelaine est fabriquée avec une argile blanche absolument pure, appelée *kaolin*, à laquelle on ajoute du sable quartzeux et du *feldspath* (Voir 18e leçon) réduits en poussière.

Les objets sont moulés ou façonnés au tour et cuits comme les autres poteries, mais on y apporte un plus grand soin. Par exemple, dans le *four à porcelaine* (fig. 92), afin de soustraire les pièces à l'action directe de la flamme, on les enferme dans des *cazettes* ou enveloppes en argile réfractaire. La couverte est composée de quartz et de feldspath délayés dans l'eau. On fabrique la

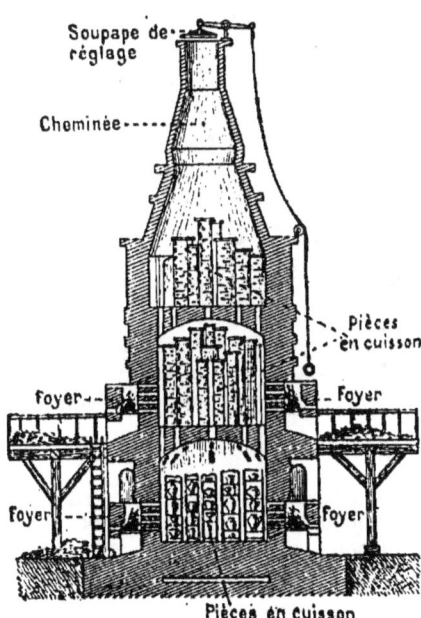

Fig. 92. — Four à porcelaine.

---

1. Poreux : percé de trous très petits. | 2. Étanche : qui retient bien l'eau.

SCIENCES PHYSIQUES.   68

porcelaine à Sèvres (près Paris), à Limoges, à Vierzon (Cher), etc. — Le kaolin provient surtout de Saint-Yrieix (Haute-Vienne).

6. Sable. — Le **sable** se compose d'une multitude de petits grains arrondis, de grosseur variable, qui proviennent de la *désagrégation* [1] *lente des roches siliceuses* (Voir *18e leçon*) sous l'action de l'air et de l'eau. On le trouve dans le lit des rivières, sur les bords de la mer et surtout dans le sol, où il fait partie de la terre labourable et où il forme en certains endroits une couche considérable. Le sable sert à la confection des *mortiers* et il entre dans la composition des poteries, faïences et porcelaines, ainsi que dans celle du verre.

7. Verre. — Le **verre**, corps transparent, dur et cassant, s'obtient en fondant un mélange de *sable*, de *chaux* et de *soude* ou de *potasse*.

Ainsi dans le *verre à vitres*, il entre du sable fin, de la craie et de la soude du commerce; dans le *verre de Bohême* (verres à boire, carafes, etc.), un

Fig. 93. — Travail du verre.

mélange de quartz, de chaux vive et de potasse du commerce. Le *cristal*, qui forme la verrerie de luxe, s'obtient en fondant du sable blanc, de la potasse du commerce et du minium (oxyde de plomb).

8. Fabrication du verre. — Les matières qui doivent entrer dans la composition du verre sont d'abord réduites en poudre, puis introduites dans des creusets en terre réfractaire que l'on chauffe dans des fours spéciaux jusqu'à 1 000 ou 1 200°. Elles forment alors une pâte molle que l'ouvrier peut travailler par *soufflage* ou par *moulage*, ou par les deux procédés à la fois (*fig.* 93). Il se sert d'une longue canne creuse en fer, nommée *canne de verrier*, qu'il

---

1. **Désagrégation** : réduction en grains ou en poussière.

plonge dans la masse vitreuse pour en retirer une certaine quantité. En soufflant dans la canne, et en lui imprimant des mouvements rapides et variés, il gonfle le verre encore pâteux et finit par lui donner la forme convenable. Les objets fabriqués sont recuits au rouge sombre, puis refroidis lentement.

Les *glaces* s'obtiennent en coulant le verre fondu sur une table en bronze chauffée et en étendant la pâte avec un rouleau de bronze. On les recuit dans un four où elles refroidissent ensuite très lentement, puis on les polit sur les deux faces. Les *miroirs* s'obtiennent en fixant sur l'une des faces d'une glace polie une couche de mercure et d'étain ou une mince couche d'argent.

On nomme *verre trempé* le verre fortement chauffé, puis refroidi brusquement dans l'eau. Beaucoup plus dur que le verre ordinaire, il sert à faire des bobèches pour recevoir la bougie fondue et des plateaux « incassables ».

9. Verre à bouteilles. — Des matières sans valeur : sables ferrugineux, cendres de bois, fragments de verre à bouteilles, sont fondues à une température modérée. L'ouvrier « cueille » un peu de ce verre fondu à l'extrémité de sa *canne*, avec laquelle il fait un moulinet continu. Il souffle légèrement pour transformer la masse en une sorte de poire, puis plus fort pour l'étirer en cylindre.

Il l'introduit dans un moule en bronze en soufflant toujours. Il la retourne alors, l'appuie sur un des angles d'une petite plaque de tôle appelée *molette* et façonne, en tournant la canne, le fond rentrant de la bouteille. Puis, en déposant une goutte d'eau à l'extrémité du col, il la détache de la canne.

Il la retourne et la fixe à la canne par son fond. Avec un peu de pâte de verre, il entoure le col d'un cordon qui le renforce.

RÉSUMÉ

L'argile ou terre glaise est douce et grasse au toucher, facile à rayer et à couper. — Avec l'argile *commune*, on fabrique des *tuiles* et des *briques*. — Pour obtenir des *poteries*, on ajoute un peu de sable à l'argile, afin que la pâte ne se fendille pas à la cuisson.

L'argile *fine* (ou argile *plastique*) sert à fabriquer les *faïences*; avec le *kaolin*, argile blanche et pure, on fabrique la *porcelaine*.

Le sable se trouve dans le lit des rivières, sur le bord de la mer et dans le sol. Il sert principalement à la confection des *mortiers* et à la fabrication du *verre*.

Le verre s'obtient en fondant un mélange de sable, de chaux et de soude ou de potasse. Ces différentes matières sont d'abord réduites en poudre, puis fondues dans des creusets chauffés jusqu'à 1 000 ou 1 200°. La pâte molle ainsi obtenue est ensuite travaillée par *soufflage* ou par *moulage*.

EXERCICES

QUESTIONS ET EXPÉRIENCES. — *1. Vous placez sur vos lèvres un morceau d'argile desséchée; qu'éprouvez-vous? — 2. Examinez la tranche d'un morceau de faïence et celle d'un morceau de porcelaine; ont-elles le même aspect, et pourquoi? — 3. Avant l'invention du verre, qu'est-ce qui tenait lieu de miroirs?*

DEVOIRS. — *I. L'argile, ses propriétés. Ses différents usages. — II. Fabrication des faïences et de la porcelaine. Principaux centres de fabrication. — III. Fabrication du verre, des glaces, des miroirs.*

17ᵉ LEÇON. — LES MÉTAUX.

SOMMAIRE. — Fer, fonte et acier ; leurs usages. — Cuivre, étain, zinc, plomb, aluminium, nickel. — Métaux précieux : or et argent, platine. — Alliages.

1. Métaux. — Les métaux (sauf le mercure) sont des *corps solides* qui, une fois polis, ont un éclat particulier appelé *éclat métallique*. *Ils sont bons conducteurs de la chaleur et de l'électricité*. — Ils sont tous *fusibles*, c'est-à-dire qu'ils peuvent être fondus à une température plus ou moins élevée : le plomb à 325°, le cuivre vers 1 050°.

On les trouve dans le sein de la terre, soit *libres*, c'est-à-dire non combinés avec d'autres corps, soit à l'état de *composés* qu'on appelle **minerais** (V. pl. I, p. 84). On extrait les minerais comme la houille, puis on les traite par différents procédés pour en retirer le métal pur.

L'or, l'argent et le platine, plus rares, d'un prix élevé et ne s'altérant pas à l'air, sont appelés **métaux précieux**. — Les autres, c'est-à-dire le fer, le cuivre, l'étain, le zinc, le plomb, etc., sont moins rares et pour la plupart attaqués par l'oxygène de l'air et par les acides. C'est pourquoi on ne les rencontre ordinairement qu'à l'état de composés ou minerais : ce sont les **métaux usuels**.

2. Fer, fonte. — Le fer est un métal grisâtre qui a pour *densité* 7,80 (Voir 55ᵉ *leçon*) et qui fond vers 1 500°. Avant de fondre, il

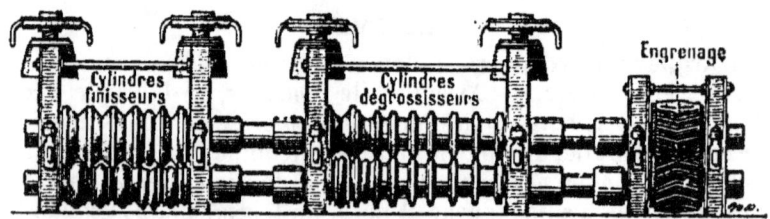

Fig. 94. — Laminoirs. — Les cylindres lamineurs inférieurs, mis en mouvement par un moteur quelconque, font tourner en sens contraire, par l'engrenage, les cylindres supérieurs. La pièce de fer rougi est d'abord dégrossie au marteau-pilon, puis elle passe successivement entre les cylindres dans les intervalles de plus en plus étroits et se transforme en lames, en bandes, en barres de fer.

prend l'état pâteux et peut alors se souder à lui-même par le martelage, ce qui permet d'en faire une quantité d'objets usuels. Le *fer forgé* sans soudure est utilisé dans la ferronnerie d'art.

Le **fer** est très *ductile*, c'est-à-dire qu'on peut l'étirer en fils fins en le faisant passer dans les trous de plus en plus petits d'une plaque d'acier appelée **filière**.

Il est aussi très *malléable*, c'est-à-dire qu'on peut le réduire en feuille mince (*tôle*) à l'aide d'un **laminoir** (*fig.* 94).

Exposée à l'air humide, la surface du fer se change en *rouille* ou *oxyde de fer*. Pour la préserver, on la recouvre de **zinc** (*fer galvanisé*), ou d'**étain** (*fer étamé* ou *fer-blanc*), ou d'une couche de peinture.

La **fonte est** du fer impur qui contient encore 2 à 5 pour 100 de charbon (Voir *métallurgie du fer*, lecture, p. 74).

Les États-Unis, l'Angleterre, la Suède, la France (Meurthe-et-Moselle, Haute-Saône, etc.) possèdent des gisements très importants de minerais de fer.

3. Acier. — L'acier est du fer contenant environ 1 pour 100 de charbon. Moins cassant que la fonte et plus dur que le fer, il sert à fabriquer les rails, les plaques de blindage, etc. Chauffé au *rouge cerise* et plongé brusquement dans un liquide froid (eau, huile, etc.) il devient plus dur et plus élastique : c'est l'*acier trempé*, qui sert à fabriquer des ressorts, des outils, etc.

On fabrique de l'acier en purifiant de la *fonte* dans le **convertisseur Bessemer** (*fig.* 95); mais on obtient un acier de qualité supérieure en incorporant du charbon au *fer*. Pour cela, on place des barres de fer entourées de charbon, de bois en poudre dans des caisses en briques réfractaires et on chauffe au rouge pendant 15 jours. Cet acier, découpé et recouvert de poussière de charbon, est fondu dans des creusets en terre réfractaire : c'est l'*acier fondu*.

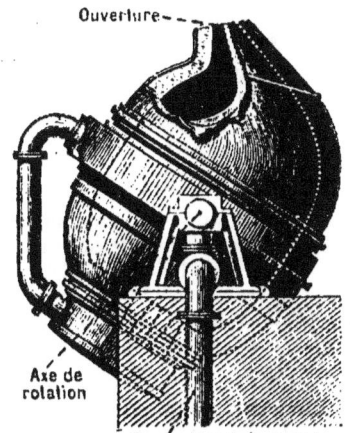

Fig. 95. — Convertisseur Bessemer. — Un fort courant d'air brûle les impuretés de la fonte en fusion (charbon, etc.). On ajoute alors à la masse liquide une fonte particulière qui fournit le charbon nécessaire à la formation de l'acier.

4. Cuivre. — Le cuivre est un métal rouge *très ductile* et *très malléable* (densité : 8,8). Il conduit bien la chaleur et l'électricité ; on en fait des alambics, des chaudières, des ustensiles de cuisine, des fils pour conduire l'électricité, etc.

A l'air humide, le cuivre se recouvre d'une couche verte de **vert-de-gris**, qui est un poison. Certains aliments (fruits, corps gras, etc.) forment également des *composés vénéneux* lorsqu'ils se refroidissent au contact du cuivre. Pour éviter ces inconvénients, on *étame*, c'est-à-dire on recouvre d'une couche d'étain l'intérieur des casseroles.

5. Étain. — L'étain est un métal d'un blanc d'argent, très *malléable* et facilement *fusible*, qui s'oxyde très peu à l'air (densité : 7,3).

Ses composés n'étant pas *vénéneux*, comme ceux du cuivre, du zinc et du plomb, on l'emploie pour étamer les ustensiles de cuisine, pour faire des mesures de capacité, etc. Réduit en feuilles minces, il sert à étamer les glaces, à envelopper le chocolat pour le protéger de l'humidité, etc.

Le *fer-blanc* ou fer étamé s'obtient en plongeant de la tôle dans un bain d'étain fondu.

6. Zinc. — Le zinc est un métal d'un blanc bleuâtre qui a pour densité 7. Réduit en feuilles, il sert à faire des seaux, des arrosoirs, des baignoires, à couvrir les maisons, etc. Par moulage, on en fait des objets d'art à bon marché.

Comme *il forme avec les acides et les corps gras des composés vénéneux, on ne l'emploie pas à la confection des ustensiles de cuisine.*

En plongeant de la tôle ou des fils de fer dans du zinc fondu, on obtient du **fer galvanisé**, qui est inaltérable à l'air.

7. Plomb. — Le plomb est un métal d'un gris bleuâtre, très brillant, mais qui se ternit très rapidement à l'air ; il a pour densité 11,35. *Très malléable* et *très flexible*, il sert à fabriquer des tuyaux de conduite pour les eaux et le gaz. On en fait aussi des feuilles pour les toitures et les gouttières, du plomb de chasse, etc.

Les composés du plomb sont vénéneux. Les ouvriers qui les travaillent sont sujets à des coliques et s'empoisonnent lentement.

8. Aluminium. — L'aluminium est un métal blanc bleuâtre qui ne s'altère pas à l'air. Il a pour densité 2,56 ; c'est le plus léger des métaux usuels. Très ductile, très malléable, il sert à faire des timbales, des couverts, des tuyaux de lunettes, etc. — Nos usines de l'Isère et de la Savoie, **les premières du monde**, retirent l'aluminium d'un minerai, la *cryolithe*, par des procédés électriques. Il serait plus précieux si on pouvait le souder à lui-même, comme le fer.

9. Nickel. — Le *nickel* est un métal d'un blanc grisâtre qui ne s'altère pas à l'air. Ses composés ne sont pas vénéneux ; on l'utilise pour faire des cuillers, des casseroles, des plats, etc. On en fait aussi des pièces de monnaie ; enfin pour que certains métaux ne s'altèrent pas à l'air, on les recouvre de nickel (*nickelage*). Sa densité est 8,3.

10. L'or et l'argent. — L'or et l'argent se trouvent dans la nature à l'état libre, mais l'argent se rencontre le plus souvent à l'état de minerai. L'or a une belle couleur jaune, l'argent est blanc. L'*argent* a pour densité 10,5 ; l'*or*, 19,5. Alliés au *cuivre* qui les rend plus durs, ils servent à fabriquer des monnaies (*fig. 96*), des bijoux, etc.

L'or est aussi employé pour la *dorure* et l'argent pour l'*argenture*.

Fig. 96. — Balancier pour la frappe des monnaies et médailles. — Quand on fait tourner le balancier, la vis munie d'un *coin* portant une empreinte descend et heurte le *flan* ou rondelle de métal posé sur l'autre coin.

11. Platine. — Le platine est un métal blanc, inaltérable à l'air ; sa densité est 21,5. C'est le plus lourd des métaux. On en fait des creusets, des fils, etc. qui supportent des températures très élevées.

12. Alliages. — Pour certains usages industriels, les métaux sont trop durs, trop mous ou trop cassants. On les fond ensemble pour former du caractère, des métaux artificiels, des « *alliages* » qui possèdent les propriétés convenables. Ainsi on rend plus durs l'or et l'argent en les alliant à une certaine quantité de cuivre.

Les principaux *alliages* sont : le **laiton** ou **cuivre jaune** (cuivre et un peu de zinc), qui sert à fabriquer des instruments de musique, des ustensiles de ménage, des balances et des poids, des bijoux faux, etc.; le **bronze** (cuivre et un peu d'étain), qui sert à fabriquer des monnaies, des cloches, des statues, etc.; le **maillechort** ou **métal blanc** (cuivre, zinc et nickel), qui sert à fabriquer des cafetières, des garnitures de couteaux, des couverts, etc.; les **monnaies** d'or et d'argent et les **bijoux** (or ou argent et un peu de cuivre), etc.

RÉSUMÉ

Les **métaux** se trouvent dans le sous-sol, le plus souvent à l'état de **minerais**.

Du *minerai de fer* on retire de la **fonte** que l'on transforme ensuite en **fer** ou en **acier**.

Le **fer** est très ductile et très malléable. Il se ramollit au feu et peut alors se souder à lui-même. On le préserve de la rouille en le recouvrant de zinc, d'étain ou de peinture.

La **fonte** est cassante ; l'**acier** est très dur et élastique.

Le **cuivre** forme avec les corps gras des composés *vénéneux*. Il entre dans la composition des bronzes, du laiton, etc.

L'**étain** sert à étamer les ustensiles de cuisine.

Le **zinc** sert à couvrir les maisons, à faire des seaux, etc.

Avec le **plomb** on fait des tuyaux de conduite pour le gaz et pour l'eau, des feuilles pour les toitures, etc.

L'**or** et l'**argent** servent à fabriquer des monnaies, des bijoux, etc.

Plusieurs métaux fondus ensemble forment un **alliage**.

EXERCICES

QUESTIONS ET EXPÉRIENCES. — *1. Votre petite sœur vient de laver la robe de sa poupée et l'a étendue sur un fil de fer ordinaire placé dans le jardin; qu'arrive-t-il? — 2. Vous pliez facilement une épingle, mais si vous cherchez à plier une aiguille, elle se casse; pourquoi? — 3. Essayez de limer, de courber, de faire vibrer un clou ordinaire et une aiguille à tricoter de même grosseur; expliquez ce que vous constatez. — 4. Un enfant qui a trouvé un sou dans un champ et l'a mis pendant un moment dans sa bouche éprouve de violentes coliques ; à quoi les attribuez-vous?*

DEVOIRS. — *I. Comment obtient-on la fonte, le fer, l'acier? Citez trois cas où l'on emploie exclusivement l'un de ces trois métaux, et dites pourquoi. — II. Les métaux usuels, leurs usages. Quels sont ceux que l'on doit étamer et pourquoi le fait-on?*

LECTURES

I. — Métallurgie du fer.

Le **minerai** employé contient le fer à l'état d'*oxyde* ou à l'état de *carbonate*. Il est d'abord séparé des matières terreuses qui l'accompagnent ; puis, si c'est un carbonate, *calciné* pour le transformer en oxyde de fer.

Fig. 97. — Haut fourneau (coupe). — G. gueulard. V. ventre. E. étalage. F. ouvrage. D. creuset. T. tuyère qui amène l'air.

L'**oxyde de fer** est ensuite chauffé très fortement dans un *haut fourneau* en présence du charbon.

Le **haut fourneau** (*fig.* 97), espèce de tour de 15 à 20 mètres de hauteur construite en briques réfractaires, est d'abord rempli de **coke** que l'on allume, puis on y introduit alternativement du *minerai*, du *calcaire* et du *charbon*. L'air de puissantes machines soufflantes y active la combustion. Dans ce foyer excessivement ardent, le gaz carbonique produit s'élève, et, au contact du charbon, se transforme en oxyde de carbone qui s'unit à l'oxygène du minerai et met le fer en liberté. Le calcaire et les matières étrangères forment des composés qui entrent en fusion ainsi que le métal. Celui-ci, plus lourd, se rassemble à la base *en absorbant un peu de charbon*, tandis que les autres matières surnagent ; elles forment le *laitier*. De temps en temps, on fait couler le métal dans des canaux de sable où il se solidifie : c'est la *fonte*.

La **fonte** est composée de fer et de 2 à 5 pour 100 de charbon ; elle contient en outre quelques parcelles d'autres corps. Pour obtenir du *fer*, on introduit cette fonte dans un **four à puddler** *fig.* 98, avec des bat-

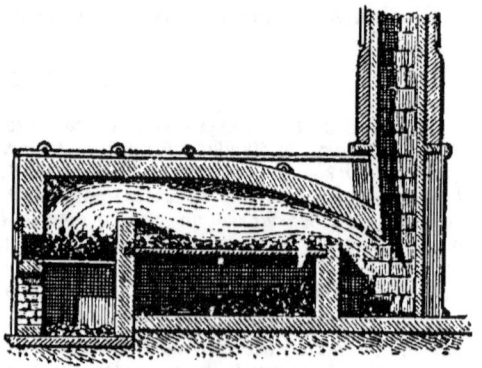

Fig. 98. — Four à puddler (coupe).

titures de fer particules d'oxyde de fer qui se produisent lorsque le fer est martelé au rouge) et on la chauffe au rouge blanc. Lorsqu'elle est devenue pâteuse, on la brasse avec un *ringard* en fer et le charbon qu'elle contient se combine avec l'oxygène des battitures et s'échappe à l'état d'oxyde de carbone.

La matière est alors retirée du four en boules et soumise à l'action du *marteau-pilon* (*fig.* 99), qui lui enlève ses dernières impuretés, puis au *laminoir*.

Une grande partie de la fonte est employée pour *préparer le fer et l'acier*; cependant comme

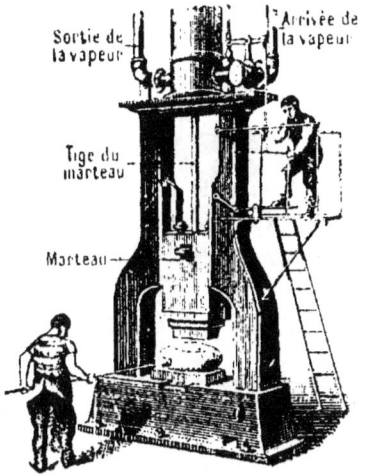

Fig. 99. — Marteau-pilon à vapeur.

elle peut se couler facilement dans des moules, on en fait des grilles, des colonnes, des tuyaux, des poêles, des marmites, etc.

2. — L'air comprimé.

Nous avons vu que l'air, corps gazeux, presse sur les parois du vase qui le contient, qu'il a une certaine *force élastique*.

Quand on comprime une masse d'air, c'est-à-dire qu'on lui fait occuper un volume plus petit, on augmente sa force élastique, qu'on utilise alors comme *force motrice* dans l'industrie.

L'air comprimé porte, par un tube de caoutchouc, aux *scaphandriers* qui travaillent sous l'eau, l'air nécessaire à la respiration; il remplace la vapeur dans les *tramways à air comprimé*; introduit dans les chambres à air des bicyclettes, automobiles et autres véhicules, il supprime le bruit du roulement et amortit les cahots. Dans le percement des tunnels, il fait mouvoir les forets des *machines perforatrices* qui creusent les trous de mine; il actionne les aiguilles des *horloges pneumatiques* (*fig.* 100); enfin il permet d'établir les piles des ponts et les fondations sous l'eau ou dans les terrains humides au moyen de *caissons à air comprimé* où les ouvriers travaillent en toute sécurité (*fig.* 101).

Horloges pneumatiques. — Les *horloges pneumatiques* (*fig.* 100) se composent d'un simple cadran muni de deux aiguilles. Par un déclanchement spécial, une horloge centrale met toutes les minutes un réservoir d'air comprimé en communication avec une *canalisation* qui aboutit aux cadrans disséminés dans la ville. Chaque minute, l'air comprimé fait avancer d'un cran une roue à 60 dents dont l'axe porte la *grande aiguille*. Chaque tour de cette roue fait, en une heure, avancer d'un cran une roue à 12 dents dont l'axe porte la *petite aiguille*.

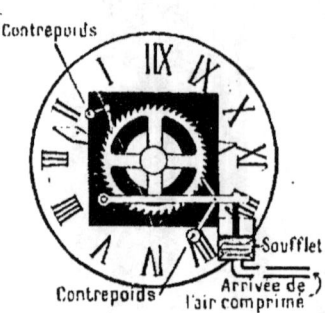

Fig. 100. — Horloge pneumatique (vue du mécanisme).

Caisson à air comprimé. — 1° **Fondations en sous-sol humide.** Dans un puits maçonné, on enfonce une cheminée en tôle, fermée à la partie supérieure, mais munie d'un *trou d'homme*, et au bas de laquelle on creuse une *chambre de travail* d'où l'eau est repoussée par l'air comprimé (*fig. 101*). Les parois d'un caisson en tôle affleurent cette chambre de travail, et les ouvriers, constamment protégés contre les infiltrations, creusent sous le caisson qui s'enfonce. On achève de remplir le tout de béton par la cheminée quand les ouvriers se retirent. Chaque fois qu'on veut faire sortir les hommes ou les déblais, on ferme la porte d'isolement et on ne laisse échapper l'air comprimé que de la partie supérieure de la cheminée.

2° **Fondations dans un cours d'eau.** La chambre de travail, le caisson *fermé en haut*, avec lequel elle communique, et la cheminée ne font qu'un. Le caisson est immergé au fond de la rivière, et, quand on en a refoulé l'eau par l'air comprimé, les ouvriers s'y introduisent par la cheminée qui reste hors de l'eau et se mettent au travail, mais pour un temps limité.

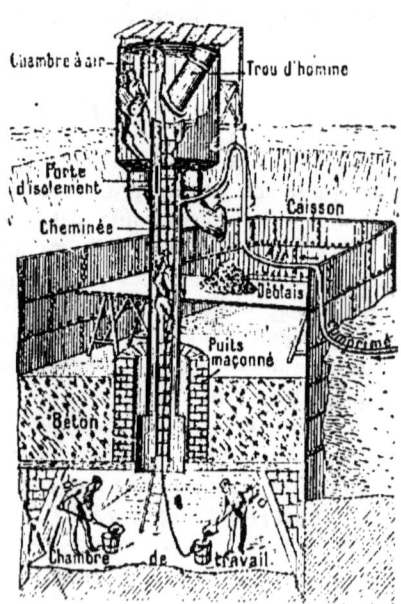

Fig. 101. — Caisson à air comprimé (coupe) disposé pour établir des fondations en sous-sol humide.

3. — Les pompes.

Ces appareils, qui servent à élever les liquides, et surtout l'eau, sont construits sur le principe de la *pompe aspirante*.

La pompe aspirante élève l'eau. — La pompe aspirante (*fig.* 102) se compose : 1° d'un *corps de pompe* dans lequel se meut un *piston* ; 2° d'un *tuyau d'aspiration* qui plonge dans l'eau et communique avec le corps de pompe ; 3° de deux *soupapes* (ou clapets) A et C qui s'ouvrent de bas en haut, l'une dans une ouverture creusée dans le piston (*fig.* 103), l'autre à l'orifice du tuyau d'aspiration.

Supposons le piston au bas du corps de pompe, les soupapes A et C sont fermées.

Soulevons le piston à l'aide du balancier (*fig.* 102). La soupape A est maintenue fermée par la pression atmosphérique ; mais au-dessous du piston le vide se fait et l'air du tuyau d'aspiration, qui tend à occuper le plus de place possible,

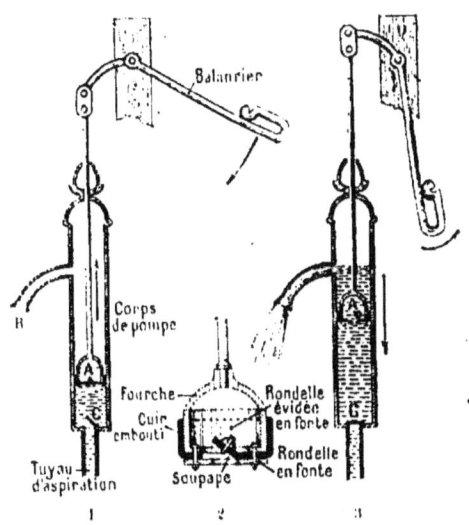

Fig. 102 à 104. — Pompe aspirante. — 1. Dans la pompe amorcée l'eau monte à la suite du piston. — 2. Coupe du piston et détails. — 3. L'eau s'écoule par le tuyau d'écoulement, où on la recueille.

soulève la soupape C et se répand dans le vide du corps de pompe. Dans le tuyau d'aspiration, l'air se trouve donc raréfié, et sa force élastique ne fait plus équilibre à la pression atmosphérique. Celle-ci pesant sur la surface de la nappe d'eau fait monter l'eau dans le tuyau.

Faisons redescendre le piston (*fig.* 104). La soupape C se ferme et l'air du corps de pompe se trouve comprimé, mais alors la soupape A s'ouvre et l'air s'échappe.

Si l'on remonte et abaisse le piston plusieurs fois, l'eau arrive dans le corps de pompe : *la pompe est amorcée*. A la descente du piston, l'eau franchit la soupape A et finit par s'échapper par le tuyau d'écoulement (*fig.* 104).

La **pression atmosphérique** fait équilibre à une colonne d'eau de

SCIENCES PHYSIQUES.

$10^m,33$ (Voir page 20). Il semble qu'avec une pompe aspirante on devrait pouvoir élever l'eau à $10^m,33$, mais à cause des frottements inévitables et des imperfections de construction on ne peut la faire remonter qu'à 8 ou 9 mètres de hauteur.

On élève l'eau à une plus grande hauteur avec la **pompe aspirante et élévatoire**. C'est une pompe aspirante dont on a fermé le tuyau d'écoulement et la partie supérieure du corps de pompe où l'on a branché un tuyau élévatoire. La tige du piston passe à travers un bourrelet d'étoupes.

Quand on élève le piston, l'eau qui est au-dessus, n'ayant pas d'écoulement, monte dans le tuyau élévatoire.

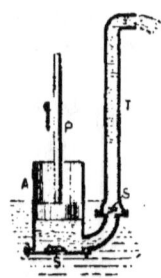

Fig. 105. — Pompe foulante.

La pompe foulante refoule l'eau (*fig.* 105). — Le corps de pompe A plonge dans l'eau; le piston P, dépourvu de soupape, aspire l'eau et la refoule dans le tuyau élévatoire T par le jeu des soupapes S, S. L'eau monte dans ce tuyau et est déversée au dehors.

La pompe à incendie est une double pompe foulante (*fig.* 106). — Deux corps de pompe plongent dans un récipient plein d'eau; les deux tiges des pistons P, P, fixées à un levier horizontal, s'élèvent et s'abaissent alternativement, et refoulent l'eau dans le réservoir A, où elle comprime l'air. L'eau passe ensuite d'une façon régulière par l'ouverture B dans un tuyau terminé par une lance, et cela avec d'autant plus de force que la pression de l'air dans le réservoir A est plus grande.

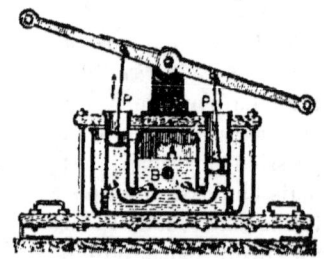

Fig. 106. — Pompe à incendie.

Pompe aspirante et foulante. — Cette pompe a cela de particulier qu'elle fait, pendant l'ascension du piston, fonction de pompe aspirante et, pendant la descente du piston, fonction de pompe foulante.

4. — Analyse de l'eau.

On peut facilement décomposer l'eau par un *courant électrique*. On se sert pour cela du **voltamètre** (*fig.* 107).

Pour construire cet instrument, on peut percer de deux petits trous, avec une tige d'acier, le fond d'un verre à pied. Auprès du verre sont fichés deux clous de *cuivre* auxquels sont fixés deux fils de *platine* qui aboutissent d'autre part dans le fond du verre. Chacun de ces clous est relié à l'un des pôles d'une pile *de deux éléments*. — On met dans le verre de l'*eau acidulée* au dixième avec de l'acide sulfurique et on coiffe chaque fil de platine d'un tube à essais exactement rempli d'eau acidulée. Quand le courant passe, des bulles de gaz se forment autour des fils et gagnent le haut des tubes. A la fin, l'un contient

Fig. 107. — Analyse de l'eau par la pile.

deux fois plus de gaz que l'autre. Ce gaz, inflammable, est de l'**hydrogène**. L'autre tube contient un gaz qui rallume une allumette présentant encore un point rouge : c'est de l'**oxygène**.

---

5. — Le nivellement.

Le **nivellement** détermine la distance verticale des divers points d'un terrain au plan horizontal indiqué par le **niveau d'eau** (*fig.* 108).

En effet, les surfaces libres de l'eau versée dans le tube du niveau

Fig. 108. — Opérations du nivellement.

d'eau sont sur un même plan horizontal dans les deux fioles, car les liquides sont toujours en équilibre dans les vases communicants.

La **mire** simple est une règle graduée de 2 mètres de longueur,

portant une plaque de tôle nommée *voyant* qu'on peut faire glisser le long de la règle.

Pour déterminer la différence de hauteur des deux points A et B éloignés de $15^m,50$ (*fig.* 108), on place le niveau entre les deux points, de façon que le niveau de l'eau soit visible dans les deux fioles ; on fait placer la *mire* au point A, et, l'œil rasant les surfaces du liquide, on vise cette mire. On fait fixer le centre du *voyant* dans le prolongement des niveaux du liquide, et on lit sur la mire graduée la cote du point : $1^m,90$. Puis on fait porter la *mire* au point B, on passe de l'autre côté du niveau, on vise de nouveau la mire, on fait abaisser (ou hausser, dans le cas contraire) le voyant, et on lit la cote de ce point : $1^m,50$. La différence des deux cotes indique la différence de niveau : $0^m,40$.

On peut, en continuant ainsi, établir le nivellement de tout un terrain. On peut aussi déterminer, par une seule opération, la hauteur de plusieurs points, en plaçant d'autres mires un peu à droite ou à gauche de la première et en en faisant inscrire les cotes.

6. — Fabrication du gaz d'éclairage.

Gaz d'éclairage. — La première idée de l'*éclairage au gaz* est due à l'ingénieur français Philippe Lebon. Il annonça, en 1785, qu'on pouvait obtenir par la distillation du bois ou de la houille un produit gazeux combustible propre à l'éclairage et au chauffage. Ses essais

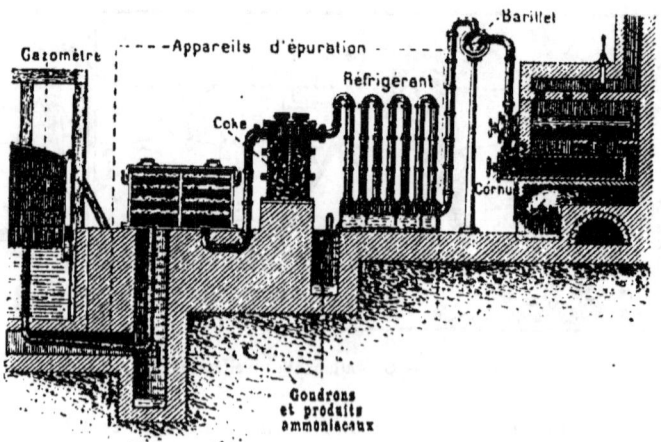

Fig. 109. — Usine à gaz (coupe).

n'excitèrent en France qu'un intérêt médiocre ; mais il n'en fut pas de même à l'étranger et, dès 1810, une usine fut construite à Londres pour l'éclairage des principales rues. — Ce n'est qu'en 1817 que le nouvel éclairage fut essayé à Paris.

Pour **fabriquer industriellement** le gaz d'éclairage, on chauffe fortement la houille à l'abri de l'air, dans des cornues en terre *réfractaire* (*fig.* 109). Le gaz qui se dégage passe d'abord dans un gros tube horizontal à moitié rempli d'eau dans lequel il barbote, et où il abandonne du **goudron** (liquide très complexe) et des **produits ammoniacaux** (notons que la houille contient un peu d'*azote*) ; ensuite il traverse un réfrigérant, puis un grand cylindre rempli de coke, et enfin des caisses horizontales contenant du sulfate de calcium, de la sciure de bois et de l'oxyde de fer ; le gaz achève d'y déposer son acide sulfhydrique et son gaz carbonique. Il se rend ensuite sous une grande cloche mobile en tôle appelée *gazomètre*. Le poids de la cloche soulevée le refoule par des tuyaux qui le distribuent aux consommateurs. Dans les cornues, il reste un combustible, le **coke**.

Gaz portatif. — Pour éclairer les wagons de chemins de fer, les tramways et en général les établissements qui ne sont pas reliés à un gazomètre par une canalisation, on comprime le gaz d'éclairage dans des cylindres en tôle que l'on transporte facilement. Le gaz comprimé s'échappe du cylindre au moyen d'un régulateur.

7. — La Navigation aérienne.

Les aérostats : *montgolfières et ballons.* — Les aérostats s'élèvent dans l'air en vertu du *principe d'Archimède*. Remplis d'air chaud, d'hydrogène ou de gaz d'éclairage, le poids de leur enveloppe augmenté du poids du gaz qu'elle contient est inférieur au poids de l'air déplacé. Les premiers aérostats, les *montgolfières* (Voir p. 10), furent gonflés à l'air chaud.

Un aérostat (*fig.* 110) se compose de deux parties : le *ballon* ou *enveloppe*, formé d'un tissu rendu imperméable par un vernis, et la *nacelle*, panier en osier suspendu par des cordes à un *filet* qui entoure complètement la partie supérieure du ballon. A la partie inférieure, un *appendice* ou *manchon* est muni d'un orifice par lequel le gaz peut s'échapper librement s'il vient à être trop dilaté.

Pour régler l'ascension, on jette du *lest* (sable enfermé dans des sacs placés dans la nacelle). Pour descendre, on ouvre, à l'aide d'une corde, la *soupape* par laquelle s'échappe une partie du gaz qui est remplacé par de l'air. On se maintient près du sol à l'aide du *guide-*

rope, cordage de 50 à 100 mètres de longueur ; on *atterrit* à l'aide d'une *ancre* et en manœuvrant la soupape. En cas de danger, on dégonfle rapidement le ballon en tirant la corde du *volet de déchirure*.

Les ballons ont été utilisés en temps de guerre pour observer les mouvements de l'ennemi et pour sortir des villes assiégées. On les emploie aussi pour étudier les phénomènes atmosphériques. Dans ce cas, comme il est difficile de vivre à des altitudes dépassant 6 000 à 7 000 mètres, on remplace les ballons montés par des *ballons-sondes* portant des appareils enregistreurs (thermomètres, baromètres, etc.).

Ballons dirigeables (ou *aéronats*). — Le ballon, *plus léger que l'air*, a longtemps été le jouet de tous les vents. Il était à la fois peu utile et dangereux. Les premières tentatives sérieuses pour diriger les ballons furent faites par les ingénieurs *Giffard* (1852-1855) et *Dupuy de Lôme* (1872). Les capitaines *Krebs* et *Renard* accomplirent en 1885, de *Chalais-Meudon*

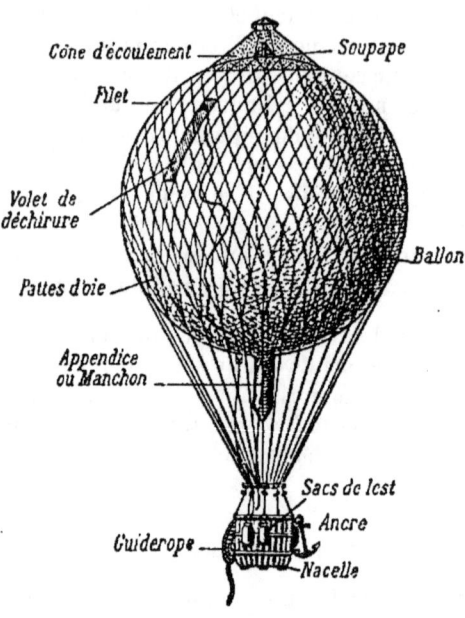

Fig. 110. — Ballon sphérique avec nacelle.

(Seine-et-Oise) à Paris, le premier voyage aérien en circuit fermé. Leur ballon, la « France », avait son hélice mise en mouvement par une dynamo actionnée par des piles (Voir 59ᵉ leçon). Pour le reste, il a servi de modèle à tous ceux qui l'ont suivi (hélice à l'avant, etc.).

La découverte de moteurs à pétrole légers et puissants pour l'automobile encouragea les aéronautes, qui les appliquèrent à leurs appareils. En 1901, *Santos-Dumont* partit de Saint-Cloud, vint contourner la tour Eiffel, et revint à son point de départ en moins de trente minutes, gagnant ainsi le « prix Deutsch » de 100 000 francs.

Enfin l'ingénieur *Julliot*, des ateliers Lebaudy, construisit les types les plus parfaits des *navires aériens*. L'un d'eux, le « Patrie », qui fut commandé par l'État, se rendit d'une traite de Paris à Verdun à la fin de novembre 1907. Peu de temps après, arraché à ses amarres par un vent violent, il allait s'abîmer dans la mer du Nord.

De son côté, M. Deutsch (de la Meurthe), qui dès 1901 avait fait

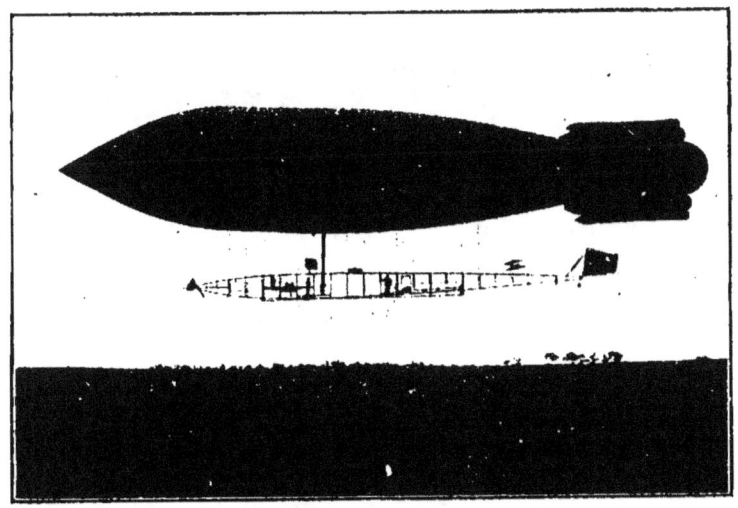

Fig. 111. — Le dirigeable *Ville-de-Paris*, affecté à la place forte de Verdun.

construire des dirigeables, offrit, après l'accident du « Patrie », son ballon le « Ville-de-Paris » (*fig.* 111), au gouvernement français, qui en fit construire d'autres, le « Liberté », le « Colonel-Renard », etc. — Les Allemands ont construit les « Zeppelin », immenses dirigeables rigides et cloisonnés de 165 mètres de longueur. Leurs « Gross » et leurs « Parseval » ressemblent à nos dirigeables.

Aéroplanes. — On appelle aviation la navigation aérienne avec des appareils *plus lourds que l'air*. Les plus employés parmi eux, les **aéroplanes**, utilisent la résistance de l'air sur un ou plusieurs plans inclinés. Les *monoplans* (*fig.* 112) imitent le vol de l'oiseau ou du cerf-volant; les *biplans* (*fig.* 113) sont une application du cerf-volant cellulaire Hargrave, à compartiments cloisonnés.

L'invention du moteur « extra-léger », ne pesant que 1 kilogramme par *cheval-vapeur* (Voir p. 280), rendit possible le fonctionnement de ces appareils.

Le 12 septembre 1906, *Santos-Dumont* remporta le premier « prix Deutsch », vol de 100 mètres en aéroplane. Depuis, Blériot, sur son monoplan, traversa la Manche (38 kilom.) et accomplit le premier voyage aérien aller et retour de Toury à Artenay (28 kilom.). Aujourd'hui, les *aviateurs* vont de Paris à Londres, de Paris à Marseille, etc., à une vitesse de plus de 100 kilomètres à l'heure et peuvent emmener

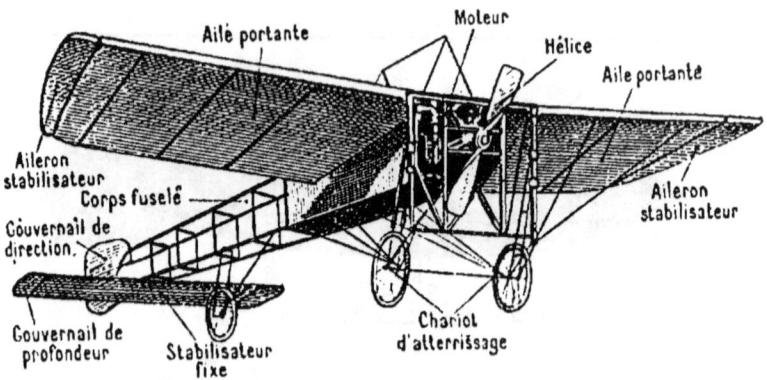

Fig. 112. — Schéma d'un monoplan.

plusieurs passagers. Ils atteignent couramment une hauteur supérieure à 4 000 mètres.

Enfin, l'aéroplane n'est plus seulement un moyen nouveau et relativement peu coûteux de naviguer dans les airs. C'est aussi un précieux engin militaire et, pour cette « quatrième arme », la France est fière d'occuper incontestablement le premier rang dans le monde.

Fig. 113. — Aéroplane « Voisin », piloté par Henry Farman.
(L'appareil, après avoir roulé quelques instants sur le sol, s'est élevé dans les airs).

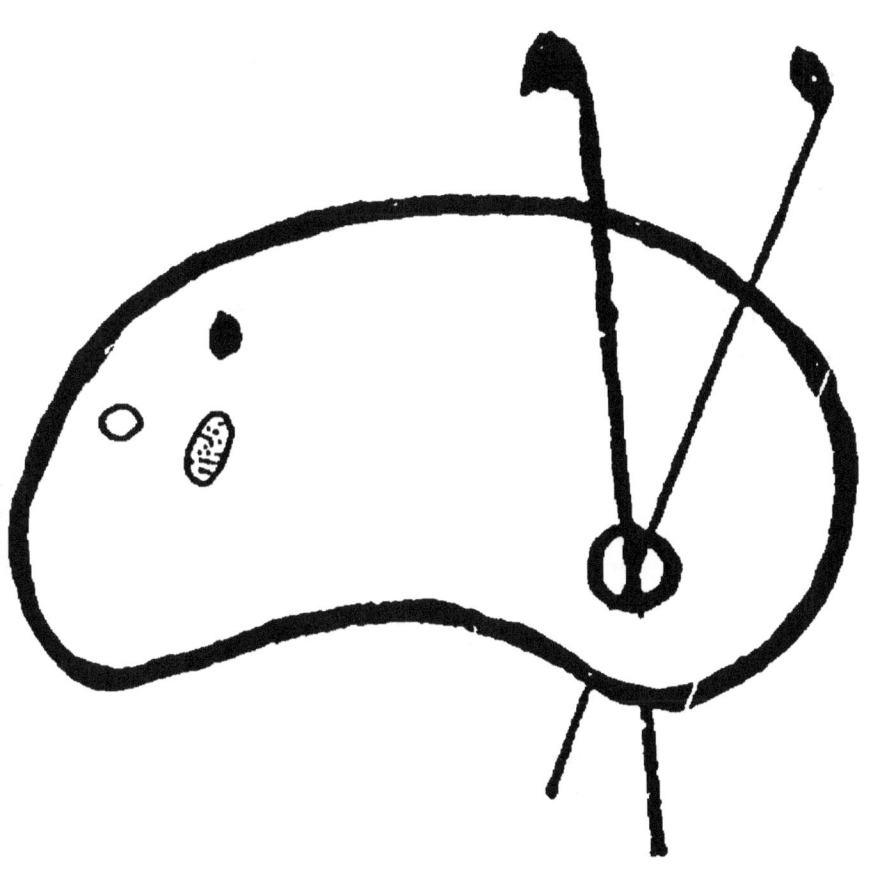

ORIGINAL EN COULEUR
NF Z 43-120-8

MINÉRAUX - ROCHES - MINERAIS

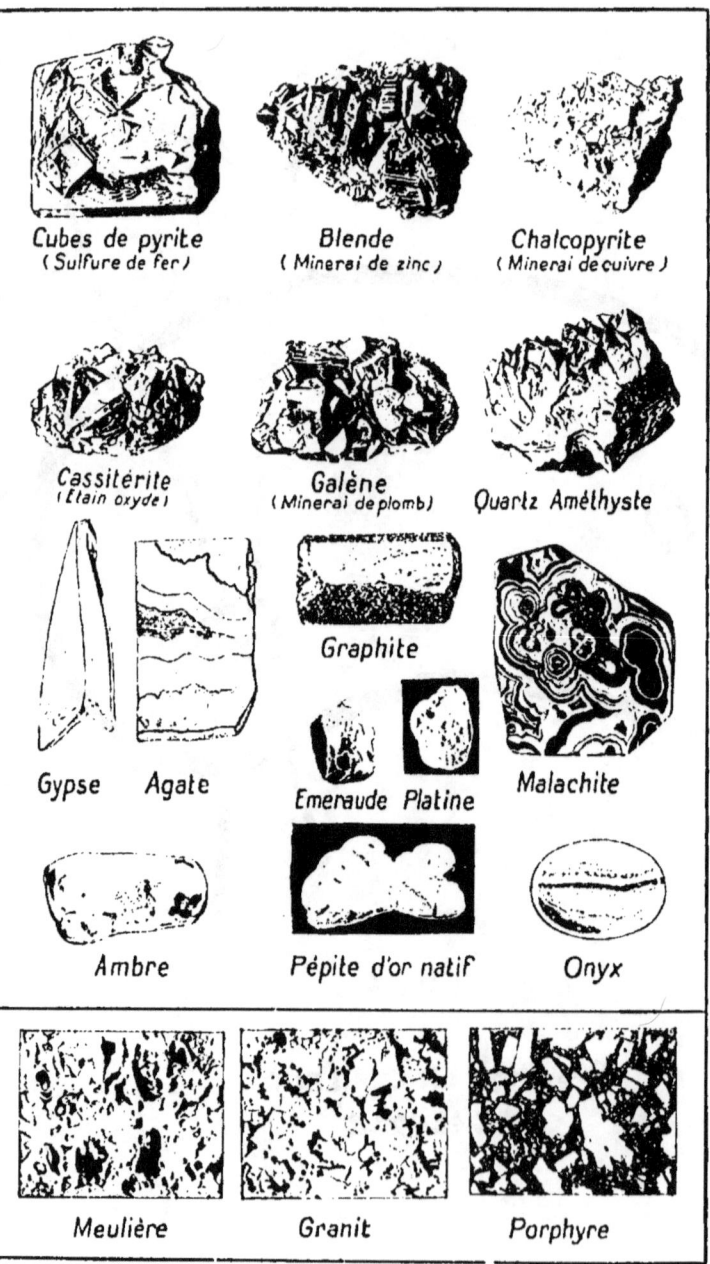

II. — SCIENCES NATURELLES

1. — La Terre.

18ᵉ LEÇON. — COMPOSITION DE L'ÉCORCE TERRESTRE.

SOMMAIRE. — La Terre et son écorce. — Roches calcaires, argileuses et siliceuses; leurs usages. — Roches sédimentaires et roches ignées; roches volcaniques.

1. La Terre. — La *Terre* a la forme d'une sphère aplatie aux pôles. Lorsqu'on descend dans un puits de mine, on remarque, en général, que la température augmente de 1 degré tous les 33 mètres; certaines eaux thermales

Fig. 114. — Type de terrain stratifié (roches sédimentaires), à Roquefavour (Bouches-du-Rhône).

sortent bouillantes de la terre; enfin les volcans rejettent parfois des torrents de matières fondues. Ces faits ont permis de supposer que le centre de la Terre est en fusion.

2. Le sol et le sous-sol. — La surface des continents et des îles est presque partout recouverte d'une certaine épaisseur de *terre végétale* où les plantes enfoncent leurs racines et dont la couche supérieure, aisément labourable, s'appelle *terre arable* (Voir 37ᵉ leçon).

C'est le **sol**. Au-dessous de la terre végétale se trouve le **sous-sol**, composé de *massifs* ou de *couches* de matières, compactes ou meubles[1], appelées *minéraux* ou *roches*. On en distingue trois sortes : les **roches calcaires**, les **roches argileuses** et les **roches siliceuses**.

3. Roches calcaires. — *Elles font effervescence avec les acides et sont assez tendres pour être rayées au couteau.* Les principales sont la **pierre à bâtir**, le **marbre** et la **craie**.

4. Pierre à bâtir. — Pour les constructions, on emploie les pierres calcaires qui résistent à l'action de l'air et de l'humidité ; on rejette les pierres *gélives*, qui se fendillent et *s'effritent*[2] sous l'influence de la gelée.

Fig. 115. — Empreintes de fossiles (cérithes) dans un morceau de calcaire grossier des environs de Paris.

Les gros blocs fournissent les *pierres de taille* que l'on réserve pour les *façades*[3] des maisons. Les morceaux plus petits, appelés *moellons*, sont employés pour la maçonnerie.

5. Marbre. — Le marbre est un calcaire assez dur et *susceptible*[4] d'un beau poli. Il est blanc ou veiné de rouge, de noir, etc. Le *marbre blanc* est recherché par les *statuaires*[5] ; les autres sont utilisés dans la décoration et l'ameublement. En France, les carrières de marbre les plus renommées se trouvent dans les Pyrénées et dans les Ardennes.

6. Craie. — La craie est un calcaire blanc, *très friable*. Elle forme une partie du sol de la Champagne.

Sciée en petits bâtons de la grosseur du doigt, la craie sert à écrire sur le tableau noir. Certaines variétés servent à fabriquer de la chaux ; enfin c'est avec la craie qu'on prépare le *blanc de Meudon* ou *blanc d'Espagne*, avec lequel on nettoie les vitres, les métaux, etc.

7. Roches argileuses. — *Les roches argileuses ne font pas effervescence avec les acides et sont assez tendres pour être rayées au couteau.* Les principales sont l'*argile* (Voir *16e leçon*) et l'*ardoise*.

---

1. Meubles (roches) : roches légères qui se divisent d'elles-mêmes, comme le sable.
2. Effriter (s') : s'en aller en poussière.
3. Façade : côté qui fait face à la rue.
4. Susceptible : capable de recevoir.
5. Statuaire : sculpteur de statues.

L'ardoise est *schisteuse*, c'est-à-dire disposée en feuillets plus ou moins minces que l'on sépare et qui servent à couvrir les maisons, à faire des dalles, des tables, etc. En France, les principales carrières sont celles d'Angers, de Fumay (Ardennes) et de Brive (Corrèze).

On appelle **marne** une roche assez tendre, composée de calcaire et d'argile, en proportions variables, dont on se sert pour fabriquer la chaux hydraulique et pour amender les terres (Voir 37° leçon, § 7).

8. Roches siliceuses. — *Elles ne font pas effervescence avec les acides et sont trop dures pour être rayées au couteau. Les principales sont : le silex ou pierre à fusil, la pierre meulière, les grès et les sables (Voir 16° leçon).*

9. Silex. — Le *silex* ou *pierre à fusil* est très dur et peut rayer l'acier (il jaillit des étincelles lorsqu'on le frappe vivement contre ce métal). On l'em-

Fig. 110. — Massif à structure cristallisée (roches ignées), à Piana (Corse).

ployait autrefois pour enflammer la poudre des anciens fusils. Aujourd'hui les cailloux de silex sont utilisés pour l'empierrement des routes.

10. Pierre meulière. — La pierre meulière est très répandue dans les environs de Paris. Lorsqu'elle est *compacte*, elle sert à faire des meules de moulin; lorsqu'elle est *caverneuse*[1], elle est utilisée surtout dans les fondations, car elle résiste à l'humidité (Voir *planche* I, p. 84).

11. Grès. — Les **grès** sont formés de grains de sable réunis par une sorte de ciment. Ce ciment est siliceux ou calcaire; dans le pre-

---

1. Caverneux : où l'on remarque de nombreux trous (avec coquillages fossiles).

mier cas, c'est le *grès siliceux* et, dans le second cas, le *grès calcaire*. Les grès siliceux servent au pavage des rues (grès de Fontainebleau).

12. Roches sédimentaires. — Les roches dont nous venons de parler sont superposées en *couches* parallèles (*fig.* 114); on peut s'en rendre compte en regardant l'ouverture d'une carrière ou la tranchée d'un chemin de fer. Elles se sont formées de débris arrachés par les eaux aux roches plus anciennes, et aussi des débris ou des empreintes d'animaux (*fig.* 115) et de végétaux qu'on nomme **fossiles**. Elles se sont déposées au fond des mers et des lacs en couches superposées (*terrains stratifiés, roches sédimentaires* [Voir 20ᵉ leçon]). — Puis, elles ont émergé à la surface de la terre avec les fonds de mer, soulevés par les mouvements de l'écorce terrestre.

13. Roches ignées. — Au contraire, certaines roches siliceuses forment des *massifs* de cristaux agglomérés sans ordre et *privés de fossiles* (*fig.* 116). Elles

Fig. 117. — Colonnes prismatiques de basalte. Chaussée des Géants (Irlande).

proviennent de la solidification de matières en fusion (*granit, porphyre*). D'autres, d'origine sédimentaire, mais cristallisées au contact du granit en éruption, sont aussi *privées* de fossiles (*micaschistes*, que le *mica*, disposé en lits, divise en larges feuillets). — Les unes et les autres sont couramment appelées *roches ignées*.

14. Granit. — Le **granit** (Voir *planche* I, p. 84) est très résistant et susceptible d'un beau poli; on en fait des colonnes, des dalles, etc. Il est formé de cristaux de *quartz*, de *mica* et de *feldspath*.

On trouve aussi dans la terre ces trois minéraux à l'état isolé.

Le *quartz* ou *cristal de roche* se présente sous la forme de gros cristaux incolores et transparents (Voir *fig.* 1). Le *mica* peut se diviser en feuillets minces, transparents et élastiques. Il sert à faire des verres pour l'éclairage au gaz, des devants de foyers dans certains poêles, etc. Le *feldspath* est blanchâtre ou rosé. Il entre dans la fabrication de la porcelaine.

15. Porphyre. — Le **porphyre**, plus dur que le granit, est formé des mêmes minéraux, mais noyés dans une pâte feldspathique. Il peut recevoir un beau poli; on l'emploie pour la décoration (Voir planche I, p. 84).

16. Roches volcaniques. — On donne le nom de **laves** aux roches en fusion qui ont été rejetées par les volcans aux âges plus récents de la Terre. A l'état solide, elles sont noires et boursouflées.

On appelle **basalte** une roche noire, très pesante, que l'on trouve dans une grande partie de l'Auvergne. Elle provient des volcans actuellement éteints et se présente quelquefois sous forme de *colonnes prismatiques* (fig. 117).

RÉSUMÉ

L'écorce terrestre est constituée par des massifs ou par des couches de *roches* compactes ou meubles.

Les roches calcaires font effervescence avec les acides. — Les principales sont la *pierre à bâtir*, le *marbre* et la *craie*.

Les roches argileuses ne font pas effervescence avec les acides et peuvent être rayées au couteau. — Les principales sont l'*argile* et l'*ardoise*. La *marne* est une roche argileuse et calcaire.

Les roches siliceuses ne font pas effervescence avec les acides et ne peuvent être rayées au couteau. — Les principales sont : le *silex*, la *pierre meulière*, les *grès* et les *sables*.

Toutes ces roches sont superposées en couches parallèles et renferment des fossiles. Elles ont été déposées par les eaux et sont appelées, pour cette raison, **roches sédimentaires**.

Certaines roches *siliceuses* se présentent en masses ou en larges feuillets ne contenant jamais de fossiles. Elles proviennent, en général, de la solidification de matières en fusion; on les appelle **roches ignées** : *granit, porphyre, micaschistes*.

A une époque relativement récente, les volcans ont rejeté des matières en fusion appelées *laves* qui se sont solidifiées. Les *basaltes* sont des laves noires très pesantes.

EXERCICES

QUESTIONS D'INTELLIGENCE. — 1. Dans le pays, y a-t-il des roches sédimentaires? A quoi les reconnaissez-vous? — 2. Pourquoi les roches ignées ne contiennent-elles pas de fossiles? — 3. Quelle différence y a-t-il entre les roches ignées et les roches volcaniques?

DEVOIRS. — I. Quels sont les faits qui montrent qu'il y a dans l'intérieur de la Terre des matières en fusion? Quelle est la composition de l'écorce terrestre? — II. Comment reconnaît-on une roche calcaire? argileuse? siliceuse? Qu'est-ce que la marne? Où l'utilise-t-on? — III. Par quoi distingue-t-on une roche sédimentaire d'une roche ignée ou volcanique? Citez les principales roches sédimentaires et leurs usages.

19ᵉ LEÇON. — L'ÉCORCE TERRESTRE (suite.)

SOMMAIRE. — Action de la pluie, de la neige et de la mer sur l'écorce terrestre. — Phénomènes volcaniques. — Tremblements de terre; mouvements insensibles du sol.

1. *L'écorce terrestre se modifie sans cesse*, principalement sous l'influence de *l'atmosphère*, de *l'eau* et de la *chaleur centrale*.

L'eau détruit en un point pour édifier sur un autre, et la chaleur centrale est la cause des phénomènes volcaniques et des mouvements du sol.

2. Action des eaux courantes. — Lorsque la pluie tombe sur un sol à surface inégale, elle en enlève les parties les plus petites et les plus légères et les entraîne. Sur les montagnes, en temps d'orage, elle forme des **torrents** dont les eaux coulent avec une très grande vitesse et entraînent de la terre et des cailloux, parfois des roches de dimensions considérables (*fig.* 118). Les *roches* s'arrêtent au bas de la montagne; les *cailloux*, plus légers, sont charriés plus loin dans la vallée;

Fig. 118. — Torrent. Les eaux *sauvages* ont dénudé les berges du torrent. Des barrages de pierres sèches couronnés de maçonnerie régularisent son cours.

quant à la *terre*, délayée dans l'eau, elle constitue le **limon** dont la plus grande partie est entraînée jusqu'à l'embouchure des fleuves et y forme souvent un dépôt triangulaire appelé **delta**. Enfin, les matières minérales que l'eau a dissoutes pendant tout son cours se déposent au fond des mers, soumises à une incessante évaporation.

Les terrains formés par les dépôts des fleuves et des rivières prennent le nom d'**alluvions**. Ils contiennent des débris d'animaux et de végétaux et sont en général très fertiles.

3. Action des glaciers. — La neige qui tombe dans nos plaines se transforme rapidement en eau. Sur les hautes montagnes, elle persiste toute l'année. Poussée par le vent, elle s'accumule dans les vallées hautes et s'y tasse. Là, pendant les journées chaudes, elle fond à la surface; l'eau de fusion pénètre dans la neige, se congèle de nouveau pendant la nuit et toute la masse finit par se transformer en glace : c'est le *glacier*.

Un **glacier** est un véritable fleuve de glace qui, sous l'action de la pesanteur, descend vers la plaine avec une vitesse plus ou moins grande; ainsi la *Mer de glace* de Chamonix (Haute-Savoie) avance à peu près de 100 mètres par an. Dans ce mouvement, le glacier déchire

Fig. 119. — La mer sape les falaises (Étretat [Seine-Inférieure]).

les parois de la vallée et en déplace les débris qu'il abandonne plus bas, à l'endroit où il fond et alimente un cours d'eau.

4. Action de la mer. — Les *marées* et surtout les vagues de la mer exercent sur les côtes une action destructive très énergique. Elles sapent incessamment le pied des falaises, les désagrègent et les font ébouler dans la mer (*fig.* 119). Les fragments de roches, roulés par les flots, s'arrondissent et sont alors appelés *galets*. S'ils se morcellent de plus en plus, ils finissent par former du *sable* dont l'amas fait *plage*. Les parties les plus légères, surtout la craie, restent en suspension dans l'eau et sont entraînées par les courants. Lorsqu'elles arrivent dans un endroit où l'eau n'est plus agitée, elles se déposent en couches horizontales.

Si un *mollusque* (Voir *32e leçon*) se trouve emprisonné dans ces dépôts, l'animal meurt et sa coquille se conserve au fond de la mer. De même les débris d'animaux et de végétaux entraînés par les rivières et les fleuves finissent par tomber au fond de l'eau et se conservent grâce aux matières qui viennent les recouvrir et les mettent à l'abri de l'air. C'est l'origine des **fossiles** (Voir 20ᵉ leçon).

5. Action de l'atmosphère. — Le *vent* déplace et reforme les *dunes*, petits monticules de sable que l'on rencontre sur certaines côtes; il favorise l'action des sables et des pluies sur les roches tendres; les *gelées* désagrègent les pierres gélives et permettent à l'eau d'en entraîner les débris.

6. Phénomènes volcaniques. — Nous avons vu que l'intérieur de la Terre contient des matières en fusion. Il arrive parfois qu'elles se

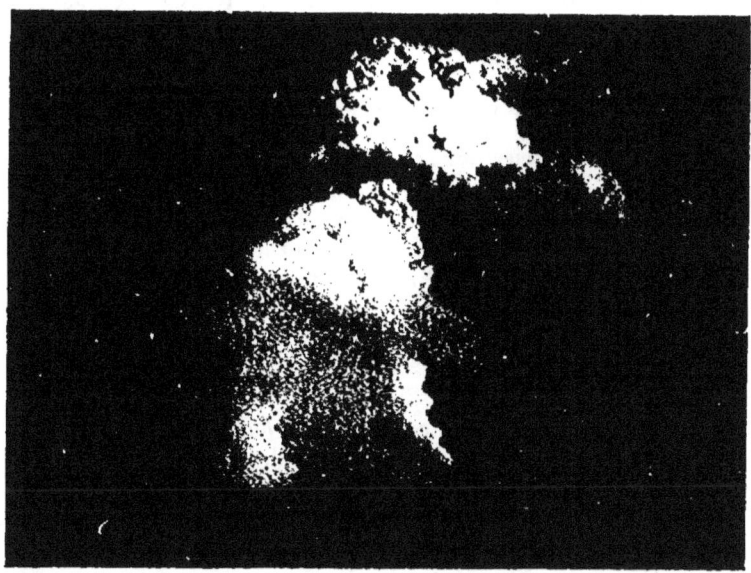

Fig. 120. — La colonne de fumée du Vésuve (éruption de 1872).

font une trouée à travers l'écorce terrestre et se déversent à la surface du sol, tandis que des jets de vapeur et de cendres ainsi que des matières solides s'en échappent violemment *(fig. 120)*. Ce sont des *phénomènes volcaniques*, lesquels causent parfois de grands désastres : l'éruption du Vésuve, en l'an 79, détruisit les deux villes d'Herculanum et de Pompéi; celle du mont Pelé, en 1902, détruisit la ville de Saint-Pierre, capitale de la Martinique.

7. Mouvements du sol. — L'écorce terrestre subit deux sortes de mouvements : 1° des **mouvements brusques et violents**, mais de courte durée, appelés *tremblements de terre ;* 2° des **mouvements lents et insensibles** d'exhaussement ou d'affaissement.

8. Tremblements de terre. — Un tremblement de terre consiste en une ou plusieurs secousses dont la durée totale ne dépasse généralement pas quelques secondes. — Le sol s'agite tantôt en oscillant latéralement, tantôt en se soulevant et s'affaissant successivement ; parfois les mouvements horizontaux et verticaux se font en même temps, bouleversant le sol et tout ce qu'il supporte. Un des plus terribles tremblements de terre fut celui qui détruisit la ville de Messine (Sicile) en 1908 et fit périr plus de 200 000 personnes.

9. Mouvements lents. — Les mouvements insensibles du sol sont dus aux contractions lentes de la croûte terrestre sous l'influence du refroidissement progressif de notre planète. Ils peuvent être constatés sur les côtes, car le niveau de la mer fournit un point de repère.

Le rocher granitique du mont Saint-Michel, célèbre par une magnifique abbaye, était uni jadis à la côte normande (département de la Manche). L'affaissement continu du sol en a fait une île qu'on a reliée à la terre par une digue. Il est vrai que ce rocher pittoresque semble devoir, dans un avenir prochain, se relier de nouveau au continent par l'ensablement de la baie.

On a constaté qu'actuellement, en France, la côte de la Manche s'enfonce insensiblement, tandis que la côte de l'Atlantique subit un mouvement lent de soulèvement. De même, on sait que le nord de la Suède s'élève en moyenne de $1^m,30$ par siècle, tandis que le sud, pendant le même temps, s'abaisse de $1^m,50$.

RÉSUMÉ

L'écorce terrestre se modifie sans cesse, principalement sous l'influence de l'*atmosphère*, de l'*eau* et de la *chaleur centrale*.

L'eau désagrège les roches, en déplace les débris et les dépose dans le lit des rivières, au fond des mers ou des lacs.

Des débris d'animaux et de végétaux se trouvent parfois enfouis au milieu des dépôts formés par l'eau des rivières, des lacs ou de la mer; ces débris constituent des **fossiles**.

Le vent, chassant les sables, use les roches; les **gelées** les désagrègent et en livrent les débris aux eaux courantes.

La **chaleur intérieure de la Terre** est la cause des *éruptions volcaniques* qui font parfois de si nombreuses victimes. Elle est aussi la cause des *tremblements de terre* et des *mouvements lents du sol*.

EXERCICES

QUESTIONS D'INTELLIGENCE. — *1. Après une pluie d'orage, allez au bas de la côte, près d'un fossé : observez et dites ce qui s'est passé. — 2. Montrez comment ont pu se former les bancs de sable que l'on trouve près des côtes. — 3. Aiguesmortes (Eaux mortes), qui était autrefois un port, se trouve maintenant loin de la mer; comment expliquez-vous cela?*

DEVOIRS. — *I. Montrez comment l'eau, sous ses différentes formes, modifie l'écorce terrestre. — II. Parlez des différents mouvements du sol. Citez quelques éruptions célèbres.*

20ᵉ LEÇON. — L'ÉCORCE TERRESTRE (fin).

SOMMAIRE. — Les terrains ignés. — Les terrains sédimentaires et les fossiles. — Terrains primaires, secondaires, tertiaires, quaternaires. — L'homme à l'époque quaternaire.

1. Les terrains ignés; les terrains sédimentaires. — On peut affirmer que la Terre se composa d'abord d'éléments gazeux qui perdirent peu à peu leur chaleur et formèrent une *sphère de liquides incandescents* que les **eaux** enveloppaient à l'état de *vapeur*.

Par suite du refroidissement, il s'est formé à la surface de la sphère liquide une croûte, très mince d'abord, mais qui alla en augmentant d'épaisseur. Elle se compose de *roches cristallisées*, comme le gneiss et le granit. Ce sont les **terrains primitifs** ou **ignés**. — Le *noyau central* continuant à se refroidir, et par cela même à se contracter, l'*écorce primitive* s'est déformée, ridée, formant ainsi des creux. En même temps, la vapeur d'eau de l'atmosphère s'est condensée et a donné naissance à des *pluies* très abondantes, dont les eaux se sont réunies dans les dépressions du globe et ont formé les premiers *océans*. Dès lors, l'eau a commencé à désagréger la croûte primitive et, des débris, a formé les **terrains sédimentaires**.

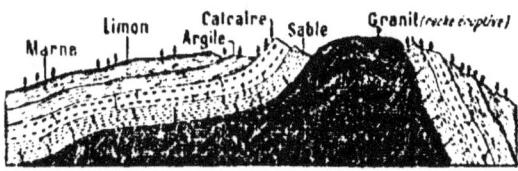

Fig. 121. — Terrains sédimentaires soulevés par une roche éruptive.

Pendant cette période de formation, l'*écorce terrestre* n'étant pas encore très épaisse, il y eut fréquemment des soulèvements, des affaissements, des cassures, ce qui fait que les terrains sédimentaires, au lieu d'être horizontaux, se trouvent parfois redressés presque verticalement, surtout lorsqu'ils ont été traversés par les *éruptions* de granits et de porphyres *(fig. 121)*.

2. Les fossiles. — La croûte primitive du globe ne contient pas de **fossiles**; *la vie n'existait pas à cette époque à la surface de la Terre*. Quand les terrains sédimentaires commencèrent à se déposer, la température ayant beaucoup baissé, la vie devint possible, les premiers animaux et végétaux parurent; leurs débris ont formé les plus anciens *fossiles*.

3. Classification des terrains sédimentaires. — En plusieurs endroits, les plus anciens terrains sédimentaires ont des milliers de mètres d'épaisseur; il a fallu des *milliers de siècles* pour les déposer. Pendant ce long espace de temps, certaines régions ont émergé de la mer ou des lacs, puis se sont affaissées à plusieurs reprises. Les débris de leurs espèces animales et végétales de mer ou d'eau douce, enfouis sous les eaux dans des vases profondes, conservés à l'état de fossiles (*restes* ou *empreintes*), et exhaussés plus tard avec le fond des mers, ont permis de classer les terrains d'après leur ordre d'ancienneté. On l'établit non seulement par la place que ces terrains occupent, mais surtout par le genre de fossiles qu'ils contiennent. On divise les **terrains sédimentaires** en quatre grands groupes; les plus anciens sont les *terrains primaires*, puis viennent les *terrains secondaires*, les *terrains tertiaires*, et enfin les *terrains quaternaires*.

4. Terrains primaires. — Ils reposent directement sur la croûte primitive; ils affleurent en certains points à la surface du sol, comme en Bretagne, dans les Pyrénées et dans les Alpes *fig. 129*. — Les fossiles qu'on y trouve sont des crustacés appelés **trilobites** (*fig. 122*), des poissons et des batraciens. **On n'y rencontre ni mammifères ni oiseaux.**

A l'époque de la formation de ces terrains, le sol était couvert d'une végétation puissante, composée de *fougères* arborescentes et de *conifères* gigantesques. Les pluies et les inondations entraînèrent dans la mer et dans les lacs des quantités énormes de ces plantes qui, à l'abri de l'air, se transformèrent en **houille**.

On retire des terrains primaires de la *houille*, des *ardoises*, des *métaux*, des *marbres*, des *grès*.

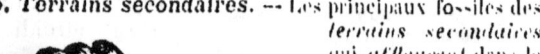

Fig. 122. — Trilobite fossile des terrains primaires.

5. Terrains secondaires. — Les principaux fossiles des terrains secondaires qui *affleurent* dans le Jura, la Champagne, les Causses *fig. 130*, sont des *ammonites* (*fig. 123*), mollusques dont la coquille est enroulée sur elle-même; de grands *reptiles* (*fig. 124*) aux formes bizarres, marins ou terrestres; enfin, à la partie supérieure, on trouve des *oiseaux* pourvus de dents.

Fig. 123. — Ammonite (fossile des terrains secondaires).

On retire de ces terrains des *pierres de construction*, de la *craie*, du *sel gemme*, des *minerais de fer*, etc.

6. Terrains tertiaires. — Les *terrains tertiaires*, qui *affleurent* dans le bassin de Paris, la plaine de la Garonne, etc., contiennent de nombreuses co-

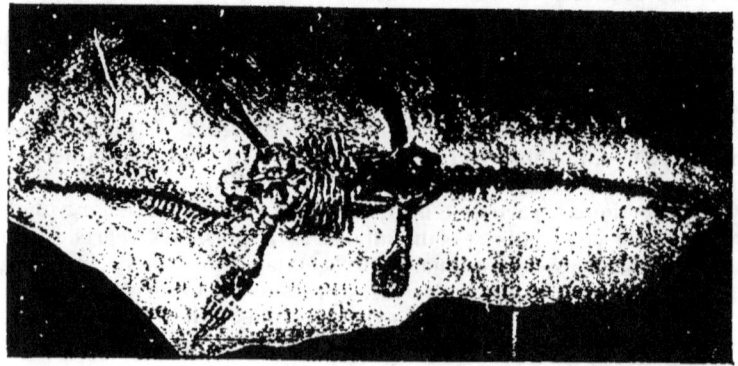

Fig. 124. — Plésiosaure, reptile nageant (fossile des terrains secondaires).

quilles de *cérithes* (*fig.* 115). Il n'y a plus de grands *reptiles*, mais des *oiseaux*, des *mammifères* dont quelques-uns existent encore (lion, cheval, éléphant, etc.).

De ces terrains on retire des *pierres à bâtir*, de *l'argile*, du *sable*, de la *pierre meulière*, de la *pierre à chaux* et de la *pierre à plâtre*.

Fig. 125. — Mammouth restauré (fossile des terrains quaternaires).

7. Terrains quaternaires. — Les *terrains quaternaires* contiennent des débris de *l'homme* et de la plupart des espèces animales et végétales qui peuplent notre globe. On y trouve aussi les restes du *mammouth* (*fig.* 125), éléphant couvert de poils, à défenses recourbées, qui a aujourd'hui disparu.

Pendant la formation de ces terrains, les *glaciers* prirent une très grande extension; les cours d'eau qui en sortaient, démesurément grossis par des *pluies torrentielles*, creusèrent les vallées actuelles et y déposèrent, par des inondations successives, des cailloux usés et roulés, du gravier et du limon.

8. L'homme à l'époque quaternaire. — L'homme a d'abord vécu dans des *cavernes*; c'est là qu'on a trouvé des débris de son industrie (*fig.* 126 à 128) : silex grossièrement taillés qui lui servaient d'armes pour lutter contre les animaux, hameçons en bois de renne, os taillés en aiguille, etc. Plus tard, l'homme s'est construit, au

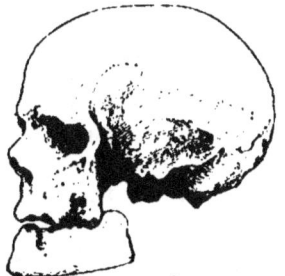 

Fig. 126 à 128. — Vestiges de l'époque quaternaire : 1. Crâne de l'un des premiers hommes (race de Cro-Magnon, à tête allongée). 2. Flèche en silex taillé. Hache en silex poli emmanché dans un bois de renne.

milieu des lacs, loin de tout ennemi, des *habitations sur pilotis*[1]; enfin il trouva le moyen de fabriquer le bronze, puis de forger le fer, et, grâce à son intelligence, se plaça bien au-dessus des animaux supérieurs.

---

1. **Pilotis** : ensemble de grands pieux enfoncés pour asseoir les fondations d'un ouvrage construit dans l'eau ou dans un terrain peu solide, et sur lesquels on peut établir une construction. (Venise, en Italie, est bâtie sur pilotis).

RÉSUMÉ

Aux premiers âges, la **Terre** était un globe de matières en fusion et l'**eau** était dans l'atmosphère à l'état de *vapeur*. En se refroidissant, la matière fondue se recouvrit d'une *croûte* qui devint de plus en plus épaisse, mais subit de nombreuses déformations.

Par suite d'un refroidissement général, la *vapeur d'eau* de l'atmosphère *se condensa* en *pluies* abondantes dont les eaux formèrent les premiers *océans*. Ces eaux désagrégèrent la *croûte primitive* du globe et, des débris, formèrent les *terrains sédimentaires*.

Les **terrains sédimentaires** ont pu être classés par ordre d'ancienneté, grâce aux *fossiles* qu'ils contiennent. — Les plus anciens sont les **terrains primaires**, caractérisés par la présence des *tri-*

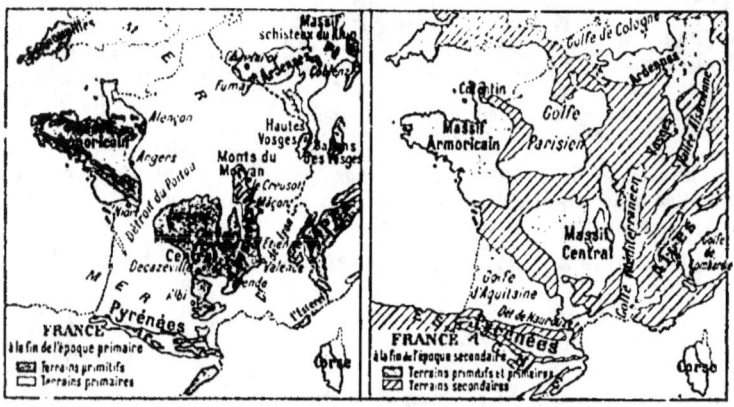

Fig. 129-130. — Carte montrant la formation géologique de la France.

lobites; — au-dessus se trouvent les **terrains secondaires**, où l'on rencontre les restes de *grands reptiles;* — viennent ensuite les **terrains tertiaires**, contenant les restes de nombreux *mammifères;* — puis les **terrains quaternaires**, où l'on rencontre les débris de l'*homme*.

EXERCICES

QUESTIONS D'INTELLIGENCE. — 1. *Dans une carrière exploitée au flanc de la colline, on trouve des coquillages d'animaux marins. Comment vous expliquez-vous leur présence?* — 2. *Pourquoi, dans les vallées, les terrains sont-ils fertiles?* — 3. *Prouvez, par quelques exemples, que les matériaux de la demeure de l'homme varient suivant la composition de l'écorce terrestre.*

DEVOIR. — *Parlez de la formation de l'écorce terrestre. Montrez sommairement, par l'étude des fossiles, que le règne animal a produit des espèces de plus en plus parfaites jusqu'à l'époque actuelle.*

2. — L'Homme.

21ᵉ LEÇON. — LE MOUVEMENT.

SOMMAIRE. — L'homme. — Squelette : tête, tronc et membres; ses déformations. — Articulations et muscles : gymnastique.

1. L'homme. — *L'homme se distingue des animaux* par son intelligence et par l'usage de la parole, mais son organisation prouve qu'il se rattache au *règne animal*. Comme l'animal, il a des organes spéciaux pour *effectuer des mouvements*, pour *se nourrir* (par la digestion, la respiration et la circulation), pour *sentir le plaisir* (ou la douleur) et former des pensées.

Les organes du mouvement sont le **squelette** *et les* **muscles.**

2. Squelette. — Le *squelette* est l'ensemble des os qui soutiennent les parties molles du corps chez les animaux vertébrés. — Celui de l'homme (*fig.* 131) comprend trois parties : la **tête**, le **tronc** et les **membres.**

Les **os** sont formés d'une matière *minérale* (carbonate et phosphate de calcium) et d'une matière *animale* (que l'on peut transformer en gélatine ou colle forte). — Lorsqu'on brûle les os, la matière animale seule disparaît. —

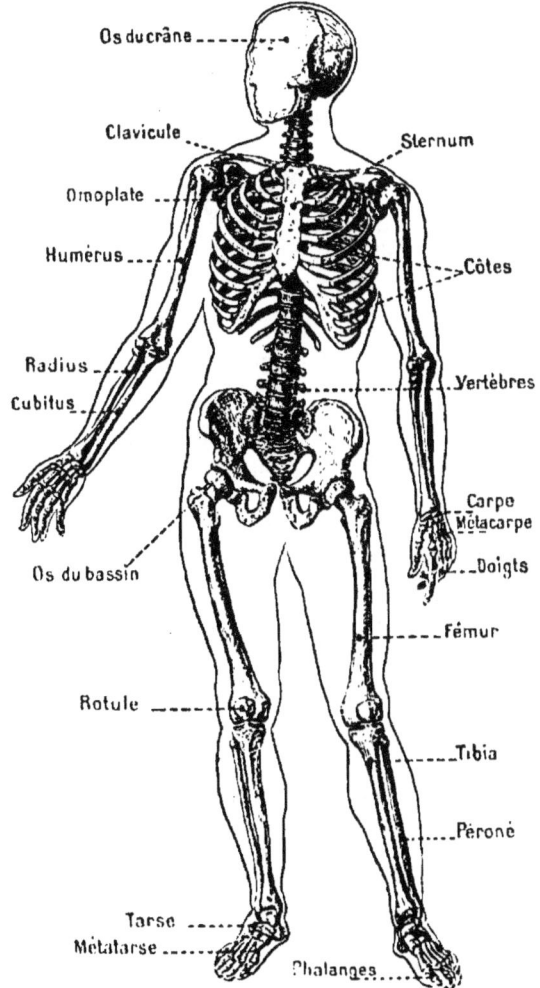

Fig. 131. — Squelette de l'homme.

On isole la matière animale en maintenant l'os dans de l'eau **acidulée pendant deux ou trois jours** : l'acide dissout la matière calcaire.

3. Tête. — Dans la *tête* (*fig.* 132), on distingue le *crâne* et la *face*.

Le **crâne** est une boîte osseuse ayant la forme d'un œuf couché horizontalement, le gros bout en arrière.

Les principaux **os du crâne** sont le *frontal* en avant, l'*occipital* en arrière, les deux *pariétaux* en haut sur les côtés et les deux *temporaux* disposés latéralement.

Les principaux **os de la face** sont : les *os du nez*, les *pommettes* et les deux *maxillaires* ou *mâchoires*. La mâchoire supérieure est fixe et soudée au crâne ; la mâchoire inférieure est mobile.

4. Tronc. — Dans le *tronc*, on distingue la *colonne vertébrale*, les *côtes* et le *sternum*.

La **colonne vertébrale** (*fig.* 133) est ainsi nommée parce qu'elle est formée de *vertèbres*, petits os plats, massifs en avant et percés d'un trou en arrière. L'ensemble des trous des vertèbres forment le *canal vertébral*.

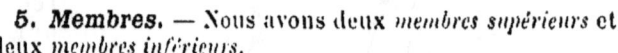

Fig. 132. — Les os de la tête humaine.

Les **côtes** sont 12 paires d'os recourbés en demi-cercles qui vont des vertèbres du dos jusqu'au devant de la poitrine ; la plupart s'attachent là à un os plat, le **sternum** Elles limitent la *cage thoracique* (Voir 22° leçon, § 2).

Les 7 premières paires de côtes s'attachent directement au sternum par des *cartilages*[1]. Les 3 paires suivantes s'y attachent indirectement, ces ont les *fausses côtes* ; les deux dernières paires, plus courtes et libres en avant, sont appelées *côtes flottantes*.

5. Membres. — Nous avons deux *membres supérieurs* et deux *membres inférieurs*.

1° **Dans chaque membre supérieur**, on distingue l'*épaule*, le *bras*, l'*avant-bras* et la *main*.

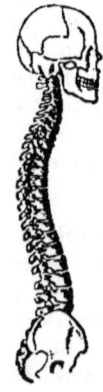

Fig. 133. Colonne vertébrale.

L'**épaule** est formée de deux os : en arrière, un grand os plat triangulaire, l'*omoplate* ; en avant, un os allongé, la *clavicule*, qui va du sternum à l'omoplate.

Le **bras** proprement dit ne renferme qu'un seul os : l'*humérus*.

L'**avant-bras** en renferme deux : le *radius* et le *cubitus*.

La **main** comprend le *carpe* ou *poignet* (8 os), le *métacarpe* ou *paume de la main* (5 os) et les *phalanges* ou *os des doigts*.

2° **Dans chaque membre inférieur**, on distingue la *hanche*, la *cuisse*, la *jambe* et le *pied*.

---

1. **Cartilage** : partie du squelette tendre et élastique qui contient peu de matière minérale.

SCIENCES NATURELLES.

Les deux **hanches** forment le *bassin*, ceinture osseuse sur laquelle le corps repose d'aplomb.

La **cuisse** ne renferme qu'un seul os : le *fémur*.

La **jambe** proprement dite en renferme deux : le *tibia* et le *péroné*.

Entre la cuisse et la jambe est la *rotule*, petit os arrondi qui empêche la jambe de se plier en avant sur la cuisse.

Le **pied** comprend le *tarse* ou *cou-de-pied* (7 os), le *métatarse* ou *plante du pied* (5 os) et les *phalanges* ou *os des orteils*.

6. Déformations du squelette. — Dans le jeune âge, les os sont *flexibles*, peu résistants, car ils contiennent peu de matière minérale; celle-ci augmente peu à peu et les os durcissent.

Pendant cette période, la colonne vertébrale peut se déformer par suite d'attitudes mauvaises. On doit donc prendre l'habitude d'une bonne tenue du corps, à l'école comme à l'atelier.

7. Articulations. — Les os jouent les uns sur les autres aux *articulations* ou *jointures*.

Pour faciliter les mouvements, chaque os est terminé par un *cartilage*, matière élastique dont la surface lisse et comme *nacrée*[1] est humectée par un liquide huileux, la *synovie*. Des *bandelettes fibreuses* appelées *ligaments*, d'un blanc argenté et peu extensibles, maintiennent fortement les os bout à bout.

Lorsque, à la suite d'un faux mouvement, les ligaments d'une articulation sont fortement distendus, on dit qu'il y a *entorse* (Voir

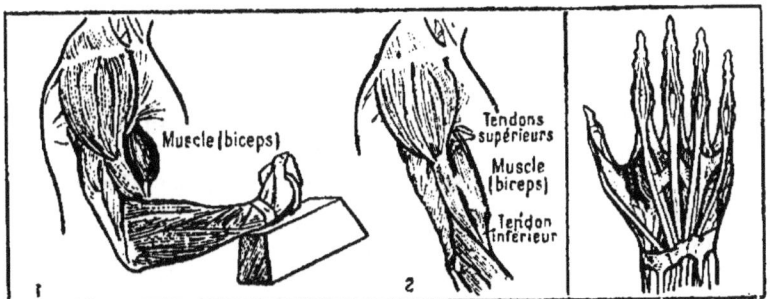

Fig. 134 et 135. — 1. Pour plier l'avant-bras, le biceps se contracte. 2. Pour étendre le bras, le biceps se détend.

Fig. 136. — Tendons servant à dresser les doigts.

lecture p. 168). Si l'un des os est déboîté, il y a *luxation*; s'il est brisé, il y a *fracture*.

8. Muscles. — Les muscles sont les masses de chair qui recouvrent les os (c'est ce que nous mangeons sous le nom de viande). Ils

---

1. Nacrée : qui a l'éclat, l'apparence de la nacre, matière blanche et brillante qui tapisse l'intérieur des coquilles de certaines huîtres.

sont formés de filaments rouges placés à côté les uns des autres et fixés par chaque extrémité à des os du squelette.

Les muscles sont élastiques et peuvent *se contracter* (fig. 134), c'est-à-dire se raccourcir en gonflant, ce qui fait mouvoir les os auxquels ils sont attachés.

Certains muscles se fixent aux os par l'intermédiaire de cordons fibreux, blancs et peu élastiques, appelés *tendons* (fig. 135 et 136). Les tendons sont souvent nommés, par erreur, *nerfs de la viande* (V. 25e leç.).

9. Gymnastique. — Les exercices répétés développent et fortifient les muscles (Voir *lecture*, p. 164). Pour que toutes les parties du corps se développent uniformément, il faut que tous les muscles travaillent; c'est ce que l'on cherche à obtenir par la *gymnastique*, les *jeux* et les *sports;* c'est d'après cette règle qu'il faut juger de l'utilité relative de chacun d'eux.

10. Rhumatismes. — Les muscles peuvent être le siège de certaines douleurs appelées *rhumatismes*. Ces affections sont causées le plus souvent par le froid *humide*. On doit donc éviter de coucher sur le sol ou dans un endroit humide et de conserver sur soi des habits mouillés.

RÉSUMÉ

Le **squelette** est l'ensemble des os du corps d'un animal *vertébré*. Celui de l'homme comprend la *tête*, le *tronc* et les *membres*.

La **tête** est composée du *crâne* et de la *face*.

Le **tronc** comprend la *colonne vertébrale*, les *côtes* et le *sternum*. La colonne vertébrale est formée de vertèbres. Des vertèbres du dos partent 12 paires de **côtes**.

Les os d'un **membre supérieur** sont : l'*omoplate* et la *clavicule* (épaule), l'*humérus* (bras), le *radius* et le *cubitus* (avant-bras), les os du *carpe*, du *métacarpe* et des *doigts* (main).

Les os d'un **membre inférieur** sont : les *os du bassin* (hanches), le *fémur* (cuisse), le *tibia* et le *péroné* (jambe), les *os du tarse*, du *métatarse* et des *orteils* (pied).

Les os jouent les uns sur les autres aux **articulations;** ils sont mis en mouvement par les **muscles**. Les muscles se développent et se fortifient par la *gymnastique*.

EXERCICES

QUESTIONS ET EXPÉRIENCES. — 1. *Examinez un os qui a été calciné dans le poêle et dites ce que vous remarquez.* — 2. *Placez pendant 24 heures un os de bœuf dans de l'acide chlorhydrique. Il devient flexible. Pourquoi?* — 3. *Examinez le jeu des muscles sur une patte de poulet.* — 4. *Un pulsatier se plaint de douleurs rhumatismales; où a-t-il pu contracter ces douleurs?*

DEVOIRS. — I. *Description du squelette de l'homme.* — II. *Articulations et muscles. Utilité des exercices corporels; action particulière de certains sports.* — III. *Montrez en détail l'analogie du membre supérieur avec le membre inférieur chez l'homme.*

22ᵉ LEÇON. — LA NUTRITION.

SOMMAIRE. — **La nutrition : ses principales fonctions.** — **L'appareil digestif : bouche, estomac, intestin.** — **Hygiène de la digestion.**

1. Nutrition. — Pour développer son corps pendant la jeunesse, et pour remplacer les matériaux usés par l'exercice et le travail, l'homme doit se *nourrir* d'aliments qu'il incorpore à ses tissus.

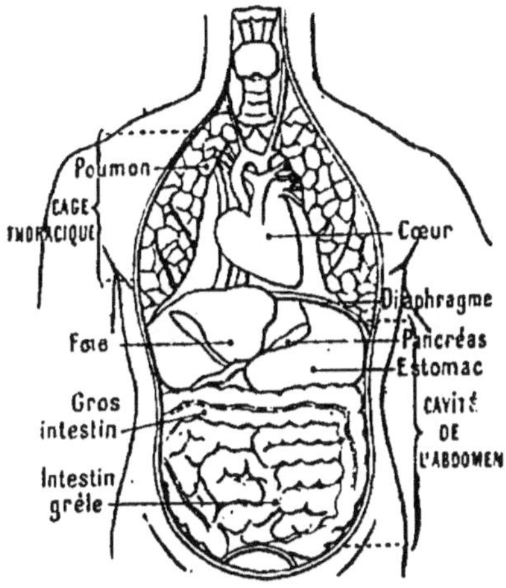

Les principales *fonctions de nutrition* sont : 1° la **digestion**, qui rend assimilables les parties nutritives des aliments et les verse dans le sang; 2° la **circulation**, qui transporte le sang nourricier dans toutes les parties du corps; 3° la **respiration**, qui fournit au sang l'oxygène et le débarrasse des

Fig. 137. — Organes de la nutrition.

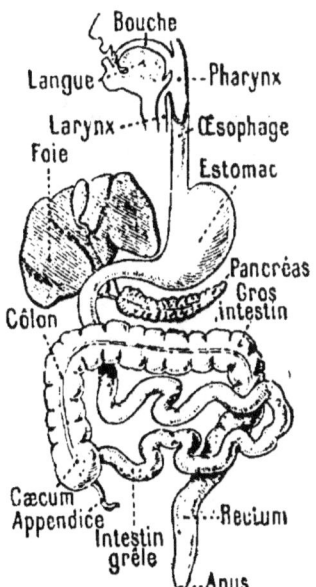

Fig. 138. — Appareil digestif (simplifié).

gaz nuisibles; 4° l'**excrétion**, qui élimine le reste des impuretés du sang.

2. Disposition des organes de nutrition. — Dans la *cage thoracique* (fig. 137) se trouvent les deux **poumons**, organes essentiels de la *respiration*, entre lesquels est placé le **cœur**, organe central de la *circulation*. Au-dessous de la cage thoracique, close par le *muscle diaphragme*, se trouve la *cavité de l'abdomen*, qui renferme l'**estomac** et les **intestins**. Les organes de la *sécrétion* sont dispersés dans tout le corps.

3. Appareil digestif. — *Digérer, c'est transformer en liquides capables de s'introduire dans le sang* les parties utiles des aliments et les séparer des autres. La digestion s'effectue dans l'*appareil digestif* (fig. 138), lequel comprend le *tube digestif* et certaines *glandes*.

Le **tube digestif** commence à la *bouche* et se continue par l'*œsophage*, tube qui descend à peu près verticalement à travers la cage thoracique jusqu'à l'*estomac*, véritable renflement du tube digestif. A la suite de l'estomac vient l'*intestin grêle*, puis le *gros intestin*.

Les **glandes** sont placées le long du tube digestif et *sécrètent*, c'est-à-dire fabriquent des liquides nécessaires à la digestion. Ce sont les *glandes salivaires*, les *glandes de l'estomac*, le *foie*, le *pancréas* et les *glandes intestinales*.

La **bouche** contient les *dents*, la *langue* et les *glandes salivaires*.

4. Les dents servent à couper et à broyer les aliments solides.

— Elles sont formées (*fig.* 139) d'*ivoire*, matière semblable aux os, et sont recouvertes à la partie supérieure d'une substance très dure qu'on nomme *émail*. — La partie de la dent enfoncée dans la mâchoire est la *racine*; la partie extérieure est la *couronne*.

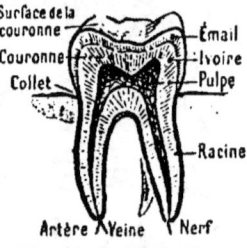

Les dents ont différentes formes (*fig.* 140); les unes ont la couronne tranchante et sont destinées à *couper* les aliments : ce sont les **incisives**; les autres ont la couronne pointue et servent à *déchirer* la viande : ce sont les **canines**; enfin celles dont la couronne est large et aplatie servent à *broyer* : ce sont les **molaires**.

L'homme possède 32 dents, 16 à chaque mâchoire (*fig.* 140) : 4 incisives, 2 canines et 10 molaires.

Fig. 139. — Coupe d'une molaire.

L'enfant a une première dentition (*fig.* 140) qui ne se compose que de 20 dents : 4 incisives, 2 canines et 4 molaires à chaque mâchoire. Ces *dents de lait* tombent entre sept et onze ans et sont immédiatement remplacées par les dents définitives. De sept à treize ans, il se forme en outre 4 grosses molaires à chaque mâchoire; puis, vers l'âge de vingt ans, les *dents de sagesse* (2 à chaque mâchoire) viennent compléter la dentition.

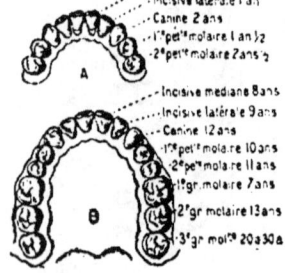

Fig. 140. — Dents :
A, 1re dentition; B, 2e dentition.

Les dents qui ne sont plus protégées par leur émail se creusent, se *carient*. On cherche à les conserver en bon état en les frottant matin et soir avec une brosse à dents et en évitant de casser des objets durs (sucre, noisettes, noyaux, etc.).

5. Les glandes salivaires sécrètent la salive.

— La salive *transforme* les *matières farineuses* (pain, pommes de terre, haricots, etc.) en une *espèce de sucre* qu'elle dissout.

Les aliments introduits dans la bouche sont coupés, broyés par les dents et imprégnés de salive, puis réunis en boule grâce aux mouvements de la langue. Cette boule, appelée *bol alimentaire*, passe dans l'œsophage où elle chemine sans subir de modifications et arrive dans l'*estomac* par l'orifice appelé *cardia*.

6. Estomac. — L'estomac (*fig.* 141) est une poche musculaire, de deux à trois litres de capacité, qui peut se contracter dans tous les sens. Plus de cinq millions de glandes situées sur la paroi interne sécrètent un liquide acidulé, le **suc gastrique**, qui a la propriété de *dissoudre les aliments azotés* (blanc d'œuf, fromage, viande, etc.).

Les aliments séjournent plusieurs heures dans l'estomac ; ils y sont brassés, imprégnés de suc gastrique et transformés en une espèce de bouillie appelée **chyme**. Le chyme sort de l'estomac par l'orifice appelé *pylore* et arrive dans l'*intestin grêle*.

7. Intestin. — L'intestin comprend l'*intestin grêle* et le *gros intestin*.

L'**intestin grêle** est un tube de 6 à 7 mètres à replis nombreux où se déversent la *bile*, sécrétée par le **foie**, et le *suc pancréatique*, sécrété par le **pancréas** (*fig.* 138). Ces deux liquides servent à transformer les aliments gras en *émulsion* (liquide tenant en suspension de fines gouttelettes de graisse). Enfin l'intestin grêle possède, sur sa paroi interne, des glandes qui sécrètent le *suc intestinal* ; celui-ci achève la digestion. En somme, le **chyme**, par l'action de ces différents sucs, est transformé en un liquide blanchâtre, le **chyle**, qui filtre à travers les parois de l'intestin et arrive jusque dans le *sang*, soit directement, soit par des conduits veineux particuliers.

La partie des aliments non transformée en chyle passe dans le **gros intestin** pour être rejetée au dehors sous forme d'*excréments*.

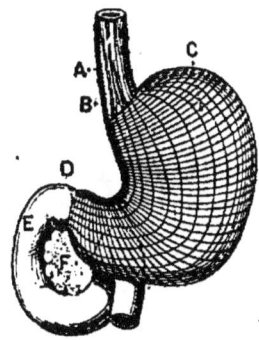

Fig. 141. — Estomac. A, œsophage. B, cardia. C, estomac. D, pylore. E, intestin grêle. F, pancréas. (Les hachures indiquent la direction des fibres musculaires).

8. Des aliments. — A part le sel et l'eau, nous tirons nos aliments des animaux et des végétaux. Ces aliments sont plus ou moins nourrissants selon qu'ils renferment un ou plusieurs des éléments de nos tissus : carbone, oxygène, hydrogène, azote.

Les *aliments azotés* (viandes, fromages, gluten du pain, blanc d'œuf, etc.) contiennent ces quatre éléments et servent à développer ou à renouveler nos tissus ; c'est pourquoi on les appelle encore *aliments réparateurs*.

Les *aliments féculents* (fécule des pommes de terre, amidon du blé, du riz), les *matières grasses* (huile, beurre, graisses) et les *matières sucrées* (sucres et fruits) ne renferment que trois éléments (carbone, hydrogène et oxygène) et servent à entretenir la combustion lente qui maintient dans tout notre corps la chaleur animale. On les appelle encore *aliments combustibles* ou *respiratoires*.

Enfin, les *boissons* (eau, vin, etc.) aident à la digestion et fournissent un peu de la chaux nécessaire à nos os.

Aucun aliment ne contient en quantité suffisante les quatre éléments, sauf le lait et les œufs qui sont des *aliments complets*. Le pain (amidon, gluten, phosphate, sel, eau) est un aliment presque complet.

9. Hygiène de la digestion. — Pour avoir une digestion régulière, il est nécessaire d'observer les règles suivantes :

1° *Manger à des heures régulières;*
2° *Manger sans excès*, afin d'éviter les indigestions;
3° *Manger lentement et mâcher complètement les aliments*, c'est-à-dire ne les avaler que lorsqu'ils sont complètement broyés et imprégnés de salive, car s'ils arrivent insuffisamment divisés dans l'estomac, ils lui imposent un surcroît de travail qui le fatigue et le rend malade;
4° *Manger peu le soir;*
5° *Prendre un exercice modéré après les repas.*

RÉSUMÉ

Comme les animaux, l'homme doit *se nourrir* pour développer et pour réparer ses forces. La *nutrition* comprend : la *digestion*, la *circulation*, la *respiration* et l'*excrétion*.

Digérer, c'est transformer les *aliments* en *liquides* capables de s'introduire dans le *sang*. La **digestion** s'effectue dans l'**appareil digestif**, lequel se compose du *tube digestif* et des *glandes*.

Le **tube digestif** comprend la *bouche*, l'*œsophage*, l'*estomac*, l'*intestin grêle* et le *gros intestin*.

Les **glandes** sont : les *glandes salivaires*, les glandes de l'*estomac*, le *foie*, le *pancréas* et les *glandes intestinales*.

Dans la **bouche**, les aliments sont broyés par les *dents* et imprégnés de *salive*. — Ils passent alors par l'*œsophage* et arrivent dans l'estomac, où ils sont brassés, imprégnés de suc *gastrique* et transformés en une espèce de bouillie appelée *chyme*. — Le chyme passe dans l'intestin où, sous l'influence de la *bile*, du *suc pancréatique* et du *suc intestinal*, il se transforme en un liquide blanchâtre, le *chyle*, qui filtre à travers les parois de l'intestin et arrive dans le *sang*. — La partie des aliments qui n'a pas été digérée est rejetée au dehors sous forme d'*excréments*. — Mangeons lentement et modérément.

EXERCICES

QUESTIONS ET EXPÉRIENCES. — *1. Vous avez onze ans et votre petite sœur en a cinq; avez-vous le même nombre de dents? — 2. Mâchez longtemps de la mie de pain; dites quel goût elle prend. — 3. Pourquoi les petits enfants peuvent-ils se contenter d'un régime si différent du nôtre?*

DEVOIRS. — *I. Des dents : constitution et différentes formes. Rôle des différentes dents, de la langue et des glandes salivaires dans la digestion. — II. Estomac et intestin. Leur rôle dans la digestion.*

23ᵉ LEÇON. — LA NUTRITION (suite).

SOMMAIRE. — Composition du sang. — L'appareil circulatoire : cœur, artères et veines. — Grande et petite circulation. — Pouls. — Hygiène de la circulation.

1. Le sang contient tous les éléments de nos tissus. — C'est un liquide nutritif rouge clair ou rouge foncé. Le corps de l'homme en contient cinq à six litres. — *Abandonné à l'air*, le sang frais *se coagule*, c'est-à-dire se transforme en une masse molle et flexible qui se sépare peu à peu en deux parties : 1° une partie liquide, presque incolore, le *sérum*; 2° une partie solide, ayant la couleur rouge du sang, le *caillot*.

Lorsqu'on recueille du sang dans un vase et qu'on le bat *immédiatement*

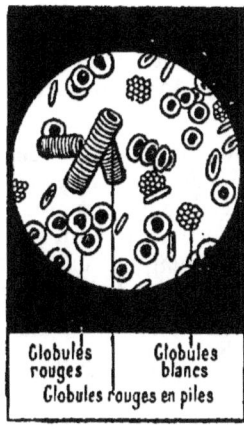

Fig. 112. — Goutte de sang vue au microscope.

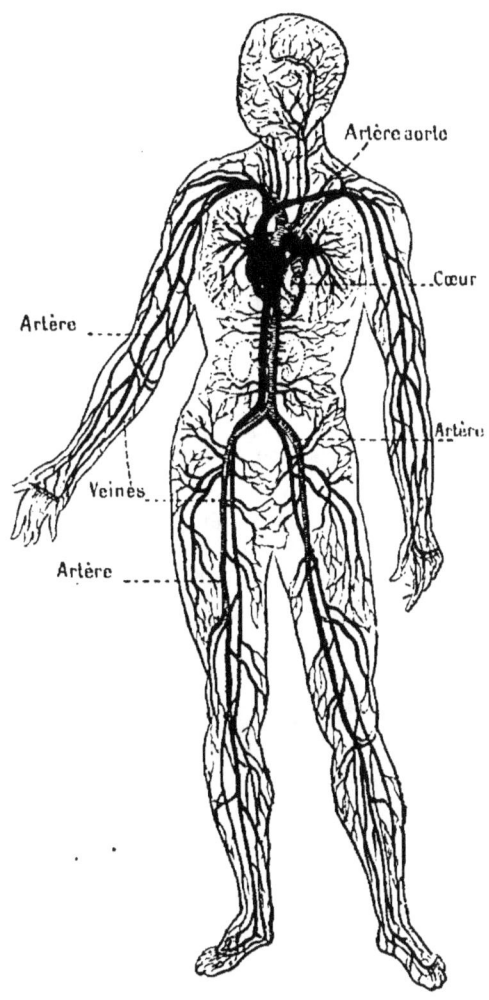

Fig. 143. — Appareil circulatoire.

avec un balai de fines brindilles, on voit se former de petits filaments blanchâtres, élastiques, qui s'attachent aux brindilles du balai : c'est de la *fibrine*, matière identique à la chair. Une fois privé de sa fibrine, le sang ne se coagule plus, mais conserve sa coloration rouge; c'est donc qu'il contient, outre le sérum et la fibrine, une matière *colorante*.

Si on examine une goutte de sang (*fig.* 142) au *microscope*[1], on y voit en effet une multitude de petits disques aplatis: les *globules rouges*, qui nagent dans un liquide presque incolore, et quelques *globules blancs*. Lorsque la fibrine se coagule, elle emprisonne les globules dans une sorte de réseau pour former le caillot et il reste le *sérum*.

Le sérum contient les éléments digérés des aliments; les globules retiennent l'oxygène de l'air fourni par les poumons (Voir 24e leçon).

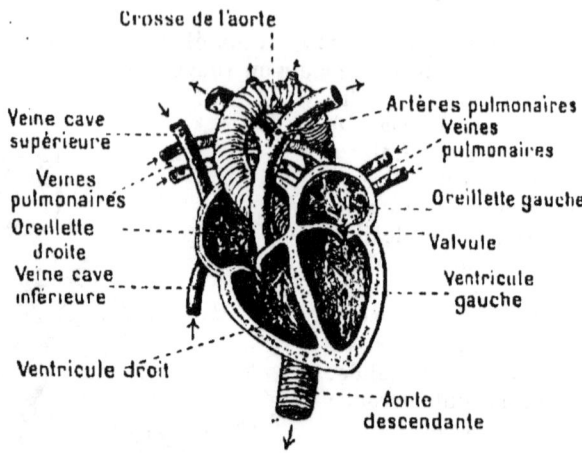

Fig. 144. — Le cœur et ses cavités.

2. Le sang porte dans tout le corps les matières nutritives et en ramène les déchets. — L'ensemble de ses mouvements s'appelle **circulation**. L'appareil circulatoire (*fig.* 143) comprend le cœur, les artères et les veines.

3. Le cœur envoie le sang dans tout le corps. — Le cœur (*fig.* 144) est un *muscle creux*, de la grosseur du poing. Il est placé dans le haut de la cage thoracique, entre les deux poumons, la pointe en bas, un peu incliné vers la gauche.

Le cœur est divisé dans le sens de la hauteur, par une cloison sans ouverture, en deux parties distinctes : le *cœur gauche*[2] et le *cœur droit*.

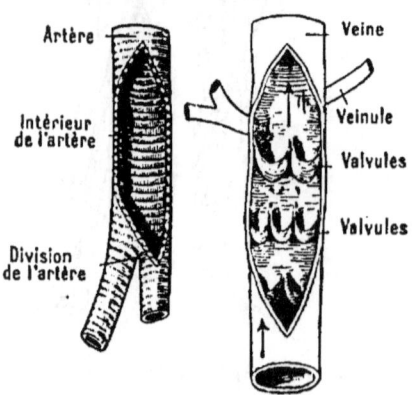

Fig. 145, 146. — Artère et veine ouvertes pour montrer l'intérieur.

1. **Microscope :** instrument qui grossit les objets à la vue.
2. Le cœur gauche se trouve naturellement à droite quand on le représente par une figure.

Chacune de ces parties comprend deux cavités : une **oreillette** en haut et un **ventricule** en bas, communiquant ensemble par une sorte de soupape appelée *valvule* qui ne s'ouvre que de haut en bas.

4. Le sang circule dans les artères et les veines. — Les **artères** et les **veines** (*fig.* 145, 146) sont des tubes ou canaux qui partent du cœur et se ramifient dans toutes les parties du corps. Les artères les plus petites sont unies aux veines les plus fines par de petits conduits, du diamètre d'un cheveu, qu'on appelle **vaisseaux capillaires** (*fig.* 147). Le sang est lancé dans les artères par les contractions du cœur; il passe des artères dans les veines par les vaisseaux capillaires et les veines le ramènent au cœur, de valvule en valvule (*fig.* 146).

Le sang accomplit deux trajets successifs : l'un constitue la **grande circulation**, l'autre la **petite circulation**.

5. *Grande circulation.* — Dans la grande circulation (*fig.* 147), le sang sort du *ventricule gauche* par l'*artère aorte* et se rend dans toutes les parties du corps. Il revient, reçoit sur sa route de nouveaux aliments digérés provenant des intestins et retourne au cœur par la *veine cave inférieure* et la *veine cave supérieure* qui le déversent dans l'*oreillette droite*.

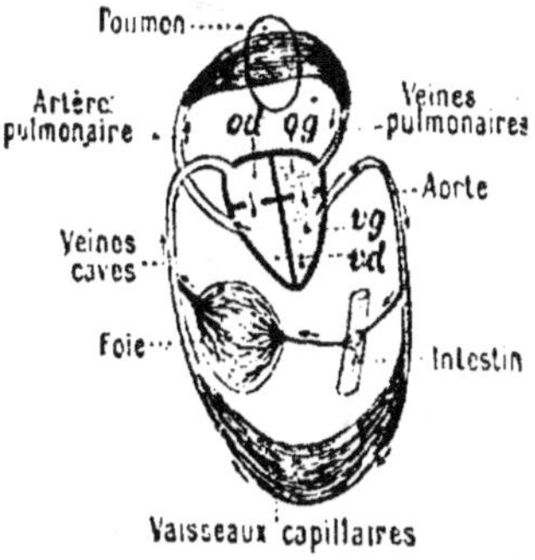

Le sang qui circule dans l'artère aorte est *rouge clair*, chargé de principes nutritifs : on l'appelle **sang artériel**. Dans les vaisseaux capillaires, il se produit, grâce à l'oxygène fourni par la respiration, une véritable combustion, le sang abandonne ses principes nutritifs au profit des tissus ; il se charge alors de gaz carbonique et d'eau et devient *rouge foncé* : c'est le **sang veineux**.

Fig. 147. — La grande et la petite circulation (schéma).

6. *Petite circulation.* — De l'oreillette droite (*fig.* 147) le *sang veineux* passe dans le ventricule droit. Ce dernier le lance dans l'*artère pulmonaire*, qui le conduit dans les vaisseaux capillaires des poumons. Là, il se débarrasse de son gaz carbonique, se charge d'oxygène et redevient *rouge clair* (Voir p. 111, § 5), puis il est amené dans l'oreillette gauche par les *veines pulmonaires*.

De l'oreillette gauche, il passe dans le ventricule gauche pour recommencer la grande circulation.

7. Les contractions du cœur font battre les artères. — Chaque contraction ou *pulsation* du cœur refoule le sang dans les artères et produit dans celles-ci un battement appelé *pouls*, qui est sensible partout où une artère assez grosse est voisine de la peau, notamment aux poignets.

Notre cœur bat régulièrement 70 à 75 fois par minute; mais lorsque nous avons la fièvre, ou que nous nous livrons à des exercices violents, les pulsations sont beaucoup plus rapides.

8. Hygiène de la circulation. — Ralentir la circulation du sang, c'est ralentir la nutrition du corps et le faire dépérir. *Nous devons donc éviter de comprimer notre corps dans des vêtements trop serrés* (corset, jarretières, cravate) qui gêneraient la circulation.

De plus, lorsque le sang est comprimé dans une veine, celle-ci peut se gonfler et former une série de poches appelées *varices*. Les varices aux jambes sont sujettes à se rompre, on les maintient à l'aide de bas élastiques.

Les artères, elles aussi, peuvent se dilater en poches appelées *anévrismes*. Leur rupture est souvent mortelle, car ce sont ordinairement les petites artères du cœur et du cerveau qui sont atteintes d'anévrisme.

Les **artères** ont des parois *épaisses et élastiques*. Lorsqu'elles sont coupées, les bords de la plaie s'écartent et le sang sort en jets *saccadés*[1]; la coupure d'une artère est toujours grave et il est bon d'appeler au plus vite un médecin.

Les **veines** ont des parois *minces et flasques*[2]. Lorsqu'elles sont coupées, les deux bords de la plaie se rabattent l'un contre l'autre; le sang s'écoule lentement et s'arrête bientôt, par suite de la formation d'un caillot.

RÉSUMÉ

Le **sang** est un liquide rouge qui circule dans les **artères** et les **veines**.

Le **cœur** est un muscle creux divisé en deux parties : le *cœur droit* et le *cœur gauche*, formés eux-mêmes d'une *oreillette* et d'un *ventricule*. Les contractions du cœur lancent le sang dans les artères. Des artères, par l'intermédiaire des *vaisseaux capillaires*, il passe dans les veines qui le ramènent au cœur.

La circulation du sang est double : dans la *grande circulation*, le sang *artériel* part du cœur, va nourrir toutes les parties du corps et est ramené au cœur à l'état de sang *veineux*. Ce sang effectue ensuite la *petite circulation*, c'est-à-dire qu'il est envoyé dans les *poumons*, où il se purifie et revient au cœur à l'état de sang artériel.

Un vêtement qui comprime le corps nuit à la circulation du sang.

EXERCICES

QUESTIONS ET EXPÉRIENCES. — *1. Votre mère vient de tuer un lapin; faites en sorte que le sang ne se coagule pas. — 2. Nommez des veines dans lesquelles circule du sang artériel. — 3. Percevez et comptez les battements du cœur pendant une minute. — 4. Pourquoi le docteur tâte-t-il le pouls du malade? — 5. Un de nos voisins vient de mourir subitement de la rupture d'un anévrisme; expliquez ce que c'est.*

DEVOIRS. — *I. Dites ce que vous savez sur l'hygiène de la circulation du sang. — II. Comment se font la grande et la petite circulation du sang?*

---

1. Saccadés : brusques, irréguliers. | 2. Flasque : mou, sans consistance.

24ᵉ LEÇON. — LA NUTRITION (*fin*).

SOMMAIRE. — L'appareil respiratoire. — Mouvements respiratoires. — Échanges gazeux. — Hygiène de la respiration. — L'excrétion : la sueur; l'urine.

1. Respiration. — La respiration a pour but de transformer le sang *veineux* en sang *artériel*. Elle s'effectue dans l'*appareil respiratoire*.

2. Appareil respiratoire. — L'appareil respiratoire (*fig.* 148) comprend un ensemble de canaux où circule l'air. Il se compose des *fosses nasales* (Voir 25ᵉ leçon), de la *trachée-artère* et des *poumons*.

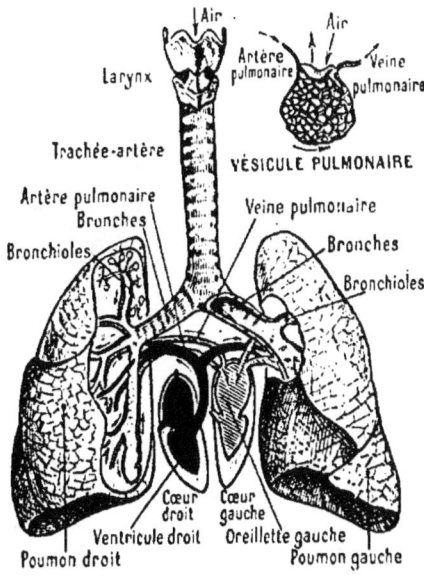

Fig. 148, 149. — Appareil respiratoire.

La **trachée-artère**, située en avant de l'œsophage, est pourvue de demi-anneaux cartilagineux. A sa partie supérieure, elle s'élargit et forme le *larynx*. A sa partie inférieure, elle se divise en deux *bronches* qui se ramifient dans les poumons.

Chaque **bronche** se divise, se ramifie dans toutes les directions, formant des canaux de plus en plus étroits terminés par de petites poches appelées *vésicules pulmonaires* (*fig.* 149). Les parois de ces vésicules sont très minces et sont parcourues par les ramifications des artères pulmonaires qui amènent le sang du cœur.

L'ensemble des canaux et des vésicules pulmonaires forme une masse spongieuse appelée **poumon**. Chaque poumon est enveloppé d'une membrane, la *plèvre*, qui se replie en formant poche, pour tapisser aussi la cage thoracique. L'inflammation de la plèvre produit une maladie appelée *pleurésie*.

Pendant le passage du bol alimentaire de la bouche dans l'œsophage, la trachée-artère se trouve fermée par l'*épiglotte*, les fosses nasales par la *luette*. Lorsque nous avons *avalé de travers*, c'est que des aliments ont pénétré dans la trachée-artère.

3. Larynx. — Le **larynx** (*fig.* 148) est l'organe de la voix. C'est la partie de la trachée-artère qui forme, en avant du cou, cette saillie qu'on appelle vulgairement *pomme d'Adam*.

La surface interne du larynx n'est pas unie ; de chaque côté se trouvent deux replis disposés en lames et appelés *cordes vocales*. Lorsque l'air est chassé des poumons et qu'il passe entre les cordes vocales, il les fait vibrer. Leurs vibrations produisent des sons qui, modifiés par le jeu de la langue, des joues et des lèvres, constituent la *parole*.

4. La respiration comprend deux mouvements : l'inspiration et l'expiration. — L'*inspiration* introduit l'air pur dans la cage thoracique; l'*expiration* expulse l'air vicié des poumons.

Pendant l'inspiration (*fig.* 150), les côtes se soulèvent et le muscle diaphragme s'abaisse : la cage thoracique augmente ainsi de volume; les poumons, entraînés

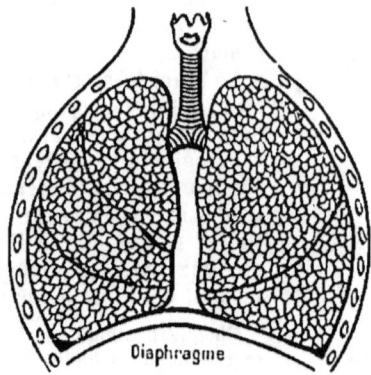   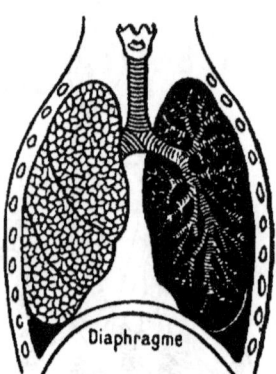

Fig. 150. — Inspiration.   Fig. 151. — Expiration.

par la plèvre, se gonflent et l'air extérieur vient les remplir. Pendant l'expiration (*fig.* 151), les côtes et le diaphragme reprennent leur position primitive, les poumons sont comprimés et les gaz viciés du sang sont chassés au dehors.

Le nombre des inspirations et des expirations est de quinze à vingt par minute. Chaque inspiration fait pénétrer environ un demi-litre d'air dans nos poumons; il en passe donc plus de 11 000 litres dans les vingt-quatre heures.

5. Échanges gazeux. — Dans les poumons, l'air n'est séparé du sang que par les parois extrêmement minces des vésicules pulmonaires. Il s'y opère un **double échange**.

Le gaz carbonique et la vapeur d'eau, dont le **sang veineux** est chargé dans les *artères pulmonaires*, traversent la paroi des vésicules pulmonaires, circulent dans les ramifications des bronches et sont rejetés au dehors par le mouvement de l'expiration. — D'autre part l'oxygène de l'air traverse ces parois, se fixe sur les globules *rouges* du sang et transforme le sang *veineux* en sang *artériel*.

Le **sang artériel** emporte cet oxygène dans toutes les parties du corps. Arrivé dans les vaisseaux capillaires, l'oxygène rencontre du *carbone* et de l'*hydrogène* en excès provenant de la digestion et les brûle, c'est-à-dire se combine avec eux pour former du *gaz carbonique* et de la *vapeur d'eau*. Ces nouveaux gaz se dissolvent dans le sang et le transforment en sang *veineux* ; celui-ci les emporte dans les poumons et le double échange se renouvelle.

6. La chaleur animale. — Dans les vaisseaux capillaires de nos différents organes, il se produit ainsi une véritable *combustion* qui, comme la combustion du bois, produit de la chaleur. Cette chaleur maintient notre corps à une température de 37° environ ; c'est la *chaleur animale*. Si elle augmente de quelques degrés on a *fièvre*.

7. Hygiène de la respiration. — Lorsque des personnes vivent dans un local trop étroit ou mal aéré, l'air qu'elles y respirent est pauvre en oxygène et chargé du gaz carbonique rejeté par les poumons ; la transformation du sang veineux en sang artériel se fait incomplètement et ces personnes sont pâles et languissantes : elles sont *anémiques*. Si l'air est trop vicié, nous avons vu que ces personnes peuvent être asphyxiées. Il faut donc aérer souvent les locaux habités et surveiller le fonctionnement des appareils de chauffage.

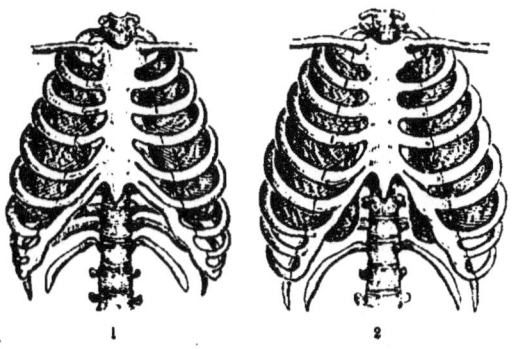

Fig. 152, 153. — 1. La vie sédentaire arrête le développement de la cage thoracique. 2. L'exercice et le grand air développent la cage thoracique.

La *gymnastique* fortifie les muscles qui font mouvoir les côtes et augmente la capacité de la cage thoracique, ce qui fait arriver plus d'air dans les poumons et fournit plus d'oxygène aux globules du sang. Aussi les personnes qui prennent de l'exercice sont-elles plus robustes que les personnes *sédentaires*[1] (*fig.* 152, 153).

8. Les excrétions. — L'excrétion a pour but de débarrasser le sang des résidus inutiles ou même nuisibles. Le sang, nous l'avons vu, emporte aux poumons l'excédent de *carbone et d'hydrogène*. Diverses **glandes** éliminent l'excédent de matières *azotées en filtrant dans leurs parois* le sang que leur amènent d'innombrables vaisseaux sanguins. Les principales sont : les *glandes sudoripares*, qui sécrètent la sueur, et les *reins*, qui sécrètent l'urine.

9. Les glandes sudoripares purifient le sang. — Leur nombre dépasse deux millions ; elles sont logées dans la profondeur de la peau et débouchent à la surface par des orifices appelés *pores*.

---

[1]. **Sédentaire** : qui sort peu, qui reste ordinairement chez soi.

La sueur, composée d'eau, tient en dissolution des sels et des matières azotées, comme l'urée. Elle nous débarrasse de produits qui empoisonneraient le sang; de plus, comme elle est d'autant plus abondante que nous avons plus chaud, en s'évaporant elle refroidit notre corps et rétablit ainsi l'équilibre de température qui nous est nécessaire.

10. Les reins filtrent le sang. — Les reins (*fig.* 154), au nombre de deux, ont la forme d'un haricot et sont situés dans l'abdomen, de chaque côté de la colonne vertébrale.

L'*urine* qu'ils sécrètent contient l'excès d'eau, d'urée et de sels du sang qui les traverse; elle se rend dans un réservoir appelé *vessie*, d'où elle est ensuite projetée au dehors. Le bon fonctionnement des reins est d'une importance capitale pour la conservation de la santé.

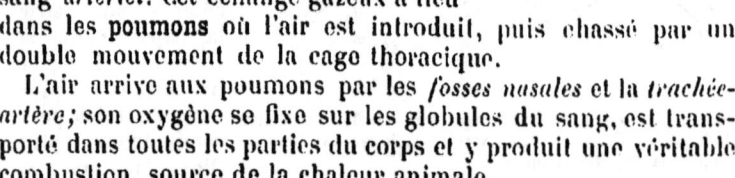

Fig. 154. — Appareil urinaire.

RÉSUMÉ

Par la respiration, le sang *veineux* abandonne du gaz carbonique et de la vapeur d'eau, se charge d'oxygène et redevient sang *artériel*. Cet échange gazeux a lieu dans les **poumons** où l'air est introduit, puis chassé par un double mouvement de la cage thoracique.

L'air arrive aux poumons par les *fosses nasales* et la *trachée-artère;* son oxygène se fixe sur les globules du sang, est transporté dans toutes les parties du corps et y produit une véritable combustion, source de la chaleur animale.

Le *gaz carbonique* provenant de la respiration vicie l'air des locaux que nous habitons; nous devons les aérer souvent.

Certaines **glandes** enlèvent au sang les matières azotées et les sels inutiles ou nuisibles qu'il peut contenir. Ainsi les glandes *sudoripares* sécrètent la sueur, les *reins* sécrètent l'urine.

EXERCICES

QUESTIONS D'INTELLIGENCE. — *1. En hiver, à chaque expiration, il sort un petit nuage de notre bouche; en été, rien de pareil ne se produit; expliquez cette différence. — 2. Votre cousin, qui habite la ville et travaille dans une fabrique, n'a pas le teint frais des paysans et cependant il est mieux nourri; à quoi cela tient-il? — 3. Lorsque votre père met son manteau imperméable, il trouve ses vêtements de dessous tout trempés. Pourquoi?*

DEVOIRS. — *I. But de la respiration. Description de l'appareil respiratoire. — II. Expliquez les mouvements d'inspiration et d'expiration. Parlez de l'échange gazeux qui se fait dans les poumons. — III. Parlez de l'excrétion.*

25ᵉ LEÇON. — LA SENSIBILITÉ ET SES ORGANES.

SOMMAIRE. — Le système nerveux : cerveau, moelle épinière, nerfs. — Les cinq sens. — Hygiène du système nerveux et des sens.

1. Sensibilité. — Lorsque nous nous piquons, nous *ressentons* de la douleur, nous en *cherchons* la cause et nous *décidons* à agir pour la supprimer. — On donne le nom de *sensibilité* à cette faculté que nous possédons de sentir, de percevoir les impressions extérieures, d'y réfléchir et de nous décider en conséquence. — Elle s'exerce par le *système nerveux*.

Le **système nerveux** (*fig.* 155) comprend : 1° des organes centraux (*cerveau* et *moelle épinière*); 2° des organes de transmission (*nerfs*).

2. Le cerveau (*fig.* 156). — C'est une substance molle qui remplit la cavité du *crâne*. Il faut distinguer le *cerveau* proprement dit et le *cervelet*.

Le **cerveau** *proprement dit est le siège de l'intelligence et il commande les mouvements volontaires.* Un sillon le divise d'avant en arrière en deux *hémisphères cérébraux* dont la surface présente de nombreux replis ou *circonvolutions*. Il pèse environ 1 100 grammes.

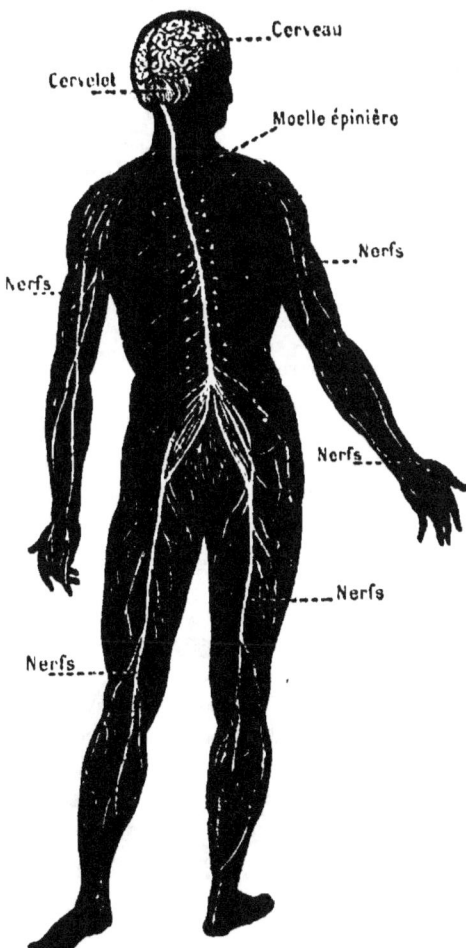

Fig. 155. — Système nerveux de l'homme.

Le **cervelet** règle et coordonne les mouvements du corps[1]. Il est placé au-dessous et en arrière du cerveau proprement dit.

---

1. Coordonner (les mouvements du corps) : c'est-à-dire proportionner et faire concourir tous les efforts au but marqué par le cerveau. Exemple : je veux saisir un objet lourd. Je mesure mes mouvements et mon effort à l'éloignement et au poids de l'objet.

Le cerveau est séparé des os du crâne par trois membranes, les *méninges*, dont l'inflammation est une maladie appelée *méningite*.

3. La moelle épinière règle les mouvements essentiellement involontaires, par exemple, ceux de l'estomac ou du cœur. — La **moelle épinière** est un cordon de substance grise logé dans le canal vertébral (Voir 21ᵉ leçon), mais entouré d'une enveloppe blanche en cordons. En haut, avant de se rattacher au cerveau, elle s'élargit et forme le *bulbe rachidien*.

4. Nerfs. — Les **nerfs** sont de petits filaments *blanchâtres* qui partent du cerveau ou de la moelle épinière, se ramifient et aboutissent à toutes les régions du corps.

On distingue deux espèces de nerfs : les nerfs *sensitifs*, qui communiquent au cerveau les impressions *agréables* ou *désagréables* qu'ils ont reçues de l'extérieur, et les nerfs *moteurs*, qui transmettent les ordres du cerveau aux muscles pour les faire mouvoir.

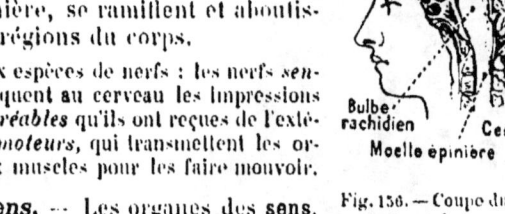

Fig. 156. — Coupe du crâne montrant le cerveau et ses annexes.

5. Les cinq sens. — Les organes des **sens**, dans lesquels aboutissent des nerfs *spéciaux*, fournissent au cerveau des *renseignements* sur certaines propriétés des corps. Nous avons cinq sens : la *vue*, l'*ouïe*, le *goût*, l'*odorat* et le *toucher*.

6. L'œil est l'organe de la vue (*fig.* 157). — C'est un globe formé

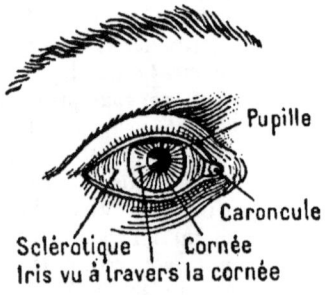

Fig. 157. — Œil, vu de face.

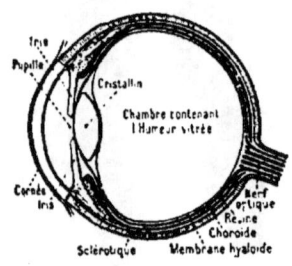

Fig. 158. — Coupe de l'œil.

en grande partie par une membrane blanche, résistante, la *sclérotique* (*fig.* 158). En avant, la sclérotique est transparente et prend le nom de *cornée*.

Derrière la cornée se trouve l'*iris*, espèce d'écran de couleur variable qui rend les yeux noirs, gris ou bleus. L'iris est percé d'une ouverture appelée *pupille*, derrière laquelle se trouve une lentille (Voir 37ᵉ leçon) transparente nommée *cristallin*. Le fond de l'œil est tapissé par la *rétine*, simple épanouissement ramifié du *nerf optique*.

La lumière pénètre dans l'œil par la pupille, traverse le cristallin et va former une image des objets sur la rétine. L'impression lumineuse est transmise au cerveau par le nerf optique.

Le globe de l'œil est protégé en avant par les deux *paupières*, replis de la peau bordés de *cils*. Au-dessus des paupières se trouvent les *sourcils*, qui arrêtent la sueur venue du front.

7. L'oreille *(fig. 159)* **est l'organe de l'ouïe.** — Elle comprend trois parties : l'oreille *externe*, l'oreille *moyenne* et l'oreille *interne*.

L'*oreille externe* est formée du *pavillon* et du *conduit auditif*; celui-ci est fermé au fond par une membrane mince nommée *tympan*. — L'*oreille moyenne*,

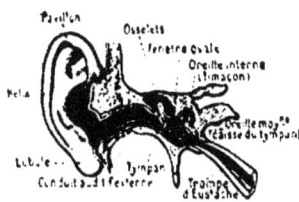

Fig. 159. — Coupe de l'oreille.

espèce de caisse qui contient une chaîne de petits *osselets*, s'étend du tympan à la membrane de la *fenêtre ovale* qui la sépare de l'oreille interne. Elle communique avec l'air extérieur par la *trompe d'Eustache*, conduit qui débouche dans l'arrière-bouche. — L'*oreille interne* est formée d'une suite de cavités remplies de liquide. Elle contient de petits sacs, remplis eux-mêmes de liquide, dans les parois desquels se ramifie le *nerf acoustique*.

Les *sons* recueillis par le pavillon parviennent au tympan. Celui-ci vibre et entraîne dans ses mouvements la chaîne des osselets de l'oreille moyenne et la membrane de la fenêtre ovale sur laquelle ils s'appuient. Le liquide de l'oreille interne vibre lui-même et impressionne le nerf acoustique, qui transmet ces impressions au cerveau.

8. La langue est l'organe du goût. — Elle nous renseigne sur les *saveurs*. C'est une masse de chair dont la surface présente des parties saillantes, les *papilles*, où se ramifient les *nerfs gustatifs*. Ceux-ci ne sont impressionnés que par les aliments dissous dans la salive ; les corps *insolubles* n'ont ni saveur, ni goût.

9. Les fosses nasales sont le siège de l'odorat. — Ce sont des cavités qui s'ouvrent en avant par les *narines* et communiquent en arrière avec le *pharynx* ou arrière-bouche.

Les fosses nasales sont tapissées par la membrane *pituitaire*, dans laquelle se ramifie le *nerf olfactif*. Celui-ci est impressionné par les particules des corps que l'air nous apporte et transmet ces impressions (*odeurs*) au cerveau.

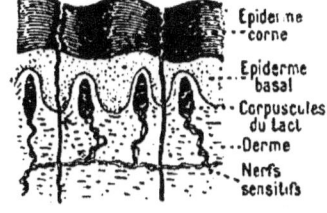

Fig. 160. — La peau, organe du tact (Coupe).

10. La peau est l'organe du toucher. — Elle est formée de deux parties : l'*épiderme*, à l'extérieur, et le *derme*, à l'intérieur (*fig. 160*).

Les ramifications des nerfs forment à la surface du derme des parties saillantes ou *papilles* qui, en soulevant l'épiderme, dessinent à la surface de la peau ces courbes serrées que l'on remarque surtout à l'extrémité des doigts. — Lorsque nous *palpons* un objet, les nerfs des papilles sont impressionnés et transmettent ces impressions au cerveau.

11. Hygiène du système nerveux et des organe des sens. — Certains excès ont une influence pernicieuse sur le système nerveux. Par exemple *l'abus du tabac* peut amener la perte de la mémoire et *l'abus de l'alcool* peut conduire à la folie.

Une lumière trop vive blesse les yeux. Lorsqu'ils sont fatigués, on les préserve du soleil par des lunettes à verres fumés ou bleus.

En lisant ou en écrivant, nous devons tenir les yeux à une distance d'environ 30 centimètres du livre ou du cahier. Si nous nous plaçons plus près, nos yeux s'habituent à ne voir que les objets très rapprochés et nous devenons *myopes*.

On doit se nettoyer les oreilles avec soin et enlever la matière jaune appelée *cérumen* qui obstrue le conduit auditif, mais éviter d'y introduire un objet pointu qui pourrait percer le tympan.

Le sens du goût peut être diminué par l'abus des mets épicés, du tabac, etc.; enfin le nez et la peau exigent une grande propreté.

RÉSUMÉ

Le **système nerveux** comprend le *cerveau*, la *moelle épinière* et les *nerfs*.

Le **cerveau** est logé dans le crâne et la **moelle épinière** dans le canal vertébral. Les **nerfs** partent du cerveau ou de la moelle épinière et se ramifient dans les différents organes. — Le cerveau est le siège de l'intelligence et de la volonté. Il perçoit les impressions extérieures par les *nerfs* des organes des **sens** et fait transmettre aux **muscles**, par d'autres *nerfs*, l'ordre de se mouvoir.

Nos cinq sens sont : la **vue**, dont l'organe est l'*œil* ; l'**ouïe**, dont l'organe est l'*oreille* ; le **goût**, dont l'organe est la *langue* ; l'**odorat**, dont l'organe est le *nez* ; le **toucher**, dont l'organe est la *peau*.

Le système nerveux est troublé par l'abus du tabac et des boissons alcooliques. L'œil est un organe délicat qu'il faut ménager. Les oreilles, le nez et la peau doivent être tenus très proprement.

L'abus des mets épicés diminue le sens du goût.

EXERCICES

QUESTIONS D'INTELLIGENCE. — *1. Vous entendez parfois dire d'un morceau de viande difficile à mâcher qu'il est « très nerveux »; cette expression est-elle juste? — 2. Le pigeon vous a vu approcher; vous faites du bruit, il s'envole; dites en détail comment il s'est servi des organes de ses sens et de ses nerfs. — 3. Vous ne trouvez aucune saveur au silex que vous avez mis dans votre bouche; pourquoi?*

DEVOIRS. — *1. Description du système nerveux. — II. Description sommaire des organes des sens; services qu'ils nous rendent.*

26ᵉ LEÇON. — LES BOISSONS. — L'ALCOOLISME.

SOMMAIRE. — Les boissons naturelles, les boissons aromatiques, les boissons alcooliques : boissons fermentées, boissons distillées, liqueurs. — L'alcool est un poison.

1. L'eau et le lait sont les boissons naturelles. — Les boissons naturelles sont celles que la nature nous fournit toutes préparées, c'est-à-dire l'eau et le lait. On appelle les autres : *boissons artificielles*.

L'eau est la seule boisson qui soit indispensable à l'homme ; elle forme, en effet, plus des deux tiers de notre poids, et nous avons soif lorsque notre corps a perdu une partie de cette eau.

L'alcool ne fait même qu'augmenter la soif, car, ayant la propriété de se combiner avec l'eau en diminuant de volume, il dessèche l'intérieur de nos organes et fait naître la soif.

Cependant toute eau n'est pas bonne à boire : nous ne devons employer que de l'eau *potable* (Voir p. 22). Il ne faut d'ailleurs en boire que pour réparer les pertes produites par la respiration et la sueur ; tout excès de boisson fatigue les organes.

Le **lait** est une excellente boisson *rafraîchissante* et *nutritive*; mais il est prudent de ne boire que du lait bouilli, car le lait fourni par une vache tuberculeuse[1] peut nous rendre nous-mêmes tuberculeux. Cependant le lait bouilli est moins digestible que le lait cru.

2. Les boissons aromatiques sont saines. — On donne le nom de boissons aromatiques aux *infusions* (Voir 45ᵉ leçon) et aux *limonades*.

Les *infusions* de café, de thé, de menthe, de tilleul, etc. sont des

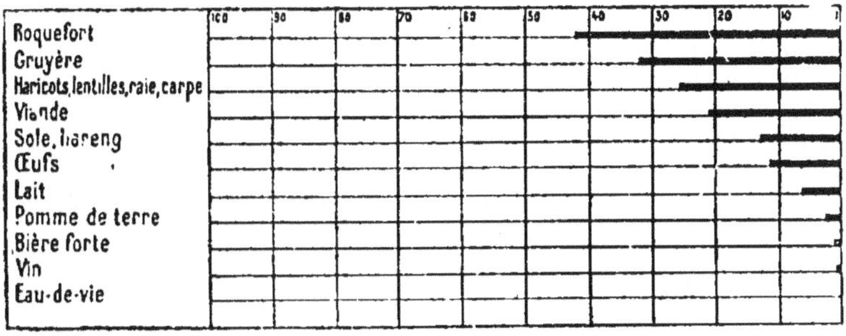

	100	90	80	70	60	50	40	30	20	10	
Roquefort											
Gruyère											
Haricots, lentilles, raie, carpe											
Viande											
Sole, hareng											
Œufs											
Lait											
Pomme de terre											
Bière forte											
Vin											
Eau-de-vie											

Fig. 161. — Valeur nutritive comparée de quelques aliments (solides ou liquides). — Les traits noirs indiquent combien 100 grammes de chacun de ces aliments contiennent de matière véritablement nutritive (c'est-à-dire azotée).

boissons *stimulantes*[2] et *rafraîchissantes*; de plus, l'eau qu'elles contiennent ne peut être nuisible, puisqu'elle est bouillie.

---

1. **Tuberculeux** : atteint de tuberculose, maladie produite par un bacille spécial qui attaque le plus souvent les poumons ; on l'appelle alors « phtisie pulmonaire », et les personnes qui en sont atteintes sont dites « poitrinaires ».

2. **Stimulantes** : Se dit des boissons qui accroissent l'activité vitale.

On obtient la *limonade* en mélangeant à de l'eau ordinaire ou à de l'eau de Seltz le jus d'un fruit : citron (*limon*), groseille, grenade, orange, etc. ou un sirop fait avec ce jus.

3. Boissons alcooliques. — Ce sont celles qui contiennent de l'alcool (Voir 48° leçon), obtenu par la fermentation de liquides sucrés extraits des végétaux. L'alcool dilué, *à très petite dose*, est un *stimulant* passager du système nerveux; mais à haute dose, ou à petites doses répétées, il ne s'élimine plus et empoisonne le sang. Parmi les *boissons alcooliques*, on distingue : 1° les boissons *fermentées*; 2° les boissons *distillées*; 3° les *liqueurs*.

4. L'usage modéré des boissons fermentées est bon. — Les *boissons fermentées*, ou *boissons hygiéniques*, sont celles que l'on obtient en soumettant à la *fermentation* le jus frais des fruits ou le liquide sucré obtenu par la transformation de la fécule en glucose (Voir 48° leçon). Elles contiennent de 4 à 15 pour 100 d'alcool.

Ces boissons (vin, cidre, poiré, bière)[Voir 47° leçon], où l'alcool est largement étendu d'eau, ne sont pas indispensables, mais, bien fabriquées et prises modérément pendant les repas, elles stimulent les fonctions de l'estomac et rendent les digestions plus faciles; d'ailleurs elles contiennent certains éléments nutritifs. Le tableau (*fig.* 161, p. 118), donne la valeur nutritive comparée des principaux aliments.

5. Les boissons distillées sont nuisibles. — Les *boissons distillées* sont celles que l'on obtient en *distillant des boissons fermentées* ou des fruits, des marcs, des grains, etc. après qu'ils ont subi la fermentation. Elles contiennent de 40 à 65 pour 100 d'alcool.

Les boissons distillées : eau-de-vie de vin (*cognac*), de cidre (*calvados*), de cerises (*kirsch*), de canne à sucre (*rhum*), etc. (Voir 48° leçon), contiennent tellement d'alcool qu'elles sont franchement nuisibles.

D'ailleurs on ne vend ordinairement sous ces différents noms que de l'alcool extrait de la betterave, de la pomme de terre, des céréales, et qui contient des alcools secondaires éminemment *toxiques*[1].

6. Les liqueurs sont très nuisibles. — Les *liqueurs* sont des boissons distillées auxquelles on a ajouté des **essences**. Ces essences s'obtiennent en distillant un mélange de plantes et d'alcool ou sont fabriquées par les chimistes. — Toutes les essences, quelle que soit leur origine (absinthe, anis, amandes amères, etc.), sont plus ou moins des *poisons*; aussi les *liqueurs* (vermout, amers, absinthe, etc.) sont-elles les plus *dangereuses des boissons*.

7. L'alcool altère tous les organes. — Un petit verre d'eau-de-vie tue un lapin presque instantanément; un petit verre d'absinthe produit le même résultat. Pour l'homme aussi, *l'alcool, sauf à toute petite dose, est un poison;* aussi l'abus des boissons fermentées, des boissons

---

1. **Toxiques** : qui sont des poisons.

distillées et surtout des liqueurs, altère profondément nos organes (*fig.* 162 à 165) et détermine un état général de maladie plus ou moins apparent, l'**alcoolisme**.

L'**estomac** se dilate (buveurs de bière), ou se rétrécit (buveurs d'eau-de-vie) et il s'y produit des inflammations et des ulcérations; les *glandes*, qui y sécrètent

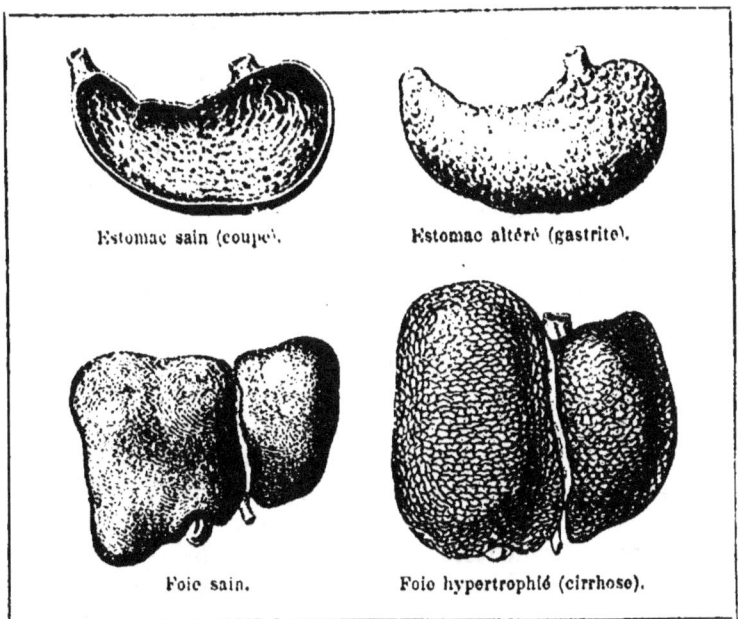

Estomac sain (coupe).   Estomac altéré (gastrite).

Foie sain.   Foie hypertrophié (cirrhose).

Fig. 162 à 165. — Organes sains et organes d'alcooliques.

le suc gastrique, sont déformées et ne peuvent plus remplir leur rôle; il en résulte des **gastrites** (inaptitude à digérer).

Le **foie**, dont les sécrétions sont ralenties, augmente de volume (*fig.* 165) ou se durcit et s'atrophie [1].

Le **cœur** est envahi par la graisse et ne peut plus lancer le sang dans les vaisseaux avec une force suffisante. — De plus, l'alcool non digéré passe dans le sang, absorbe l'oxygène des globules rouges, ralentit la combustion et abaisse la chaleur animale. — Le sang s'épaissit et parfois un caillot formé dans un vaisseau capillaire arrête toute la circulation et amène la mort.

Les **artères** perdent leur élasticité et il s'y forme souvent des anévrismes.

Les **reins** s'enflamment et laissent filtrer l'albumine du sang (*albuminurie*).

L'**appareil respiratoire** est gravement altéré; la *voix*, par suite de l'irritation du larynx, devient rauque, éraillée, et l'alcoolique tousse fréquemment; ses *bronches* et ses *poumons* sont atteints et il devient facilement phtisique.

Tous ces désordres sont dus à la paralysie créée par l'alcool dans le **système nerveux**. Bientôt s'y ajoutent : la *méningite alcoolique*, la *perte de la mé-*

---

[1]. S'atrophie : diminue de volume, dépérit.

moire, l'*affaiblissement de l'intelligence* et de la *volonté*, des *tremblements nerveux*, souvent même la *folie furieuse* qui pousse au crime et au suicide.

8. Effets de l'alcoolisme des parents sur les enfants. — Les *enfants d'alcooliques* sont le plus souvent *inintelligents*, *malingres* et même *infirmes*, prédisposés aux *maladies nerveuses* et à la tuberculose. L'hôpital et la mort les guettent.

9. Comment on devient alcoolique. — L'homme *s'enivre* lorsqu'il boit avec *excès* une boisson fermentée ou de l'alcool. L'ivresse n'est pas encore l'alcoolisme; mais si les excès sont répétés, on devient rapidement *alcoolique*, surtout si l'on abuse des boissons distillées, particulièrement des *liqueurs*. Il est d'ailleurs à remarquer que, sans jamais avoir été ivre, un homme peut devenir alcoolique; cela arrive, par exemple, aux personnes qui prennent *régulièrement* un petit verre de liqueur le matin et à chaque repas et qui abusent des « apéritifs »; l'intoxication se fait plus sûrement si ces personnes ne mènent pas une vie active.

Si nous voulons conserver notre santé, nous devons prendre la ferme résolution de ne pas faire usage de boissons distillées.

RÉSUMÉ

L'**eau** est la seule boisson qui soit indispensable à l'homme, mais nous ne devons boire que de l'eau potable, de bonne qualité. Le **lait** est une boisson rafraîchissante et nutritive.

Les **boissons aromatiques** (infusion de café, de thé, de menthe, etc.) et les *limonades* sont stimulantes et rafraîchissantes.

Les **boissons fermentées** (vin, cidre, poiré, bière), prises modérément pendant les repas, rendent les digestions plus faciles.

Les **boissons distillées** (eaux-de-vie, rhum, kirsch, etc.) sont plus nuisibles qu'utiles. — Les **liqueurs** (vermout, amers, absinthe, etc.) sont les plus dangereuses des boissons.

Celui qui *abuse* des boissons fermentées, des boissons distillées et surtout des liqueurs devient **alcoolique**. La plupart de ses organes sont alors gravement altérés et il a des enfants inintelligents, malingres et même infirmes.

EXERCICES

QUESTIONS D'INTELLIGENCE. — *1. L'alcool absorbe l'eau contenue dans les organes. D'autre part, il brûle peu à peu les papilles de la langue et les insensibilise. Expliquez par ces deux remarques le fait que l'alcoolique boit de jour en jour davantage. — 2. Quelle quantité de vin peut-on boire sans danger pendant les repas, en un jour? — 3. Peut-on bien se porter sans boire de boisson fermentée? — 4. Certains ont l'habitude de boire un petit verre dès le matin, avant le premier repas; ont-ils tort, et pourquoi?*

DEVOIRS. — *I. Les boissons fermentées; leurs avantages et leurs inconvénients. — II. Indiquez les effets de l'alcool sur l'organisme. Montrez comment on devient alcoolique. — III. Montrez que l'alcoolisme est un fléau social.*

3. — Les Animaux.

27ᵉ LEÇON. — CLASSIFICATION DES ANIMAUX.

SOMMAIRE. — Les six embranchements du règne animal : vertébrés, articulés, vers, mollusques, rayonnés et protozoaires.

1. Principaux groupes. — Les animaux sont extrêmement nombreux et variés. Mais, d'après la forme de leur corps, la disposition de leurs organes, et aussi par leur genre de vie, on peut les *classer*, c'est-à-dire grouper ensemble ceux qui ont des caractères communs.

On distingue d'abord de grands groupes appelés *embranchements*. Ceux-ci se subdivisent en *classes*, les classes en *ordres*, les ordres en *familles*, les familles en *genres*, les genres en *espèces*, les espèces en *races*.

EXEMPLE : L'ensemble des chats angoras forme la **race** *angora* qui appartient à l'**espèce** *chat*, au **genre** *félin*, à la **famille** des carnassiers *coureurs*, à l'**ordre** des *carnassiers*, à la **classe** des *mammifères*, à l'**embranchement** des *vertébrés*.

2. Embranchements. — Le règne animal comprend *six embranchements* : les **vertébrés**, les **articulés**, les **vers**, les **mollusques**, les **rayonnés** (ou zoophytes) et les **protozoaires**.

3. Les vertébrés sont pourvus d'un squelette interne osseux, d'un cerveau et d'une moelle épinière. — On leur a donné ce nom de vertébrés parce que la principale pièce de leur squelette est la *colonne vertébrale*. — Eux seuls ont le sang à globules *rouges*.

Ils ont quatre membres : *pieds, mains* ou *pattes* chez les mammifères et les batraciens ; *ailes* et *pattes* chez les oiseaux ; *nageoires latérales* chez les poissons.

L'homme, le cheval (*fig.* 166), le pigeon (*fig.* 167), le serpent (*fig.* 170), la grenouille (*fig.* 168), les poissons (*fig.* 169), sont des vertébrés.

4. Les articulés ont le corps formé d'anneaux, mais protégé par une membrane externe plus ou moins dure. — Ils sont pourvus de plusieurs paires de pattes formées de pièces articulées bout à bout.

Le hanneton (*fig.* 171, 172), l'araignée (*fig.* 173), la scolopendre ou mille-pattes, l'iule (*fig.* 175), l'écrevisse, sont des articulés.

5. Les vers sont aussi formés d'anneaux, mais ont le corps mou. — Ils sont dépourvus de pattes.

Le lombric ou ver de terre (*fig.* 174), la sangsue, le ténia, la trichine, sont des vers.

6. Les mollusques ont le corps mou, sans divisions apparentes et généralement protégé par une coquille pierreuse. — L'escargot (*fig.* 176), la limace (*fig.* 177), l'huître, la pieuvre, sont des mollusques.

7. Les rayonnés ont le corps ramifié ou rayonnant. — Les ver-

VERTÉBRÉS

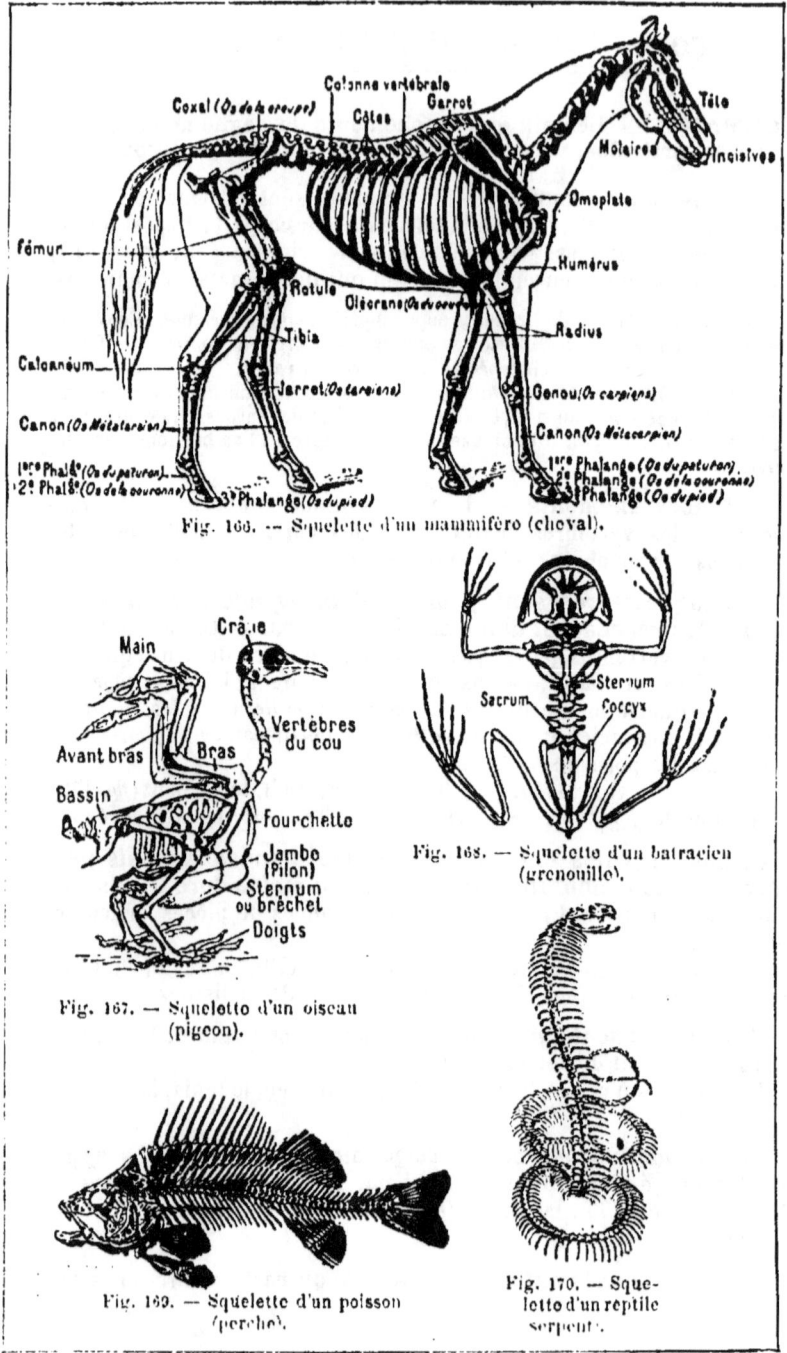

Fig. 166. — Squelette d'un mammifère (cheval).

Fig. 167. — Squelette d'un oiseau (pigeon).

Fig. 168. — Squelette d'un batracien (grenouille).

Fig. 169. — Squelette d'un poisson (perche).

Fig. 170. — Squelette d'un reptile serpent.

INVERTÉBRÉS

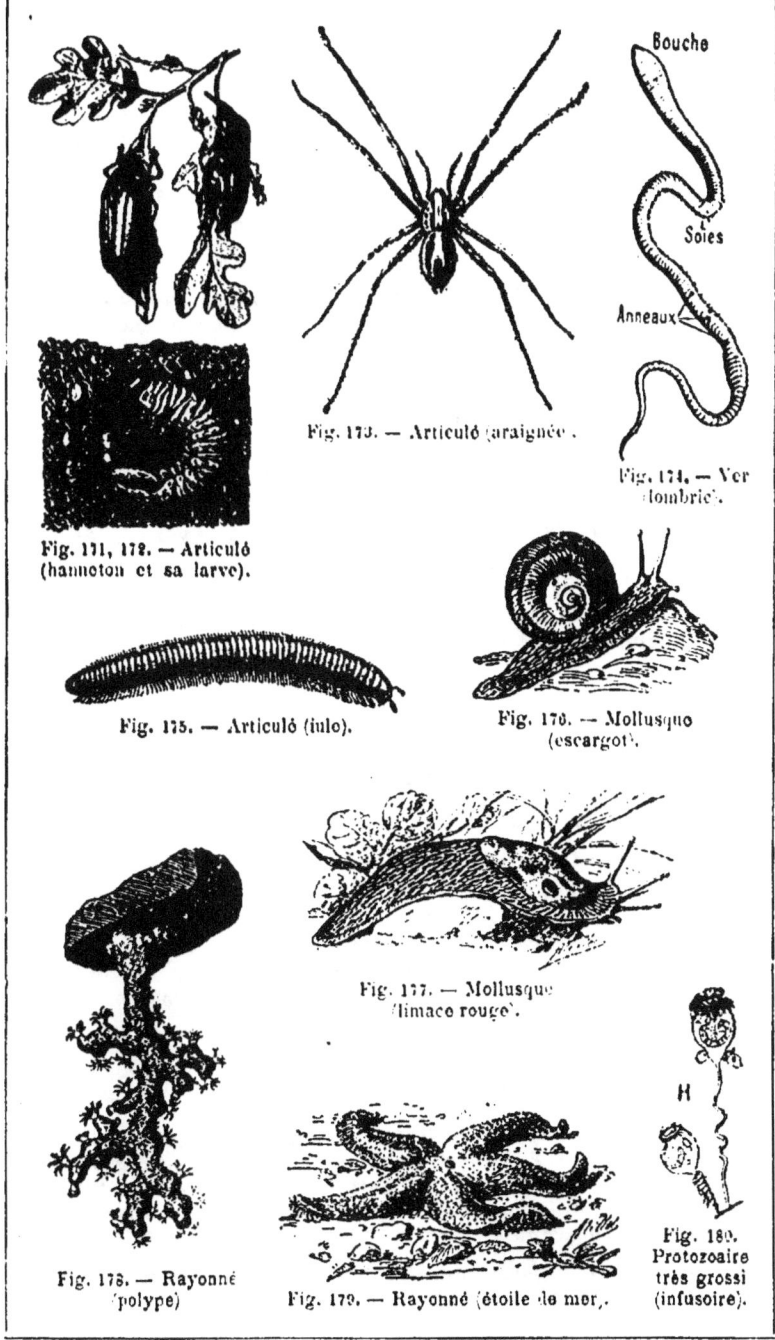

Fig. 173. — Articulé (araignée).

Fig. 174. — Ver (lombric).

Fig. 171, 172. — Articulé (hanneton et sa larve).

Fig. 175. — Articulé (iule).

Fig. 176. — Mollusque (escargot).

Fig. 177. — Mollusque (limace rouge).

Fig. 178. — Rayonné (polype).

Fig. 179. — Rayonné (étoile de mer).

Fig. 180. Protozoaire très grossi (infusoire).

tébrés, les articulés, les vers et les mollusques sont tous des animaux *bilatéraux*, c'est-à-dire composés de deux moitiés symétriques, à droite et à gauche. Au contraire, *les rayonnés sont des animaux dont les diverses parties du corps sont ramifiées* à la façon des végétaux *ou disposées autour d'un noyau central*, comme les rayons d'une roue ou les différentes parties de certaines fleurs. Aussi beaucoup de ces animaux ressemblent à des plantes, d'où leur nom d'**animaux-plantes** (*zoophytes*). Le polype, dont une espèce fournit le corail (*fig.* 178), l'étoile de mer (*fig.* 179), sont des rayonnés.

8. Les protozoaires se composent d'une simple masse gélatineuse. — Ce sont des animaux microscopiques, *sans aucun organe*. Les *infusoires* (*fig.* 180), qui se développent dans l'eau où a séjourné de la paille, du foin ou d'autres matières organiques, sont des protozoaires. Avec eux on passe insensiblement du *règne animal* au *règne végétal*. Car, dès que la **substance vivante** est limitée par une enveloppe rigide, la *cellulose* (analogue au bois, au coton), elle s'immobilise. C'est un **végétal** (*microbes*, *bactéries*).

9. Les articulés, les vers, les mollusques, les rayonnés et les protozoaires n'ont pas d'os. — Ils sont souvent réunis sous le nom d'**invertébrés**. Mais il est plus exact de distinguer trois types d'animaux : 1° les animaux **bilatéraux** (*vertébrés*, *articulés*, *vers*, *mollusques*); 2° les **animaux-plantes** (*rayonnés*) ; 3° les **animaux sans organes** (*protozoaires*).

RÉSUMÉ

EMBRANCHEMENTS.

RÈGNE ANIMAL.
- Animaux bilatéraux :
  - pourvus d'un squelette interne osseux dont la principale pièce est la *colonne vertébrale* — sang à globules rouges. } **Vertébrés** (Cheval).
  - dont le corps est formé d'anneaux
    - et pourvu de pattes articulées............. } **Articulés** (Hanneton).
    - sans pattes............. } **Vers** Lombric.
  - sans divisions *apparentes*, au corps mou protégé par une coquille..... } **Mollusques** (Escargot).
- Animaux n'ayant ni droite ni gauche..... **Rayonnés** (Polype).
- Animaux très petits et sans organes...... **Protozoaires** (Infusoire).

EXERCICES

QUESTIONS D'INTELLIGENCE. — *1. L'écrevisse est-elle rangée parmi les vertébrés? pourquoi? — 2. Examinez une mouche et dites dans quel embranchement vous la classez. — 3. Que sort-il de la blessure d'un cheval? d'une grenouille? — 4. Quelle différence y a-t-il entre un petit serpent, un ver de terre et une limace?*

DEVOIR. — *Montrez quelques-unes des différences qui existent entre les six embranchements du règne animal.*

28ᵉ LEÇON. — LES VERTÉBRÉS.

SOMMAIRE. — Division des vertébrés : mammifères, oiseaux, reptiles, batraciens, poissons. — Division des mammifères : bimanes, quadrumanes, insectivores, rongeurs, carnassiers...

1. Division des vertébrés. — L'embranchement des *vertébrés* se divise en *cinq classes* : 1° Les **mammifères**, qui ont le corps couvert de poils et portent des mamelles (cheval, chien, lapin, etc.); — 2° Les **oiseaux**, qui sont couverts de plumes et volent (canard, pigeon, corbeau, etc.); — 3° Les **reptiles**, qui ont l'épiderme corné et qui rampent (serpent, lézard, tortue, etc.); — 4° Les **batraciens**, à la peau molle et qui sont nageurs dans leur jeunesse, marcheurs à l'état adulte (grenouille, crapaud); — 5° Les **poissons**, qui ont la peau écailleuse et qui vivent dans l'eau (carpe, hareng, etc.).

2. Mammifères. — *Les mammifères ont le corps couvert de poils, le sang à une température constante* (environ 37°) *et respirent à l'aide de poumons.* Ils sont *vivipares*, c'est-à-dire qu'ils donnent naissance à des petits tout formés, que les mères nourrissent d'abord de leur lait sécrété par les mamelles.

Fig. 181. — Un mammifère quadrumane (orang-outang, taille 1ᵐ,10).

La classe des mammifères comprend *huit ordres principaux* : 1° les *bimanes* et les *quadrumanes*, qui ont des ongles; 2° les *insectivores*, les *rongeurs* et les *carnassiers*, qui ont des griffes; 3° les *ruminants* et les *pachydermes*, qui marchent sur leurs doigts terminés par des *sabots*; 4° les *cétacés*, qui sont des mammifères carnassiers aquatiques.

3. Les bimanes ont deux mains terminées par des ongles. — Il n'y en a qu'une *espèce* : *l'homme*, dont les principales races sont la race *blanche*, la race *jaune* et la race *noire*.

4. Les quadrumanes ont quatre mains. — Ces mammifères grimpeurs ou *singes* sont les animaux qui, par la conformation de leur corps, ressemblent le plus à l'homme. Ils habitent les pays chauds et se nourrissent de racines et surtout de fruits qu'ils saisissent aussi bien avec leurs pieds qu'avec leurs mains, grâce à la disposition de leurs pouces qui peuvent, aux quatre membres, s'opposer aux autres doigts.

Les plus grands singes sont : le *gorille* et le *chimpanzé* (Afrique), l'*orang-outang* (*fig.* 181 [Iles de la Sonde]), etc.

Les singes d'Amérique ont pour la plupart une queue longue et prenante, par laquelle ils se suspendent aux branches des arbres.

5. Les insectivores ont des griffes, trois sortes de dents et se nourrissent d'insectes. — Ce sont en général des animaux de petite taille dont les molaires ont la couronne hérissée de petites pointes coniques pour mieux écraser leur proie.

Le *hérisson* a le dos couvert de piquants, et se roule en boule dès qu'un danger le menace. Cet animal ne sort que la nuit et se nourrit d'insectes, de souris, de limaces, de serpents, etc. Quand les insectes ont disparu, pendant l'hiver, le hérisson *hiverne*, c'est-à-dire s'endort d'un profond sommeil.

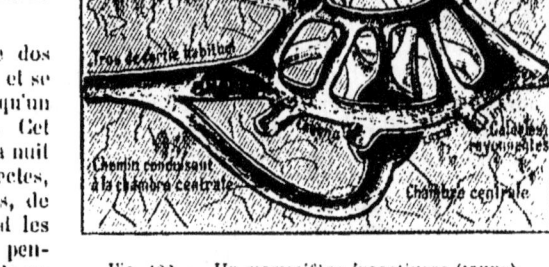

Fig. 182. — Un mammifère insectivore (taupe).

— La *taupe* (*fig.* 182) creuse sous terre des galeries afin d'atteindre les vers blancs (Voir 51e leçon) et autres insectes dont elle se nourrit. Cet animal rend de grands services à la culture, mais ses *taupinières* sont nuisibles dans les jardins. — La *musaraigne* ressemble à la souris, mais son museau est plus long et plus pointu. Elle se nourrit d'insectes et de vers.

Fig. 183. — Un mammifère chéiroptère (chauve-souris).

6. *Les chéiroptères ou chauves-souris* (*fig.* 183) *sont des insectivores volants.* — Ces animaux ont un repli de la peau qui relie leurs quatre membres ainsi que leurs doigts démesurément allongés et leur permet de voler comme les oiseaux. Par le développement énorme de leur peau et de leurs oreilles, ces animaux nocturnes ont un toucher et une ouïe qui suppléent à l'insuffisance de leur vue. Ils sont *hibernants* [1].

7. Les rongeurs (*fig.* 184) **n'ont pas de canines, mais à chaque mâchoire de longues incisives taillées en biseau.** — Leurs molaires, semblables à celles des herbivores, ont une couronne aplatie, mais garnie de replis sinueux, et leur ensemble

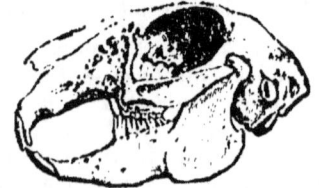

Fig. 184. — Crâne de rongeur (lapin).

---

1. **Hibernants** : qui *hivernent*, c'est-à-dire passent l'hiver dans une sorte de torpeur, parce qu'ils ne peuvent plus maintenir suffisamment leur chaleur naturelle.

forme une sorte de râpe. — *Ils se nourrissent de substances d'origine végétale* (grains et bois). Ils sont nuisibles à l'agriculture.

Fig. 185 à 187. — Quelques rongeurs : A, rat surmulot ; B, souris; C, rat campagnol.

Les principaux rongeurs sont presque tous nocturnes. La *souris* (fig. 185, B) commet de grands dégâts dans nos greniers et dans nos cultures ; le *rat des égouts* ou *surmulot* (fig. 186, A) abonde dans les égouts et les chantiers des grandes villes ; le *campagnol* ou *rat des champs* (fig. 187, C) est le plus nuisible de tous pour le cultivateur ; le *loir* mange les fruits de nos espaliers ; l'*écureuil* vit dans les bois et se nourrit de graines ; enfin le *lapin* (Voir *planche* VII, p. 224) et le *lièvre* sont *comestibles* et leur fourrure est estimée.

8. Les carnassiers ont des griffes et se nourrissent de chair.

— Ce sont des animaux très agiles pour la plupart, pourvus de griffes puissantes et acérées (fig. 188). Leurs canines, au nombre de deux à chaque mâchoire (fig. 189), sont appelées *crocs* ; plus fortes et plus longues que les incisives, elles servent à déchirer la proie. Leurs molaires et surtout

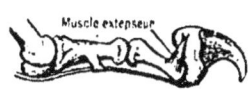

Fig. 188. — Griffe d'un carnassier (chat).

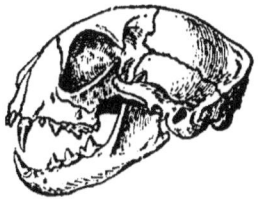

Fig. 189. — Crâne d'un carnassier (chat).

la grande molaire *carnassière* ont une couronne aiguë et tranchante.

Les carnassiers les plus sanguinaires sont : le *lion* et la *panthère*, qui habitent les pays chauds d'Afrique et d'Asie; le *tigre* (fig. 190), qui se trouve surtout en Asie; le *cougouar* ou *lion d'Amérique*; enfin, le *chat* (Voir *planche* VII, p. 224).

Le *chien*, le *loup* (Voir *planche* VII, p. 224), qui n'est qu'une espèce de chien sauvage, le *renard* (Voir *planche* VII, p. 224), le *chacal* qui habite le nord de l'Afrique, etc., sont beaucoup moins féroces.

De petits carnassiers au corps long et mince (*fouines* [Voir *planche* VII, p. 224], *belettes, putois, martres*), qui marchent comme en rampant, causent souvent de grands ravages dans les basses-cours;—le *furet* (Voir *planche* VII, p. 224), au contraire, rend de grands services dans la chasse aux lapins ; — la *loutre* est un carnassier aquatique, aux pieds palmés, qui détruit de grandes quantités de poisson.

Quelques carnassiers ont la démarche lourde et disgracieuse ; ils se nourrissent volontiers aussi de fruits et de racines. — Parmi eux, on peut citer l'*ours* et le *blaireau*.

RÉSUMÉ

L'embranchement des vertébrés se divise en cinq classes : les *mammifères*, les *oiseaux*, les *reptiles*, les *batraciens*, les *poissons*.

Les **mammifères** allaitent leurs petits; ils ont le corps couvert de poils, le sang chaud et respirent à l'aide de poumons. Ils comprennent plusieurs ordres : les *bimanes*, les *quadrumanes*, les *insectivores*, les *rongeurs*, les *carnassiers*, les *ruminants*, les *pachydermes* et les *cétacés*.

L'ordre des **bimanes** ne renferme que l'homme.

Les **quadrumanes** ou singes, habitent les pays chauds et se nourrissent de fruits et de racines (orang-outang, gorille, etc.).

Fig. 190. — Tigre royal.

Les **insectivores** se nourrissent d'insectes et sont *très utiles* (hérisson, taupe, musaraigne, etc.).

Les **rongeurs** se nourrissent de graines, de fruits, de bois, et sont *nuisibles* (souris, loir, lapin, etc.).

Les **carnassiers** se nourrissent de chair, surtout de la chair des autres mammifères. Les uns ressemblent au *chat* (lion, panthère, tigre), d'autres au *chien* (loup, renard). De petits carnivores (fouines, putois, etc.) s'attaquent à la basse-cour.

EXERCICES

QUESTIONS D'INTELLIGENCE. — *1. Qu'est-ce qui caractérise les mammifères? — 2. Dites en quoi un quadrumane diffère d'un quadrupède. Citez quelques quadrumanes. — 3. Devons-nous détruire la taupe? — 4. La chauve-souris pond-elle des œufs? a-t-elle des dents? — 5. Examinez les dents d'un chat et celles d'une souris, et dites en quoi elles diffèrent et pourquoi?*

DEVOIRS. — *I. Nommez quelques mammifères qui dévorent nos récoltes et dites un mot de chacun d'eux. — II. Citez quelques mammifères utiles à l'agriculture et dites un mot de chacun d'eux. — III. Comparez le chat et le chien.*

29ᵉ LEÇON. — LES VERTÉBRÉS (suite).

SOMMAIRE. — Ruminants, pachydermes, cétacés, etc.

1. Les ruminants sont des herbivores à estomac composé et à pied fourchu terminé par deux sabots. — Grâce à la disposition de leur estomac, ils peuvent *ruminer*, c'est-à-dire faire remonter dans la bouche, pour les mâcher une seconde fois, les aliments qu'ils ont déjà avalés.

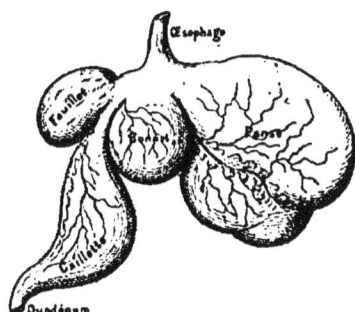

Fig. 191 — Estomac de ruminant.

Cet estomac (*fig.* 191) se compose de quatre poches : la *panse*, le *bonnet*, le *feuillet* et la *caillette*; celle-ci sécrète le suc gastrique.

Dans les champs, le ruminant mange rapidement et les aliments à peine mâchés forcent l'entrée de la *panse* et s'y accumulent. Lorsque l'animal est au repos, il les fait remonter dans la bouche, façonnés en boulettes par le *bonnet*, pour les mâcher et les triturer lentement, tout en les imprégnant de salive.

Ils sont ainsi transformés en une bouillie épaisse qui passe directement dans le *feuillet*, puis dans la *caillette*.

Les ruminants n'ont pas de canines (*fig.* 192) et les incisives manquent à la mâchoire supérieure ; leurs molaires sont très larges et présentent des replis en forme de croissant. Leur mâchoire inférieure, articulée pour se mouvoir de droite à gauche et d'avant en arrière, agit comme une meule pour broyer les aliments. Ils marchent sur leurs doigts. Leur pied redressé a ses principaux os soudés en un seul, le *canon*, et est terminé par *deux* doigts protégés chacun par un sabot corné (*fig.* 193 et 194), ce qui en fait les meilleurs coureurs de tous les mammifères ; enfin la plupart ont des cornes pour se défendre.

Quelques ruminants ont été domestiqués. Dans nos pays, nous nous servons du *bœuf*, du *mouton* et de la *chèvre*; dans les régions polaires, les Esquimaux utilisent le *renne* comme animal de trait et de boucherie ; enfin le *chameau d'Afrique* ou *dromadaire* (une bosse) et le *chameau d'Asie* (*fig.* 195) [deux bosses] sont des animaux de trait et de selle incomparables.

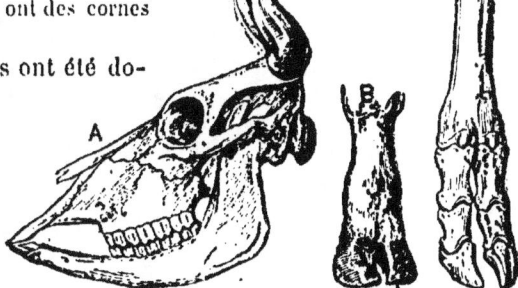

Fig. 192 à 194. — Dentition et pied de ruminant : A, crâne; B, pied de bœuf; C, canon.

De nombreux ruminants vivent à l'état sauvage; la plupart sont recherchés comme gibier. Parmi eux, on peut citer : le *cerf* et le *chevreuil* (*fig.* 196), qui habitent nos forêts ; le *chamois*, qui vit sur les hautes montagnes de l'Europe ;

Fig. 195. — Chameau d'Asie (hauteur 2ᵐ.30).   Fig. 196. — Chevreuil.

les *gazelles*, de l'Afrique du Nord ; enfin la *girafe*, remarquable par la longueur de son cou, et qu'on ne trouve que dans les savanes de l'Afrique centrale.

2. Les pachydermes sont des herbivores non ruminants, à peau épaisse, et dont le pied a au moins trois sabots. — Parmi eux on peut citer : l'*éléphant* (Asie et Afrique), remarquable par son nez allongé en forme de trompe et par ses deux énormes dents en ivoire appelées *défenses* ; le *rhinocéros* (Afrique) [*fig.* 197], qui a sur le nez une corne très dure. Ces animaux ont presque la dentition des ruminants, leurs pattes sont terminées par trois doigts au moins, protégés chacun par un sabot corné. — Quelques pachydermes ont une dentition complète : l'*hippopotame* (Afrique), qui nage avec facilité et dont les dents fournissent de l'ivoire ; le *sanglier* (Voir *planche* VII, p. 224) et le *porc*. Celui-ci est de plus omnivore[1].

Fig. 197. — Un mammifère pachyderme (rhinocéros).

Le *cheval*, l'*âne* et le *zèbre* sont des pachydermes qui forment un groupe spécial : celui des **solipèdes**, ainsi appelés parce que leurs

---

1. Omnivore : qui se nourrit, comme l'homme, d'animaux et de végétaux.

jambes sont terminées par un pied formé d'un *seul* doigt protégé par un sabot corné (*fig.* 199). Ce sont des animaux de trait et de course. — *Ils ont des canines* (*fig.* 198).

3. Les cétacés sont des mammifères carnassiers aquatiques. — Ils ressemblent extérieurement aux poissons; ils vivent constamment dans la mer, mais ils sont obligés de venir à chaque instant à la surface de l'eau pour respirer.

Fig. 198. — Dentition du cheval.

Fig. 199. Sabot corné du cheval.

Leurs membres antérieurs sont transformés en nageoires, leurs membres postérieurs sont remplacés par une nageoire molle ou queue, sans squelette osseux, disposée horizontalement, et non verticalement comme celle des poissons.

Les principaux sont : la *baleine* (*fig.* 200), le plus grand de tous les mammifères (15 à 30 mètres de longueur). Cet animal n'a pas de dents, mais sa mâchoire supérieure porte

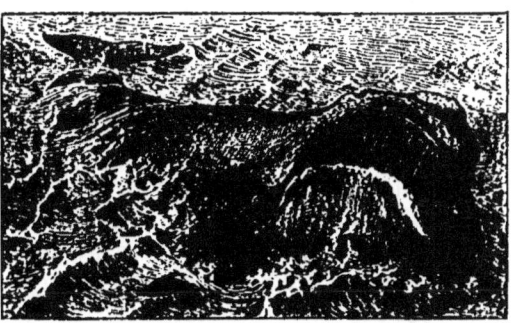

Fig. 200. — Un mammifère cétacé (baleine).

deux rangées de longues baguettes minces et flexibles nommées *fanons* (*fig.* 201), dont on fait des baleines de corset. De sa chair on extrait plusieurs milliers de kilogrammes d'huile. Les baleines ne se rencontrent plus guère que dans les mers boréales; — le *cachalot* (15 à 20 mètres), dont la tête énorme contient une substance grasse (blanc de baleine) employée pour fabriquer les bougies de luxe et les cosmétiques ; — le *dauphin* et le *marsouin* (2 à 3 mètres), qui vivent sur nos côtes.

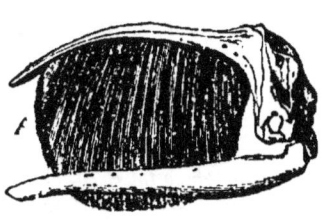

Fig. 201. — Crâne de baleine montrant les fanons, *f*.

4. Le phoque et le morse (*fig.* 202). — Ce sont aussi des mammifères qui vivent dans l'eau, mais ils viennent à terre pour se reposer et allaiter leurs petits; de là le nom d'**amphibiens**. Ce sont des carnassiers qui ont encore quatre pattes terminées par des griffes, mais qui sont transformées en nageoires par une palmure épaisse. Ces animaux vivent en troupes nombreuses dans les régions polaires. On utilise leur graisse et leur peau; les défenses des morses fournissent de l'ivoire.

5. Mammifères imparfaits. — Certains mammifères naissent dans un état imparfait. Pendant les premiers temps de leur naissance, ils se réfugient dans une poche que la mère possède sous le ventre et au fond de laquelle débouchent les mamelles. Ils forment deux ordres : 1° les **marsupiaux** (*kangourou* de l'Australie, *sarigue* de l'Amérique, etc.); 2° les **monotrèmes** (*ornithorynque* et *échidné*), de l'Australie, pourvus d'un bec corné et qui pondent des œufs.

Fig. 202. — Morse.

Les **édentés** (*fourmilier* et *tatou* de l'Amérique du Sud, etc.) n'ont pas de dents ou sont pourvus de dents toutes semblables. Ils se nourrissent d'insectes.

RÉSUMÉ

Les **ruminants** (bœuf, mouton, cerf, chameau, etc.) sont ainsi appelés parce qu'ils *ruminent*, c'est-à-dire mâchent une seconde fois l'herbe qu'ils ont déjà avalée. Leur estomac comprend 4 poches. Les **pachydermes** sont des herbivores à peau épaisse (éléphant, rhinocéros, sanglier, etc.). — Le cheval, l'âne et le zèbre, pachydermes dont le pied n'a qu'un sabot, forment le groupe des **solipèdes**.

Les **cétacés** sont des mammifères à forme de poissons; ils vivent dans l'eau, mais viennent respirer à l'air (baleine, cachalot, etc.).
— Les **phoques** et les morses vivent sur terre et dans l'eau, ce sont des **amphibiens**.

Les **marsupiaux** naissent dans un état imparfait (*kangourous, sarigues*, etc.). — Les **monotrèmes** ont un bec corné et pondent des œufs. — Les **édentés** ont peu ou point de dents (*fourmilier*).

EXERCICES

QUESTIONS D'INTELLIGENCE. — *1. Quelle différence y a-t-il entre les dents d'un lapin et celles d'un mouton? — 2. Qu'est-ce qu'un pelage fauve? Qu'appelle-t-on bête fauve dans notre pays? Citez quelques exemples. — 3. A quoi reconnaît-on que la baleine n'est pas un poisson? — 4. Quelle est la différence entre un amphibien et un cétacé?*

DEVOIRS. — *I. Les ruminants : disposition de leur estomac; rumination. Principaux ruminants. — II. Quels sont les ruminants et les pachydermes domestiques? Indiquez les services qu'ils nous rendent.*

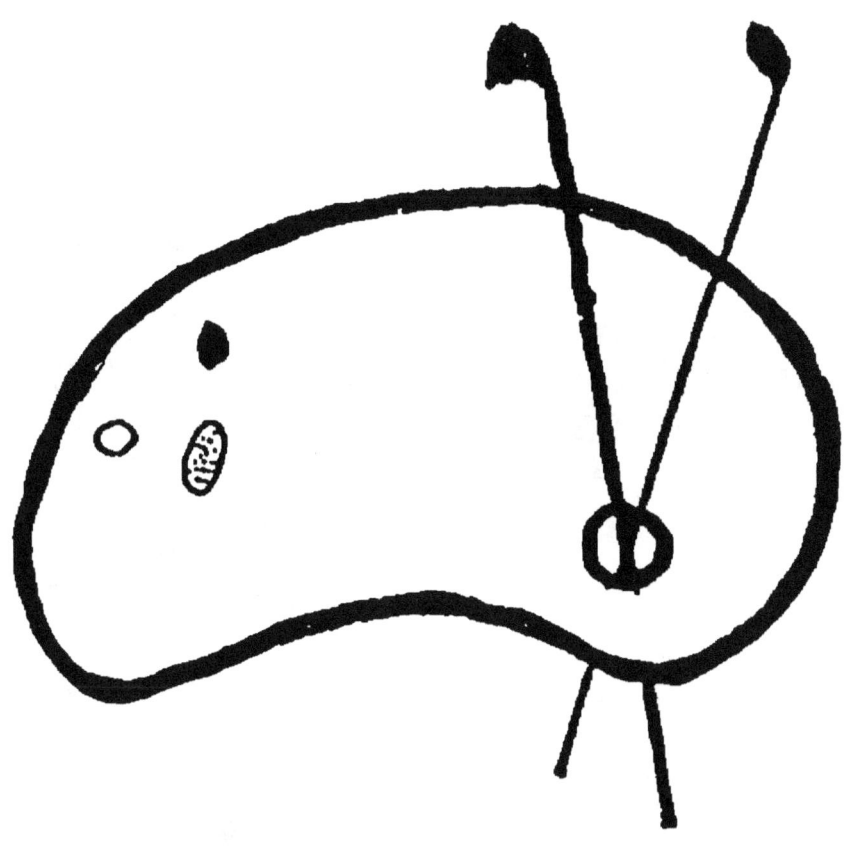

ORIGINAL EN COULEUR
NF Z 43-120-8

30ᵉ LEÇON. — LES VERTÉBRÉS (suite).

SOMMAIRE. — Caractères généraux des oiseaux. — Leur appareil digestif; circulation, respiration; l'œuf. — Classification des oiseaux : rapaces, passereaux, grimpeurs, gallinacés, échassiers, palmipèdes.

1. Caractères généraux. — Comme les mammifères, les oiseaux ont le sang à une température constante (42°) et respirent à l'aide de poumons, mais ils ont le corps couvert de plumes et pondent des œufs. Ils ont *deux pattes, deux ailes et un bec corné.* — Ils marchent sur leurs doigts (ordinairement quatre, dont un en arrière), et les principaux os de leur pied sont soudés et forment une baguette écailleuse, dans le genre du *canon* des ruminants.

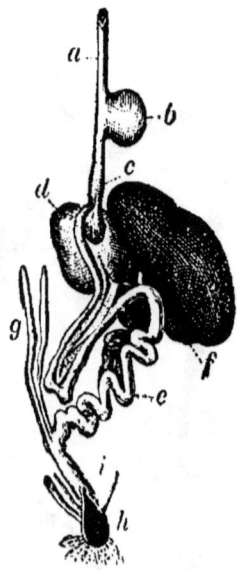

2. Appareil digestif (*fig.* 203). — Les oiseaux n'ont pas de dents, mais leur œsophage présente un renflement appelé *jabot* dans lequel les graines s'accumulent et se ramollissent avant de passer dans l'estomac. Cet estomac est formé de deux poches dont la première sécrète le suc gastrique et la seconde, le *gésier,* aux parois épaisses et musculaires, se contracte pour broyer les graines.

3. Circulation et respiration. — Le cœur des oiseaux est analogue à celui des mammifères, mais la *circulation de leur sang* est plus active; aussi la température de leur corps est-elle d'environ 42°.

Leurs poumons communiquent avec des sacs fins et transparents, les *sacs aériens*, qui

Fig. 203. — Appareil digestif de l'oiseau : *a*, œsophage; *b*, jabot; *c*, ventricule succenturié; *d*, gésier; *e*, intestin grêle; *f*, foie; *g*, cœcum; *i*, gros intestin; *h*, cloaque.

aboutissent eux-mêmes aux cavités des os des membres. Lorsque l'air gonfle les sacs aériens,

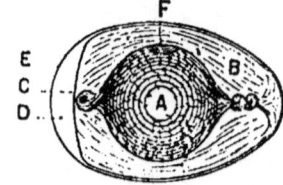

il augmente le volume du corps de l'oiseau sans l'alourdir et favorise son vol.

4. Œuf. — L'œuf (*fig.* 204) est formé d'une *coque calcaire,* de *blanc* et de *jaune.*

Fig. 204. — Coupe d'un œuf de poule : A, jaune ou vitellus; B, blanc ou albumine; C, membrane coquillière; D, chambre à air; E, coquille; F, germe.

La coque est tapissée intérieurement par une double membrane très fine qui se dédouble au gros bout de l'œuf et forme la *chambre à air.*

Sur le jaune se trouve une petite tache blanche, le *germe.* Lorsque l'œuf est maintenu à une température de 35° à 40°, le germe grandit : il se forme un petit oiseau qui absorbe le blanc et le jaune et finit par remplir l'œuf dont il brise la coque avec son bec. C'est ordinairement la mère qui fournit la chaleur nécessaire en restant accroupie sur les œufs; on dit qu'elle les *couve.*

OISEAUX : 1, UTILES; — 2, DE BASSE-COUR

5. Classification. — Pour classer les oiseaux, on s'est basé surtout sur la *conformation des* **pattes** *et du* **bec**, qui est en rapport avec leur genre de vie. On a formé **sept ordres** principaux : les *rapaces*, les *passereaux*, les *grimpeurs*, les *gallinacés*, les *échassiers*, *les coureurs* et *les palmipèdes*.

Fig. 205 et 206. — Tête et serre de rapace (aigle).

6. Les rapaces ou oiseaux de proie sont les carnassiers de l'air. — Ils se nourrissent de petits oiseaux, de mammifères et de reptiles. Ils ont un bec fort et crochu (*fig.* 205) à son extrémité et leurs pattes sont armées de griffes puissantes appelées *serres* (*fig.* 206)

Les **rapaces diurnes** ne chassent que le jour et sont presque tous nuisibles. Ils ont des ailes longues et puissantes et une vue perçante. — Les principaux sont : l'*aigle*, qui peut enlever dans ses serres un lièvre et même un agneau ; l'*émouchet* et la *buse*, qui détruisent beaucoup de petit gibier.

Les **rapaces nocturnes** ne chassent que la nuit et détruisent rats, souris, mulots, etc. Ce sont des oiseaux très utiles à l'agriculture. Leurs plumes molles et peu serrées leur permettent de voler sans bruit. Leurs yeux gros et ronds, placés sur le devant de la tête, sont entourés d'une collerette de plumes raides.

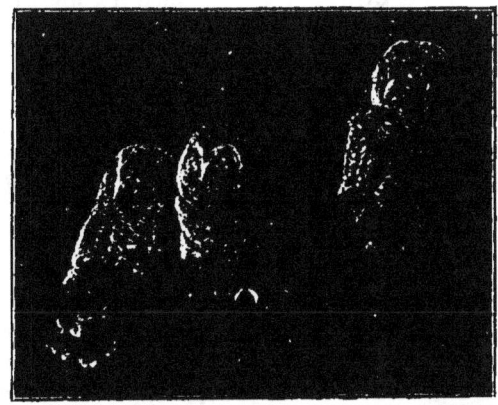

Fig. 207. — Groupe de rapaces nocturnes (jeunes chouettes)

— Les principaux sont le *hibou*, l'*effraie* (Voir planche II, p. 134) et la *chouette* (*fig.* 207).

7. Les passereaux sont des oiseaux chanteurs et sauteurs. — Ils ont les pattes *grêles* et faibles, le bec droit ou légèrement crochu.

Le *corbeau*, la *pie* et le *geai* qui, outre les grains, mangent aussi les œufs des autres oiseaux et le petit gibier, *sont nuisibles*.

Mais les autres passereaux sont des auxiliaires très utiles pour les agriculteurs. — Le *moineau* (*fig.* 208 à 210), le *pinson*, l'*alouette* (qui vit à terre), la *mésange* et le *chardonneret* (Voir *planche* II, p. 134) ont le bec conique. Insectivores au printemps et granivores à l'automne, ils sont beaucoup *plus utiles que nuisibles*. Le *rossignol*, la *fauvette* (Voir planche II, p. 134), le *merle*, le *roitelet* et le *loriot*, qui se nourrissent d'insectes, ont le bec terminé par une sorte de dent. L'*hirondelle* (Voir *planche* II, p. 134) et le *martinet*, qui détruisent mouches, pucerons, etc. ont le bec largement fendu.

8. Les grimpeurs fouillent l'écorce des arbres. — Ils se nourrissent des insectes qu'ils y trouvent. Leurs pattes (*fig.* 212), disposées pour grimper et pour s'accrocher aux branches, ont deux doigts en avant et deux doigts en arrière.

Les principaux sont le *pic* (Voir *planche* II, p. 134) et le *coucou* (oiseau de passage), qui détruisent beaucoup de larves et d'insectes. Le *perroquet* (*fig.* 211 et 212), grimpeur des forêts tropicales, se nourrit de fruits.

9. Les gallinacés, oiseaux marcheurs, grattent la terre pour se nourrir. — Ils mangent des vers, des insectes et des graines. Ils ont le bec fort, les ailes courtes et arrondies; leur vol est lourd.

Les uns sont des oiseaux de basse-cour (*poule*, *dindon* [Voir *planche* II, p. 134], *pintade*); d'autres sont recherchés comme gibier (*faisan*, *perdrix*, *caille*).

Les *pigeons* et les *tourterelles*, qui ne grattent pas, mais qui glanent, ont le bec plus faible et les ailes plus allongées que les gallinacés; ils forment le groupe des **colombins**.

Fig. 208 à 210. — Passereaux (moineaux: 1, franc; 2, friquet; 3, soulcie).

Fig. 211 et 212. — Tête et patte de grimpeur (perroquet).

10. Les échassiers sont les oiseaux des marais et des rivages. — Ils se nourrissent de petits poissons, de grenouilles, de mollusques, etc. Ils ont un long bec et de longues pattes nues qui ressemblent à des *échasses*.

Les plus connus sont les *cigognes*, les *grues*, les *hérons* (*fig.* 213), pêcheurs à l'affût ou qui fouillent les *gués*; les *râles* et les *poules d'eau*, aux longs doigts légèrement palmés et qui chassent dans les marais; les *vanneaux*, les *bécasses* et les *bécassines*, insectivores au bec fin et long qui parcourent incessamment les prés humides et les terres cultivées.

11. Les coureurs. — L'*autruche* (Afrique) et le *nandou*, autruche d'Amérique, ont les ailes trop courtes pour voler, mais leurs pattes longues et robustes leur permettent de courir avec

Fig. 213. — Échassier (héron).

une vitesse de 40 kilomètres à l'heure. Ils forment l'ordre des **coureurs.** *L'autruche n'a plus que deux doigts, comme les mammifères coureurs.*

12. Les palmipèdes sont les oiseaux de la mer et des eaux. — Ils ont les pattes courtes et les pieds palmés (*fig.* 215), c'est-à-dire que leurs doigts sont réunis par une membrane.

Fig. 214, 215. — Tête et patte de palmipède (canard).

Les *is* (canard [*fig.* 214]) et *oie* [planche II, p. 134]), qui fouillent le bord des étangs et des marais, sont devenus des oiseaux de basse-cour; d'autres (*pingouins* et *manchots* des mers polaires, *mouettes*) plongent au bord des mers ; d'autres enfin (*albatros, pétrels, frégates,* etc.) sont de grands voiliers dont les ailes se prêtent aux longues traversées.

RÉSUMÉ

Les **oiseaux** ont des plumes, un bec corné, deux pattes et deux ailes. Ils pondent des œufs. Leur *œsophage* porte un renflement appelé *jabot* et leur estomac est formé de deux poches : le *ventricule succenturié* et le *gésier.*

Les oiseaux forment sept ordres principaux :

Les **rapaces**, au bec crochu et aux serres puissantes, qui se nourrissent de la chair d'autres animaux. Les uns sont *diurnes* (aigle, buse, etc.), nuisibles; d'autres *nocturnes* (hibou, chouette), utiles;

Les **passereaux**, aux pattes grêles et au bec droit ou légèrement crochu, qui se nourrissent de grains et d'insectes (mésange, fauvette, hirondelle, etc.);

Les **grimpeurs**, aux doigts disposés pour grimper, qui se nourrissent d'insectes (pic, coucou, etc.);

Les **gallinacés**, au bec fort et aux ailes courtes et arrondies (poule, dindon, perdrix, etc.);

Les **échassiers**, aux longues pattes nues et au long bec (héron);

Les **coureurs**, aux ailes courtes, aux pattes robustes (autruche);

Les **palmipèdes**, aux pattes courtes et aux pieds palmés (canard, mouette, pingouin, etc).

EXERCICES

QUESTIONS D'INTELLIGENCE. — *1. Qu'est-ce qui remplace les dents chez les oiseaux? — 2. Comment sont placés les yeux de l'oiseau? pourquoi incline-t-il la tête de côté pour voir l'oiseau de proie qui plane au-dessus de lui? — 3. Nommez dans chacun des sept ordres d'oiseaux celui que vous connaissez le mieux.*

DEVOIRS. — *I. Les oiseaux : caractères généraux, appareil digestif, circulatoire et respiratoire. Œuf. — II. Les oiseaux utiles et les oiseaux nuisibles à l'agriculture. Décrivez brièvement ceux que vous connaissez.*

31ᵉ LEÇON. — LES VERTÉBRÉS (fin).

SOMMAIRE. — **Reptiles : tortues, lézards, crocodiles, serpents. Batraciens : métamorphoses de la grenouille. — Poissons : poissons d'eau douce et poissons de mer.**

1. Les reptiles sont des vertébrés à température variable et à peau nue, sèche et cornée. — Ils respirent à l'aide de poumons et ont le sang rouge, mais leur cœur n'a qu'un ventricule et les artères conduisent aux tissus le sang noir mélangé au sang rouge, ce qui ralentit la combustion. Aussi la température de leur corps est à peu près celle de l'air où ils vivent et varie avec elle. On les appelle animaux à *sang froid*. Faute de chaleur, la plupart des reptiles sont *hibernants*. Ils sont ovipares, mais ne couvent pas leurs œufs.

Certains reptiles sont dépourvus de membres et ne se meuvent qu'en *rampant* ; d'autres ont des membres si courts et si difformes qu'ils doivent s'aider de leur ventre et de leur queue pour *se mouvoir* sur le sol.

On a partagé les reptiles en **quatre ordres**, d'après leurs moyens de protection : les *tortues*, les *lézards*, les *crocodiles* et les *serpents*.

2. Les tortues sont des reptiles à quatre pattes protégés par une carapace[1]. — Elles n'ont point de dents, mais un bec corné ; les unes sont carnivores, les autres herbivores.

Fig. 216. — Reptile (tortue terrestre).

Les *tortues marines*, qui pèsent jusqu'à 500 kilogrammes, ont les pattes transformées en larges nageoires, et se nourrissent de mollusques. On les chasse pour l'écaille que fournit leur carapace et pour leur chair. Leurs œufs, qu'elles viennent déposer sur le sable du rivage, sont très recherchés. — Les *tortues terrestres* (fig. 216) ont les doigts immobiles et terminés par des griffes. Une espèce très petite, la tortue *grecque*, est élevée dans les jardins et y détruit limaces et insectes. — Les *tortues palustres* ou *de marais* ont les doigts mobiles et palmés. L'une d'elles, la *cistude*, habite le midi de la France. — Les *tortues fluviales* habitent les fleuves des pays tropicaux. Leur chair est estimée.

3. Les lézards sont des petits reptiles à quatre pattes et à écailles fines. — Ils sont très agiles, mais inoffensifs et fort utiles à l'agriculture, car ils se nourrissent de vers et d'insectes.

Les principaux sont : le *lézard gris des murailles* (fig. 217) ; le *lézard ocellé* ; l'*orvet* ou *serpent de verre*, qui est dépourvu de membres.

4. Les crocodiles sont de gros reptiles à quatre pattes protégés par de fortes lames cornées. — Ils habitent les bords des fleuves dans les pays chauds. Ils ont les pattes courtes et palmées. Leurs dents sont fortes et coniques. Ils sont très redoutables.

---

1. **Carapace** : enveloppe dure, formée de grosses écailles soudées.

Les principaux sont : le *crocodile du Nil*, le *gavial du Gange* (Inde) et le *caïman d'Amérique*, qui ont parfois plus de 10 mètres de long.

5. Les serpents sont des reptiles sans membres; beaucoup sont armés d'un venin. — Leur corps est très allongé et très souple. Ils rampent en ondulant sur le sol. Ce sont des animaux carnassiers. Leur bouche qui se dilate leur permet d'avaler d'un seul coup des mulots, des grenouilles, etc.

Les serpents non venimeux sont : la *couleuvre*, très commune en France, qui se nourrit de grenouilles, de souris, d'oiseaux et d'insectes ; le *boa* (Amérique) et le *python* (Afrique), qui atteignent jusqu'à 12 mètres de longueur et sont très dangereux ; leur peau est employée pour la *maroquinerie*[1] de luxe.

Les principaux serpents venimeux sont : la *vipère*, qui habite nos pays; le *crotale* ou *serpent à sonnettes* (Amérique); le *cobra* ou *serpent à lunettes* (Inde) et l'*aspic* (Égypte).

Le *venin* de la vipère est sécrété par deux glandes situées à la racine de deux grandes dents ou crochets, que le liquide traverse par un canal (*fig.* 220, 221) lorsque la vipère mord un animal. Il produit une grande enflure et peut amener la mort (Voir *Lecture*, p. 168).

Fig. 217. — Reptile (lézard gris des murailles).

6. La couleuvre et la vipère. — La tête de la *vipère* (*fig.* 218), élargie en arrière, forme triangle et se sépare nettement du corps; elle est couverte de petites écailles et présente à son sommet deux traits bruns en forme de V. La queue de la vipère est courte.

La tête de la *couleuvre* (*fig.* 219), rétrécie en arrière, est couverte de larges écailles formant plaque. Sa queue est longue et effilée.

Fig. 218 à 221. — De gauche à droite; Tête de vipère. Tête de couleuvre : A, vipère prête à mordre ; B, coupe montrant la glande à venin *g* de la vipère.

7. Les batraciens sont des vertébrés à température variable et à peau nue, mais souple et humide. — Dans leur jeune âge, ils ressemblent aux poissons (nageoires et branchies) et vivent dans l'eau. En devenant adultes, ils subissent une série de transformations, acquièrent des pattes et des poumons; ils se *métamorphosent* (*fig.* 222 à 232). Les batraciens adultes se nourrissent de vers et d'insectes.

---

1. **Maroquinerie** : art de fabriquer le *maroquin*, cuir de chèvre ou de mouton, tanné à la noix de galle et teint du côté de la fleur. Cet art nous est venu du Maroc.

Les principaux batraciens sont : la *grenouille* des marécages, qui se nourrit d'insectes et de vers, et dont les pattes postérieures sont utilisées dans l'alimentation ; le *crapaud*, qui est inoffensif malgré son venin et fait une chasse active aux insectes, aux vers et aux limaces de nos jardins.

8. Métamorphoses de la grenouille. — La grenouille pond ses œufs dans l'eau, sur le bord des ruisseaux ou des mares. Ce sont de petits grains arrondis dont l'ensemble forme une masse gélatineuse, transparente. — De chaque œuf il sort bientôt une sorte de petit poisson noir à grosse tête et à longue queue : c'est un *têtard*. De chaque côté de sa tête se trouvent de petits filaments

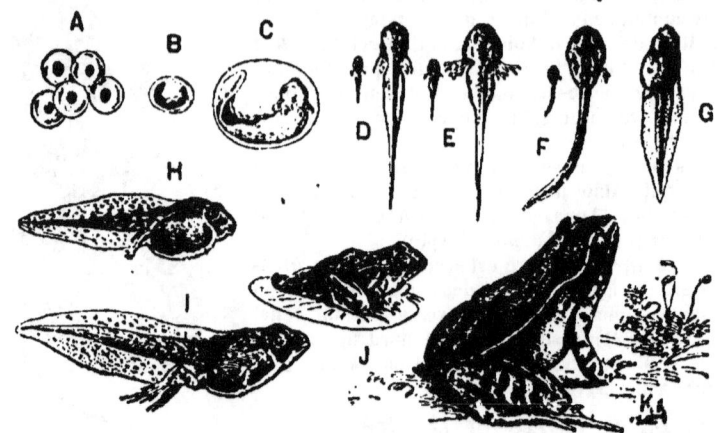

Fig. 222 à 232. — Batracien. Métamorphoses de la grenouille : A, œufs ; B et C, l'embryon se développe ; D à I, le têtard se développe ; J, jeune grenouille avec un reste de queue ; K, grenouille adulte.

ramifiés ; ce sont ses organes respiratoires, ses *branchies*. — Bientôt sa queue diminue peu à peu, ses branchies se flétrissent et il se forme des branchies internes. — Puis des pattes et des poumons se développent, les branchies et la queue disparaissent, le têtard est devenu *grenouille*, il sort de l'eau.

9. Les poissons sont des vertébrés aquatiques à température variable et à peau écailleuse. — Ils respirent dans l'eau au moyen de lamelles aux bords découpés, qu'on appelle *branchies*, l'air qui y est dissous. Ils ont le sang rouge et sont ovipares.

Chez certains poissons, une sorte de vessie intérieure pleine d'air, la vessie *natatoire*, permet à l'animal de se maintenir sans effort aux différentes profondeurs, car elle se dilate ou se contracte suivant la pression exercée par l'eau.

On distingue les poissons *cartilagineux*, dont le squelette est transparent et élastique (*raie*, *requin*), etc., et les poissons *osseux*, dont le squelette est blanc et dur (presque tous nos poissons de rivière et beaucoup de poissons de mer).

On distingue aussi les poissons d'*eau douce* et les poissons de *mer*.

10. Poissons d'eau douce. — Les principaux sont : la *carpe*, le *brochet*, la *truite*, la *perche* (fig. 223), la *tanche*, le *goujon*, le *gardon*, l'*ablette*, etc. On peut encore citer le *saumon*, qui habite la mer, mais qui, au printemps, remonte les fleuves jusque vers leur source pour y déposer ses œufs ; l'*anguille*, qui va pondre à la mer, d'où les petits remontent les fleuves.

11. Poissons de mer. — Les principaux sont : le *hareng*, qui vit dans les mers du nord, mais vient pondre sur nos côtes de juillet à novembre ; le *maquereau* (*fig.* 234), très abondant dans la Manche ; le *thon*, qui habite la Méditerranée ; la *sardine*, très abon-

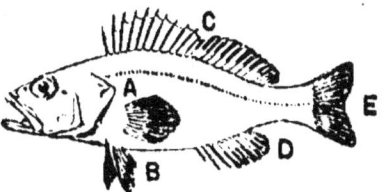

Fig. 233. — Poisson d'eau douce (perche).
Nageoires : A, pectorale ; B, abdominale ; C, dorsale ; D, anale ; E, caudale.

Fig. 234. — Poisson de mer (maquereau).

dante sur les côtes de Bretagne ; la *morue*, qui abonde sur les côtes de *Terre-Neuve* ; le *merlan*, très commun dans le Pas de Calais ; les *soles*, les *limandes* et les *raies*, qui sont des poissons *plats*.

RÉSUMÉ

Les **reptiles** sont des vertébrés à température variable, à peau nue, sèche et cornée. Ils n'ont pas de membres ou sont pourvus de pattes courtes et difformes. Ils sont ovipares.

Les reptiles comprennent : les *tortues* (marines, terrestres, palustres, fluviales) ; les *lézards*, qui se nourrissent de vers et d'insectes ; les *crocodiles*, qui habitent les fleuves des pays chauds ; les *serpents*, dont les uns *ne sont pas venimeux* (couleuvre, boa, python) et les autres sont *venimeux* (vipère, crotale, cobra, aspic).

Les **batraciens** sont des vertébrés à température variable et à peau nue, qui, aquatiques dans leur jeunesse, deviennent terrestres à l'état adulte, par des *métamorphoses* (grenouille, crapaud, etc.).

Les **poissons** sont des vertébrés à température variable, à peau écailleuse, qui ne vivent que dans l'eau. Ils respirent à l'aide de branchies et sont ovipares. Les uns vivent dans les eaux douces (carpe, brochet, etc.), les autres dans la mer (hareng, raie, etc.).

EXERCICES

QUESTIONS D'INTELLIGENCE. — *1. Comment peut-on rendre une vipère inoffensive ? — 2. La grenouille peut-elle respirer dans l'eau ? pourquoi ? — 3. Un poisson vivrait-il dans de l'eau qui a été bouillie ? pourquoi ? — 4. Quelle est la couleur des branchies des poissons et à quoi est-elle due ?*

DEVOIRS. — *I. Les reptiles : caractères généraux. Indiquez ceux qu'il faut protéger ou détruire et dites pourquoi. — II. Dites ce que vous savez sur les batraciens. Indiquez les batraciens utiles. — III. Les poissons : caractères généraux. Poissons d'eau douce et poissons de mer.*

32ᵉ LEÇON. — LES INVERTÉBRÉS.

SOMMAIRE. — I. Les invertébrés. — 1° Les articulés : insectes, arachnides, myriapodes et crustacés. — 2° Les vers : annélides et vers parasites. — 3° Les mollusques. — II. Les rayonnés : les polypes. — III. Les protozoaires.

1. Invertébrés. — Les *invertébrés* n'ont pas de squelette intérieur. On les divise en trois embranchements : 1° les **articulés**, qui ont une enveloppe cornée et le corps formé d'anneaux; 2° les **vers**, qui ont le corps mou et formé d'anneaux; 3° les **mollusques**, qui ont le corps mou, non composé d'anneaux, parfois protégé par une coquille pierreuse.

2. Embranchement des articulés. — Il se divise en quatre classes : les *insectes*, les *arachnides*, les *myriapodes* et les *crustacés*.

3. Les insectes sont des articulés à six pattes. — Le corps d'un insecte (*fig.* 235) comprend trois régions : la *tête*, le *thorax* et l'*abdomen*.

La **tête** porte les *antennes*, qui servent à toucher les objets; des *yeux composés* ou à *facettes* (*fig.* 236); enfin la *bouche*, disposée pour broyer les aliments, pour sucer ou pour lécher.

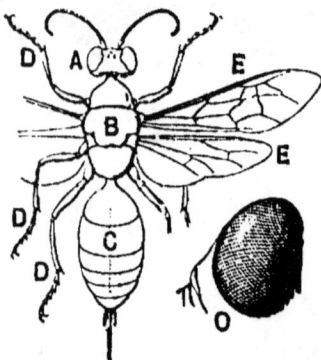

Fig. 235, 236. — Divisions du corps d'un insecte. — A, tête avec antennes; B, thorax avec pattes D et ailes E ; C, abdomen ; O, œil composé.

Le **thorax** porte toujours *six pattes* et une ou deux paires d'*ailes*. Quelques insectes n'ont *pas d'ailes* (puce).

L'**abdomen** est formé au plus de neuf *anneaux* et se termine parfois par un *dard* ou *aiguillon*.

En examinant à la loupe l'abdomen d'un insecte, on aperçoit sur les côtés les ouvertures des *trachées*, petits tubes fins qui se ramifient dans toutes les parties du corps, et constituent l'*appareil respiratoire* de l'animal. Il en est de même pour les arachnides et les myriapodes.

4. Métamorphoses. — Les insectes pondent des œufs d'où sortent des espèces de petits vers appelés *larves* (l'*asticot* est la larve de la mouche à viande, les *chenilles* sont les larves des papillons). Ces larves sont très *voraces*; elles grossissent rapidement et changent de peau, ou *muent* plusieurs fois. Enfin la larve devient immobile et sa peau s'épaissit; l'animal semble s'endormir, souvent dans un cocon qu'il s'est filé. On l'appelle alors *nymphe* ou *chrysalide*. Au bout d'un certain temps, la nymphe se débarrasse de son enveloppe; elle est devenue un *insecte parfait*.

La plupart des insectes sont *nuisibles* (hanneton, phylloxera, etc.); quelques-uns cependant sont *utiles* (abeilles, vers à soie, etc.).

5. Les arachnides ou araignées sont des articulés à huit pattes et sans ailes. — Ils ont la tête soudée au thorax.

Leur abdomen est très développé et porte à son extrémité, chez quelques espèces, de petites saillies appelées *filières* d'où s'échappe une matière liquide qui se solidifie à l'air et constitue les *fils de soie* à l'aide desquels l'araignée tisse sa *toile* entre les crochets dentelés de ses pattes (*fig.* 237). Cette toile lui sert à capturer des mouches qu'elle tue avec ses crochets venimeux.

Les principales araignées sont : l'*araignée domestique* (*fig.* 173), l'*araignée des jardins* ou épeire diadème (*fig.* 238), le *faucheur des champs* à grandes pattes, etc. Toutes ces araignées sont utiles, car elles dévorent beaucoup d'insectes.

Fig. 237. Patte d'araignée (vue au microscope).

Fig. 238. — Épeire diadème ou araignée des jardins (articulé *utile*).

Il faut encore citer le *sarcopte*, qui cause la maladie de la gale, et le *scorpion* (*fig.* 239), insectivore nocturne des pays chauds, dont le dernier anneau porte un aiguillon venimeux dont la piqûre est quelquefois mortelle.

6. Les myriapodes ou mille-pattes sont des articulés sans ailes et à pattes nombreuses. — Ils se distinguent des insectes et des arachnides par leur grand nombre d'anneaux.

Fig. 239. — Un arachnide : le scorpion (longueur 5 centimètres).

Les principaux sont les *scolopendres*, animaux carnivores des pays chauds, et les *iules* (*fig.* 175), qui vivent de débris végétaux.

7. Les crustacés sont des articulés aquatiques protégés par une carapace imprégnée de calcaire. — Ils respirent à l'aide de *branchies*; la plupart grandissent par des mues successives.

Les principaux crustacés sont : l'*écrevisse* (*fig.* 240), qui vit dans les eaux douces; le *homard*, la *langouste*, les *crevettes* et les *crabes*, qui habitent la mer. Tous ces animaux sont recherchés comme aliments.

Fig. 240. — Un crustacé : l'écrevisse (long. 15 cent.).

8. Embranchement des vers. — Il comprend deux groupes : les *annélides* et les vers *parasites*.

9. Les annélides sont des vers qui vivent en liberté. — Les principaux sont : 1° le *ver de terre* ou *lombric* (Voir 27ᵉ leçon), qui vit dans les terres humides, où il se nourrit de débris végétaux ; 2° la *sangsue*, qui habite les marais et dont la bouche, au centre d'une ventouse, est armée de trois petites mâchoires en forme de scie avec lesquelles elle coupe la peau des animaux pour sucer le sang. La sangsue est utilisée en médecine.

10. Les vers parasites s'attachent au corps des hommes ou des animaux. — Les principaux sont : le ténia et la trichine. Le *ténia* ou *ver solitaire* vit dans l'intestin de l'homme et peut atteindre 20 mètres de longueur.

La *trichine*, qui a 3 ou 4 millimètres de long, habite à l'état de larve les muscles de divers animaux (rat, porc). Si nous mangeons de la viande *trichinée* insuffisamment cuite, notre organisme est envahi par de nombreuses larves qui y causent de graves désordres.

11. Embranchement des mollusques. — Les principaux sont : 1° l'*escargot* (Voir 27ᵉ leçon et *fig.* 241), dont la coquille est enroulée en spirale, et la *limace* (Voir 27ᵉ leçon), qui a une coquille toute petite située en arrière de la tête. Ce sont des herbivores nuisibles ; 2° l'*huître* (*fig.* 242) et la *moule*, qui se fixent dans la mer et ont le corps protégé par une coquille à

Fig. 241. — Appareil circulatoire de l'escargot.

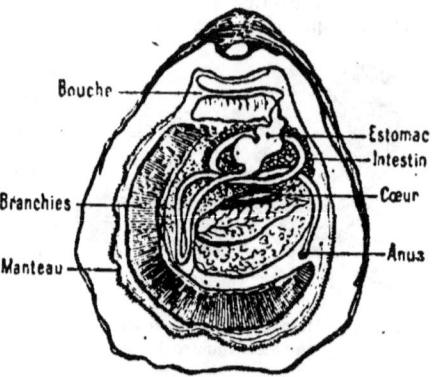

Fig. 242. Anatomie de l'huître.

deux valves. Une espèce d'huître, qui vit dans l'Océan Pacifique, produit la nacre et les perles fines ; 3° les *pieuvres* et les *seiches*, qui nagent dans la mer et dont la bouche est entourée de longs bras ou tentacules garnis de ventouses qui leur servent à amener leur proie.

12. Les animaux-plantes ou rayonnés forment le deuxième type du règne animal. — Leur corps n'est pas, comme celui des vertébrés ou des invertébrés, formé de deux moitiés symétriques, mais *rayonné* ou *ramifié*.

Les principaux sont : l'*étoile de mer*, très commune sur nos côtes et qui se nourrit de mollusques (Voir 27ᵉ leçon) ; l'*oursin* ou *châtaigne de mer*, herbivore dont le corps est recouvert de nombreux piquants ; les *polypes* du corail (Voir 27ᵉ leçon), dont les tentacules blancs s'épanouissent en véritables fleurs animales. Ils se fixent en *colonies* nombreuses autour d'une masse calcaire d'un beau rouge à l'intérieur et qu'ils sécrètent eux-mêmes.

Les *éponges*, qui sont fixées aux roches du fond de la mer, n'ont même pas de tube digestif. Elles sont formées d'une matière animale vivante, gélatineuse, qui imprègne une substance fibreuse, une sorte de feutrage soutenu par des particules calcaires et percé de canaux que l'eau traverse en tous sens. On fait disparaître, par des procédés spéciaux, la matière vivante et les particules calcaires. Ce qui reste constitue l'éponge du commerce.

13. Les protozoaires sont au dernier degré de la vie animale. — Ce sont des animaux microscopiques de forme souvent indéterminée; ce n'est que de la gelée vivante, assez semblable en apparence au blanc d'œuf. Ils ne peuvent vivre que dans l'eau.

RÉSUMÉ

Les invertébrés n'ont pas de squelette. On les divise en trois embranchements : Les *articulés*, les *vers* et les *mollusques*.

1° Les **articulés** ont une enveloppe cornée et le corps formé d'anneaux. Ils comprennent : les **insectes**, les **arachnides**, les **myriapodes** et les **crustacés**.

Les **insectes** ont six pattes et leur corps comprend trois régions : la *tête*, le *thorax* et l'*abdomen*. Ils subissent des métamorphoses et passent par les états de *larve*, de *nymphe* et d'*insecte parfait* (hanneton, sauterelle, phylloxera, abeille, etc.). — Les **arachnides** ou araignées ont huit pattes et leur tête est soudée au thorax. — Les **myriapodes** ou mille-pattes se distinguent des insectes par l'absence d'ailes et par le grand nombre de leurs pattes. — Les **crustacés** vivent dans l'eau et ont le corps protégé par une carapace imprégnée de calcaire (écrevisse, homard, etc.).

2° Les **vers** ont le corps mou et formé d'anneaux. Ils comprennent les *annélides* (ver de terre, sangsue) et les *vers parasites* (ténia, trichine).

3° Les **mollusques** ont le corps mou, mais non composé d'anneaux (escargot, limace, huître, poulpes, etc.).

Les **animaux-plantes** ou rayonnés ressemblent à des fleurs ou à des plantes (étoile de mer, oursin, etc.).

Les **protozoaires** sont des animaux microscopiques.

EXERCICES

QUESTIONS D'INTELLIGENCE. — *1. De la craie pulvérisée a été répandue autour d'une fourmi; peut-elle franchir ce cordon sans perdre la respiration, et pourquoi? — 2. Les vers absorbent uniquement de la terre; contient-elle une substance nutritive qu'ils puissent s'assimiler?*

DEVOIRS. — *I. Les insectes et leurs métamorphoses. — II. Quelle différence y a-t-il entre un vertébré et un invertébré; entre un articulé, un ver et un mollusque? Décrivez nettement quelques types.*

4. — Les Plantes.

33ᵉ LEÇON. — LA RACINE. — LA TIGE. — LES FEUILLES.

SOMMAIRE. — Les différentes parties d'une plante : racine, tige, feuilles. Disposition des feuilles sur la tige. Nutrition, respiration et transpiration par les feuilles. — Circulation de la sève.

1. Différentes parties d'une plante. — Une *plante* ordinaire se compose de la *racine*, de la *tige* et des *feuilles*.

Fig. 243. — Jeune racine.

2. La racine fixe la plante dans le sol et y puise sa nourriture. — Lorsqu'on examine une racine, on distingue, près de la pointe, un grand nombre de poils très fins appelés *poils absorbants* (*fig.* 243). C'est par ces poils que la racine puise l'eau et les matières nutritives contenues dans le sol. Les liquides ainsi introduits dans la racine constituent la *sève brute*. L'extrémité de la racine, la *coiffe*, peut s'enfoncer sans se déchirer.

3. Les diverses racines. — La racine *pivotante* (*fig.* 244) se compose d'une seule grosse racine centrale qui ne donne naissance qu'à de légères radicelles (racine de la *carotte*, de la *betterave*, etc.).

La racine *rameuse* se divise en ramifications plus ou moins grosses garnies chacune de radicelles qui forment le *chevelu* de la racine (racine du *chêne*, de la *giroflée*, etc.).

La racine *fasciculée* (*fig.* 245) n'a pas d'axe principal, mais un certain nombre de petites racines de même grosseur partant du même point. C'est la racine des plantes à un seul cotylédon (Voir *35ᵉ leçon*) [racine du *blé*, du *poireau*, du *palmier*, etc.].

Les racines *adventives* poussent directement sur la tige (*fig.* 246); telles sont celles qui apparaissent sur les filets ou coulants du fraisier. C'est grâce à la formation des racines adventives que, par les

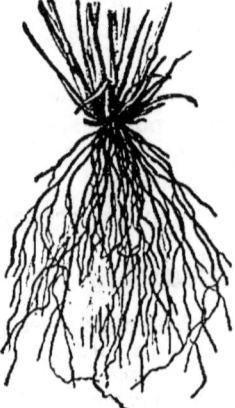

Fig. 244. — Racine pivotante (raifort).

Fig. 245. — Racine fasciculée (blé).

Fig. 246. — Tiges rampantes et racines adventives du fraisier.

opérations du *marcottage* et du *bouturage* (Voir 35ᵉ leçon), on multiplie certaines plantes.

4. Les tiges herbacées et les tiges ligneuses. — La tige s'élève ordinairement dans l'air, s'y subdivise en *branches* et *rameaux* qui portent des *feuilles*, et à certaines époques, des *fleurs* et des *fruits*. Elle est *herbacée* ou *ligneuse*.

Une tige **herbacée** est flexible, souvent molle et ne vit qu'un an.

L'herbe, les céréales, les plantes potagères ont la tige herbacée.

Une tige **ligneuse** est dure, d'assez grande taille et vit plusieurs années. Les arbres et arbustes ont la tige ligneuse.

Or, si l'on examine la coupe d'une tige *ligneuse*, d'un jeune chêne (*fig.* 247) par exemple, on y distingue trois parties bien différentes : l'*écorce*, le *bois* et la *moelle*.

L'**écorce** est la partie extérieure. Dans certains arbres, elle est très développée; ainsi c'est l'écorce du chêne-liège qui fournit le liège dont on fait les bouchons.

Le **bois** est constitué par : l'*aubier*, de couleur peu foncée, qui se trouve immédiatement sous l'écorce, et le *cœur*, de couleur brune. L'*aubier*, formé de bois nouveau, est assez tendre; le *cœur*, au contraire, est très dur et très résistant.

Fig. 247. — Coupe d'un tronc de chêne : *a*, aubier ; *c*, cœur.

La **moelle**, placée au centre, est très apparente dans une jeune tige. Elle finit par disparaître dans une tige âgée.

Chaque année, il se forme une nouvelle couche de *bois* entre l'écorce et l'aubier. Ces couches successives forment une série de *couronnes* qu'il suffit de compter pour connaître l'âge de l'arbre. Certains arbres, dans les forêts vierges, sont debout depuis plus de mille ans.

5. Les tiges grimpantes et les tiges rampantes. — La tige *grimpante*, longue et flexible, s'attache aux corps voisins soit à l'aide de *crampons* ou de *vrilles*, soit par simple enroulement (vigne, houblon). — La tige *traçante* ou *rampante* (fraisier) traîne à la surface de la terre.

6. Les tiges souterraines : rhizomes, tubercules et bulbes. — Les *rhizomes* se développent dans la terre; mais leurs bourgeons donnent des tiges aériennes (fougère, chiendent, etc.). — Le *tubercule* (pomme de terre) est un renflement du rhizome. C'est un réservoir de nourriture. — Le *bulbe* est une tige souterraine, dont les feuilles forment des écailles (oignon, ail, poireau, etc.).

7. Des bourgeons naissent les feuilles ou les fleurs. — Les *bourgeons* sont de légers renflements qui paraissent à l'extrémité de la tige et à l'aisselle de chaque feuille. Les uns se développent en *rameaux* et en *feuilles*; les autres, plus gros et arrondis, s'épanouissent en *fleurs*.

8. Les feuilles sont des organes de respiration et de nutrition. — En général, elles sont vertes et se composent de deux parties : 1° d'une lame mince et large appelée *limbe*, traversée par un réseau de nervures. Ce réseau apporte aux feuilles la sève brute absorbée par la racine et ramène à la tige la *sève élaborée*, ou aliment fabriqué par la feuille; 2° d'une partie plus ou moins allongée, le *pétiole*, par où la feuille s'attache à la tige.

La feuille *simple* (*fig.* 248) n'a qu'un limbe (feuille du lilas, du chêne). La feuille *composée* (*fig.* 249) a plusieurs limbes portés par un pétiole commun (feuille du faux acacia, de la ronce, du marronnier). Les feuilles *alternes* (*fig.* 250) sont disposées une par une alternativement de chaque côté de la tige; les feuilles *opposées* (*fig.* 251) sont attachées deux à deux sur la tige à la même hauteur; les feuilles *verticillées* (*fig.* 252) sont disposées en plus grand nombre, autour de la tige, à la même hauteur.

9. Les feuilles respirent nuit et jour. — Comme les animaux, les plantes *absorbent*, par leurs feuilles, l'oxygène de l'air et cela d'une façon continue. En même temps elles *rejettent* du gaz carbonique. — On peut éprouver un malaise

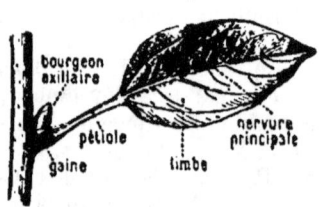
Fig. 248. — Feuille simple.

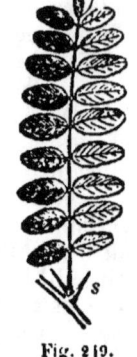
Fig. 249. Feuille composée : *s*, stipule.

lorsqu'on laisse, la nuit, des plantes dans la chambre où l'on couche. Le jour, ce danger n'existe pas, car à ce moment les plantes absorbent plus de gaz carbonique qu'elles n'en produisent par la respiration.

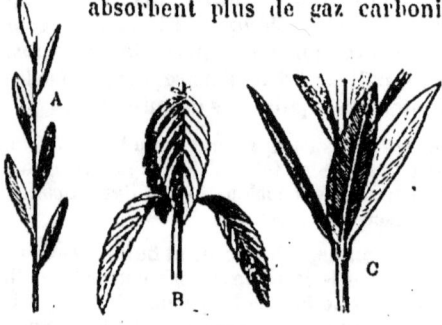
Fig. 250 à 252. — Disposition des feuilles sur la tige : A, feuilles alternes (lin) : B, feuilles opposées (menthe); C, feuilles verticillées (laurier-rose).

10. Le jour, les feuilles nourrissent les plantes avec le carbone de l'air. — Sous l'influence de la lumière solaire, la matière verte des feuilles, appelée *chlorophylle*, absorbe le gaz carbonique de l'air qui fournit le *carbone* et rejette de *l'oxygène;* le carbone du gaz carbonique est transformé en matière nutritive. En résumé, les plantes assainissent l'atmosphère; c'est grâce à elles que l'air des champs est plus pur que celui de la ville.

11. Les feuilles transpirent. — Elles *rejettent* dans l'atmosphère, à l'état de vapeur, une partie de l'eau de la sève brute. Cette sueur sort par d'innombrables ouvertures dilatables ou *stomates* dont les feuilles sont percées, surtout sur la face inférieure. Cette évaporation est considérable. On a calculé qu'un champ de maïs d'un hectare peut faire évaporer jusqu'à 30 000 kilogrammes d'eau par jour. En été, lorsque la transpiration est trop active, la plante se fane. On lui restitue par l'arrosage l'eau qu'elle a perdue.

12. La sève est le sang de la plante. — La racine puise dans le sol les sels dissous dans l'eau qui lui donnent l'azote, le phosphore, la potasse, etc. dont la plante a besoin. La sève brute monte alors par le jeune bois de la tige et des branches jusque dans les feuilles où elle arrive dans la partie verte du limbe. Là, les feuilles débarrassent la sève de son excès d'eau et la transforment en *sève élaborée*. Elle descend ensuite lentement par les tubes très fins de la partie interne de l'écorce et se répand partout où elle a besoin d'être utilisée pour constituer les tissus d'accroissement du végétal.

RÉSUMÉ

Dans une plante on distingue la *racine*, la *tige* et les *feuilles*.

La racine fixe la plante au sol et y puise sa nourriture par les *poils absorbants*.

La tige porte les feuilles et les fleurs; elle est *herbacée* ou *ligneuse*. Dans une tige ligneuse on distingue l'*écorce*, le *bois* et la *moelle*.

A la base de chaque feuille, des *bourgeons* donnent naissance à des rameaux couverts de feuilles ou à des fleurs.

Les **feuilles** sont des organes de *transpiration*, de *respiration* et de *nutrition* de la plante. Par la respiration, nuit et jour, elles absorbent de l'oxygène et rejettent du gaz carbonique. Le jour seulement, mais très activement, leur matière verte appelée *chlorophylle* décompose le gaz carbonique de l'air en carbone qui est absorbé et en oxygène qui est rejeté.

La sève monte des racines jusque dans les feuilles; là, elle se transforme, puis redescend dans toutes les parties de la plante.

EXERCICES

QUESTIONS D'INTELLIGENCE. — *1. Lorqu'on piétine continuellement autour d'une plante, que devient-elle? pourquoi? — 2. Pourquoi doit-on laver, de temps en temps, les feuilles des plantes d'appartement? — 3. A la fin d'une journée très chaude, les plantes semblent fanées, mais le lendemain matin elles ont repris une nouvelle vigueur; pourquoi? — 4. Les chenilles ayant mangé les feuilles d'un pommier, les fruits ne se sont pas développés; pourquoi? — 5. Qu'arriverait-il à un arbre si on lui enlevait une couronne d'écorce?*

DEVOIRS. — *I. Dans quel sens poussent la racine et la tige? Décrivez le rôle de l'une et de l'autre. — II. Quel est le rôle des feuilles dans un végétal?*

34ᵉ LEÇON. — LA FLEUR, LE FRUIT ET LA GRAINE.

SOMMAIRE. — Composition de la fleur : calice, corolle, étamines et pistil. — Le pollen et les ovules. — Le fruit. — La graine.

1. La fleur est un organe de reproduction. — Dans la plupart des végétaux, certains *bourgeons* s'épanouissent en **fleurs**, et la fleur

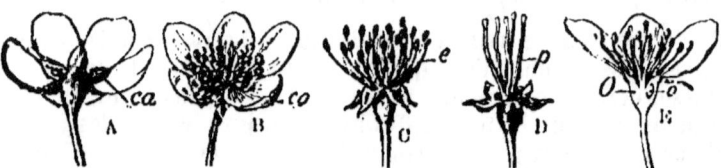

Fig. 253 à 257. — Détails de la fleur : A, calice *ca*; B, corolle *co*; C, étamine *e*; D, pistil *p*; E, ovaire O, ovule *o*.

se transforme en un **fruit** qui contient une ou plusieurs *graines*. Celles-ci peuvent germer, se développer et donner naissance à de nouvelles plantes.

La fleur se compose de feuilles modifiées qui forment le *calice*, la *corolle*, les *étamines* et le *pistil* (*fig.* 253 à 257).

1° Le **calice** est l'enveloppe extérieure de la fleur; il est formé de petites feuilles ordinairement vertes, les *sépales*, soudés entre eux ou séparés.

2° La **corolle**, seconde enveloppe de la fleur, est formée de feuilles à coloration *brillante*, les *pétales*, également soudés entre eux ou séparés.

3° Les **étamines** (*fig.* 263) sont l'organe mâle de la fleur. Elles sont placées à l'intérieur de la corolle. Une étamine est formée d'un *filet* terminé en haut par un renflement appelé *anthère*. L'anthère contient une poussière jaune, très fine, le *pollen*.

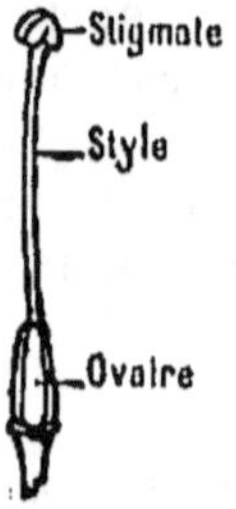

4° Le **pistil** (*fig.* 258 et 259) est l'organe femelle de la fleur. Il en occupe le centre. Il comprend une partie renflée, l'*ovaire*, surmontée d'un ou de plusieurs tubes très minces appelés *styles*, terminés eux-mêmes par le *stigmate*, dont la surface est enduite d'un liquide *visqueux*. L'ovaire renferme les *ovules*, petits corps arrondis, qui deviendront plus tard des *graines*.

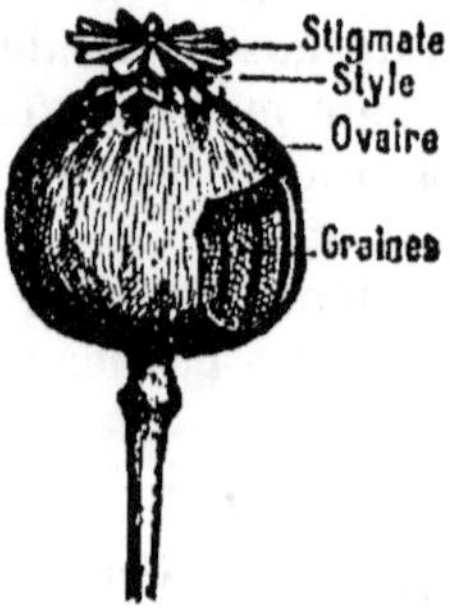

Fig. 258. Pistil du lin.
Fig. 259. — Pistil du pavot.

Le plus souvent l'ovaire est libre, au milieu de la fleur. (*fig.* 260); parfois il est soudé avec les autres parties de la fleur (*fig.* 261).

Les étamines et le pistil sont les parties *essentielles* de la fleur, celles qui sont nécessaires pour la production des graines. Le calice et la corolle ne sont que les enveloppes *protectrices* des autres organes et n'existent même pas dans certaines fleurs.

2. Les fleurs incomplètes. — Certaines fleurs (*fleurs femelles*) n'ont pas d'étamines, d'autres (*fleurs mâles*) n'ont pas de pistil : ce sont des fleurs *incomplètes* (*fig.* 262).

Tantôt il y a à la fois, sur un même pied, des fleurs sans pistil et des fleurs

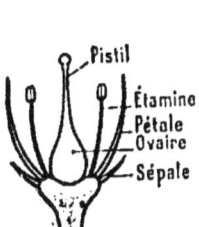

Fig. 260. — Coupe d'une fleur à ovaire libre.

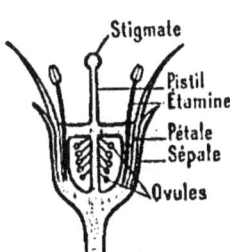

Fig. 261. — Coupe d'une fleur à ovaire adhérent.

Fig. 262. — Fleurs incomplètes du noisetier : *a*, fleurs mâles; *b*, fleur femelle.

sans étamines (noisetier [*fig.* 262], chêne, maïs). Tantôt les deux espèces de fleurs sont portées par des pieds différents (chanvre [Voir 43ᵉ leçon], houblon, peuplier).

3. Les plantes se reproduisent par le pollen et les ovules. — Dans la fleur épanouie, les anthères arrivées à maturité s'ouvrent pour laisser échapper le *pollen* (*fig.* 263). Ce pollen tombe sur le *stigmate* du pistil, pénètre dans le *style* et parvient dans l'ovaire jusqu'aux *ovules*. A partir de ce moment, ceux-ci grossissent et se transforment en *graines*, tandis que l'ovaire devient le *fruit*. Les autres parties de la fleur, alors inutiles, se dessèchent et tombent.

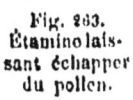

Fig. 263. Étamine laissant échapper du pollen.

Le pollen des fleurs mâles est transporté, parfois très loin, sur le stigmate des fleurs femelles par le vent, les insectes, etc. Lorsque, pour une cause ou pour une autre, le pollen n'arrive pas sur le stigmate des fleurs, celles-ci ne produisent pas de fruits. L'homme transporte parfois le pollen d'une fleur sur le stigmate d'une fleur d'une autre espèce, pour obtenir, par le croisement, des variétés nouvelles (chrysanthèmes).

Lorsqu'au moment de la floraison la pluie tombe longtemps, elle lave les stigmates et entraîne le pollen ; on dit que les fleurs *coulent*, et la récolte est peu abondante (ex. : le blé, la vigne).

4. Fruits charnus et fruits secs. — Le *fruit* est l'enveloppe des graines. La paroi extérieure du fruit s'appelle *péricarpe*.

La forme du fruit varie selon la forme de l'ovaire. Lorsque le péricarpe se gonfle et devient *succulent*, on dit que le fruit est *charnu* (*fig.* 264, 265) [pomme, pêche]. Lorsque, au contraire, il se dessèche à la maturité, on dit que le fruit est *sec* (*fig.* 266, 267) [pois, noisette).

Parmi les fruits charnus on distingue les fruits à *noyau*, qui ne renferment qu'une graine (cerise, prune, pêche), et les fruits à *pépins* (*fig.* 264), qui en renferment plusieurs (raisin, pomme). — Voir *planche* VI, p. 208.

Parmi les fruits **secs**, on peut mentionner la *gousse* (*fig.* 266, 1), qui ne contient

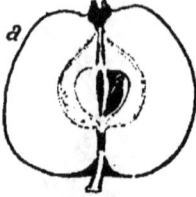

Fig. 264. — Coupe d'un fruit charnu à pépins (pomme) : *a*, péricarpe.

Fig. 265. — Coupe d'un fruit charnu à noyau (pêche) : *a*, péricarpe.

Fig. 266 et 267. — Fruits secs : 1, gousse de pois ouverte ; 2, silique de giroflée.

qu'une seule rangée de graines (pois) ; la *silique* (*fig.* 267), qui présente deux rangées de graines (giroflée) ; la *capsule* (*fig.* 259), divisée en plusieurs loges et qui contient un grand nombre de graines (pavot).

Dans les fruits secs, nous mangeons les graines, et dans les fruits charnus, le péricarpe, sauf dans la noix où nous mangeons les graines.

Les fruits peuvent aussi se grouper, comme les fleurs d'ailleurs, en *grappe simple* (groseilles [Voir *planche* VI, p. 208]), ou en *grappe composée* (raisin [*id.*]) ; en *épi simple* (plantain), ou en *épi composé* (blé, etc.).

5. La graine est pour ainsi dire l'œuf de la plante. — Destinée à reproduire un végétal de même es-

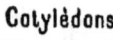

Fig. 268. Graine ouverte de haricot.

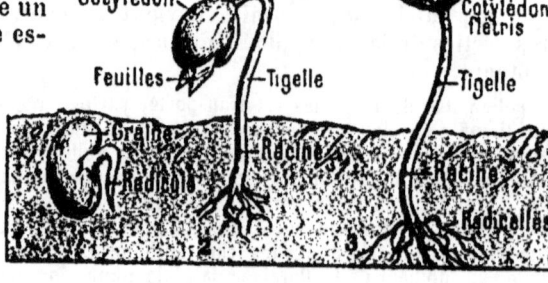

Fig. 269 à 271. Haricot germant : 1, première phase ; 2, deuxième phase ; 3, troisième phase.

pèce que celui dont elle provient, elle est formée d'une enveloppe ou *tégument* et d'une partie *charnue*, l'*amande*, qui contient une plante en miniature, la *plantule*.

Si on enlève l'enveloppe d'un haricot qui a séjourné pendant trente-six heures sur de la ouate humide, on voit deux masses charnues appelées *cotylédons* (*fig.* 268). En écartant avec soin les cotylédons on aperçoit, au bout pointu de la graine, le *germe* du haricot ; c'est une plante en miniature, qui porte d'un côté une radicule et de l'autre une tigelle. Certaines graines, comme celles des graminées, de l'oignon, du palmier, etc. n'ont qu'un seul *cotylédon*.

6. Germination. — Mise en terre, la graine se ramollit et gonfle, et son enveloppe se fend. Le germe se développe (*fig.* 269 à 271) alors aux dépens des cotylédons, feuilles épaissies et bourrées d'aliments qui doivent nourrir la jeune plante jusqu'à ce que sa racine et ses feuilles puissent la faire vivre.

Pour que le germe de la graine puisse se développer, il lui faut de l'*humidité*, de l'*air* et une *température convenable*.

7. Durée de la vie des plantes. — Un grand nombre de plantes ne fleurissent qu'une seule fois. — Les unes ne vivent qu'une année : ce sont les **plantes annuelles** (blé, haricot) ; — les autres ne fleurissent que la seconde année et meurent : ce sont les **plantes bisannuelles** (carottes, betteraves) ; — les **plantes vivaces** vivent plus longtemps et fleurissent chaque année (arbres, arbustes, etc.).

RÉSUMÉ

La **fleur** est l'organe de reproduction des plantes. Née de l'épanouissement d'un bourgeon, elle se transforme en un **fruit** qui contient une ou plusieurs **graines**.

La **fleur** comprend un *calice*, une *corolle*, des *étamines* et un *pistil*. — Les étamines et le pistil sont les parties essentielles de la fleur ; ils sont protégés par le calice et la corolle. Une **étamine** est formée d'un *filet* et de l'*anthère* qui contient le *pollen*. — Le pistil comprend l'*ovaire* et un ou plusieurs *styles* terminés par un *stigmate*. L'ovaire contient les *ovules*. Lorsque le pollen tombe sur un stigmate, il pénètre jusqu'aux ovules ; ceux-ci deviennent les *graines* pendant que l'ovaire se transforme en fruit.

La **graine** reproduit le végétal. — Mise en terre elle se ramollit et gonfle, son enveloppe se déchire et le germe se développe.

Les **plantes annuelles** vivent un an, les **plantes bisannuelles** deux ans, les **plantes vivaces** plus de deux ans.

EXERCICES

QUESTIONS D'INTELLIGENCE. — *1. En voltigeant de fleur en fleur, comment les abeilles peuvent-elles augmenter la production fruitière ? — 2. Quelles sont les parties essentielles d'une pomme ? — 3. Un marron mis en terre a germé et on voit déjà la jeune tige ; quels changements y a-t-il dans le marron ? — 4. Des haricots placés dans la terre en décembre germeraient-ils ?*

DEVOIRS. — *I. Nommez les différentes parties d'une fleur complète en indiquant leur rôle. — II. Décrivez une graine de haricot (ou une autre graine à votre choix) et dites à quelles conditions elle germe et se développe.*

35ᵉ LEÇON. — CLASSIFICATION DES VÉGÉTAUX.

SOMMAIRE. — Principales familles des végétaux.

1. Pour étudier les végétaux on les a classés. — On a tenu compte pour cela des caractères communs de leurs graines et surtout de leurs fleurs. On a d'abord distingué deux **embranchements** : les *plantes à fleurs* et les *plantes sans fleurs*.

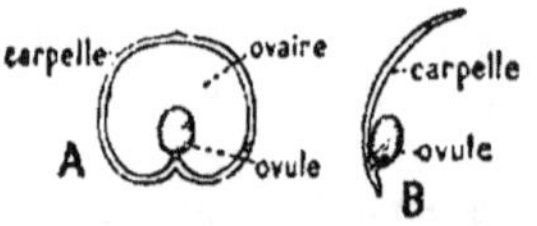

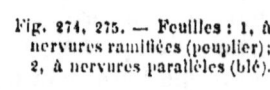

Fig. 272, 273. — Plantes à fleurs : A, à ovule clos; B, à ovule nu.

2. Plantes à fleurs. — Toutes ont les ovules enfermés dans un ovaire (*fig.* 272), sauf les *conifères* (Voir p. 156) dont les ovules sont posés à nu à la base de feuilles écailleuses (*fig.* 273).

Les plantes à fleurs forment deux **classes** : dans l'une les graines ont *deux cotylédons* et les nervures des feuilles sont ramifiées (*fig.* 274); dans l'autre elles n'ont qu'*un seul cotylédon* et les nervures des feuilles sont parallèles (*fig.* 275). Toutes deux se divisent en **familles**.

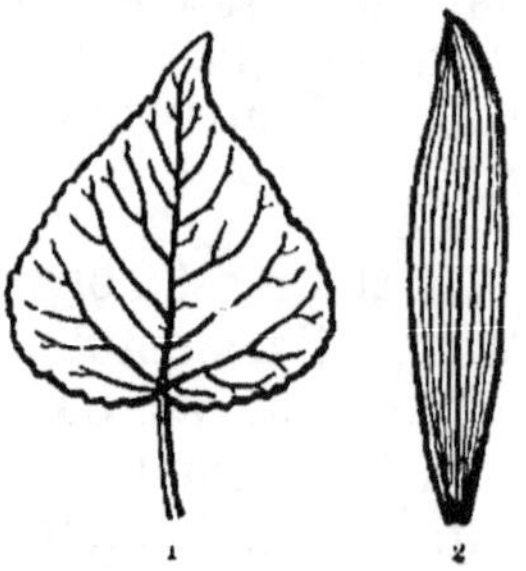

1° PLANTES A DEUX COTYLÉDONS

3. Plantes dont les fleurs ont les pétales distincts. On peut y ranger les sept dixièmes des végétaux connus. — **Principales familles :**
Rosacées. — Fleur à 5 pétales séparés, nombreuses étamines. Ronce (Voir 45ᵉ leçon), fraisier, aubépine et la plupart de nos arbres fruitiers.

Fig. 274, 275. — Feuilles : 1, à nervures ramifiées (peuplier); 2, à nervures parallèles (blé).

Légumineuses. — Fleur à 5 pétales séparés et inégaux, dont deux disposés en ailes de *papillon*. Le fruit est une *gousse*. Pois (*fig.* 276), haricot, lentille, trèfle, luzerne, sainfoin, acacia, genêt d'Espagne, etc.
Crucifères. — Fleur à 4 pétales séparés et disposés en *croix*. Le fruit est une silique. Colza, chou, navet, moutarde, giroflée (*fig.* 106), cresson, etc.
Ombellifères. — 5 pétales séparés. Fleurs groupées en forme d'*ombelle*, c'est-à-dire comme l'armature d'un parapluie. Carotte (*fig.* 277), persil, etc.

Fig. 276. — Pois comestible (légumineuse) : *a*, fleur.

4. Plantes dont les fleurs ont les pétales soudés.

Solanées. — Fleur à 5 pétales soudés, 5 étamines soudées en partie à la corolle par leur filet. Pomme de terre (Voir 41ᵉ leçon), tomate, piment, belladone, tabac, etc.

CHAMPIGNONS : 1, COMESTIBLES ; — 2, VÉNÉNEUX

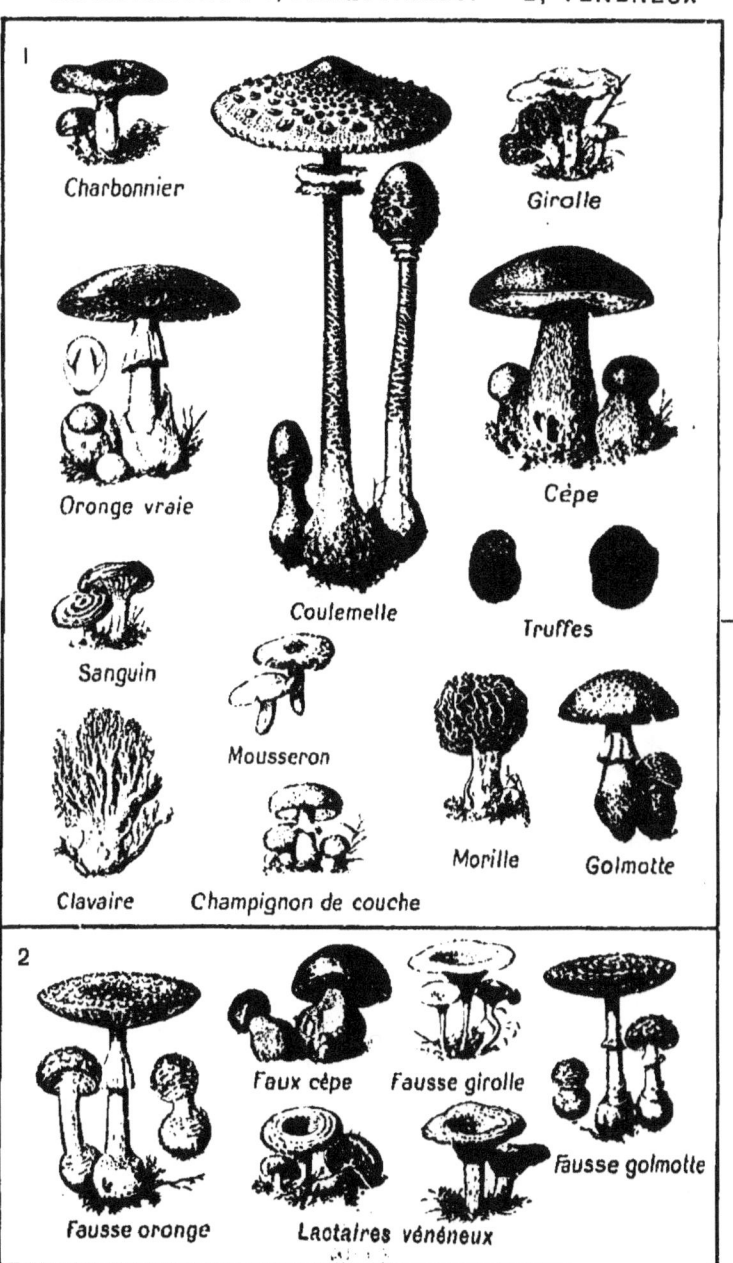

Pl. III — SCIENCES PHYSIQUES ET NATURELLES

Labiées. — Fleur à 5 pétales soudés et séparés en deux *lèvres*, tige carrée. Sauge, menthe, thym, lavande, mélisse, lamier blanc (*fig.* 278), etc.

Composées. — Petites fleurs, à pétales soudés en forme de tubes, rassem-

Fig. 277. — Carotte sauvage (ombellifère).

Fig. 278. — Lamier blanc (labiée).

Fig. 279. — Grande marguerite : *a*, fleur du bord ; *b*, fleur du centre (composée).

Fig. 280. — Rameau de chêne (amentacée) : *a*, fleur mâle ; *b*, fleur femelle ; *c*, rameau fleuri.

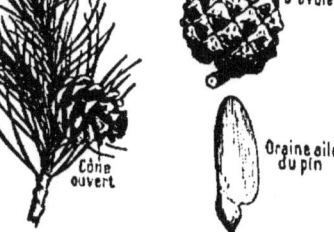

Fig. 281 à 283. — Rameau de pin (conifère) : fruit et graine.

blées au sommet d'un axe commun ; elles forment une seule tête, appelée *capitule*. Bluet, chardon (Voir *planche* IV, p. 192). — Parfois, il y a des *fleurons* en tubes au centre et des *demi-fleurons* en languette à l'extérieur. Marguerite (*fig.* 279), pâquerette, soleil, etc. — Parfois enfin toutes les fleurs sont en languette. Pissenlit, chicorée.

5. Plantes dont les fleurs n'ont pas de pétales.

Amentacées. — Fleurs mâles en chatons, et fleurs femelles sur la même plante. Chêne (*fig.* 280), noisetier (*fig.* 262), charme, orme, peuplier, noyer, etc.

Conifères. — Fleurs mâles en chatons, fleurs femelles en cône (*fig.* 281 à 283); ovules non enfermés dans un ovaire. Pin, sapin, mélèze, cèdre, if, thuya, genévrier, etc.

2° PLANTES A UN SEUL COTYLÉDON

6. Citons les principales familles :

Graminées. — Fleurs réunies en *épis* composés ou en *grappes.* Blé (Voir 40° leçon), orge, avoine, canne à sucre et plantes fourragères des prairies naturelles.

Liliacées. — La plupart *bulbeuses.* Calice et corolle de même couleur. Jacinthe (*fig.* 284), lis, muguet, ail, oignon, échalote, poireau, asperge, etc.

7. Plantes sans fleurs. — Ces végétaux se reproduisent au moyen de *spores,* petits grains de matière végétale. Au contact du sol humide les spores s'allongent en filaments qui portent de nouveaux appareils à spores.

Fougères et prêles. — Plantes à racine, à tige souterraine et à feuilles (*fig.* 285). Elles ont encore des vaisseaux qui conduisent la sève dans la plante.

Mousses. — Plantes à tige et à feuilles, mais dépourvues de racines (*fig.* 286). Elles sont simplement fixées au sol par des poils absorbants.

Algues. — Elles se développent dans les eaux stagnantes et sur les rochers de la mer. C'est une simple matière végétale où l'on ne distingue ni racine, ni tige, ni feuilles, mais qui a de la chlorophylle.

Fig. 284. — Jacinthe des bois (liliacée).

Champignons. — Les plus simples des végétaux, n'ayant ni racine, ni tige, ni feuilles, pas même de matière verte (*fig.* 287). Ils vivent en parasites sur les plantes et sur des matières en décomposition. Quelques-uns sont bons à manger (voir planche III, p. 154), d'autres sont très vénéneux.

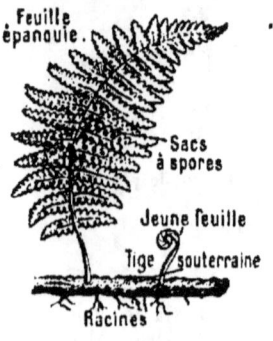

Fig. 285.
Rameau de fougère.

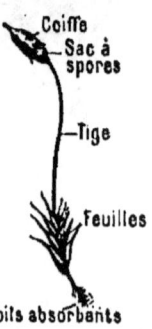

Fig. 286.
Mousse des sables.

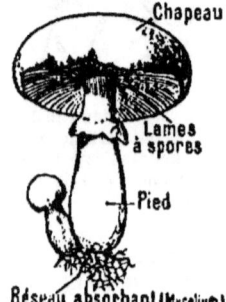

Fig. 287. — Champignon de couche (agaric).

RÉSUMÉ ET EXERCICES

PLANTES À FLEURS.	Graine à deux cotylédons.	Pétales distincts.	**Rosacées**........ (5 pétales séparés, étamines nombreuses).	rosier, ronce, pommier.
			Légumineuses..... (5 pétales séparés, corolle en papillon).	pois, haricot, trèfle, acacia.
			Crucifères........ (4 pétales en croix).	colza, giroflée.
			Ombellifères..... (Fleurs en ombelles; 5 pétales séparés).	carotte, persil.
		Pétales soudés au moins à la base.	**Solanées**......... (5 étamines; 5 pétales soudés).	pomme de terre, tomate, tabac.
			Labiées.......... (Tige carrée; 5 pétales soudés en 2 lèvres).	ortie blanche, lavande, thym.
			Composées........ (Fleurs réunies en un capitule).	bluet, marguerite, pissenlit.
		Sans pétales.	**Amentacées**....... (Fleurs mâles, en chaton, et fleurs femelles sur la même plante).	chêne, orme, noyer, noisetier.
			Conifères......... Fleurs mâles en chaton, fleurs femelles en cône).	pin, sapin, if, thuya.
	Graine à un seul cotylédon.	Fleurs réunies en épis.	**Graminées**........ (Feuilles engainantes).	blé, avoine.
		Plantes bulbeuses.	**Liliacées**.........	jacinthe, lis.
PLANTES SANS FLEURS.	Racine, tige en rhizome et feuilles............			**Fougères et Prêles.**
	Tige et feuilles......................			**Mousses.**
	Ni racine, ni tige, ni feuilles (simple matière végétale)..........	(Avec chlorophylle)..		**Algues.**
		(Sans chlorophylle)..		**Champignons.**

QUESTIONS D'INTELLIGENCE. — 1. *Après avoir enlevé les sépales, les pétales et les étamines d'une fleur de fraisier ou de ronce, que reste-t-il? — 2. Si on enlève toutes les fleurs à pistil d'un noyer, cet arbre aura-t-il des noix? et si on enlevait seulement les fleurs à étamines? — 3. Observez et décrivez une fleur de pomme de terre. — 4. Citez quelques plantes de la famille des composées, et dites leur usage.*

36ᵉ LEÇON. — REPRODUCTION DES VÉGÉTAUX.

SOMMAIRE. — Semis : en lignes et à la volée. — Greffage. — Marcottage. — Bouturage.

1. Les semis. — Les végétaux se reproduisent en général par *semis*, une graine semée donnant naissance à une nouvelle plante.

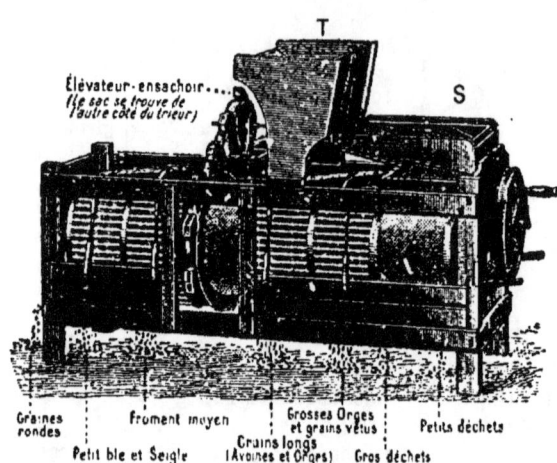

Fig. 288. — Trieur : Les graines versées dans la trémie T passent sur le secoueur S et tombent dans le cylindre dont les sections, composés de cribles, laissent échapper les graines suivant leur grosseur et leur nature.

Mais, pour qu'un semis réussisse bien, il faut placer de bonnes graines dans une terre bien préparée et à une époque convenable.

Le cultivateur ne doit semer que des graines de la dernière récolte, choisies parmi les plus grosses et les plus lourdes, afin qu'elles soient capables de nourrir le jeune végétal pendant la germination. Pour faire ce choix, il se sert d'un *trieur* (*fig.* 288).

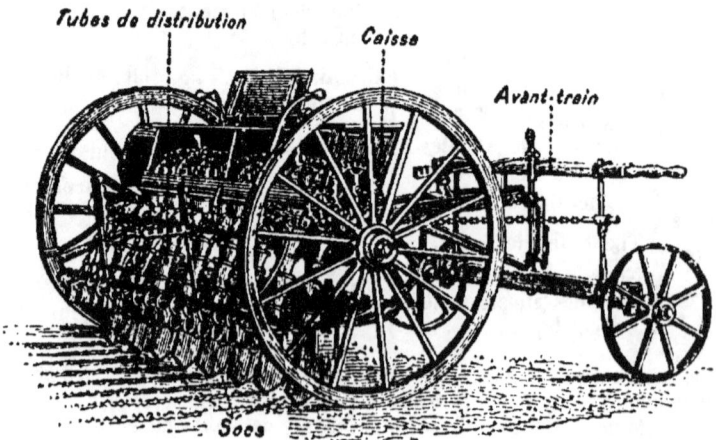

Fig. 289. — Semoir mécanique : La semence, mise dans la caisse, tombe par les tuyaux de distribution dans les sillons tracés par les socs.

2. Les semis à la volée et en lignes. — Les semis à la *volée* ne peuvent être exécutés que par un temps calme. Ils demandent beaucoup d'habileté de la part du semeur qui, marchant d'un pas régulier, lance les graines devant lui, en les répartissant aussi uniformément que possible. Il les enterre ensuite à l'aide de la herse (Voir 39ᵉ leçon).

Les semis en *lignes* sont préférables, car les graines sont distribuées régulièrement et on économise près d'un tiers de la semence; de plus les jeunes plantes sont facilement débarrassées des mauvaises herbes, et l'air et la lumière arrivent mieux jusqu'à elles. Les semis en lignes se font à l'aide du *semoir* (*fig.* 289).

3. Les végétaux améliorés par l'homme tendent à retourner à l'état sauvage. — Ainsi les bonnes espèces d'arbres fruitiers ne se reproduisent pas fidèlement par un simple semis, ils *dégénèrent*. Lorsqu'on sème, par exemple, les pépins d'une poire de bonne qualité, on obtient des arbres appelés *sujets francs* ou *sauvageons*, dont les fruits sont de qualité très inférieure. Il en est de même de la vigne. Mais la greffe permet de leur en faire produire d'excellents. Aussi l'on multiplie par la greffe les arbres fruitiers, les arbustes d'ornement comme le rosier, la vigne, etc.

4. Le Greffage. — Le greffage consiste à transporter un rameau, appelé *greffe* ou *greffon*, ou simplement un *bourgeon*, du végétal dont on veut conserver ou propager l'espèce sur un autre végétal appelé *sujet*, aux dépens duquel il se nourrira.

Pour que l'opération réussisse, il faut : 1° que le greffon appartienne à une plante de la même espèce que le sujet ou à une espèce à peu près semblable; 2° que l'opération se fasse au moment où la sève va entrer en circulation; 3° que les écorces du greffon et du sujet coïncident dans le plus grand nombre possible de leurs points, afin que la sève passe facilement du sujet dans la greffe.

Une plante greffée donne des fruits de même qualité que ceux de l'arbre sur lequel on a pris le greffon.

Les principaux modes de greffage sont : la *greffe par approche*, la *greffe par scions* ou *greffe en fente* et la *greffe par bourgeons* ou *greffe en écusson*.

5. Greffe par approche. — Dans la greffe par approche, peu employée d'ailleurs, on fait souder deux branches non séparées de leur tronc. On approche les deux rameaux après avoir enlevé sur chacun d'eux, sur une même longueur, un peu d'écorce et d'aubier, puis on ligature fortement et on couvre d'un certain mastic. L'année suivante, on coupe le greffon au-dessous du point de contact.

6. Greffe en fente. — Dans la greffe en fente (*fig.* 290, 291), on coupe la tige du sujet, puis on fend légèrement la partie restée en terre. Dans cette fente on introduit le *greffon* taillé en biseau, en faisant coïncider les écorces, puis on ligature le tout et on recouvre la plaie de *mastic à greffer*.

Lorsque l'arbre à greffer est un peu gros, on scie le tronc, puis on introduit, entre le bois et l'écorce, plusieurs greffons taillés en biseau aplati : c'est la greffe en *couronne* (*fig.* 292, 293).

Pour greffer la vigne, on emploie surtout la *greffe en fente anglaise* (*fig.* 294 à 296). On taille en biseau le sujet et le greffon, puis on les fend légèrement

 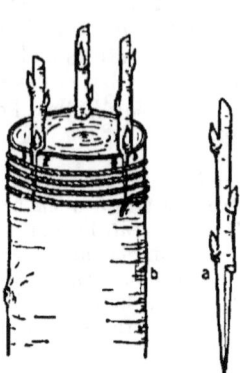 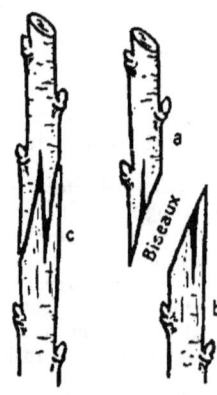

Fig. 290, 291. — Greffe en fente ordinaire : *a*, greffon.

Fig. 292, 293. Greffe en couronne : *a*, greffon ; *b*, sujet.

Fig. 294 à 296. — Greffe en fente anglaise : *a*, greffon ; *b*, sujet ; *c*, greffe en place.

entre l'écorce et la moelle. On fait alors entrer les deux biseaux l'un dans l'autre et on ligature fortement. Dans ce genre de greffe, le sujet et le greffon doivent être sensiblement de même grosseur.

7. Greffe en écusson. — Pour greffer en écusson (*fig.* 297 à 299), on introduit une petite plaque d'écorce portant un bourgeon dans une incision faite sur le sujet.

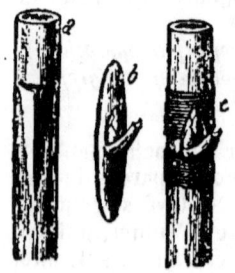

La plaque d'écorce appelée *écusson* est détachée d'un rameau de l'année précédente, en ayant soin de conserver un peu d'aubier, afin de protéger le germe du bourgeon. L'incision faite sur le sujet a la forme d'un T. Avec un petit coin de bois dur, on soulève l'écorce, puis on introduit l'écusson. On ligature alors fortement avec de la laine, en évitant de cacher le bourgeon.

On écussonne les arbres à noyau et les rosiers.

Fig. 297 à 299. — Greffe en écusson : *a*, sujet préparé ; *b*, écusson ; *c*, greffe terminée.

8. Marcottage. — Le marcottage (*fig.* 300) ou couchage consiste à *coucher dans la terre* le rameau d'un végétal, en ne laissant reparaître que l'extrémité. Dans la partie enterrée il se produit des *racines adventives*. L'année suivante, ces racines étant suffisamment développées, on coupe le rameau du côté de la tige ; on a une nouvelle plante.

Lorsqu'il est impossible d'incliner le rameau jusqu'au sol, on l'entoure avec un pot à fleurs rempli de terre (marcottage en l'air).

9. Bouturage. — Le bouturage (*fig.* 301, 302) consiste à *détacher* d'un végétal un rameau ou *bouture* et à l'enfoncer dans la terre humide. Des racines adventives ne tardent pas à se développer et on a ainsi une plante nouvelle. — Le bouturage ne réussit pas avec toutes les plantes; il convient surtout à la vigne, aux peupliers, aux groseilliers, aux rosiers, aux géraniums, aux chrysanthèmes, etc.

Par le marcottage et le bouturage, on obtient des végétaux ayant les mêmes qualités que la plante mère.

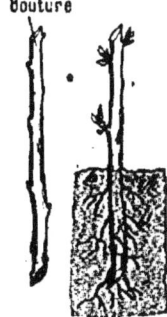

Fig. 300. Marcotte.

Fig. 301, 302. Bouture.

RÉSUMÉ

Les **végétaux** se reproduisent par *semis* et se multiplient par *greffage*, *marcottage* et *bouturage*.

Les **semis** se font à la *volée* ou en *lignes*. Pour qu'ils réussissent bien, ils doivent être faits à une époque convenable, avec des graines de choix, dans une terre bien préparée.

Le **greffage** consiste à fixer un rameau taillé, appelé *greffe*, ou un *bourgeon*, appelé *écusson*, sur un autre végétal appelé *sujet*.

On greffe en *fente*, en *écusson* ou par *approche*.

Pour la vigne on emploie surtout la greffe en *fente anglaise*.

Le **marcottage** consiste à coucher dans la terre un rameau en ne laissant reparaître que l'extrémité. On le détache de la tige mère lorsqu'il a des racines suffisamment développées.

Le **bouturage** consiste à planter en terre un rameau capable de produire des racines.

EXERCICES

QUESTIONS D'INTELLIGENCE. — 1. *Pourquoi les semis réussissent-ils moins bien sous les arbres qu'autre part? — 2. Un grain de blé placé à 20 centimètres de profondeur germe-t-il bien? pourquoi? — 3. Pourrait-on greffer un pommier sur un poirier? Sur un même poirier, pourrait-on récolter deux espèces de poires? — 4. Au-dessous de la greffe, doit-on laisser les branches du sujet? — 5. Les végétaux obtenus par le marcottage ou le bouturage donnent-ils de meilleurs fruits?*

DEVOIRS. — *I Qu'est-ce que greffer un arbre? Pourquoi pratique-t-on la greffe? Combien connaissez-vous de sortes de greffes? — II. Reproduction et multiplication des végétaux: semis, bouturage, marcottage, greffage.*

LECTURES

I. — Les microbes de l'eau.

Les microbes sont des sortes d'*algues microscopiques* dont le plus grand diamètre ne dépasse pas deux millièmes de millimètre. Si la plupart sont inoffensifs, plusieurs engendrent les maladies contagieuses les plus graves lorsqu'ils rencontrent un sujet affaibli. Or, on peut admettre en principe que toutes les eaux renferment des microbes, à l'exception de certaines sources d'origine profonde.

Cette pureté des sources est due à l'*action filtrante du sol* ; plus la nappe d'eau souterraine est située loin de la surface, plus les eaux de pluie qui l'alimentent y arrivent débarrassées de leurs germes. Mais on comprend que tous les terrains ne peuvent faire office de filtre. Leur perméabilité plus ou moins grande, la présence de fissures, la nature du sol, sont autant de facteurs qui viennent s'opposer à une filtration parfaite ; mais l'**eau de source** n'en reste pas moins l'**eau hygiénique par excellence**.

Sans doute l'**eau de pluie**, en théorie, lui serait encore préférable. Mais la pluie, en tombant, entraîne les germes de l'air. Ils sont peu nombreux, il est vrai, mais ils se développeront avec une rapidité d'autant plus grande que l'eau sera plus pure, et qu'elle restera en repos dans la citerne.

L'*eau de source*, arrivée à la surface de la terre, se peuple bientôt des bactéries de l'air et perd rapidement sa pureté initiale, d'autant plus que les pluies viennent grossir son débit, entraînant fatalement avec elles les *bactéries* (microbes en bâtonnets) [*fig.* 303 à 305] de la surface du sol ; plus tard, quand cette source est devenue rivière ou fleuve, les causes de contamination ne lui manquent pas. Les résidus de l'industrie, les déchets de l'alimentation de l'homme et des animaux viennent lui apporter leur tribut de matières organiques et de germes vivants.

Quant aux **puits**, ils sont d'autant moins riches en bactéries qu'ils sont plus profonds, à cause du rôle de filtre que jouent les diverses couches du sol ; mais il faut tenir compte du voisinage des habitations à cause des dangers d'infiltration des eaux ménagères, des fosses d'aisances, ou encore des jus de fumier à la campagne.

C'est en hiver que l'eau renferme le plus de microbes. Ce fait paraît étonnant à première vue, et il semblerait que la haute température de l'été dût favoriser le développement des germes ; mais il ne faut pas oublier que l'hiver est la saison pluvieuse et que ce sont les pluies qui entraînent les microbes du sol dans les eaux.

Par contre, plus la saison est sèche, moins l'eau renferme de bactéries. C'est ainsi qu'en comparant deux mois d'une année dont la sécheresse a été exceptionnelle, nous trouvons :

ANNÉE 1893	Mars.	Avril.
Pluie (en millimètres)	11	1
Eau de la Vanne (microbes par centimètre cube)	1 240	675
Eau de la Dhuis	2 450	150

On y trouve, entre autres, le *bacille* (bactéries groupées) de la tuberculose (*fig.* 304) et de la fièvre typhoïde (*fig.* 305).

Dans l'eau des **égouts** de Paris, le nombre des microbes atteint un chiffre fantastique. Au mois d'avril de cette année, Miquel en a compté *63 millions* par centimètre cube !

Heureusement cette masse énorme de germes n'est pas versée entièrement dans la Seine. La plus grande partie des eaux d'égout

Fig. 303.
Colibacille (choléra).

Fig. 304.
Bacilles
de Koch
(tuberculose).

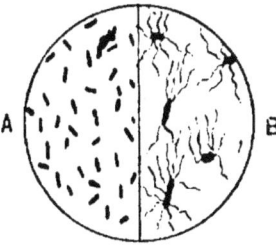

Fig. 305. — A, bacilles de la fièvre typhoïde ; B, les mêmes très grossis.

sont dirigées vers la presqu'île de Gennevilliers et la plaine d'Achères, où elles subissent une véritable filtration à travers le sol ; après quoi, recueillies par des drains, elles sont ramenées au fleuve.

Cette eau, pendant son passage à travers la terre arable des terrains d'épandage, se débarrasse mécaniquement de ses bactéries, qu'elle abandonne dans les couches supérieures du terrain où l'action combinée de l'air et de la lumière ne tarde pas à les faire périr ; de sorte qu'on arrive à restituer à la Seine une eau moins chargée qu'elle en microbes.

La **glace**, dont l'emploi se généralise de plus en plus, participe de toutes les impuretés de l'eau dont elle provient, car la plupart des bactéries résistent aux plus grands froids pendant un temps très long. Certaines espèces ont pu être portées à 120° au-dessous de zéro sans périr.

Aussi la glace livrée à Paris est généralement mauvaise. Divers échantillons prélevés par le laboratoire municipal chez des marchands de vin et des restaurateurs renfermaient de 6 000 à 178 000 bactéries par centimètre cube. Ils contenaient, entre autres, le *bacillus coli* (bacille du choléra indigène), hôte habituel des déjections (*fig. 303*).

L. GRIMBERT.

(*Revue Encyclopédique*, t. IV, p. 155. Librairie Larousse).

2. — Les exercices physiques et l'entraînement.

L'**exercice** développe la force du corps et rend la santé meilleure. Pour s'en convaincre, il suffit de comparer les individus qui se livrent à un travail musculaire à ceux qui sont condamnés à une vie sédentaire. Le *système musculaire*, la *respiration*, la *circulation* et le *système nerveux* se trouvent améliorés par les exercices du corps réguliers et méthodiques.

En effet, par suite d'un travail persévérant et régulier, les **muscles** s'accroissent et augmentent de puissance et les mouvements s'exécutent avec plus de force et de précision. De plus, pendant les exercices, les **mouvements respiratoires** deviennent plus nombreux et plus amples, la circonférence de la cage thoracique augmente ; une plus grande quantité d'air arrive dans les poumons et fournit plus d'oxygène aux globules rouges du sang. En même temps, la **circulation** est activée, le cœur bat plus fréquemment et plus énergiquement. Si l'organisme reçoit alors une nourriture convenable, les organes remplissent mieux leur rôle, la nutrition générale se trouve stimulée et la chaleur du corps s'élève. — Enfin nous savons que le **système nerveux** préside aux contractions musculaires. Si donc, par suite d'un exercice régulier des muscles, l'ensemble de l'organisme est parfait, c'est que le système nerveux lui-même participe à ce bon fonctionnement.

Les **exercices libres**, sans appareils, tels que les mouvements des bras et des jambes, la marche, la course et les sauts de tout genre sont les exercices les plus sains et les plus utiles, car ils développent à la fois tous les groupes musculaires et rendent vigoureux et alerte.

Cependant on ne doit pas outrepasser ses forces ; dès que la fatigue commence, l'exercice doit cesser. Voici, d'après le Dr Philippe Tissié, comment peut se résumer l'entraînement physique :

« Accomplir tous les jours et progressivement, *sans grande fatigue*, un effort plus grand que la veille, jusqu'à ce qu'on ait atteint la « **forme** », qui est variable et individuelle. On appelle « *forme* » l'état de santé, de force, de résistance et de beauté dans lequel l'entraînement place le corps. La « forme » est variable suivant chaque sujet ; elle dépend de plusieurs causes : race, hérédité, sexe, etc.

« On acquiert la forme par l'entraînement : la forme se lègue à la descendance par l'hérédité ; mais pour atteindre la forme sans fatigue, il convient de ne jamais procéder par à-coups. Il faut apprendre à pouvoir et à *savoir bien respirer*. Il faut ne *jamais forcer son cœur*, mais le faire fonctionner en raison de la facilité respiratoire ; éviter tous les exercices qui congestionnent longuement ; arrêter l'exercice quand le pouls compte de 140 à 160 pulsations ; se garder de tous les excès de table, de veille, de travail intellectuel, etc. ; *ne pas boire d'alcool* ; ne jamais s'entraîner à jeun, ni aussitôt après avoir mangé.

« Le *sommeil* doit être réparateur : il ne doit être ni lourd, ni agité, ni pénible. Il faut régler l'entraînement d'après la qualité et la quantité du sommeil ; huit heures de sommeil sont nécessaires.

« Tout entraînement qui supprime l'appétit et le sommeil et qui augmente la soif est nuisible. Le surmenage cérébral est accru par le surmenage physique. Il faut rechercher la petite fatigue, qui tonifie, et éviter la fatigue plus grande, qui énerve ou qui dissocie le « moi ». »

Dr Philippe TISSIÉ (*L'Éducation physique*, Librairie Larousse).

3. — La médecine des accidents.

Les précautions d'une sage hygiène mettent à l'abri de beaucoup d'accidents. Mais s'il en survient un à la campagne, il est nécessaire de garder son sang-froid et de prendre quelques mesures urgentes, si le médecin est éloigné.

Asphyxie. — L'asphyxie survient lorsqu'on respire un air vicié par le gaz carbonique, l'oxyde de carbone, etc. ou lorsque l'air ne peut plus pénétrer dans les poumons (noyés, pendus, etc.).

Lorsque l'asphyxie est causée par l'air vicié, il faut placer le malade au grand air, la tête élevée ; le débarrasser de ses vêtements et le frictionner sur tout le corps avec une étoffe rude ; lui jeter de l'eau fraîche à la figure ; lui faire respirer du vinaigre et pratiquer la *respiration artificielle*.

Lorsqu'il s'agit d'un noyé, il faut d'abord débarrasser le malade de ses vêtements et le placer sur le côté droit, la tête légèrement plus basse que la poitrine, pour que l'eau sorte plus facilement ; lui nettoyer la bouche et le nez ; frictionner énergiquement le corps, les jambes et la plante des pieds avec une étoffe rude et mettre des fers chauds aux pieds ; faire respirer du vinaigre et pratiquer la *respiration artificielle*.

SCIENCES NATURELLES.

Quant aux **pendus**, on doit couper immédiatement la corde en soutenant le corps afin qu'il n'éprouve aucune secousse; l'étendre dans un endroit bien aéré, la poitrine et la tête plus élevées que le reste du corps; faire des frictions énergiques et chercher à rétablir artificiellement la respiration. Si le malade a les veines du cou gonflées, la face rouge tirant sur le violet, on peut mettre quelques sangsues derrière les oreilles et à chaque tempe.

La respiration artificielle. — Le malade étant couché sur le dos, on lui relève un peu le haut du corps, puis, se plaçant en arrière, on lui saisit les bras à la hauteur des coudes et on les soulève lentement jusque sur la tête, puis on les ramène le long du corps en comprimant latéralement la poitrine, pendant qu'une autre personne appuie légèrement sur le ventre, de bas en haut, de façon à simuler la respiration. On répète ces mouvements quinze à vingt fois par minute, sans se décourager. (On a vu des asphyxiés revenir à la vie après plusieurs heures de soins ininterrompus). Une fois la respiration rétablie, *mais jamais avant*, on fait boire au malade un peu de vin chaud ou d'eau-de-vie, puis on le laisse reposer dans un lit bien bassiné.

Fig. 306. — Asphyxie. Procédé Sylvester : 1ᵉʳ mouvement (expiration).

Fig. 307. — Asphyxie. Procédé Sylvester : mouvement intermédiaire.

Le procédé Sylvester est une manœuvre plus simple de *respiration artificielle* (*fig.* 306 à 308) pour le cas où l'on n'a point d'aide.

Il est bon aussi de faire la traction rythmée de la langue. Pour cela, on saisit la langue du malade avec les doigts enveloppés d'un linge pour éviter le glissement et on la tire au dehors, aussi loin que possible, puis on la laisse reprendre sa position normale. Cette manœuvre doit être répétée *régulièrement* de quinze à vingt fois par minute.

Fig. 308. — Asphyxie. Procédé Sylvester : 2ᵉ mouvement (inspiration).

Empoisonnement.

— Il y a *empoisonnement* lorsque, *après l'ingestion d'aliments* ou *de boissons*, une personne est prise de *violentes coliques*, de vives douleurs d'estomac, de nausées, etc. On cherche d'abord à expulser le poison en faisant *vomir* le malade. Pour cela, on lui donne à boire en abondance de l'eau tiède ou même de l'eau froide (afin de ne pas perdre de temps), puis on lui chatouille le fond de la gorge avec une plume d'oiseau.

Si le poison est absorbé depuis plus d'une heure, on donne un purgatif, puis on administre un lavement au sel (2 à 3 cuillerées de sel de cuisine par litre d'eau). Le traitement varie ensuite suivant le poison absorbé.

Si l'empoisonnement est dû au **phosphore** ou au **vert-de-gris**, on fait boire au malade de l'*eau albumineuse* obtenue en battant 5 blancs d'œuf dans un litre d'eau.

On combat l'empoisonnement causé par l'**ammoniaque**, la **potasse**, les **moules** et les **viandes avariées** en faisant boire au malade de l'*eau vinaigrée* (3 cuillerées à soupe par litre d'eau), puis de l'*eau albumineuse* (eau dans laquelle on a battu du blanc d'œuf).

Dans le cas d'empoisonnement par les **champignons**, la **digitale**, la **belladone**, on donne de l'*eau salée* ou du *lait*, puis du *café noir* très fort et finalement du *vin chaud*.

Si le poison absorbé est du **laudanum**, on donne du *café noir* et de l'*eau vinaigrée* et on combat le sommeil par l'exercice.

Brûlures et coupures. — Si la **brûlure** ne forme pas plaie, on plonge la partie brûlée dans l'eau, puis on applique des compresses d'eau fraîche.

Si la brûlure est plus sérieuse, on enlève au plus vite les vêtements, en les coupant au besoin, afin de mettre à découvert les parties brûlées; on y applique de la pomme de terre râpée et de l'huile, puis on les enveloppe avec du coton hydrophile.

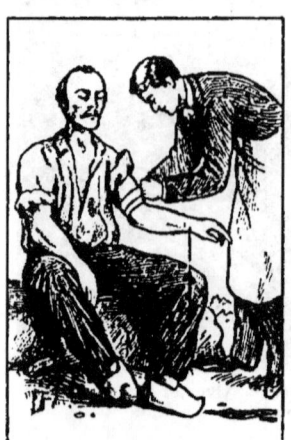

Fig. 309. — Pour éviter l'épanchement du sang, ligaturer fortement au-dessus de la blessure.

Un autre traitement, qui donne de meilleurs résultats, consiste à appliquer sur la brûlure du coton hydrophile imbibé d'une dissolution d'acide picrique (2 grammes par litre d'eau). Cette solution, qui ne coûte presque rien, devrait toujours être prête à la maison.

Si la **coupure** est légère, il suffit de laver la plaie à l'eau froide et de l'envelopper avec un linge bien propre.

Si la coupure est profonde et que le sang sorte en jet, c'est qu'une artère est coupée; on doit chercher à arrêter l'écoulement du sang au plus vite en serrant fortement (*fig.* 309), avec un mouchoir ou une ceinture, une partie du membre entre la blessure et le cœur, puis laver la plaie à grande eau et rapprocher les bords de l'entaille.

Morsures et piqûres. — S'il y a eu **morsure** de *vipère* ou de *chien enragé*, on place un lien au-dessus de la plaie, on ouvre celle-ci avec un canif et on la fait saigner abondamment tout en lavant à grande eau, puis on la cautérise au fer chauffé à blanc et on applique des compresses imbibées d'eau-de-vie.

S'il y a eu *piqûres d'insectes* (abeilles, guêpes), de scorpion, on enlève s'il y a lieu l'aiguillon de la plaie, ensuite on la frictionne avec de l'eau fraîche additionnée de vinaigre.

Entorse et fracture. — Il y a **entorse** ou *foulure* quand un muscle a été froissé ou pressé fortement. On met immédiatement la partie malade dans de l'eau froide qu'on renouvelle à mesure qu'elle s'échauffe, puis on la recouvre de compresses imbibées d'eau salée ou vinaigrée ou d'eau-de-vie camphrée.

Lorsqu'un os est déboîté, on dit qu'il y a *luxation*. En attendant l'arrivée du médecin, on rafraîchit la partie malade avec de l'eau.

La **fracture** ou *cassure* d'un os est toujours un accident grave. En attendant l'arrivée du médecin, on tire avec précaution sur le membre fracturé pour le mettre dans sa position naturelle ; puis, on lui évite le moindre mouvement. On l'arrose continuellement avec de l'eau fraîche.

4. — Usages des tiges des végétaux.

Si l'on en excepte le fruit, la tige est peut-être la partie des végétaux qui se prête à un plus grand nombre d'usages.

Tout le monde sait de quelle utilité nous est la tige des grandes dicotylédonées ; elle nous fournit les bois pour nos constructions, notre ameublement, notre chauffage.

On peut diviser les bois en cinq groupes, suivant leurs propriétés et les usages auxquels ils servent.

Ce sont : 1° Les **bois blancs** ou *tendres*, qui sont légers, peu colorés, peu solides ; on les emploie pour la **menuiserie** ordinaire, les planches, les voliges, la fabrication des allumettes ; ils sont fournis par le *châtaignier*, le *saule*, le *tilleul*, le *bouleau* (*fig.* 310), le *tremble* et tous les *peupliers*, le *marronnier d'Inde*, l'*aune*, le *sycomore*. Le châtaignier est assez solide pour fournir un bon bois de charpente, mais il est fréquemment attaqué par les vers. Son essence sert au tannage des peaux. Il faut ajouter à la liste des bois blancs le *fusain*, qui produit le charbon bien connu des dessinateurs, et la *bourdaine*, dont le charbon léger et combustible entre dans la composition de la poudre de chasse.

Fig. 310. — Bouleau : *a*, rameau à chatons femelles ; *b*, fleur mâle ; *c*, fleur femelle ; *d*, fruit.

2° Les **bois durs.** Ceux-ci sont plus ou moins colorés, d'une contexture plus ferme et d'une plus grande résistance. Ils servent pour la **charpente**, le *charronnage*, le chauffage, l'ébénisterie ; ce sont : le *chêne*, l'*orme*, le *frêne*, le *hêtre*, le *merisier*, l'*alizier*, le *cormier*, l'*acacia*, le *prunier*, le *poirier*, le *pommier*, l'*amandier*, le *mûrier blanc*, le *lilas*, le *noisetier*, l'*épine*, le *néflier*, le *cornouiller*.

3° Les **bois de travail** sont réservés à l'**ébénisterie** et au *placage*. Les principaux, la plupart exotiques, sont l'*acajou*, l'*amarante*, le *palissandre*, l'*ébène*, l'*érable* d'Amérique, le *bois de tek*, auxquels il faut ajouter quelques bois parfumés : le *bois de rose*, le *santal*, le *cèdre* et ceux que leur extrême dureté fait réserver pour les ouvrages tournés, dont les principaux sont le *gaïac*, l'*ébène noir*, le *buis*.

Le gaïac offrant une grande résistance à l'écrasement est exclusivement employé dans la confection des roulettes de sièges.

4° Les **bois de teinture**. Ils sont presque tous exotiques ; on les divise en deux groupes : les *rouges*, dont le plus connu est le bois de campêche, et les *jaunes*, dont les principaux sont le quercitron, le fustel et l'épine-vinette. Ces deux derniers sont indigènes.

5° Les **bois résineux**. Ceux-ci conviennent pour tous les **travaux hydrauliques**. Ils acquièrent dans l'eau ou dans un terrain humide une extrême dureté et une durée presque illimitée. Ces bois proviennent presque tous d'arbres de la famille des conifères. Nous citerons : le *pin*, le *sapin*, le *mélèze*, le *cèdre*, le *thuya* d'Algérie, le *cyprès*, l'*if*, le *genévrier*.

Fig. 311. — Chêne rouvre.

Quelques arbres sont exploités non pour leur bois, mais pour leur **écorce**, tels sont le *chêne-liège*, le *chêne rouvre* (*fig.* 311), qui fournit le tan employé pour rendre les cuirs imputrescibles.

L'écorce de chêne n'est pas la seule qui serve pour le tannage des peaux ; en Russie, c'est l'écorce du bouleau qui sert à cet usage ; en Savoie, où les conifères sont plus communs que les autres arbres forestiers, le tannage se fait avec leur écorce.

L'écorce de *quinquina* se place au premier rang des écorces médicinales ; la *cannelle* et la *cascarille* sont les plus connues parmi celles qui sont aromatiques.

Les **tiges herbacées** ne sont pas moins utiles ; quelques-unes, comme l'*asperge*, le *cardon*, le *céleri*, l'*angélique* sont alimentaires ; d'autres fournissent des matières

Fig. 312. — Ramie.

textiles, telles sont celles du *lin*, du *chanvre*, de la *ramie* (*fig.* 312).

La tige connue sous le nom de *canne à sucre* fournit à l'alimentation du sucre et l'espèce d'eau-de-vie connue en Europe sous le nom de *rhum*.

E.-D. LABESSE et A. PIERRET.
(*La Terre et les végétaux.* Masson, édit.)

III. — AGRICULTURE

37ᵉ LEÇON. — LES TERRAINS.

SOMMAIRE. — La terre végétale. — Les terrains calcaires, siliceux, argileux, humifères. — Les terres franches. — Amendements. — Engrais : le fumier; engrais verts. — Écobuage.

1. Terre végétale. — La terre végétale (Voir *18ᵉ leçon*, § 2) est composée surtout de *calcaire*, de *sable*, d'*argile* et d'*humus* (ou *terreau*).

Fig. 313. — Mélampyre ou rougeole : *a*, coupe d'une fleur.

Fig. 314. — Ononis ou arrête-bœuf.

Fig. 315. — Bruyère commune : *a*, fleur.

Suivant que l'un de ces éléments s'y trouve en trop forte proportion, les terrains sont dits *calcaires, sablonneux* ou *siliceux, argileux, humifères*.

2. Terrains calcaires. — Ces terrains, de couleur blanchâtre, sont très perméables et les plantes y souffrent de la sécheresse en été; de plus, les engrais s'y décomposent très vite. Ce sont des terrains peu fertiles où l'on cultive de préférence l'orge, le sainfoin, la vigne, etc. Certaines plantes y poussent *spontanément*[1]; ce sont le mélampyre ou rougeole (*fig.* 313), l'ononis ou arrête-bœuf (*fig.* 314), etc.

3. Terrains sablonneux ou siliceux. — Ces terrains se laissent facilement pénétrer par l'eau, l'air et la chaleur; ce sont des terrains secs et faciles à travailler. Ils donnent des récoltes médiocres.
Les terrains siliceux conviennent surtout au seigle, à la pomme de terre, à la vigne, etc. Les plantes naturelles de ces terrains sont les bruyères (*fig.* 315), les fougères (Voir *35ᵉ leçon*), etc.

4. Terrains argileux. — Ces terrains, qu'on appelle encore *terrains glaiseux, terres grasses* ou *terres fortes*, sont froids et humides, difficiles à

---

1. Spontanément : sans être semées par l'homme, ni cultivées.

travailler. Ils conviennent aux prairies naturelles et artificielles, à la culture des céréales, des choux, des féveroles, etc.

Les plantes qui y croissent spontanément sont la prêle ou queue-de-renard (*fig.* 316), le tussilage ou pas-d'âne (*fig.* 317), etc.

5 Terrains humifères. — Ces terrains, de couleur noirâtre, contiennent

Fig. 316. — Prêle ou queue-de-renard.

Fig. 317. — Tussilage ou pas-d'âne.

Fig. 318. — Chicorée sauvage.

surtout de l'*humus* ou *terreau* provenant de la décomposition des matières végétales (herbes sèches, racines, etc.). Un terrain qui ne contient que de l'humus est excessivement humide; on l'appelle *terrain marécageux* ou *terrain bourbeux*. Les terrains humifères sont les moins fertiles de tous; il n'y pousse que des herbes de mauvaise qualité.

6. Terres franches. — On a donné le nom de *terres franches* à celles qui contiennent un mélange bien proportionné d'humus, de calcaire, d'argile et de sable (environ 5 p. 100 d'humus, 10 de calcaire, 20 d'argile et 65 de sable). On ne les trouve guère que dans les vallées où le ruissellement des eaux apporte les matières les plus variées. Ces terres conviennent à toutes les cultures, mais principalement à celles du blé, de la betterave, du trèfle, de la luzerne, du tabac, etc.

La chicorée sauvage (*fig.* 318), l'agrostide (*fig.* 319) et le sureau yèble (*fig.* 320) y poussent spontanément.

Fig. 319. Agrostide : A, fleur.

Fig. 320. Sureau yèble.

7. Les amendements modifient la composition du sol. — L'agriculteur améliore un terrain de mauvaise qualité en y incorporant l'élément qui lui manque; cet élément s'appelle *amendement*.

Les principaux amendements sont la *chaux*, la *marne* et le *plâtre*.

La *chaux* (Voir *14e leçon*) rend les terrains argileux plus légers et les terrains siliceux moins perméables; enfin, elle améliore les terrains qui contiennent trop d'humus, parce qu'elle décompose les matières végétales et animales et les rend propres à être absorbées par les plantes.

Pour *chauler* un terrain, on dépose de la chaux vive en petits tas distants de 5 à 6 mètres qu'on recouvre de terre. Sous l'influence de l'humidité, la chaux se réduit en poussière que l'on répand à la surface du sol.

La *marne calcaire* (Voir *18e leçon*, § 7) rend les terres argileuses plus légères. La marne *argileuse* rend les terres siliceuses moins friables.

La *marne se délite*[1] sous l'influence de la gelée. A l'automne, on la dépose en petits tas dans le terrain que l'on veut marner et au printemps on la répand sur le sol; on la mélange à la terre par un labour.

Le *plâtre* (Voir *14e leçon*) active la végétation de la luzerne, du trèfle et du sainfoin. On le sème en poudre sur ces plantes, au printemps, le matin à la rosée. Quand une terre manque d'*argile*, on peut aussi y amener par irrigation le limon des rivières; quand elle manque d'*humus*, on la mélange avec de la terre marécageuse (Beauce).

8. Les engrais introduisent dans le sol les aliments nécessaires aux plantes. — Chaque récolte enlève au sol la plus grande partie des substances qui ont nourri les plantes. Une bonne terre deviendrait rapidement improductive si on ne lui restituait pas, sous forme d'*engrais*, les éléments qu'elle a perdus.

Les principaux engrais sont le **fumier** et les **engrais chimiques.**

9. Le fumier est un engrais complet. — Le fumier provient du mélange des *déjections* des animaux et de leurs *litières*. C'est le meilleur engrais, car il renferme à peu près tous les éléments nécessaires à la nutrition des plantes (azote, acide phosphorique, potasse et chaux). Ses qualités dépendent des litières employées, de l'alimentation des animaux et surtout du soin que l'on a mis à le préparer.

Les meilleures litières sont les *pailles* des céréales (blé, orge, avoine), car étant creuses, elles absorbent facilement l'urine des animaux. A défaut de pailles, on peut employer des bruyères, des feuilles d'arbres, de la sciure de bois, de la tourbe, etc.

10. Conservation du fumier. — Au sortir de l'écurie, on porte le fumier sur une plate-forme cimentée et légèrement inclinée, afin que le jus du fumier ou *purin* puisse se rendre dans la *fosse à purin* (*fig.* 321), qui est elle-même cimentée. On le tasse soigneusement afin d'empêcher l'accès de l'air à l'intérieur et par suite la production de moisissures, ce qui enlèverait au fumier une partie de son azote. En été, on l'arrose avec le purin et, lorsque la chaleur est trop forte, on le protège avec de la paille, de la terre, etc.

11. Le purin est la partie la plus riche du fumier. — Malheureusement, dans beaucoup de villages, les cultivateurs en lais-

---

1. **Délite** (se) : se fend, se lève par écailles, par couches, par lits.

sent perdre des quantités considérables. Le sol des étables devrait être en plan incliné, d'où des rigoles conduiraient directement le purin dans la fosse à purin, voisine du fumier. Mélangé à quatre ou cinq fois son volume d'eau et répandu sur les prairies ou sur les plantes sarclées (Voir 41ᵉ leçon), le purin donne de très bons résultats.

12. Emploi du fumier. — Dans les champs, le fumier est disposé en petits tas ou *fumerons*, puis répandu sur le sol et enfoui au plus vite afin qu'il ne reste pas exposé à l'air et à la chaleur, ce qui lui ferait perdre une partie de son azote. — Le fumier des *chevaux* et surtout celui des moutons est *chaud*; il est employé dans les terres argileuses. Celui des *bêtes à cornes* est *froid* et *humide*; il convient aux terres calcaires et siliceuses.

Fig. 321. — Fumier et fosse à purin.

13. Engrais verts. — On désigne sous ce nom des plantes que l'on cultive pour les enfouir sur place, lorsqu'elles sont en fleur.

Ces engrais, fournis par la vesce, le colza, les *regains*[1] de trèfle, etc. conviennent aux terres sèches et chaudes, dans lesquelles ils peuvent se décomposer rapidement, ainsi qu'aux terrains où il est difficile de conduire du fumier.

14. Tous les débris des végétaux et des animaux peuvent servir d'engrais. — On emploie les *tourteaux* ou résidus de la fabrication de l'huile, les *marcs* de raisin et de pomme, les *cendres* ainsi que les eaux de lessive, etc.

On emploie également la *poudrette*, fabriquée avec les matières des fosses d'aisances, les débris d'animaux (sang desséché, cuir, corne, os), les chiffons de laine, les eaux grasses, etc.

On appelle *composts* des mélanges de toutes sortes de débris (pailles, boues, débris de démolitions, feuilles mortes, légumes gâtés, fruits altérés, produit du curage des fossés, immondices[2] des villes, etc.) réunis en tas et recouverts de terre, qu'on laisse fermenter pendant plusieurs mois avant de les répandre sur le sol. Ils constituent un très bon engrais.

15. L'écobuage vaut un engrais. — L'écobuage ou *brûlis* consiste à brûler la croûte superficielle du sol couverte de végétaux et à

---

1. Regain : herbe qui repousse après la fauchaison.
2. Immondices : débris des halles et marchés, de l'économie domestique, boues, etc.

répandre sur ce sol les cendres ainsi produites. On pratique cette opération dans les terrains couverts de bruyères, d'ajoncs, de genêts, dans les vieilles prairies, les tourbières, etc. On commence par détacher le gazon en plaques, on le laisse sécher au soleil, puis on le brûle.

L'écobuage détruit les mauvaises herbes et les insectes, rend le sol plus friable et l'enrichit de substances fertilisantes comme la potasse, la chaux, etc. Il convient surtout aux terres argileuses et humifères.

RÉSUMÉ

La terre végétale est composée de *calcaire*, de *sable*, d'*argile* et d'*humus*.

Les *terrains calcaires* et *siliceux* sont légers et faciles à cultiver, mais ils se dessèchent trop rapidement.

Les *terrains argileux* sont froids, difficiles à cultiver. Les *terrains humifères* sont humides, peu fertiles.

Les meilleures terres, appelées *terres franches*, contiennent un mélange bien proportionné de calcaire, de sable, d'argile et d'humus.

Les **amendements** améliorent la composition du sol, tandis que les **engrais** servent d'aliments aux plantes.

Le meilleur des engrais est le **fumier**; il est formé des déjections des animaux et de leurs litières. Le fumier doit être très bien tassé et arrosé de temps en temps avec le purin. Dans les champs, répandu uniformément sur le sol, il doit être enfoui au plus vite, afin qu'il ne perde pas une partie de son azote.

Le **purin** est la partie la plus riche du fumier.

Tous les débris d'animaux et de végétaux peuvent servir d'engrais. On désigne sous le nom d'*engrais verts* des plantes que l'on cultive pour les enfouir sur place.

L'**écobuage** ou *brûlis* consiste à brûler la couche superficielle du sol couverte de végétaux.

EXERCICES

QUESTIONS D'INTELLIGENCE. — *1. Pendant une période de sécheresse, que remarquez-vous à la surface des terrains argileux? — 2. Quels amendements doit-on faire dans votre commune? — 3. Dans le pays, les cultivateurs donnent-ils tous les soins voulus au fumier?*

DEVOIRS. — *I. Quels sont les éléments qui composent le sol? Avantages et inconvénients de chacun d'eux. — II. Qu'entend-on par amendements? Indiquez les principaux amendements et leur mode d'emploi. — III. On place souvent le tas de fumier devant la porte de la ferme et on laisse le purin se perdre. Quels sont les inconvénients de cette façon de faire?*

38ᵉ LEÇON. — LES TERRAINS (suite).

SOMMAIRE. — Utilité des engrais chimiques. — Engrais azotés, phosphatés, potassiques. — Assolement.

1. Engrais chimiques. — Les différentes plantes ne puisent pas dans le sol les mêmes substances; pour rendre à la terre ce que la plante lui a enlevé il faut lui fournir des *engrais* choisis avec soin.

Le fumier convient à tous les terrains et à toutes les cultures, mais on ne peut le produire qu'en quantité limitée; de plus, il renferme toujours les mêmes éléments et dans une proportion à peu près constante, tandis que certaines plantes exigent surtout un certain élément fertilisant (*azote, potasse,* etc.). Aussi les cultivateurs doivent fournir aux plantes de véritables engrais complémentaires (*fig.* 322 à 324). Ce sont les *engrais chimiques*. Ils se divisent en *engrais azotés, engrais phosphatés* et *engrais potassiques*.

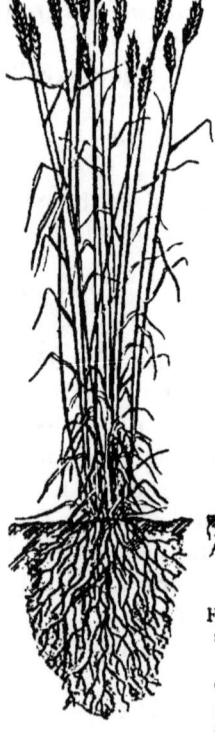

Fig. 322. — Blé sans engrais.

Fig. 323. — Blé avec engrais (azotate et phosphate).

2. Engrais azotés. — Ces engrais fournissent aux plantes de l'azote; ils conviennent aux céréales, aux prairies naturelles, au colza, au chanvre, etc. — Les principaux engrais azotés sont : les azotates de soude et de potasse, appelés dans le commerce des *nitrates;* le *sulfate d'ammoniaque,* le *guano,* etc.

3. Nitrate de soude. — Le nitrate de soude se trouve en quantités considérables au Chili et au Pérou. Comme il est mêlé à des matières terreuses, on le purifie, puis on l'expédie en Europe. Il ressemble assez à notre sel de cuisine et contient de 15 à 16 pour 100 d'azote.

On l'emploie au *printemps,* sur les céréales qui ont souffert des froids de l'hiver, le plus souvent en **couverture**, c'est-à-dire sans le mêler au sol par un labour. — Si on l'employait à l'automne, il serait rapidement entraîné dans le sous-sol par les pluies, car il est très soluble et le pouvoir *absorbant*[1] de la terre est sans action sur lui.

4. Nitrate de potasse. — Dans nos pays, le nitrate de potasse ou *salpêtre* forme des efflorescences blanches sur les murs des écuries et des caves; dans l'Inde, il se forme à la surface du sol.

---

1. **Pouvoir absorbant** : propriété qu'a la terre arable d'absorber et de retenir les éléments fertilisants, dissous dans l'eau, comme la potasse, l'ammoniaque, etc.

Il renferme environ 13 pour 100 d'azote et 44 pour 100 de potasse. C'est donc un engrais très précieux, puisqu'il fournit aux plantes à la fois de l'azote et de la potasse ; malheureusement, il est trop peu employé, car son prix est élevé.

5. Sulfate d'ammoniaque. — Le sulfate d'ammoniaque s'extrait des eaux de lavage du gaz d'éclairage, des vidanges [1], etc. Il ren-

Fig. 321. — Effet des divers engrais sur le chanvre cultivé dans du sable : A, pot témoin ; B, engrais intensif [2] ; C, engrais complet ; D, sans azote ; E, sans phosphate ; F, sans potasse.

ferme environ 20 pour 100 d'azote. Ce corps très soluble est retenu par le pouvoir absorbant de la terre ; aussi on l'enfouit dès l'*automne*.

6. Guano. — Le guano est composé d'excréments d'oiseaux de mer. Il formait autrefois de grands amas sur les côtes du Pérou et du Chili ; mais il devient assez rare.

7. Engrais phosphatés. — Ces engrais fournissent aux plantes de l'acide **phosphorique**. Ils donnent de la qualité aux plantes, de la vigueur aux légumes. Employés avec le nitrate de soude, ils rendent les blés plus résistants et les empêchent de verser. Les principaux engrais phosphatés sont les *phosphates naturels* et les *superphosphates*.

8. Phosphates naturels. — Les phosphates naturels se trouvent dans le sol. En France, on en rencontre dans les départements de la Meuse, des Ardennes, du Lot, de la Somme, etc. Ils se présentent sous la forme de cailloux qu'on lave et qu'on pulvérise ; la poudre

---

1. **Vidanges** : ordures provenant des fosses d'aisances.
2. **Intensif** (engrais) : L'engrais *complet*, composé de fumier additionné d'engrais complémentaires (sels minéraux) dans des proportions déterminées par la nature du sol et le genre de culture, peut être employé en quantités variables. Quand on augmente notablement la dose ordinaire, on qualifie l'engrais d'*intensif*.

obtenue est répandue à l'automne sur les terrains argileux ou siliceux et y produit d'excellents résultats.

9. Superphosphates. — Les superphosphates s'obtiennent en traitant, par l'acide sulfurique, les phosphates naturels réduits en poudre. Ils sont plus solubles que les phosphates naturels; les plantes les absorbent facilement, surtout dans les terrains calcaires.

Certains superphosphates sont fabriqués avec des os réduits en poudre; enfin les *scories de déphosphoration*, réduites en poudre, constituent un bon engrais phosphaté et un amendement calcaire. Elles proviennent de l'acide phosphorique de la fonte, qui s'est combiné à la chaux dans la fabrication de l'acier.

10. Engrais potassiques. — Ces engrais fournissent aux plantes de la **potasse**. On les utilise dans la culture des *plantes-racines* (betterave *fig.* 314, etc.), de la pomme de terre, de la vigne, etc., surtout dans les terrains calcaires et siliceux; on les emploie aussi sur les prairies artificielles. — Les principaux engrais potassiques sont le *chlorure de potassium* et le *sulfate de potasse*.

Ces engrais se trouvent à l'état naturel à Stassfurt (Prusse); le chlorure de potassium se retire aussi des eaux de la mer. — L'action du sulfate de potasse est plus rapide que celle du chlorure.

11. Engrais complets. — On trouve dans le commerce, sous le nom d'*engrais complets*, des matières fertilisantes qui contiennent à la fois des engrais azotés, phosphatés et potassiques.

Le cultivateur soucieux de ses intérêts doit toujours acheter ses engrais par éléments séparés et faire lui-même ses mélanges en tenant compte de la nature de sa terre et des plantes qu'il cultive.

De plus il ne doit pas oublier que l'*excès* d'un des éléments réclamés par la plante (chaux, potasse, azote, phosphore) est nuisible à la végétation et ne compense pas l'insuffisance des autres.

12. L'assolement repose la terre. — Chaque plante utilise de préférence l'un des éléments fertilisants du sol; de plus, les unes, comme les céréales, ne fixent leurs racines que dans la couche superficielle; les autres, par exemple les plantes-racines, se nourrissent dans une couche plus profonde. Ce serait donc perdre la plus grande quantité des engrais et laisser inutiles certains éléments fertilisants que de cultiver toujours la même plante sur le même sol.

En variant les cultures, tous les principes nutritifs contenus dans les engrais sont utilisés et la terre ne se fatigue pas. Le cultivateur divise sa ferme en plusieurs parcelles ou *soles*, sur chacune desquelles il cultive successivement des plantes d'espèce différente; c'est ce qu'on appelle faire un *assolement*. L'ordre de succession des cultures sur une même sole se nomme *rotation*.

13. Règles de l'assolement. — Lorsqu'un cultivateur adopte un assolement, il doit tenir compte de la nature du terrain et des exigences des plantes.

A une plante à *racines superficielles* il fait succéder une plante à *racines profondes*; à une plante qui consomme beaucoup de *potasse* il fait succéder, par exemple, une plante qui a surtout besoin d'*azote*; enfin à une plante accompagnée de mauvaises herbes, comme le blé, il fait succéder une plante sarclée (Voir 41e leçon), dont la culture permet de les détruire.

L'*assolement* est ordinairement *biennal* dans les petites exploitations, *triennal* ou même *quadriennal* dans les autres.

Assolement biennal.
1re année. Blé.
2e année. Plantes sarclées.

Assolement triennal.
1re année. Blé ou autres céréales.
2e année. Trèfle.
3e année. Plantes sarclées.

Assolement quadriennal.
1re année. Plantes sarclées.
2e année. Blé.
3e année. Trèfle.
4e année. Orge et avoine.

RÉSUMÉ

Le cultivateur qui n'a pas assez de fumier ou qui veut approprier la fumure à chaque plante emploie des **engrais chimiques**. Ceux-ci se divisent en *engrais azotés*, en *engrais phosphatés* et en *engrais potassiques*.

Les **engrais azotés** conviennent aux céréales, aux prairies naturelles, au colza, etc.

Les **engrais phosphatés** sont utilisés dans les terrains argileux ou siliceux; ils conviennent aux céréales, aux plantes sarclées, à la vigne, etc.

Les **engrais potassiques** sont employés surtout dans les terrains calcaires pour la culture de la betterave, de la pomme de terre, de la vigne, etc.

Pour ne pas fatiguer la terre, le cultivateur fait un **assolement**, c'est-à-dire qu'il divise son terrain en plusieurs parcelles ou *soles*, sur chacune desquelles il cultive successivement des plantes qui se nourrissent d'éléments différents et à une inégale profondeur.

EXERCICES

QUESTIONS D'INTELLIGENCE. — *1. Pourquoi appelle-t-on les engrais chimiques « engrais complémentaires »? — 2. Où peut-on faire contrôler la valeur d'un engrais chimique? — 3. Quel est l'heureux effet du pouvoir absorbant du sol? — 4. Les cultivateurs ne laissent-ils pas perdre certaines matières animales ou végétales qui pourraient être employées comme engrais? — 5. Quel est l'assolement le plus fréquemment employé dans votre canton?*

DEVOIRS. — *I. Qu'appelle-t-on engrais? Quels sont ceux que vous connaissez? Comment les emploie-t-on? A quels terrains conviennent-ils? — II. Principaux éléments chimiques nécessaires au développement de la plante. Engrais complémentaires; minéraux qui les fournissent.*

39ᵉ LEÇON. — PRÉPARATION DU SOL.

SOMMAIRE. — Les labours. — Les instruments aratoires : charrue, buttoir, herse, scarificateur, extirpateur, rouleau, binette, sarcloir.

1. Labours. — Les labours ont pour but : 1° d'*ameublir*[1] la terre afin de permettre à l'air et à l'eau d'y pénétrer librement; 2° de détruire les plantes nuisibles; 3° d'enfouir les amendements, les engrais et certaines semences. Ils doivent être faits au moment où la terre n'est ni trop sèche ni trop humide.

Dans les jardins, les labours s'effectuent à l'aide de la *bêche*, de la *houe* et de la *pioche*. Dans les champs, on emploie surtout la *charrue* (*fig.* 325).

La houe est employée dans les terrains où on ne peut pas se servir de la charrue. Lorsque la terre est très caillouteuse, on remplace la houe par la *pioche*.

2. Différents labours. — La profondeur des labours varie avec la nature du sol et les exigences des plantes; elle est ordinairement de 12 à 25 centimètres. On pratique aussi des *labours superficiels* (6 à 12 centimètres) et des *labours profonds* ou de *défoncement* (25 à 30 centimètres). Suivant leur forme, on distingue le *labour en billons*, le *labour en planches* et le *labour à plat*.

Dans le *labour en billons*, le sol est divisé en *bandes* étroites (1ᵐ,50 à 5 mètres) et bombées, séparées par un sillon profond appelé *dérayure*. On ne pratique ce labour que dans des terres humides; l'eau s'écoule par les dérayures.

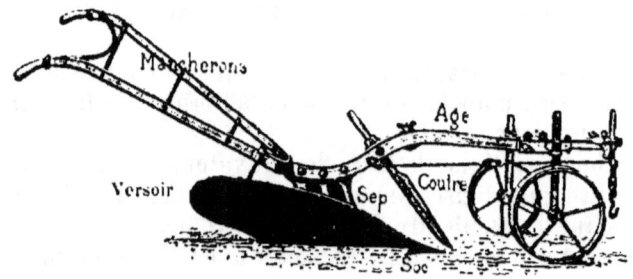

Fig. 325. — Charrue ordinaire.

On l'emploie aussi lorsque la terre végétale a peu d'épaisseur, afin de l'amasser. Le *labour en planches* ne diffère du précédent que par la largeur des bandes (5 à 20 mètres).

Dans le *labour à plat*, de beaucoup le plus usité, le sol est uni, sans dérayures. On l'obtient surtout à l'aide de charrues spéciales dont la plus employée est la *charrue dite Brabant double*.

---

1. **Ameublir** : rendre une terre plus légère et plus friable.

3. Charrue.

La *charrue ordinaire* (*fig.* 325) comprend :

L'*age* ou *flèche*, pièce de bois ou de fer sur laquelle sont fixées les autres parties de la charrue ; les *mancherons*, qui servent à diriger la

Fig. 326. — Charrue Brabant double.

charrue ; le *coutre*, couteau qui tranche la terre *verticalement* ; le *soc*, pièce de fer triangulaire qui coupe la terre *horizontalement* ; le *versoir* ou *oreille*, qui renverse la bande de terre découpée par le coutre et le soc ; le *régulateur*, qui sert à régler la profondeur du labour en baissant ou en élevant l'extrémité de l'age. — La charrue a souvent aussi un *avant-train*, formé de deux roues réunies par un essieu, qui supporte l'extrémité de l'*age*.

Le soc et le versoir sont reliés à l'age par les *étançons*, pièces de fonte dont la partie inférieure, appelée *sep* ou *talon*, glisse au fond du sillon.

La *charrue* dite *Brabant double* (*fig.* 326) se compose de deux corps de charrue

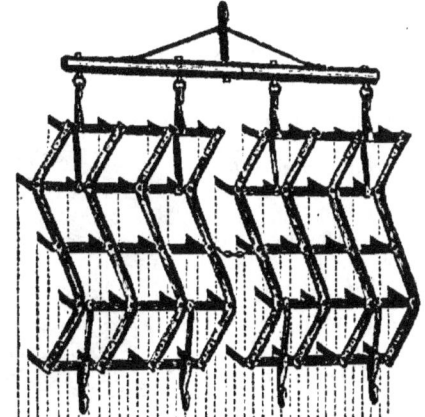

Fig. 327. — Herse articulée posée sur le sol.

(coutre, soc, versoir) tournant autour de l'*age* commun. Elle permet de renverser la terre au retour du même côté qu'à l'aller ; pour cela, au retour, on met en terre, au moyen d'un levier, les pièces qui se trouvaient précédemment à la partie supérieure.

4. Buttoir. — Le buttoir est une petite charrue à deux versoirs qui peuvent être écartés ou rapprochés à volonté. Il sert à *accumuler* la terre (former une butte) autour des plantes.

5. Herse. — La herse (*fig.* 327) sert à *ameublir* la couche superficielle du sol, à enlever les mauvaises herbes, à enterrer les semences et certains engrais, etc. Elle se compose d'un ou de plusieurs châssis en bois ou en fer auxquels sont fixées des dents droites ou inclinées.

La herse *articulée* en fer, formée de plusieurs petites herses placées les unes à côté des autres, est très pratique, car lorsqu'elle rencontre des mottes, elle ne bondit pas comme la herse à châssis *rigide*[1] et fait un meilleur travail.

Fig. 328. — Scarificateur.

6. Scarificateur. Extirpateur. — Le *scarificateur* (*fig.* 328) sert à ameublir le sol sans le retourner. Il est muni de dents légèrement courbées en avant. — L'*extirpateur* ne diffère du scarificateur que par la forme des dents; celles-ci sont terminées par une lame triangulaire afin de couper les racines des mauvaises herbes.

7. Rouleau. — Le rouleau sert à *comprimer* et à *régulariser* la surface du sol. Il est en bois ou en fonte, uni ou armé de dents.

Lorsqu'il est formé d'une seule pièce, il ne comprime pas régulièrement le sol, car il rebondit lorsqu'il rencontre un monticule; on préfère le rouleau formé de 3 à 5 pièces (*fig.* 329) qui tournent indépendamment les unes des autres. — Les *rouleaux brise-mottes* sont armés de dents; on les emploie dans les terres fortes. Le meilleur est le *rouleau Croskill* (*fig.* 330).

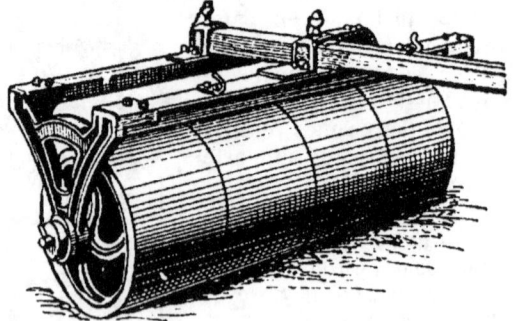

Fig. 329. — Rouleau en fonte, à sections.

Au printemps, lorsque les gelées de l'hiver ont déchaussé[2] les racines des végétaux, on passe le rouleau afin de rapprocher la terre des racines et de coucher contre le sol les jeunes tiges pour favoriser le *tallage*, c'est-à-dire le dévelop-

---

1. Rigide : qui ne plie pas. | 2. Déchausser : découvrir les racines.

pement des racines adventives et des tiges secondaires. Enfin, dans les terrains légers, le roulage tasse la terre trop meuble qui retient alors l'humidité, ce qui favorise considérablement la germination.

Fig. 330. — Rouleau Croskill ou brise-mottes.   Fig. 331. — Binette.

8. Binette. Sarcloir. — La *binette* (*fig.* 331) sert à détruire les mauvaises herbes. On les détruit encore à l'aide du *sarcloir*.

RÉSUMÉ

Les **labours** ont pour but d'*ameublir* le sol, de détruire les plantes nuisibles, d'enfouir les engrais, les semences, etc. Ils s'effectuent à l'aide de la *bêche*, de la *houe* et surtout de la *charrue*.

La **charrue** ordinaire comprend l'*age* ou *flèche*, les *mancherons*, le *coutre*, le *soc*, le *versoir*, le *régulateur* et l'*avant-train*.

Le **buttoir** est une petite charrue à deux versoirs qui sert à accumuler la terre autour des plantes.

La **herse** sert à ameublir la couche superficielle du sol, à enterrer les semences, etc. La plus pratique est la herse articulée en fer.

Le **scarificateur** et l'**extirpateur** servent à ameublir le sol et à détruire les mauvaises herbes.

Le **rouleau** comprime et régularise la surface du sol. Il est en bois ou en fonte, uni ou armé de dents.

La **binette** et le **sarcloir** servent à détruire les mauvaises herbes.

EXERCICES

QUESTIONS D'INTELLIGENCE. — 1. *Les instruments aratoires perfectionnés s'introduisent-ils dans votre région? Lesquels?* — 2. *Dans un champ de blé, afin de détruire les mauvaises herbes, utilise-t-on la binette ou le sarcloir? dans un champ de betteraves? dans une vigne?* — 3. *A quoi servent : le défrichement, le labour, le hersage, le roulage, le binage?*

DEVOIRS. — *I. Les labours. Différentes sortes. Utilité des labours. A quels moments de l'année les pratique-t-on?* — *II. Citez les instruments employés pour les labours et dites un mot de chacun d'eux.*

40ᵉ LEÇON. — LES CÉRÉALES.

SOMMAIRE. — Les céréales. — Le blé : culture et moisson. Fabrication du pain. — Le seigle, l'orge, l'avoine, le maïs et le sarrasin. — Le riz.

1. Céréales. — Les céréales sont des plantes dont les *graines* farineuses servent à nourrir l'homme ou les animaux et dont les tiges herbacées, creuses et noueuses, servent à nourrir les animaux ou à faire leur litière.

Les céréales de nos pays sont le *blé*, le *seigle*, l'*orge*, l'*avoine*, le *maïs*, qui sont des *graminées*, et le *sarrasin*. Ces plantes exigent une terre bien préparée et des engrais *azotés* et *phosphatés*. Elles se sèment à l'automne ou au printemps, à la volée ou en lignes.

2. Blé. — Le blé ou *froment* (*fig.* 332) est la plus importante des céréales. Avec son grain de couleur jaunâtre, réduit en farine, on fabrique du *pain* et des *pâtes alimentaires*; sa tige, la *paille*, sert à la nourriture du bétail, à la confection des litières, etc.

Il y a de nombreuses variétés de blés : des blés *durs* (plus nourrissants) et des blés *tendres*, des blés *roux* et des blés *blancs*, des blés *barbus* et des blés *sans barbes*, etc. Suivant l'époque des semailles, on les classe en blés *d'hiver* ou *d'automne* et en blés de *printemps* ou de *mars*.

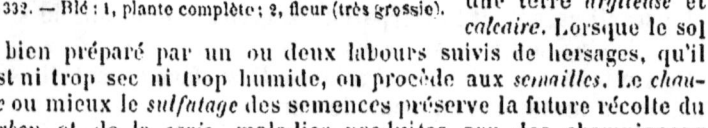

Fig. 332. — Blé : 1, plante complète ; 2, fleur (très grossie).

3. Culture. — Le blé réussit très bien dans une terre *argileuse* et *calcaire*. Lorsque le sol est bien préparé par un ou deux labours suivis de hersages, qu'il n'est ni trop sec ni trop humide, on procède aux *semailles*. Le *chaulage* ou mieux le *sulfatage* des semences préserve la future récolte du *charbon* et de la *carie*, maladies produites par des champignons microscopiques.

Le chaulage consiste à arroser les grains avec un « lait de chaux » obtenu en délayant 3 kilogrammes de chaux vive dans 10 litres d'eau.

Le sulfatage consiste à arroser les grains avec de l'eau dans laquelle on a fait dissoudre du sulfate de cuivre (2 à 3 kilogrammes de sulfate dans 100 litres d'eau pour 20 hectolitres de grain).

Au printemps, surtout dans les terres fortes, on herse afin de briser la croûte formée à la surface du sol par la pluie et les vents, puis on passe le rouleau pour coucher les tiges contre le sol et faciliter le *tallage* (Voir 39ᵉ leçon, § 7).

ce qui augmente la récolte; enfin si les blés sont faibles, on sème en *couverture* un engrais azoté (poudrette ou nitrate de soude).

Au mois de mai, par un sarclage, on enlève les plantes nuisibles (Voir *planche* IX, p. 192): chardons, coquelicots, nielle des blés, bleuets, etc. et en juillet, quand les tiges jaunissent et meurent, on fait la *moisson*.

4. Moisson. — On coupe les céréales soit à la main en se servant de la *faucille*, de la *sape* ou de la *faux*, soit à la *moissonneuse mécanique*

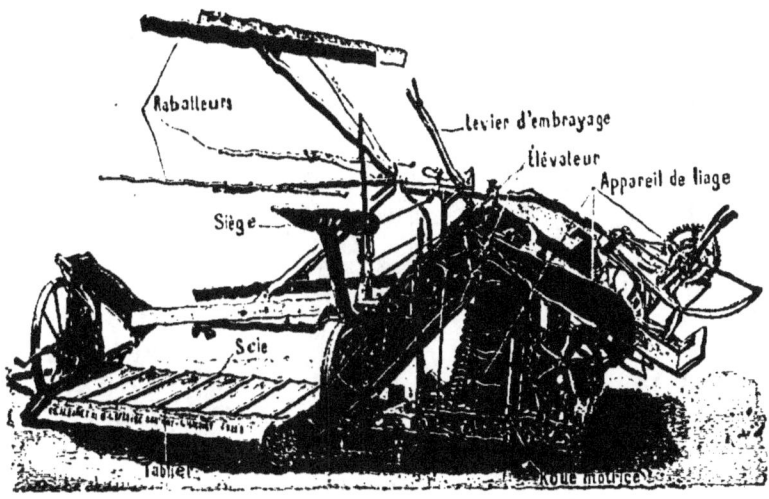

Fig. 333. — Moissonneuse-lieuse pour les céréales.

(*fig.* 333), puis on les lie en gerbes. La moissonneuse que représente la figure ci-dessus coupe les céréales et à mesure les lie en gerbes. Une machine de ce genre attelée de deux chevaux peut moissonner, dans une journée, de 3 à 4 hectares. Les gerbes sont ensuite réunies en meules ou rentrées dans les granges.

Peu de temps après, par le battage au *fléau* ou à la *machine à battre*, on détache les grains de la paille. On nettoie ces grains à l'aide du *tarare*, instrument qui produit un courant d'air par des palettes en bois fixées sur un axe horizontal; puis on les conserve au sec dans des greniers. Là, on les remue de temps en temps afin d'éviter la fermentation et d'éloigner les *charançons* (Voir 54e leçon).

Le rendement moyen du blé en France est d'environ 18 hectolitres de grain par hectare, mais dans de bonnes terres et avec une excellente fumure, il atteint *facilement* 30 hectolitres (en Flandre, 40 hl.).

5. Fabrication du pain. — Du blé on retire la farine avec laquelle on fait le pain (Voir *lecture*, p. 245).

---

1. Le battage au fléau ne se pratique presque plus.

6. Seigle. — Le seigle (*fig.* 334) pousse en épis comme le blé, mais son grain est *grisâtre*. Il se sème en septembre, de préférence dans les terres *légères*. Sa farine donne un pain grisâtre, moins

Fig. 334. — Seigle :
a, épillet; *b*, fleur isolée;
c, épi mûr.

Fig. 335, 336.
Orge :
A, orge à 4 rangs;
B, orge à 2 rangs.

Fig. 337. — Avoine :
a, fleur isolée; *b*, épillet.

Fig. 338. — Maïs : A, fleur;
B, fruit (épi).

nourrissant que celui du blé. Sa paille fine, souple et résistante, est employée pour faire des liens, des paillassons, etc.

7. Orge. — L'orge (*fig.* 335, 336) se sème au printemps ou à l'automne, suivant les variétés; elle réussit bien dans les terres *calcaires*. On l'emploie surtout dans la fabrication de la bière (Voir 47e leçon).

8. Avoine. — L'avoine (*fig.* 337) a des graines noires ou jaunâtres, disposées en *grappes*. Elle se sème surtout au printemps. Elle réussit très bien dans les terres *franches* et *légères*, ainsi que dans les terres nouvellement défrichées. Son grain est un très bon aliment pour les chevaux; sa paille sert d'aliment ou de litière aux gros animaux.

Maïs. — Dans le Midi, le maïs ou *blé de Turquie*, céréale à grosse tige (*fig. 338*), se cultive pour son grain ; on le sème vers la fin d'avril et on le récolte en septembre. Dans le Centre et le Nord, on l'emploie comme fourrage vert.

Les grains de maïs entrent dans l'alimentation du cheval ; ils servent aussi à l'engraissement des volailles. Dans le Midi, on en fait des galettes pour l'homme.

10. Sarrasin. — Le sarrasin ou *blé noir*, petite plante à grains anguleux, est surtout cultivé dans les terrains granitiques de la Bretagne et du Plateau Central ; il se sème au printemps. Son grain sert à nourrir les volailles ; avec sa farine on fait parfois des bouillies et des galettes. Sa paille sert à la confection des litières.

11. Riz. — Dans les terrains marécageux et chauds de l'Italie, de l'Inde et de la Chine, on cultive le riz. Il forme la base de l'alimentation de tous les peuples de l'Extrême Orient ; on en fait aussi une grande consommation en Europe.

RÉSUMÉ

Les **graines** des **céréales** servent à la nourriture de l'homme ou à celle des animaux ; leur paille fournit la litière des animaux. Les céréales de nos pays sont : le *blé*, l'*orge*, l'*avoine*, le *maïs*, qui sont des *graminées*, et le *sarrasin*.

Le **blé**, la plus utile des céréales, préfère les terres argileuses et calcaires. Avant de le semer, on doit le *chauler* ou le *sulfater*. Au printemps on herse les blés, on les roule et on les sarcle.

Le **seigle** se sème en septembre, en terres légères. Avec sa paille, on fait des liens, des paillassons, etc.

L'**orge** se sème au printemps ou à l'automne ; elle préfère les terrains calcaires. Son grain sert à la fabrication de la bière.

L'**avoine** se sème au printemps. Elle réussit bien dans les terres franches et légères et dans les terres nouvellement défrichées. Son grain est un très bon aliment pour le cheval.

Dans le Midi, le **maïs** est cultivé pour ses graines qui entrent dans l'alimentation du cheval et des volailles. Dans le Centre et le Nord, on l'emploie comme fourrage vert.

Le **sarrasin** est cultivé en Bretagne et dans le Plateau Central.

EXERCICES

QUESTIONS D'INTELLIGENCE. — *1. Pourquoi roule-t-on les céréales ? — 2. Avec un seul grain peut-on obtenir plusieurs tiges de blé ? — 3. En hiver, les céréales souffrent-elles sous la neige ? — 4. Quelles sont les céréales cultivées dans votre canton ?*

DEVOIRS. — *I. Culture du blé : préparation de la terre, engrais, semailles, récolte. — II. Qu'appelle-t-on céréales ? Indiquez les principales céréales cultivées en France et montrez les services qu'elles nous rendent.*

41ᵉ LEÇON. — LES PLANTES SARCLÉES.

SOMMAIRE. — Ce qu'on appelle plantes sarclées. — **Pomme de terre, topinambour.** — **Betterave. Fabrication du sucre.** — **Carotte, navet, rutabaga.**

1. Plantes sarclées. — On appelle plantes sarclées celles que l'on cultive pour leur *racine* ou leurs *tubercules* et qui ont besoin de plusieurs binages et sarclages. Les principales sont : 1° les **plantes à tubercules** : la *pomme de terre* et le *topinambour*; 2° les **plantes-racines** : la *betterave*, la *carotte*, le *navet* et le *rutabaga*.

Toutes ces plantes demandent un sol profondément labouré et une fumure abondante. Leur culture, qui ameublit le sol et le nettoie des mauvaises herbes, est ordinairement suivie de celle du blé.

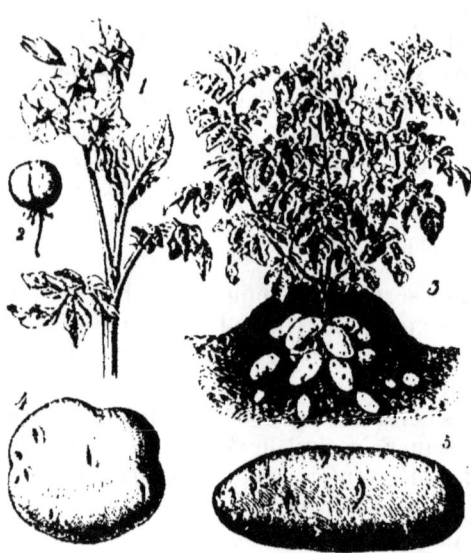

Fig. 339 à 342. — Pomme de terre : 1, rameau fleuri; 2, fruit; 3, plante complète; 4, P. de terre chave; 5, P. de terre early rose.

2. Pomme de terre. — La pomme de terre (*fig.* 339 à 342) est une *solanée* dont il existe de nombreuses variétés, les unes *hâtives* et les autres *tardives*. Elle réussit à peu près dans tous les terrains; cependant dans le nord de la France, les sols légers, calcaires ou siliceux lui sont plus favorables, tandis que dans le midi elle préfère une terre un peu argileuse, car elle craint les sécheresses prolongées.

En mars ou avril, le sol étant bien préparé par *plusieurs labours* et ayant reçu une *abondante fumure* (les engrais *phosphatés* et *potassiques* sont les meilleurs), on plante les tubercules en lignes, à la bêche ou à la charrue, à la distance de 50 centimètres en tous sens et à une profondeur de 10 centimètres environ. — Lorsque les pommes de terre sont levées, on les *bine*, puis on les *sarcle* et, au moment de la floraison, on les *butte* afin de favoriser le développement des tubercules. On les arrache en septembre, dès que les tiges sont sèches, à la pioche ou à l'aide d'une charrue spéciale, et on les conserve dans des caves sèches ou dans des *silos*.

Un silo est une tranchée peu profonde creusée dans le sol. Les pommes de terre qu'on y entasse sont recouvertes de paille et de terre, mais on a soin de ménager quelques ouvertures pour empêcher l'échauffement des tubercules.

La pomme de terre, propagée au xviiie siècle en France par Parmentier[1], est entrée tout de suite pour une grande part dans l'alimentation de l'homme, et elle constitue une excellente nourriture pour les animaux. L'industrie en retire de la *fécule* et de l'*alcool* (Voir 18e leçon).

Les feuilles de la pomme de terre sont parfois attaquées par un champignon analogue au mildiou de la vigne. Pour les protéger, on les arrose avec de la *bouillie bordelaise* (Voir 17e leçon).

3. Topinambour. — Le topinambour (*fig.* 343), de la famille des *composées*, se cultive comme la pomme de terre. Très *rustique*[2], il réussit dans tous les terrains, même pauvres, où l'humidité n'est pas en excès, surtout dans les terrains légers, siliceux ou calcaires.

Ses tubercules ne craignant pas la gelée, on les arrache à partir de novembre, au fur et à mesure des besoins. Ils constituent une nourriture rafraîchissante et saine pour les animaux, on les utilise surtout pour l'engraissement des porcs et des moutons. On en retire aussi de l'alcool.

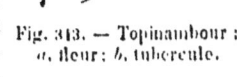

Fig. 343. — Topinambour : *a*, fleur ; *b*, tubercule.

4. Betterave. — La betterave est une plante bisannuelle que l'on arrache la première année afin d'utiliser les réserves alimentaires qui

Fig. 344.
Betterave rouge
(potagère).

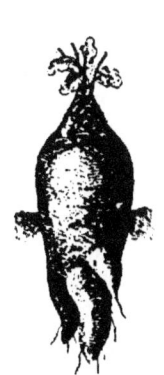

Fig. 345.
Betterave mammouth
(fourragère).

Fig. 346.
Betterave de Silésie
(à sucre).

---

1. **Parmentier** : célèbre agronome, né à Montdidier (Somme) 1737-1813.

2. **Rustique** : qui brave les rigueurs des saisons.

AGRICULTURE.

se sont amassées dans sa racine pivotante pour la floraison dans la deuxième année. Elle est dite *potagère* (*fig.* 344), *fourragère* (*fig.* 345) ou à *sucre* (*fig.* 346) suivant son espèce et son usage.

Les betteraves se sèment en avril, en lignes distantes de 35 à 40 centimètres, dans une terre *fraîche*, bien *fumée* et *profondément labourée*.

Les matières fertilisantes fournies à la betterave sont le fumier de ferme, enfoui à l'automne par le premier labour, et des engrais azotés, phosphatés et surtout *potassiques*, que l'on ajoute au printemps, avant les semailles.

La betterave exige plusieurs binages et sarclages.

L'*effeuillage*, qui se pratique encore dans certaines régions, nuit au développement des racines et doit être évité.

Les betteraves sont arrachées en septembre ou en octobre. On les coupe au *collet*, on les nettoie à l'aide d'un couteau de bois et on les conserve en *silo* ou en cave. Elles constituent un très bon aliment pour les vaches laitières et les moutons; on les emploie aussi pour l'engraissement des bœufs.

Une grande partie des betteraves récoltées dans le nord de la France est transformée en alcool dans les *distilleries industrielles* (Voir 48e leçon, § 5). L'alcool brut est divisé, par des distillations partielles successives, en *alcool bon goût* (boisson) et *alcool mauvais goût* (chauffage, éclairage, vernis, etc.). — Des *distilleries agricoles*, plus modestes, se contentent d'obtenir l'alcool brut et envoient toute leur production aux usines de rectification.

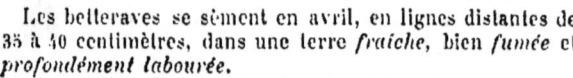
Fig. 347. — Carotte fourragère blanche à collet vert.

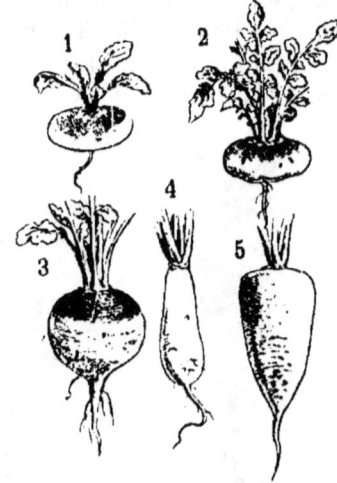
Fig. 348 à 352. — Variétés de navets.

5. Fabrication du sucre. — Autrefois, on n'extrayait le sucre que de la *canne à sucre*, espèce de roseau cultivé dans les Antilles et l'Amérique du Sud. Aujourd'hui, une grande partie du sucre consommé en Europe est extraite de la betterave. Pour cela, on retire le jus sucré de la betterave, on le clarifie, on le filtre, on l'évapore, puis on en cuit le résidu (Voir *lecture*, p. 246); il reste le sucre brut ou *cassonade* que l'on raffine.

6. Carotte, navet, rutabaga. — Ces plantes réussissent très bien dans les terres légères, profondes et fraîches. Elles sont plus nutritives que la betterave et se cultivent comme elle.

La *carotte blanche* (*fig.* 347), de la famille des *ombellifères*, convient aux vaches laitières; le cheval en est très friand. Le *navet* (*fig.* 348 à 352) et le *rutabaga* (*fig.* 353), tous deux de la famille des *crucifères*, sont donnés aux moutons et aux vaches. Le navet est aussi employé en cuisine comme légume.

7. **Les porte-graines.** — La betterave, la carotte, etc., sont des plantes *bisannuelles* (Voir *34e leçon*, § 7). Au moment de l'arrachage, elles n'ont que la racine et des feuilles; on choisit comme *porte-graines* quelques racines de grosseur moyenne que l'on conserve pendant l'hiver dans une cave. On les replante en avril et sur chaque racine, il pousse bientôt une tige qui porte ensuite des fleurs, puis des graines.

Fig. 353. — Rutabaga.

RÉSUMÉ

Les principales **plantes sarclées** sont : la *pomme de terre*, le *topinambour*, la *betterave*, la *carotte*, le *navet* et le *rutabaga*.

Les **pommes de terre** sont plantées en mars-avril. Lorsqu'elles sont levées, on les *bine* et on les *sarcle* plusieurs fois puis, au moment de la floraison, on les *butte*. On les arrache quand les tiges sont sèches et on les conserve à la cave ou en *silo*.

Les pommes de terre servent à l'alimentation de l'homme et des animaux; l'industrie en retire de la *fécule* et de l'*alcool*.

Le **topinambour** se cultive comme la pomme de terre; on le donne aux moutons et aux vaches laitières.

Les **betteraves** se sèment en avril. Une fois levées, on les éclaircit en ne laissant que les plus beaux pieds, qu'on arrache en septembre. Elles constituent un très bon aliment pour le bétail. De certaines espèces on extrait du *sucre* ou de l'*alcool*.

La carotte, le **navet** et le **rutabaga** se cultivent comme la betterave.

EXERCICES

QUESTIONS D'INTELLIGENCE. — *1. Les plantes sarclées sont parfois appelées plantes nettoyantes; pourquoi? — 2. Les tubercules de pommes de terre sont-ils les fruits de la plante? — 3. Que produit le buttage sur les plantes à tubercules? — 4. Comment l'effeuillage des betteraves peut-il nuire au développement des racines? — 5. Peut-on extraire du sucre de la carotte?*

DEVOIRS. — *I. La racine des plantes : son utilité, ses principales formes; comment favorise-t-on son développement? Citez les principales plantes que l'on cultive pour leurs racines et indiquez-en les usages. — II. Qu'appelle-t-on plantes sarclées? Dites ce que vous savez sur la culture de la pomme de terre. — III. La betterave : sa culture et son utilisation.*

42ᵉ LEÇON. — LES PLANTES FOURRAGÈRES.

SOMMAIRE. — Ce qu'on appelle plantes fourragères. — Prairies naturelles : création d'une prairie naturelle, soins d'entretien, récolte. — Prairies artificielles : luzerne, trèfle, sainfoin.

1. Plantes fourragères. — Ce sont des *herbes* [1], (graminées ou légumineuses) propres à la nourriture du bétail; elles constituent les *prairies naturelles* et les *prairies artificielles*.

2. Prairies naturelles. — Les prairies naturelles (prés, herbages ou pâtures) sont composées d'un mélange de plantes *vivaces*, principalement de *graminées*.

Les prairies naturelles ont une durée illimitée et occupent les terrains les plus divers, mais les terres fraîches des vallées produisent les fourrages les plus abondants et les meilleurs, à condition que l'eau n'y séjourne pas.

3. Création d'une prairie naturelle. — Les prairies naturelles se sont formées sans le concours de l'homme; mais dans les vallées et les plaines, il en crée de nouvelles et les améliore par ses soins.

Les graminées qu'il y sème le plus souvent sont : le *vulpin des prés* (*fig.* 354), la *flouve odorante* (*fig.* 355), le *dactyle pelotonné* (*fig.* 356), la *fléole des prés* (*fig.* 357), le *ray-grass* (*fig.* 358, 359), la *fétuque* (*fig.* 360), le *paturin des prés*, l'*avoine élevée*.

Au printemps, dans un sol bien labouré, bien nettoyé et bien émietté, le cultivateur sème d'abord les grosses graines qu'il enterre à la herse, puis les petites qu'il roule simplement. Il doit éviter de semer les *fenasses* ou *balayures* des greniers, car elles contiennent une quantité de graines de mauvaises herbes.

4. Soins d'entretien. — A la fin de l'hiver, avant toute végétation, on étend la terre des taupinières, on arrache les mauvaises herbes, on enlève les feuilles mortes avec des râteaux ou avec des herses, on répand sur le sol des engrais liquides (purin étendu de quatre à cinq fois son volume d'eau) ou des engrais en poudre; enfin, quand cela est nécessaire et possible, on *irrigue* les prairies.

5. Fenaison. — Sur les flancs des montagnes et dans les meilleurs terrains (par exemple en Normandie), les prairies naturelles sont surtout utilisées comme *pâturages*, c'est-à-dire que les bestiaux consomment toute l'herbe sur place.

Dans les autres cas, on en fait du *fourrage*. Pour cela, lorsque les plantes sont en pleine fleur, on les *coupe* soit à la faux, soit à la faucheuse, puis on procède au *fanage*, c'est-à-dire qu'à l'aide de fourches et de râteaux on étend et on retourne l'herbe pour la faire sécher et la transformer en *foin*. Au bout de quelques jours, le foin étant bien sec, on le rentre dans les greniers.

Après la coupe, l'herbe repousse : c'est le *regain*, que l'on utilise ordinairement comme pâture, mais que l'on peut aussi conserver à l'état vert par l'*ensilage*. Pour cela, le regain coupé et encore humide est entassé dans une fosse et pressé fortement.

---

[1]. Herbes : plantes dont la tige mince, non ligneuse, meurt après la floraison.

PLANTES NUISIBLES

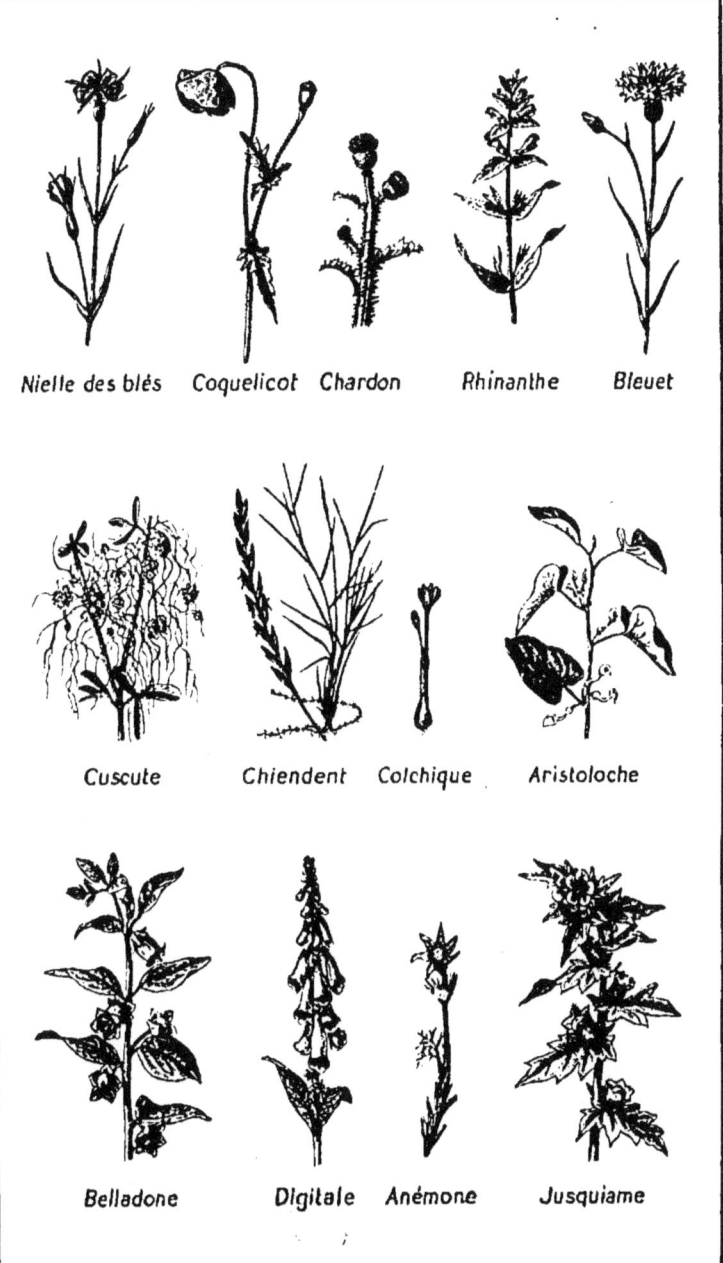

Pl. IV

6. Prairies artificielles. — Une prairie artificielle est ensemencée et entretenue par l'homme et ne contient ordinairement qu'une ou

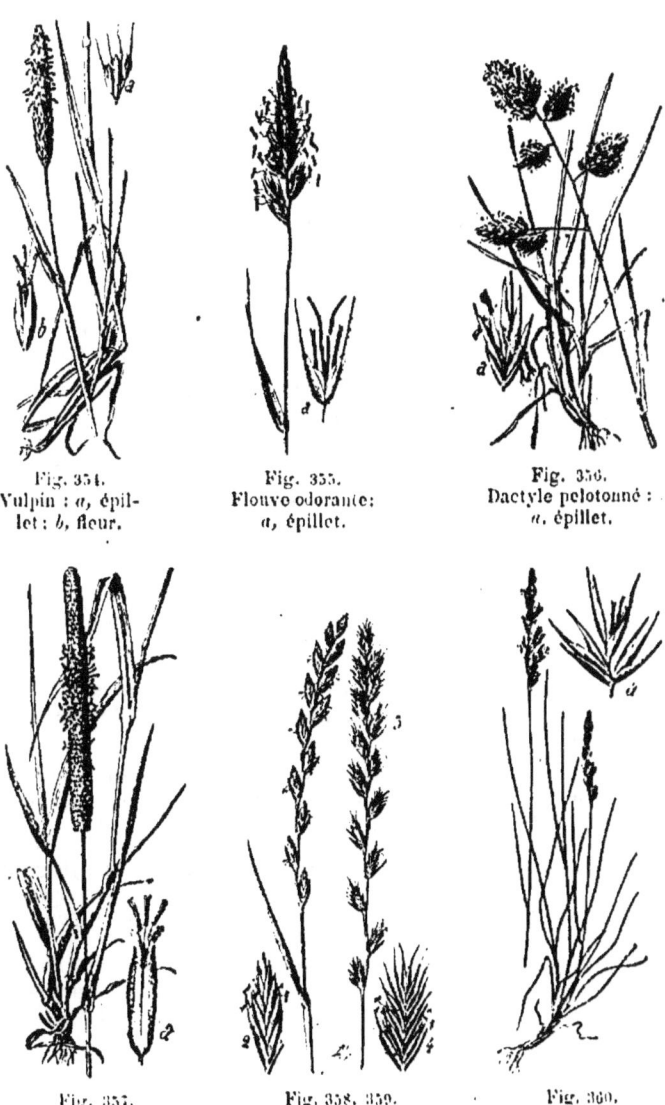

Fig. 354. Vulpin : *a*, épillet ; *b*, fleur.

Fig. 355. Flouve odorante: *a*, épillet.

Fig. 356. Dactyle pelotonné : *a*, épillet.

Fig. 357. Fléole : *a*, fleur.

Fig. 358, 359. Ray-grass (2 variétés : 2 et 1, épillets.

Fig. 360. Fétuque ovine : *a*, épillet.

deux plantes fourragères, le plus souvent des *légumineuses* : *luzerne*, *trèfle* ou *sainfoin*. N'ayant point la variété d'espèces de la prairie naturelle, elle épuise le sol en quelques années, mais elle donne plus de fourrage que la prairie naturelle.

Les prairies artificielles demandent les mêmes soins que les prairies naturelles, mais il est inutile de leur fournir des engrais azotés,

Fig. 361. — Luzerne : *a*, fleur ; *b*, fruit.   Fig. 362, 363. — Trèfle : 1, blanc ; 2, violet : *a*, *b*, *c*, détails de la fleur.   Fig. 364. — Sainfoin : *a*, fleur ; *b*, graine.

car les légumineuses ont la propriété de puiser directement dans l'air l'azote qui leur est nécessaire.

7. Luzerne. — La luzerne (*fig.* 361) est une légumineuse *vivace*, dont les racines s'enfoncent profondément dans le sol. Elle demande une terre profonde, fertile et suffisamment calcaire.

On la sème en mars sur une céréale de printemps et on l'enterre au rouleau ; elle croît lentement à l'abri de la céréale et la première récolte se fait en juin de l'année suivante.

Une bonne luzerne dure au moins dix ans et donne tous les ans deux ou trois *coupes*. On peut aussi la faire consommer en vert, mais dans ce cas il est prudent de la mêler à de la paille ou à du foin, afin de ne pas exposer les animaux à la *météorisation* (Voir 50e leçon § 6).

Une *plante parasite*[1], la **cuscute** (Voir *planche* IV, p. 192), cause parfois de grands dommages aux luzernes ; elle s'enroule autour des tiges, pompe leur sève à l'aide de petits suçoirs et finit par les faire mourir. Il faut arrêter le développement de la cuscute avant la maturité de ses graines ; pour cela, on coupe l'herbe où elle s'est développée et on la brûle, puis on arrose le sol avec une dissolution de 10 kilogrammes de sulfate de fer par 100 litres d'eau.

8. Trèfle. — On cultive plusieurs variétés de trèfles ; les meilleures sont le *trèfle commun* ou *violet* et le *trèfle rouge* ou *incarnat*.

---

1. Parasite : qui vit sur un autre végétal et se nourrit de sa sève.

Le **trèfle commun** (*fig.* 363) se plaît dans les terres *profondes*, *riches* et un peu *fraîches*. On le sème en mars sur une céréale de printemps et l'année suivante il donne deux coupes qui servent à faire du foin; on le détruit ensuite par un labourage.

Le **trèfle incarnat** aime les terres *légères* et *fertiles* et réussit mal dans les terrains calcaires ou humides. Semé en août, il donne une abondante récolte au mois de mai de l'année suivante; il est ensuite détruit. Il est surtout employé comme fourrage vert, car il n'amène pas la météorisation comme la luzerne ou le trèfle commun.

9. Sainfoin. — Le sainfoin (*fig.* 364) est une plante *vivace* à très longues racines, qui réussit très bien dans les terrains secs et calcaires. Semé en mars sur une céréale, il fournit dès l'année suivante une ou deux coupes et peut durer quatre ou cinq ans. Il constitue une excellente nourriture pour le cheval.

On cultive encore: la *vesce*, que l'on associe généralement au seigle, à l'avoine ou à l'orge; les *choux fourragers*, qui jouent un rôle important dans l'alimentation du bétail des départements de l'Ouest et du Nord-Ouest; le *maïs*, etc.

RÉSUMÉ

Les **prairies naturelles** sont formées de *graminées* et ont une durée indéfinie. Au printemps, on les débarrasse des mousses et des mauvaises herbes, on étend la terre des taupinières et on répand sur le sol des engrais liquides ou en poudre.

On coupe l'herbe des prairies quand les plantes sont en fleur, puis on procède au *fanage*. La deuxième récolte est le *regain*.

Les **prairies artificielles** ne contiennent ordinairement qu'une ou deux plantes fourragères: *luzerne*, *trèfle* ou *sainfoin*.

La **luzerne** peut durer une dizaine d'années; elle donne deux ou trois coupes par an. — Le **trèfle commun** vit deux ans et ne donne que deux coupes. — Le **trèfle incarnat** est surtout utilisé comme fourrage vert. — Le **sainfoin** aime les terrains calcaires; il donne une ou deux coupes par an et dure quatre ou cinq ans.

EXERCICES

QUESTIONS D'INTELLIGENCE. — 1. En France où trouve-t-on surtout les prairies naturelles? Quel commerce fait-on dans ces régions? — 2. Pourquoi n'est-ce pas le même engrais qui convient aux prairies naturelles et aux prairies artificielles? — 3. Pourquoi, au printemps, faut-il étendre la terre des taupinières? — 5. Pourquoi le regain encore humide et pressé fortement dans une fosse peut-il se conserver?

DEVOIRS. — I. Qu'entend-on par prairies naturelles? Quelles sont les principales plantes qui les composent? Quels soins doit-on donner à ces prairies? — II. Quelles sont les plantes ordinairement employées dans les prairies artificielles? — III. Récolte du fourrage: fauchage, fanage, emmagasinage.

43ᵉ LEÇON. — LES PLANTES INDUSTRIELLES.

SOMMAIRE. — Ce qu'on appelle plantes industrielles. — Plantes textiles. — Plantes oléagineuses. — Plantes à parfum. — Autres plantes industrielles : houblon, tabac.

1. Plantes industrielles. — Les plantes industrielles fournissent certains produits utilisés par l'industrie. — Outre la *betterave* et la *pomme de terre* (Voir 41ᵉ leçon), l'*orge* (Voir 40ᵉ leçon), on cultive encore des plantes *textiles*, dont les fibres sont utilisées, filées, pour la confection de la toile ; des plantes *oléagineuses*, desquelles on extrait de l'huile ; des plantes à *parfum* et diverses autres plantes.

2. Plantes textiles. — Les principales sont le *chanvre* et le *lin*. Elles exigent une terre fertile, fraîche et fortement fumée. L'importation des textiles étrangers : *coton*, *jute*, etc. a fait diminuer considérablement leur culture.

3. Chanvre. — Le chanvre (*fig.* 365, 366) est une herbe *annuelle* qui est cultivée surtout dans l'ouest de la France (Sarthe) ; on le sème en mai. Il se présente sous forme de pieds à fleurs *femelles* qui porteront les graines et de pieds à fleurs *mâles* (sans pistil) [Voir page 151, § 2].

Fig. 365, 366. — Chanvre : *a*. mâle ; *b*, femelle ; *c* et *d*, détails de la fleur.

Vers la fin d'août, on arrache le chanvre à la main, d'abord les pieds mâles qui sont mûrs les premiers, puis les pieds femelles trois semaines après. On le lie par petites bottes qu'on laisse sécher sur place.

On sépare les graines ou *chènevis* en peignant le sommet des tiges de chanvre femelle entre de fortes dents de fer, puis on procède à l'opération du *rouissage*. — Le chènevis sert à nourrir les oiseaux ; on en retire aussi de l'huile employée pour l'éclairage, la peinture, etc.

4. Rouissage. — Le rouissage consiste à faire séjourner les bottes de chanvre dans l'eau d'une rivière pendant une dizaine de jours. Il a pour but de détruire une sorte de *gomme* qui unit entre elles les fibres et la tige.

5. Filasse. — Le chanvre retiré de l'eau est séché au soleil, puis ses tiges sont écrasées à l'aide d'un instrument appelé *broie* (*fig.* 367). On débarrasse les fibres des fragments de la tige ou *chènevottes* en les faisant passer entre les dents d'un peigne métallique (*fig.* 368). On obtient ainsi de la *filasse* avec laquelle on fabrique du fil puis de la toile, des cordes, etc. L'*étoupe* est la partie la plus grossière de la filasse.

6. Lin. — Le lin (*fig.* 369), petite plante à fleurs bleues, est cultivé surtout dans le nord de la France ; on le sème en mars-avril.

Les fibres de lin, plus fines que celles du chanvre, servent à fabriquer le linge fin, les dentelles, etc. Sa graine donne une huile très employée en peinture ; réduite en farine, elle sert à faire des *cataplasmes*[1].

7. Cotonnier. — Le cotonnier, petit arbrisseau cultivé surtout en Amérique, possède une graine enveloppée d'une matière floconneuse que l'on file et dont on fait, par tissage, du calicot, des indiennes, de la mousseline, etc.

8. Plantes oléagineuses. — Les graines ou les fruits de certaines plantes contiennent de l'huile. En France, nous en retirons de l'*œillette*, du *colza*, de l'*olivier* et du *noyer*.

9. Œillette. — L'œillette (*fig.* 370), espèce de pavot, est cultivée surtout dans le Nord. On la sème en mars dans une terre *fraîche* et bien *fumée* et on la récolte en août. Ses graines, très petites et très nombreuses, sont renfermées dans une *capsule*; elles donnent une *huile blanche alimentaire*.

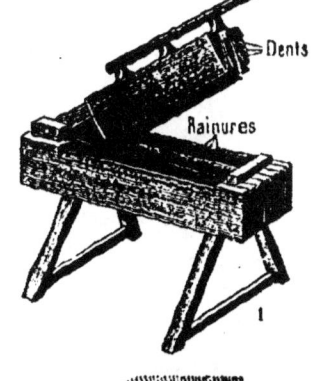

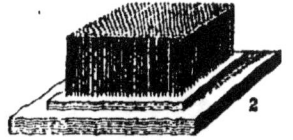

Fig. 367, 368. — 1, broie; 2, peigne.

10. Colza. — Le colza, crucifère assez cultivée dans le nord de la France, demande une terre légère, bien préparée et bien fumée. On le sème fin juillet et on fait la récolte en juin de l'année suivante. Une variété, le colza d'été, se sème au printemps et se récolte en juillet. — Les graines de colza donnent une *huile* à brûler; les résidus de sa fabrication ou *tourteaux* sont employés pour l'alimentation du bétail et comme engrais.

11. Olivier. — L'olivier (*fig.* 371) est un arbre qui peut atteindre 10 à 15 mètres de hauteur. Il redoute les froids et ne réussit bien en France que sur les bords de la Méditerranée.

Fig. 369. — Lin : *a*, fleur.

Son fruit à noyau est vert d'abord, puis noir, gros comme une noisette et s'appelle l'*olive*; il donne une *huile alimentaire* très estimée.

12. Noyer. — Le noyer, parent du chêne, réussit bien dans le centre de la France et dans le Dauphiné. Son fruit, la *noix*, donne une huile à goût prononcé qui sert à l'*alimentation*, dans son pays d'origine.

---

[1]. **Cataplasme**: bouillie médicinale épaisse formée le plus souvent avec de la farine de lin cuite à l'eau que l'on applique entre deux linges sur la partie malade du corps.

AGRICULTURE.

13. — La **navette**, espèce de navet à racine non renflée, et la **cameline** sont cultivées pour leurs graines qui donnent de l'*huile à brûler*.

14. — Les plantes oléagineuses des pays chauds font une concurrence redoutable à celles de notre pays : elles fournissent l'*huile d'arachides* et l'*huile*

Fig. 370. — Œillette ;
a, fruit.

Fig. 371. — Rameau d'olivier :
a, fleur ; b, fruits.

Fig. 372. — Houblon ;
a, fleur mâle ; b, fleur femelle.

Fig. 373. — Tabac :
a, fleur ; b, graine.

de sésame qui sont alimentaires, mais qui servent aussi, avec l'*huile de palme*, à la fabrication des savons et des bougies.

15. Fabrication de l'huile. — Les graines ou les fruits sont d'abord *broyés et comprimés*, à *froid* tout d'abord, puis entre des *plaques chauffées*, à l'aide de presses hydrauliques. — Les huiles d'olive, d'œillette et d'arachides obtenues à froid sont *alimentaires*. Celles qu'on obtient à chaud sont de qualité inférieure et servent à la fabrication du savon.

16. Plantes à parfum. — Les plantes du Midi sont beaucoup plus parfumées que celles du Nord. En France, c'est dans les départements du Var et des Alpes-Maritimes que l'on cultive les plantes dont on extrait les *essences* employées en parfumerie (fleurs du rosier, de la violette, de l'oranger, fleurs et feuilles de la mélisse, de la menthe; lavande, thym, romarin, etc., à l'état sauvage).

17. Autres plantes industrielles. Houblon. — Le houblon (*fig.* 372) est une plante vivace, grimpante, à fleurs incomplètes portées par des pieds différents. Dans le Nord et en Alsace, on cultive les pieds femelles dont les groupes de fleurs, appelés *cônes*, servent à aromatiser[1] la bière.

18. Tabac. — La culture du *tabac* (*fig.* 373) n'est pas libre en France; on ne peut s'y livrer que dans certains départements, sous le contrôle incessant de la régie. — Le tabac est semé au printemps, puis repiqué. Ses feuilles sont détachées au fur et à mesure qu'elles jaunissent.

RÉSUMÉ

Les **plantes industrielles** exigent en général une terre *bien préparée* et *fortement fumée*. On cultive des *plantes textiles*, des *plantes oléagineuses*, des *plantes à parfum*, etc.

Les **plantes textiles** sont le *chanvre* et le *lin*. Avec les fibres du chanvre, on fabrique de la toile ordinaire et des cordes; avec celles du *lin*, on fabrique le linge fin, les dentelles, etc. Le coton et le jute ont fait reculer la culture du chanvre et du lin.

Parmi les **plantes oléagineuses**, l'olivier est la seule qui soit encore largement cultivée. L'*œillette*, l'*olivier* et le *noyer* nous donnent une huile *alimentaire* et le *colza* de l'huile à *brûler*. Des pays chauds nous viennent les huiles d'*arachides*, de *palme*, etc., qui servent surtout à fabriquer le *savon*.

Les **plantes à parfum** sont cultivées dans le Midi : rosier, violette, oranger, mélisse, etc.

On cultive encore le **houblon**, dont les *cônes* servent à aromatiser la bière; le **tabac**, etc.

EXERCICES

EXPÉRIENCE ET QUESTIONS D'INTELLIGENCE. — *1. Y a-t-il des fleurs à étamines sur les pieds femelles du chanvre? — 2. Écrasez une graine de chènevis sur du papier; que remarquez-vous sur le papier? — 3. Quelles plantes fournissent de l'huile à brûler? de l'huile comestible? — 4. Quelles sont les plantes industrielles cultivées dans votre département?*

DEVOIRS. — *I. Le chanvre et le lin. Culture et usages. — II. Les plantes oléagineuses. Culture et usages.*

---

1. Aromatiser : communiquer une odeur agréable.

44ᵉ LEÇON. — LES PLANTES POTAGÈRES.

SOMMAIRE. — Le jardin potager. Légumes cultivés pour leurs racines, leur tige, leurs feuilles ou leurs fleurs, pour leurs fruits ou leurs graines.

1. Les plantes potagères. — Les *plantes potagères* ou *légumes* servent à l'alimentation de l'homme. On les cultive en plein champ ou dans le *jardin potager*.

2. Jardin potager. — Le *jardin potager* est ordinairement situé près de la maison d'habitation et abrité, par des murs, des vents froids ou violents. Son sol doit être ni trop léger, ni trop compact, bien défoncé et débarrassé des pierres et des mauvaises herbes. On doit lui fournir des fumures abondantes et l'arroser souvent. — Lorsqu'on veut obtenir une récolte rapide avant l'époque ordinaire, on cultive sur **couche**. Une *couche* consiste en un lit de fumier frais de cheval tassé régulièrement et recouvert de *terreau*. On abrite la couche au moyen de *châssis vitrés* ou de *cloches* (Voir 11ᵉ leçon).

3. Légumes cultivés pour leurs racines. — **Carotte potagère.** — Elle a une racine *rouge*. Il en existe plusieurs variétés plus ou moins hâtives; on les sème en mars-mai et on les récolte avant l'hiver. On les conserve à la cave, dans du sable.

Navet. — Le navet est une *crucifère* comme le radis, qui se sème en mai-juin et se récolte avant l'hiver; on le conserve à la cave.

Radis (*fig.* 374 à 378). — On sème le *radis rose* en toute saison; en été, on peut le récolter trente jours après. Le *radis noir* se sème en juin et se récolte avant les fortes gelées; on le conserve à la cave pour l'hiver.

Fig. 374 à 378. — Radis : *a*, tige fleurie; *b, c, d, e*, variétés de radis.

4. Légumes cultivés pour leur tige (tubercules ou bulbe). — **Pomme de terre.** — Au jardin, on cultive surtout les variétés précoces de cette *solanée* : marjolin, hollande, early rose, etc.

Oignon. — Il existe plusieurs variétés de cette *liliacée* : l'*oignon blanc*, qui se sème fin juillet et se récolte au printemps suivant; l'*oignon rouge pâle* de Niort (*fig.* 379); l'*oignon jaune*, qui, semé très serré en mars-avril, donne en septembre de petits oignons qu'on plante l'année suivante, sous le nom d'*oignons de Mulhouse*. Les oignons se conservent à l'abri de l'*humidité*.

Ail, échalote. — L'*ail* (*fig.* 380) craint les terres *humides*, où il contracte une maladie appelée *graisse*. En février, on plante les parties de son bulbe appelées *caïeux*. La récolte se fait en août; on la conserve au *sec*. — L'*échalote* (*fig.* 381) se cultive comme l'ail.

Poireau. — Le poireau (*fig.* 382) est une *liliacée* qui se sème en février. Au mois de juin, on le *repique*, c'est-à-dire qu'on le replante

Fig. 379. — Oignons.

Fig. 380. — Ails.

Fig. 381. — Échalotes.

dans un autre endroit, après avoir coupé l'extrémité des feuilles et des racines. La récolte se fait pendant l'hiver.

5. Légumes cultivés pour leurs bourgeons, leurs feuilles ou leurs fleurs. — **Asperge** (liliacée vivace à nombreux rhizomes). — Au printemps, au fond d'une fosse creusée dans un terrain bien fumé, on plante de jeunes rhizomes d'asperges, appelés *griffes* (*fig.* 383), provenant d'un semis de deux ans. La première année on détruit les plantes nuisibles, et à l'automne on coupe les tiges sèches. La seconde année on opère de même et on fume avant l'hiver. On ne commence à récolter qu'au troisième printemps les jeunes tiges aériennes qui se développent sur les rhizomes, et dont le bourgeon terminal est fort tendre. Une bonne plantation d'asperges peut durer quinze ans.

Fig. 382. — Poireaux.

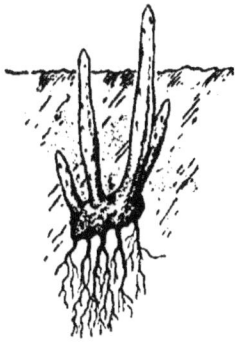

Fig. 383. — Griffe d'asperge.

Choux. — Les choux sont des *crucifères* qu'on cultive pour leurs bourgeons ou leurs fleurs ; le bourgeon terminal, très développé, est appelé *pomme*. Le *chou de Milan* (*fig.* 384) se sème au début du printemps et se repique en mai ; on le récolte avant l'hiver. Pour le conserver, on l'enfonce en terre jusqu'à la *pomme*, puis on le recouvre de paille. — Le *chou de Bruxelles* (*fig.* 385) se sème en février-mars. Il produit le long de sa tige des *bourgeons latéraux* que l'on détache au fur et à mesure qu'ils grossissent. — Le *chou-fleur* (*fig.* 386) se sème en avril ; on ne mange que ses *rameaux à fleurs* en août-septembre.

Salades. — Ce sont des végétaux de la famille des *composées* dont on mange les feuilles crues avec assaisonnement de vinaigre, huile, sel et poivre. Les mêmes végétaux, cuits au jus, sont d'excellente digestion. — La *laitue* se sème à partir de mars, la *chicorée* et la *scarole* à partir de juin; puis on les repique. Lorsque ces dernières sont développées, par un temps bien sec, on les *lie* pour les faire *blanchir*.

Le **céleri** *(fig. 387)*, une ombellifère, se sème au printemps et se repique six semaines après.

Fig. 384. — Chou pommé.   Fig. 385. — Choux de Bruxelles.   Fig. 386. — Chou-fleur.

Pour le faire blanchir on le butte en octobre et on le récolte avant les gelées. On le conserve à la cave. Dans le *céleri-rave* on mange la grosse racine.

Épinard. — L'épinard, parent de la betterave, se sème au mois d'août et se récolte à l'automne et pendant l'hiver.

Artichaut. — L'artichaut *(fig. 388)* est une *composée*. Le *fond d'artichaut* est le *capitule* ou réceptacle commun des fleurs; le *foin*, les

Fig. 387. — Céleri.   Fig. 388. — Artichaut.   Fig. 389. — Cornichons.

fleurs non encore développées; les *feuilles*, les enveloppes protectrices des fleurs. Il se multiplie par des *rejets* que l'on détache des vieux pieds et que l'on plante au printemps; on le *butte* à l'automne et on le recouvre de paille avant l'hiver; il dure quatre ou cinq ans.

6. Légumes cultivés pour leurs fruits ou leurs graines. — Citrouille, concombre. — La *citrouille*, dont l'espèce la plus connue est le *potiron*, et le *concombre-cornichon* *(fig. 389)* se sèment au printemps dans une terre abondamment fumée. Une espèce de concombre se conserve, confite dans le vinaigre, sous le nom de *cornichon*; à maturité, elle se mange en salade.

Melon. — Dans le Nord et le Centre, le melon *(fig. 390)* ne peut se cultiver que sur couche et sous châssis; on le sème fin mars (melons *cantaloups*, à grosses côtes; melons *brodés* couverts de dessins pâles).

Tomate. — La tomate (*fig.* 391 à 393) est une *solanée* qui se sème sur couche. Au mois de mai-juin, on pince les jeunes tiges pour hâter la maturité du fruit.

Fraisier. — Le fraisier (Voir planche VI, p. 208) est une *rosacée* qui se

Fig. 390. — Melon : *a*, fleur mâle; *b*, fleur femelle; *c*, fruit.

Fig. 391 à 393. — Tomate : *a*, fleur; *b*, *c*, *d*, variétés.

multiplie par semis et surtout par rejetons ou coulants (Voir *33ᵉ leçon*).

Haricots, pois, lentilles. — Ces *légumineuses* se sèment en lignes après les gelées printanières. Elles demandent un sol léger et de fumure déjà ancienne. Leurs graines sont consommées à l'état *sec*; quelques variétés se mangent à l'état *vert*.

RÉSUMÉ

Les **plantes potagères** ou *légumes* servent à l'alimentation de l'homme; on les cultive ordinairement dans le *jardin potager*.

Le jardin doit être abrité des vents froids et violents; son sol doit être ni trop léger, ni trop compact, bien défoncé et débarrassé des pierres et des mauvaises herbes. Il doit être abondamment fumé.

Les légumes sont cultivés : 1° pour leurs **racines** (carotte, navet, radis, etc.); 2° pour leurs **tubercules** ou leur **bulbe** (pomme de terre, oignons, ail, etc.); 3° pour leurs **bourgeons** ou leurs **feuilles** (asperges, choux, salades, épinards, etc.); 4° pour leurs **fruits** ou leurs **graines** (melon, tomate, haricots, etc.).

EXERCICES

QUESTIONS D'INTELLIGENCE. — 1. *Comment l'emploi de châssis vitrés ou de cloches permet-il des récoltes hâtives? — 2. Pourquoi la salade liée blanchit-elle? — 3. Les oignons se placent-ils à la cave ou au grenier? Y a-t-il d'autres légumes dans le même cas? — 4. Quelle partie de la plante mange-t-on dans l'artichaut? dans l'asperge? dans le haricot?*

DEVOIRS. — *I. Le potager : produits, soins. — II. Nommez les légumes cultivés pour leurs feuilles. Dites ce que vous savez de leur culture.*

45ᵉ LEÇON. — LES PLANTES QUI GUÉRISSENT, ETC.

SOMMAIRE. — Récolte et conservation des plantes qui guérissent, leur emploi. — Les principales plantes qui tuent. — Culture des plantes qui charment.

1. Les plantes qui guérissent. — La plupart des *plantes* utilisées en *médecine* croissent naturellement dans les champs, les bois ou les prairies. On récolte leurs *fleurs* dès qu'elles commencent à s'épanouir et leurs *racines* de préférence à l'automne; on les fait sécher à l'*ombre*, puis on les conserve dans des *boîtes fermées*.

Les **plantes médicinales** s'emploient en *infusion* ou en *décoction*, parfois en *macération*.

Pour préparer une **infusion**, on verse de l'eau bouillante sur la

Fig. 394.
Mauve sauvage : *a*, coupe de la fleur ; *b*, fruit.

Fig. 395. — Bouillon blanc :
a, coupe de la fleur ; *b*, étamine ; *c*, fruit.

plante, on couvre le vase et on laisse reposer pendant 10 à 15 minutes.

On obtient une **décoction** en faisant bouillir l'eau et la plante à petit feu, pendant quelques instants, dans un vase muni d'un couvercle.

La **macération** consiste à laisser la plante de 12 à 36 heures dans un liquide froid (eau, vin, alcool, etc.).

Les *plantes pectorales* sont utilisées pour combattre le *rhume* de poitrine et autres affections des voies respiratoires. Ainsi

Fig. 396. — Ronce sauvage : *a*, fruit.

Fig. 397. — Mélisse : *a*, fleur ; *b*, coupe de la fleur.

la *tisane pectorale* dite des *quatre fleurs* (fleurs de violette, de mauve [*fig.* 394], de bouillon blanc [*fig.* 395] et de coquelicot [Voir *planche* IV, p. 192]) calme les *irritations* de poitrine ; les infusions de *bourgeons de sapin*, jeunes pousses du sapin, de *fleurs de mauve*, de *fleurs de bouillon blanc* (cette infusion doit être filtrée), etc., calment la *toux*.

Dans les *maux de gorge*, on emploie comme *gargarisme* [1] une infusion de feuilles de ronce (*fig.* 396). Contre la *diarrhée*, on emploie le *coing* en gelée ou en sirop.

Pour obtenir une boisson *rafraîchissante*, on fait une décoction de *queues de cerises*, de *racines de chiendent* ou *de grains d'orge*.

Fig. 398. — Bardane : *a*, fleur ; *b*, coupe d'un capitule ; *c*, graine.

Fig. 399. Bourrache : *a*, fruit.

Pour chasser ou tuer les *vers intestinaux*, on utilise une décoction de *gousses d'ail* dans du *lait*.

Certaines plantes excitent l'appétit grâce au suc amer qu'elles renferment : on les dit **apéritives**. Ce sont : la *chicorée sauvage* (Voir 37e leçon), dont les racines et les feuilles sont employées en décoction ; le *houblon* (*fig.* 372, p. 198), dont les *cônes* servent à faire des infusions, etc.

Les plantes qui stimulent et activent la digestion sont dites plantes **digestives**. Les principales sont : la *camomille*, la *menthe* et la *mélisse*, dont on fait des infusions.

Contre les *indigestions*, on emploie une infusion de *mélisse* (*fig.* 397) ou de *fleurs de tilleul*.

Pour *purifier le sang*, on emploie des plantes **dépuratives** : macérations de *racines de chicorée sauvage*, infusions de *pensée sauvage*, décoctions de *racines de patience*, de *bardane* (*fig.* 398), etc.

Pour provoquer la *sueur*, on utilise les infusions de plantes dites **sudorifiques** (*feuilles* et *fleurs de bourrache* [*fig.* 399], *fleurs de sureau*, etc.).

Fig. 400. — Datura : *a*, fruit ; *b*, graine.

2. Les plantes qui tuent. — Un certain nombre de plantes renferment du *poison* ; il est dangereux de les manger et même de les mettre dans la bouche. Toutefois, la médecine les emploie, à très petites doses, pour guérir.

---

1. Gargarisme : Préparation liquide destinée à agir sur la muqueuse de la bouche et de l'arrière-bouche. On la rejette ensuite sans l'avaler.

Les principales sont : la *belladone* (Voir *planche* IV, p. 192), aux fleurs rouge foncé, dont les fruits ressemblent à une cerise noire et sont un violent poison; la *jusquiame* (Voir *planche* IV, p. 192), aux fleurs jaune foncé en forme de clochette, qui croît sur le bord des chemins et dans les lieux incultes; le *datura* (fig. 100), d'un bel effet décoratif, qui se cultive dans les jardins d'agrément; c'est un poison violent; l'*euphorbe* (fig. 101), qui secrète un jus laiteux et corrosif; l'*aconit* (fig. 102), aux fleurs bleues, qui est surtout une plante des montagnes; les *renoncules* (fig. 103 à 105), aux fleurs jaunes, qui croissent dans les endroits humides; le *colchique* (Voir *planche* IV, p. 192), aux fleurs couleur lilas, qui abonde dans les prés humides en septembre; la *digitale* (Voir *planche* IV, p. 192), aux fleurs rouges, pendantes, en forme de doigt de gant.

On peut encore citer : la *ciguë*, que l'on distingue du persil à la mauvaise odeur qu'exhalent ses feuilles quand on les écrase; le *tabac*, dont les feuilles renferment de la *nicotine*, poison très violent. Enfin un grand nombre de *champignons* (Voir *planche* III, p. 154) sont *vénéneux*; on doit être prudent dans le choix des champignons comestibles.

Fig. 101. — Euphorbe : *a*, fleur; *b*, fruit; *c*, graine grossie.

Fig. 102. — Aconit : A, coupe de la fleur; B, fruit.

Le champignon de couche, la coulemelle, le cèpe, la morille, la girolle comptent parmi les meilleurs champignons et les plus faciles à reconnaître, lorsqu'une fois on en a vu de véritables.

3. Les plantes qui charment. — Les *plantes d'agrément* sont cultivées en pots, en caisse ou en pleine terre dans le jardin. Elles exigent en général un *sol léger et riche en humus* (la terre de bruyère, qu'on trouve dans les bois, leur convient très bien).

Fig. 103 à 105. — Renoncules : *a*, — âcre ou bouton d'or; *b*, — aquatique; *c*, — des fleuristes.

Les plus connues sont : l'*œillet*, la *pensée*, la *giroflée* (fig. 106), la *balsamine* (fig. 107) et la *reine-marguerite*, qui se reproduisent par *semis*; le *chrysanthème*, la *tubéreuse* (fig. 108), le *géranium*, qui se reproduisent par *boutures*; le *dahlia*, qui se reproduit par ses *tubercules*; la *jacinthe* et la *tulipe*, qui se reproduisent par leurs *oignons*;

PLANTES D'AGRÉMENT

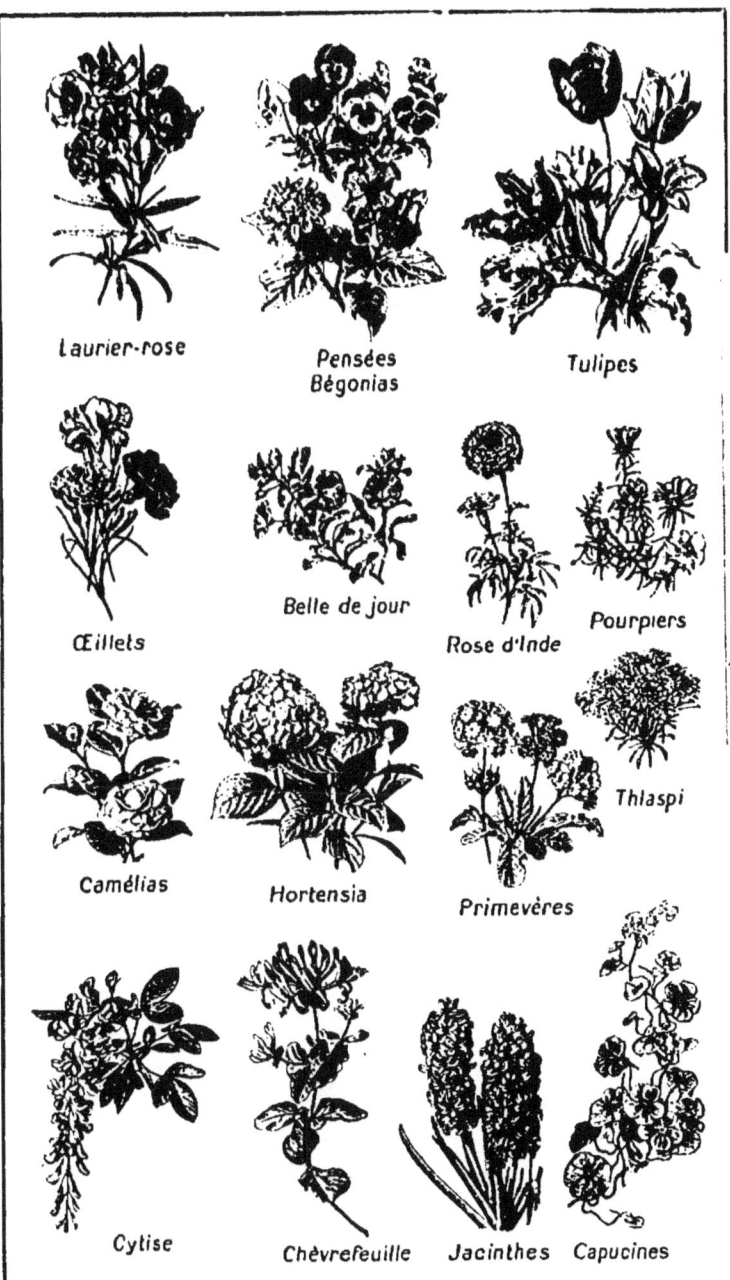

Pl. V

SCIENCES PHYSIQUES ET NATURELLES

on peut encore citer le *chèvrefeuille*, le *rosier*, le *lilas*, la *grande marguerite*. (Voir les plantes d'agrément, *planche* V, p. 206).

RÉSUMÉ

Les plantes *dites* **médicinales** servent à faire des *tisanes*; on les trouve à l'état sauvage dans les champs, les bois ou les prai-

Fig. 106. — Giroflée.   Fig. 107. — Balsamine.   Fig. 108. — Tubéreuse.

ries. On les utilise en *infusion*, en *décoction* ou en *macération* : ronce, menthe, bourrache, sureau, tilleul, chicorée, mélisse, etc.

Les plantes vénéneuses (belladone, aconit, ciguë, etc.) renferment des *poisons*; il est dangereux de les mettre dans la bouche.

Les plantes d'agrément sont cultivées pour rendre nos habitations plus *riantes* : rose, œillet, géranium, dahlia, etc.

EXERCICES

QUESTIONS ET EXPÉRIENCES. — *1. Votre petite sœur est enrhumée; quelle tisane votre mère lui donne-t-elle? que lui fait-on boire pour l'exciter à manger? — 2. Vous digérez mal; le soir, avant de vous coucher, que devez-vous boire? — 3. Au printemps, il vous vient parfois des boutons sur la figure; que faut-il faire pour les éviter? — 4. Apportez à votre maître quelques champignons comestibles faciles à reconnaître. — 5. Quelles sont les plantes d'agrément que vous préférez?*

DEVOIRS. — *I. Dans vos promenades, vous avez récolté quelques plantes médicinales. Nommez ces plantes et indiquez dans quels cas vous pourrez vous en servir. — II. Nommez les plantes d'agrément que vous connaissez et dites ce que vous savez sur ces plantes.*

46ᵉ LEÇON. — VERGERS ET FORÊTS.

SOMMAIRE. — L'arboriculture fruitière. — Plantation, soins d'entretien, taille, formes. — Principaux arbres fruitiers. — L'arboriculture forestière : principaux arbres de nos forêts.

1. Les bons arbres fruitiers se multiplient par greffage. — Les semis de noyaux ou de pépins produisent des arbres appelés *sujets francs* ou *sauvageons* (Voir *36ᵉ leçon*, § 3) que l'on *greffe*. Les fruits de l'arbre greffé ont la même qualité que ceux de l'arbre sur lequel on a pris les greffons.

Les pépiniéristes font leurs semis dans un terrain spécial appelé *pépinière*; ils y repiquent les jeunes sujets, puis, un an ou deux après, ils les greffent. L'année suivante, ils les arrachent avec soin et les vendent ou les plantent à demeure. A la campagne, on peut se procurer des sauvageons dans les bois; on les transplante à l'endroit voulu et on les greffe l'année suivante.

2. Plantation. — La plantation des arbres doit être *très soignée*; on la fait à l'automne dans les terres légères, en mars dans les terres fortes. *Les arbres plantés trop profondément poussent mal;* les premières racines doivent se trouver très près de la surface du sol.

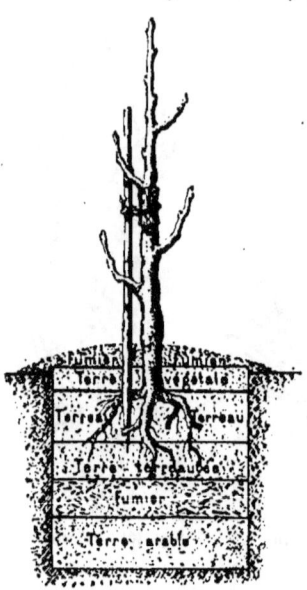

Fig. 409.
Plantation d'un arbre fruitier.

Plusieurs mois à l'avance, on creuse un trou de 1 mètre au moins de côté et de 0ᵐ,70 de profondeur. L'arbre ayant été arraché avec soin, on coupe l'extrémité de ses racines, puis on le dépose au milieu de la fosse (*fig.* 409) sur un petit monticule de terreau. Les racines étant bien étalées, on les recouvre de bonne terre, puis de terre mélangée de fumier bien décomposé et on tasse légèrement.

3. Soins d'entretien. — Chaque année, à la fin de l'hiver, on racle les vieilles écorces des arbres, on *badigeonne* le tronc et les grosses branches avec un *lait de chaux* pour détruire les *larves* d'insectes, les *mousses*, etc. En été, pour prévenir les ravages des *chenilles*, on brûle leurs nids avant l'éclosion des œufs ; si les feuilles des arbres sont dévorées par les *pucerons*, on les asperge avec du *jus de tabac* étendu d'eau ; enfin si les arbres à pépins jaunissent, on renouvelle la terre autour de leurs racines et on les arrose avec une dissolution de 1 kilogramme de sulfate de fer dans 10 litres d'eau.

4. Taille. — On dit qu'un arbre pousse en *plein vent* quand ses branches, dirigées les trois premières années, croissent ensuite librement (*fig.* 411). Ordinairement, les arbres du jardin sont *taillés*; ils prennent alors une forme déterminée et produisent des fruits plus savoureux.

FRUITS

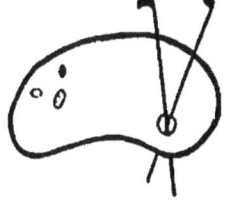

Pl. VI SCIENCES PHYSIQUES ET NATURELLES

La *taille des arbres* se fait en février-mars. Un peu plus tard, on *ébourgeonne*, c'est-à-dire qu'on supprime les bourgeons inutiles ou mal placés : on distingue facilement les *bourgeons à bois*, pointus, des *bourgeons à fruits*, plus gros (*fig.* 410).

5. Formes données aux arbres. — Aux arbres cultivés en plein air, on donne une **forme arrondie** : *pyramide* (*fig.* 413), *vase*. On réserve les **formes plates** comme la *palmette* (*fig.* 412) et le *cordon* aux arbres cultivés en *espalier* ou en *contre-espalier*.

En **espalier**, l'arbre a ses branches étalées contre un mur ; en **contre-espalier**, ses rameaux étalés sont maintenus par des fils de fer ou des tuteurs.

6. Principaux arbres fruitiers. — Les principaux arbres fruitiers sont : le *pommier*, le *poirier*, le *cerisier*, le *prunier*, le *pêcher* et l'*abricotier* (Voir les fruits, *planche* VI, p. 208).

7. Pommier. — Le *pommier* se greffe sur *franc*.

Les meilleures pommes sont la *calville* et la *rei-

Fig. 410. — Rameau de poirier : *bo*, bourgeon à bois ; *bf*, bourgeon à fruit.

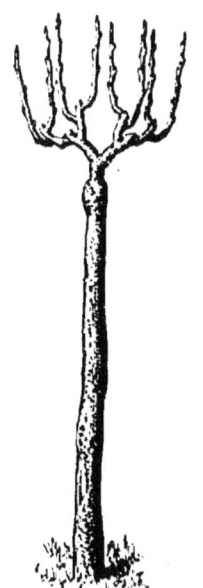

Fig. 411. — Arbre en plein vent (3ᵉ année après la greffe).

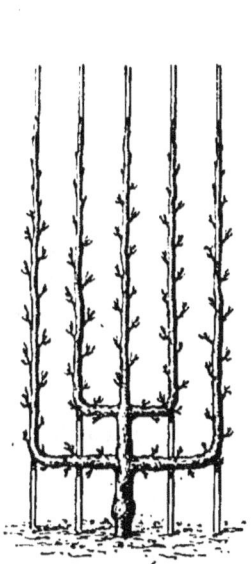

Fig. 412. Palmette (en contre-espalier).

Fig. 413. Pyramide (arbre de plein air).

AGRICULTURE.

nette du Canada (*fig.* 414 à 416 et *planche* VI, p. 208). En Normandie et en Bretagne, on cultive le *pommier à cidre*.

8. Poirier. — Le *poirier* se greffe sur *franc* ou sur *cognassier*. Greffé sur cognassier, il vit moins longtemps, mais produit plus tôt et donne de meilleurs fruits que greffé sur franc (Voir *planche* VI, p. 208).

Les meilleures variétés de poires (*fig.* 417 à 419) sont la *duchesse d'Angoulême* qui mûrit en octobre, la *doyenne d'hiver* et la *beurré d'Arenberg*.

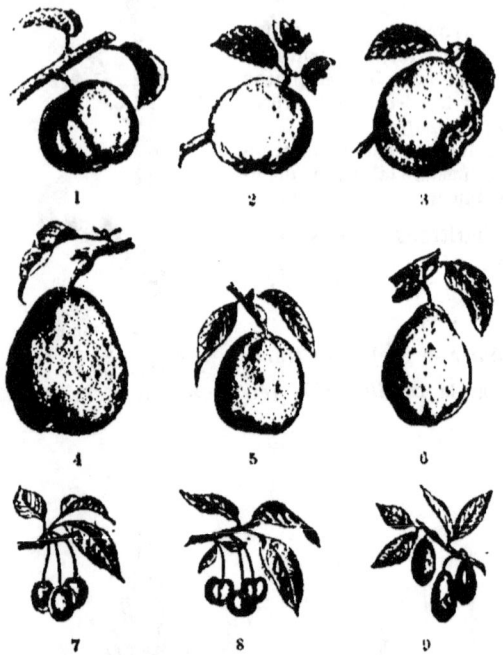

9. Cerisier. — Le *cerisier* vient bien dans les terrains non humides; on le greffe sur *merisier*, parent forestier du cerisier.

Les principales variétés de cerises sont : la cerise *reine Hortense*, très bonne, et la cerise *anglaise*, hâtive (*fig.* 420, 421); la *guigne*, à chair molle, et le *bigarreau*, à chair croquante.

Fig. 411 à 422. — Quelques bonnes variétés de fruits : 1, pomme belle fleur rouge; 2, pomme calville blanche; 3, pomme reinette du Canada; — 4, poire duchesse d'Angoulême; 5, poire doyenné d'hiver; 6, poire beurré d'Arenberg; — 7, cerise reine Hortense; 8, cerise anglaise hâtive; — 9, prune d'Agen.

10. Prunier. — Le *prunier* vient bien dans les terres un peu fraîches; on le greffe sur *franc*.

Les meilleures prunes sont la *reine-Claude*, la *mirabelle*, la *prune d'Agen* (*fig.* 422), avec laquelle on fait les pruneaux.

11. Pêcher. — Le *pêcher* se greffe en *écusson* sur *franc*, sur *amandier* ou sur *prunier*. Le pêcher, comme tous les arbres à noyau, supporte mal la taille et réussit mieux en plein vent qu'en espalier.

12. Abricotier. — L'*abricotier* (Voir *planche* VI, p. 208) se greffe en *écusson* sur *prunier* ou sur *amandier*. Il fleurit de bonne heure et, pour cette raison, craint les gelées de printemps.

13. Conservation des fruits. — Certains fruits ne sont pas consommés immédiatement; on les conserve dans le *fruitier*. C'est un local qui doit être peu *éclairé* et à l'abri de la *gelée* et de l'*humidité*.

Les fruits y sont rangés sur des tablettes recouvertes de paille, de façon qu'ils ne se touchent pas.

14. La forêt. — On dit que la forêt est en *taillis* lorsqu'elle est composée de jeunes arbres venus des anciennes souches. Le taillis s'appelle parfois *fourré*. Une forêt est en *futaie* lorsqu'elle est composée d'arbres ayant atteint toute leur hauteur.

Le plus souvent un taillis contient un certain nombre de beaux arbres formant une véritable futaie ; c'est alors un taillis *sous futaie*.

15. Exploitation d'une forêt. — Les taillis sont coupés au pied environ tous les *vingt ans* et donnent du bois de chauffage ; on en fait aussi du charbon de bois. On y réserve les plus beaux arbres pour ne les couper qu'après 20, 40, 60 ans et plus ; ces arbres sont appelés *baliveaux, modernes, anciens* et *vieilles écorces*, selon leur âge. Ils sont destinés aux usages industriels.

La portion de forêt exploitée dans une année s'appelle *coupe*.

Le taillis se reproduit par les *rejets* qui poussent sur les souches ; la futaie ne se reproduit que par les *graines*.

16. Principaux arbres de nos forêts. — Dans les forêts du Centre, on trouve le *chêne*, le *charme*, le *hêtre*, l'*orme*, le *bouleau*, etc. ; dans les Landes et le Midi, différentes espèces de *pins* ; dans les montagnes de l'Est et du Nord-Est, le *pin* et le *sapin*.

RÉSUMÉ

Un **arbre** est dit de *plein vent* lorsque ses branches croissent librement. Par la *taille*, on fait produire aux arbres de meilleurs fruits. Parmi les formes qu'on leur donne, les plus employées sont : la *pyramide* et le *vase* pour les arbres cultivés en plein air ; la *palmette* et le *cordon* pour les arbres cultivés en *espalier* sur un mur ou en *contre-espalier* sur des fils de fer.

Les principaux **arbres fruitiers** sont : le *pommier*, le *poirier*, le *cerisier*, le *prunier*, le *pêcher* et l'*abricotier*.

Le *fruitier* est un local peu éclairé, à l'abri de l'humidité et de la gelée, où l'on conserve les fruits.

Une **forêt** est un ensemble d'arbres massés sur une certaine étendue de terrain. Nos principaux arbres forestiers sont : le chêne, le charme, le hêtre, l'orme, le bouleau, les pins et les sapins.

EXERCICES

QUESTIONS D'INTELLIGENCE. — *1. Dans les forêts, on trouve des sauvageons là où il n'y a jamais eu d'arbres fruitiers ; comment cela peut-il se faire ? — 2. Pourquoi un arbre planté trop profondément pousse-t-il mal ? — 3. A quelle époque peut-on écorcer le chêne ? pourquoi ?*

DEVOIRS. — *I. Votre père a arraché un pommier sauvage dans la forêt et l'a replanté dans votre jardin. Il veut lui faire produire de très bons fruits. Décrivez les opérations qu'il a faites et celles qu'il fera. — II. Soins à donner aux arbres fruitiers: taille et forme.*

47ᵉ LEÇON. — LA VIGNE : LE VIN. — LA BIÈRE.

SOMMAIRE. — La viticulture. — Le phylloxera; les vignes américaines. — Maladies cryptogamiques : pourridié, oïdium, mildiou, black-rot. — Le vin, sa fabrication. — Le cidre. — La bière.

1. La vigne. — La *vigne* est un arbrisseau à tige noueuse (*cep*) dont le fruit, la *grappe de raisin* (*fig.* 423, 424), sert à faire le *vin*. On la cultive surtout dans le Centre et le Midi, car elle est très sensible à la gelée.

La vigne réussit bien dans tous les terrains, pourvu qu'ils ne soient pas trop humides; elle se plaît surtout dans les terrains en *pente* et exposés au *midi*. On la reproduit par *boutures* et par *marcottes*; le marcottage des vignes s'appelle *provignage*.

Dans les jardins, la vigne cultivée en espalier ou en contre-espalier s'appelle *treille*; elle fournit le raisin de table, dont la variété la plus estimée est le *chasselas de Fontainebleau* (Voir *planche* VI, p. 208).

2. Culture de la vigne. — Pour planter une vigne, on défonce profondément le sol, puis on y met du fumier et, à la fin de l'hiver, on dispose en lignes les plants provenant de boutures. Chaque année, au début du printemps, on *taille* la vigne, puis on lui donne plusieurs binages et sarclages; enfin, tous les deux ou trois ans, on lui fournit du fumier ou des engrais minéraux.

Les rameaux de chaque pied de vigne ou *cep* sont ordinairement attachés à des fils de fer ou à des piquets appelés *échalas*. En été, on coupe l'extrémité de ces rameaux afin de faire refluer la sève dans le fruit et, en août-septembre, quand le raisin est mûr, on fait la *vendange*.

3. L'ennemi de la vigne. — Le *phylloxera* (Voir *planche* VIII, p. 240) est une sorte de petit *puceron* (moins d'un millimètre de longueur) qui vit sur les racines de la vigne, les pique et finit par les faire mourir. Introduit d'Amérique en France en 1868, cet insecte a détruit presque tous nos vignobles.

Fig. 423.
Raisin Cabernet-Sauvignan (noir), principal cépage du Bordelais.

Fig. 424. — Raisin pineau (gris, blanc ou noir), principal cépage de la Bourgogne et de la Champagne.

On l'a combattu en imprégnant le sol d'un insecticide, le *sulfure de carbone*, ou en maintenant les vignes sous l'eau pendant 30 ou 40 jours, lorsque la situation du terrain le permettait; mais ces opérations étaient coûteuses.

4. Vignes américaines. — Les vignobles dévastés par le phylloxera ont été reconstitués à l'aide de *plants américains* qui peuvent vivre avec cet insecte sans trop en souffrir. Comme ces plants donnent un vin de mauvaise qualité, on les *greffe* avec des variétés françaises de choix.

Tous les plants américains ne prospèrent pas dans tous les terrains ; pour chaque sol, il faut employer une espèce particulière, de sorte qu'il est nécessaire de faire *analyser* le terrain où l'on veut reconstituer une vigne.

5. Autres ennemis de la vigne. — D'autres *insectes*, sans causer d'aussi grands dégâts que le phylloxera, sont cependant très nuisibles à la vigne ; ce sont : l'eumolpe, la pyrale des feuilles, la cochylis.

L'**eumolpe**, appelé aussi *gribouri* ou *écrivain*, insecte au corps noir et aux *élytres*[1] rouge brun, trace de longs sillons sur les feuilles qu'il dévore ; sa larve attaque aussi les racines. On le détruit difficilement.

La **pyrale des feuilles** (Voir *planche* VIII, p. 240) et la **cochylis** ou *pyrale des graines* sont de petits papillons dont les chenilles dévorent les bourgeons, les feuilles et les jeunes pousses. La chenille de la cochylis enlace les grappes de ses fils et les empêche de se développer, perce les grains et les fait pourrir.

Pour passer l'hiver, les larves de ces insectes se réfugient sous l'écorce des ceps ou dans les fentes des échalas et s'enferment dans un cocon. On les détruit en versant de l'eau bouillante sur les ceps et en passant au four les échalas.

6. Maladies cryptogamiques. — Ces maladies sont causées par des *champignons microscopiques* qui envahissent les rameaux, les

Fig. 125.
Feuille attaquée par l'oïdium.

Fig. 126.
Fruit attaqué par l'oïdium.

Fig. 127.
Fruit attaqué par le black-rot.

feuilles et les fruits de la vigne. Les principales sont le *pourridié*, l'*oïdium*, le *mildiou* et le *black-rot*.

Le **pourridié**, ou pourriture des raisins, est dû à la présence d'un champignon qui se développe sur les parties souterraines de la vigne. Pas de remède : arracher les ceps atteints et les brûler.

L'**oïdium** (*fig.* 125, 126) se manifeste par une espèce de poussière d'abord

---

1. Élytres : chez les insectes, les deux ailes supérieures, cornées ou coriaces, qui recouvrent et protègent, au repos, les ailes inférieures membraneuses.

blanche, puis grise. Les grains de raisin atteints d'oïdium durcissent, se fendent et se dessèchent.

Pour prévenir l'oïdium, on projette de la *fleur de soufre* sur toutes les parties vertes de la vigne à l'aide d'un *soufflet* (fig. 428). On fait cette opération par un temps calme et sec, sans être trop chaud, en mai, puis en juin et en juillet. Si la pluie survient immédiatement après un soufrage, il est nécessaire de le recommencer.

Fig. 428. — Soufflet à soufrer.

Le black-rot (fig. 427) détermine des taches *rougeâtres* sur les grains de raisin et les fait pourrir.

Le mildiou (fig. 429) détermine des taches *brunes* sur la face supérieure des feuilles, un duvet *blanchâtre* sur leur face inférieure et les fait tomber.

On prévient le mildiou et le black-rot en projetant sur la vigne, au moyen d'un *pulvérisateur*[1] (fig. 430) un liquide appelé *bouillie bordelaise*. Cette opération s'effectue à peu près aux mêmes époques que le soufrage.

La bouillie bordelaise est une dissolution de 3 kilogrammes de sulfate de

Fig. 429. — Coupe d'une feuille tachée de mildiou (vue au microscope). On voit, très grossies, les arborescences qui se montrent à la face inférieure.

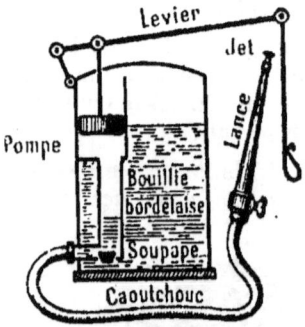

Fig. 430. — Pulvérisateur.

cuivre dans 100 litres d'eau, à laquelle on a ajouté 2 à 3 kilogrammes de chaux délayée dans 5 litres d'eau.

7. Le vin est le jus fermenté du raisin. — Les meilleurs vins de France sont ceux de la Champagne, du Bordelais, de la Bourgogne, de la Touraine, de l'Anjou et du Roussillon.

On coupe les grappes de raisin lorsqu'elles sont mûres, c'est la *vendange*. Les raisins noirs sont foulés dans des baquets, puis portés dans une grande cuve où le jus sucré fermente (Voir 48° leçon). Au bout d'une dizaine de jours, la fermentation étant terminée, on tire de la cuve le vin rouge et on le met dans des tonneaux. Le résidu ou *marc* est ensuite porté au *pressoir* et on en extrait un vin de qualité inférieure appelé *vin de pressurage*.

Le vin blanc se fabrique avec des raisins blancs que l'on presse *immédiatement* après la cueillette, et le jus seul est placé dans des tonneaux où il fermente. Les raisins noirs, traités de même, donnent également du vin blanc, car c'est la pellicule du grain qui, pendant la fermentation, communique sa coloration au vin.

8. Le cidre est le jus fermenté de la pomme. — Les pommes

---

1. **Pulvérisateur** : instrument qui sert à répandre un liquide sous forme de pluie fine.

sont d'abord écrasées, puis soumises à l'action du pressoir ; le jus est mis dans des tonneaux où il fermente ; on le soutire ensuite.

Le *poiré* est le jus fermenté de la *poire*.

9. La bière est une décoction fermentée d'orge germée et de cônes de houblon. — L'orge mouillée est mise dans une pièce spéciale où elle germe. Lorsque ses radicelles ont les deux tiers de la longueur du grain, on fait sécher l'orge, on la débarrasse de ses radicelles, puis on la réduit en une farine grossière appelée *malt*. — Le malt est ensuite brassé dans de grandes cuves à double fond où l'on fait arriver de l'eau chaude. On obtient ainsi une liqueur sucrée appelée *moût*, que l'on soutire. Les résidus ou *drêches* servent à l'alimentation du bétail.

Le moût est porté dans des chaudières en cuivre où on le fait bouillir avec des fleurs de houblon ; ensuite on le fait arriver dans des *bacs*[1] peu profonds où il se refroidit, puis dans de grandes cuves où il fermente. On soutire le liquide, on le clarifie et on le met dans des tonneaux.

RÉSUMÉ

La **vigne** se reproduit par boutures et par marcottes. On la taille au printemps ; elle exige plusieurs binages ou sarclages.

La plupart des vignes françaises ont été détruites par le **phylloxera** ; on les a reconstituées avec des *plants américains* greffés avec des variétés françaises de choix.

De petits champignons microscopiques attaquent la vigne ; ce sont l'**oïdium**, que l'on prévient par des *soufrages* ; le **black-rot** et le **mildiou**, que l'on combat à l'aide de la *bouillie bordelaise*.

Le raisin coupé est foulé et mis dans des cuves où le jus fermente et devient du **vin**. La fermentation terminée, le vin est soutiré et mis dans des fûts.

Le **cidre** est le jus fermenté de la *pomme* ; le **poiré**, celui de la *poire*.

La **bière** est une décoction d'*orge germée* et de *cônes de houblon* que l'on fait fermenter.

EXERCICES

QUESTIONS D'INTELLIGENCE. — *1. Après la taille, on dit que la vigne pleure : qu'entend-on par là ? — 2. Une vigne étant greffée, doit-on multiplier les plants par le marcottage ou par de nouveaux pieds greffés ? Pourquoi ? — 3. Quel est le caractère particulier du vin de Bordeaux, de Bourgogne, de Champagne ? — 4. Dans quels pays fabrique-t-on surtout le cidre ? la bière ?*

DEVOIRS. — *I. Culture de la vigne : plantation et soins d'entretien, maladies cryptogamiques, moyens de les combattre. — II. La greffe de la vigne ; comment et pourquoi elle se pratique. Décrire l'opération du greffage et les précautions à prendre.*

---

1. Bac : grand baquet de bois.

48ᵉ LEÇON. — AMIDON ET FÉCULE. — ALCOOL.

SOMMAIRE. — Matière amylacée : amidon et fécule. — Fermentation alcoolique. — Alcool : distillation, rectification, usages. — Vinaigre.

1. Matière amylacée. — Les graines des céréales, les tubercules et les racines d'un grand nombre de végétaux renferment d'innombrables petits grains microscopiques d'une matière à laquelle on a donné le nom de « matière *amylacée* ». Cette matière est appelée plus spécialement **amidon** (*fig.* 431) lorsqu'elle provient des *céréales* et **fécule** (*fig.* 432) lorsqu'elle provient de la *pomme de terre*.

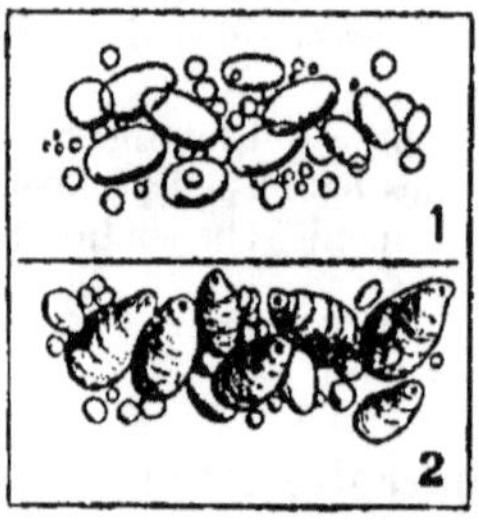

La fécule et l'amidon ont la propriété de se transformer en **dextrine** lorsqu'on les chauffe, en présence de l'acide sulfurique très étendu, à l'aide d'un courant de vapeur d'eau. Si on continue à chauffer, la dextrine se transforme en **glucose**.

Cette transformation de la matière amylacée en dextrine puis en glucose s'opère également lorsqu'on la chauffe, à 70° environ, avec de *l'eau* et de *l'orge germée*.

Fig. 431, 432. — Grains d'amidon et de fécule (vus au microscope) : 1, amidon ; 2, fécule.

EXPÉRIENCE. — Si dans un ballon (*fig.* 433) on met une petite quantité d'amidon délayée dans de l'eau et qu'on y ajoute un peu d'orge germée, en maintenant la température à 70° environ tout l'amidon disparaît : on obtient un jus sucré ne contenant que de la *glucose*.

La **dextrine**, que l'on trouve dans le commerce sous la forme d'une poudre blanc jaunâtre, se dissout dans l'eau en formant une espèce de sirop analogue à la gomme. Elle est employée dans la fabrication des étiquettes gommées, pour l'apprêt des tissus, etc.

La **glucose** existe dans un grand nombre de végétaux. Elle forme des efflorescences blanches à la surface de certains fruits secs, tels que les pruneaux, les raisins, etc.

La glucose est vendue soit à l'état de *sirop* (sirop de fécule), soit à l'état de *glucose en masse*, soit à l'état de *glucose granulée*. Elle est utilisée dans la fabrication de l'alcool, de la bière, du pain d'épice, des confitures, etc.

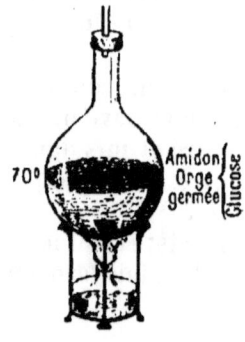

Fig. 433. — Transformation de l'amidon en glucose.

2. Amidon. — EXPÉRIENCE. — Si avec de la farine de blé on fait une pâte et qu'on la *malaxe*[1] au-dessus d'un vase, sous un mince filet d'eau (*fig.* 434), il reste entre les doigts une matière grise élastique, le **gluten**. L'eau a entraîné de l'*amidon* qui, laissé à lui-même, se dépose au fond du vase.

---

1. Malaxer : pétrir pour amollir.

Dans l'industrie, on extrait l'amidon principalement du riz, du maïs et du blé avarié. La pâte est pétrie mécaniquement sous un grand nombre de filets d'eau ; on débarrasse l'amidon obtenu du gluten qui a pu être entraîné en le faisant fermenter avec de l'eau aigrie provenant d'une fermentation précédente. L'amidon est ensuite lavé, puis desséché dans une étuve.

Lorsqu'on chauffe de l'amidon avec de l'eau à 70 ou 75 degrés, ses grains se gonflent et forment une masse gélatineuse : c'est l'*empois d'amidon*, qui sert à empeser le linge.

3. Fécule. — EXPÉRIENCE. — Si, au-dessus d'un tamis placé sur un vase, on réduit en pulpe une pomme de terre en la frottant avec

Fig. 434. — L'eau entraîne l'amidon de la farine.

Fig. 435. — L'eau entraîne la fécule de la pomme de terre.

une râpe de cuisine et qu'on arrose cette pulpe avec un mince filet d'eau (*fig.* 435), de la *fécule* est entraînée, traverse le tamis et se dépose peu à peu au fond du vase.

Dans l'industrie, les pommes de terre sont d'abord lavées mécaniquement, puis réduites en pulpe par une râpe spéciale. Cette pulpe est amenée dans un tamis mobile sur lequel on fait arriver de l'eau qui entraîne la fécule. Celle-ci passe à travers le tamis et est reçue sur des tables inclinées où elle se dépose. On la dessèche dans une étuve.

De grandes quantités de fécule sont utilisées dans la fabrication de la glucose qui sert à la confiserie. Certaines fécules servent comme aliment ; ainsi on extrait de la racine du *manioc*, plante des pays chauds, de la fécule qui, chauffée sur des plaques en fer, s'agglomère en petits grains durs qui constituent le *tapioca*, aliment très sain pour les enfants.

4. Fermentation alcoolique. — Des jus sucrés, abandonnés à eux-mêmes, à une température de 25 ou 30 degrés, s'échauffent et se mettent à bouillonner : on dit qu'ils entrent en fermentation (*fig.* 436).

La fermentation se produit sous l'action de germes vivants très petits, qu'on appelle des *ferments* ; ce sont des végétaux microscopiques, espèces de champignons qui se produisent en quantité dans la fabrication de la bière, où ils constituent ce qu'on appelle la *levure de bière*. Ils existent aussi sur les pellicules des grains de raisin.

Dans la fermentation, le sucre se dédouble en *gaz carbonique* qui se dégage et en *alcool* qui reste dans le liquide.

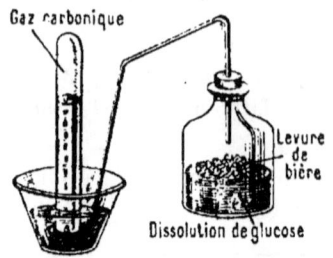

Fig. 136. — Fermentation alcoolique.

EXPÉRIENCE. — On le montre en introduisant dans un flacon une dissolution de glucose additionnée d'un peu de levure de bière et en maintenant la température vers 25°. Le liquide se met à bouillonner et il se dégage du gaz carbonique. Quand le bouillonnement a cessé, si on soumet le liquide à la distillation, on en retire de l'alcool.

5. Alcool. — L'*alcool pur* est un liquide incolore et d'une saveur brûlante ; sa densité est 0,79 et il bout à 78°. On le retire *directement* des vins, des marcs, des fruits, et *indirectement* des graines des céréales, de la pomme de terre, des betteraves, etc.

Des vins, des marcs et des fruits qui ont déjà fermenté, l'alcool s'extrait par *simple distillation*. Mais pour le retirer des graines des céréales et de la pomme de terre, on doit d'abord les transformer en glucose par l'action de l'orge germée, puis soumettre à la fermentation le jus sucré obtenu. C'est le liquide fermenté que l'on distille.

Pour extraire de l'alcool des betteraves, on les lave, puis on les découpe en fines lanières appelées *cossettes*. Celles-ci sont placées dans des cuves appelées *macérateurs* et mélangées avec de l'eau chaude ou mieux avec des jus légèrement sucrés qui enlèvent tout le sucre des betteraves. Le liquide sucré ainsi obtenu est transformé en glucose, puis introduit dans une cuve et additionné de levure pour hâter la fermentation. Quand celle-ci est terminée, on distille.

6. Distillation. — Dans les campagnes, les récoltes sont distillées par les *bouilleurs de cru*. Pour cela, ils introduisent le vin ou tout autre produit fermenté dans la chaudière ou cucurbite d'un alambic (*fig.* 34, p. 24). Sous l'influence de la chaleur, l'*alcool* qui bout à 78°, c'est-à-dire *avant l'eau*, se dégage sous forme de vapeur qui se refroidit et se liquéfie en traversant le serpentin. Ils obtiennent ainsi un liquide qui contient environ 50 pour 100 d'alcool.

Dans l'industrie, la distillation se fait dans des appareils perfectionnés qui permettent d'obtenir le maximum de rendement en alcool.

La distillation du *vin* donne de l'**eau-de-vie** ; la plus estimée est celle de *Cognac* (Charente). En distillant les *marcs de raisin*, on obtient de l'**eau-de-vie de marc**. Le **rhum** se prépare avec le jus fermenté des *cannes à sucre* ; le **kirsch** s'obtient avec des *cerises à kirsch*.

7. Rectification de l'alcool. — Les **alcools d'industrie** (*betterave, grains, pommes de terre*), contiennent des produits qui leur communiquent une odeur et un goût désagréables. On les *rectifie*, c'est-à-dire qu'on les distille de nouveau dans des appareils spéciaux.

8. Usages de l'alcool. — L'alcool sert à préparer les *vernis* à l'alcool; on l'emploie pour l'*éclairage* et pour la production de la *force motrice* (automobiles, moteurs, etc.); il sert aussi à la fabrication des *liqueurs;* enfin il est utilisé en parfumerie, etc.

9. Vinaigre. — Les boissons fermentées se transforment en **vinaigre** sous l'influence d'un ferment spécial appelé *mère de vinaigre*.

Fig. 137, 138. — Fabrication du vinaigre (procédé orléanais): 1, coupe de l'appareil; 2, face antérieure d'une monture; A, monture; B, cadre en bois; C, œil; D, fausset; E, niveau.

Le meilleur vinaigre se fabrique avec le vin. Dans un tonneau (*fig.* 137, 138) percé supérieurement de deux trous, l'un pour l'introduction du vin (*œil*) et l'autre pour permettre l'accès de l'air (*fausset*), on met du vin additionné d'un peu de *mère de vinaigre* provenant d'une opération précédente. Au bout de quelques jours, si la température reste entre 25 et 30°, le vin s'est transformé en vinaigre.

RÉSUMÉ

Les graines des céréales, les tubercules et les racines de beaucoup de végétaux renferment une matière *amylacée* appelée **amidon** ou **fécule**, suivant qu'elle vient des céréales ou de la pomme de terre.

La *fécule* et l'*amidon* se transforment en **glucose** (sucre) lorsqu'on les chauffe avec de l'*eau* et de l'*orge germée*. On obtient ainsi des jus sucrés qui entrent en fermentation à la température de 25 à 30°; leur *sucre* se dédouble en *gaz carbonique* qui se dégage et en *alcool* qui reste dans le liquide.

La **fermentation** est due à l'action de germes vivants très petits appelés *ferments*.

Les liquides fermentés sont **distillés** pour en retirer l'alcool. Des vins, des marcs et des fruits, on retire des *eaux-de-vie*. Des graines des céréales, de la pomme de terre, des betteraves, on retire les *alcools d'industrie* qui sont ensuite rectifiés.

Les boissons fermentées peuvent se transformer en **vinaigre**.

EXERCICES

QUESTIONS D'INTELLIGENCE. — *1. Pourquoi le tapioca est-il donné aux personnes faibles? — 2. Des jus sucrés maintenus à une température de 0 degré entreraient-ils en fermentation? Pourquoi? — 3. Quels sont les usages du vinaigre?*

DEVOIRS. — *I. La matière amylacée : amidon et fécule: préparation et usages. — II. Indiquez comment, avec des pommes de terre, on peut obtenir de l'alcool. Propriétés et usages de l'alcool.*

49e LEÇON. — LES ANIMAUX DE LA FERME.

SOMMAIRE. — Le cheval; principales races; élevage et alimentation; écurie, hygiène et maladies. — L'âne et le mulet. — Le porc; principales races; élevage; porcherie, maladies.

1. Les animaux de la ferme. — Le cultivateur joint toujours à la culture des plantes l'**élevage** d'un certain nombre d'animaux domestiques. Ceux-ci lui donnent leur *travail* ou leur *chair*, ou des *produits divers*. De plus, ils fournissent le *fumier* qui est nécessaire à la culture. Mais il faut en bien choisir la race d'après le but que l'on poursuit et la région que l'on habite.

Les *animaux de la ferme* comprennent des *pachydermes* : **cheval, mulet et porc**; des *ruminants* : **bœuf, mouton et chèvre**; enfin les **animaux de basse-cour**.

2. Le cheval. — Le cheval (*fig.* 439) est un mammifère herbivore à estomac simple, dont le pied n'a qu'un sabot (Voir 29e leçon). Le cheval

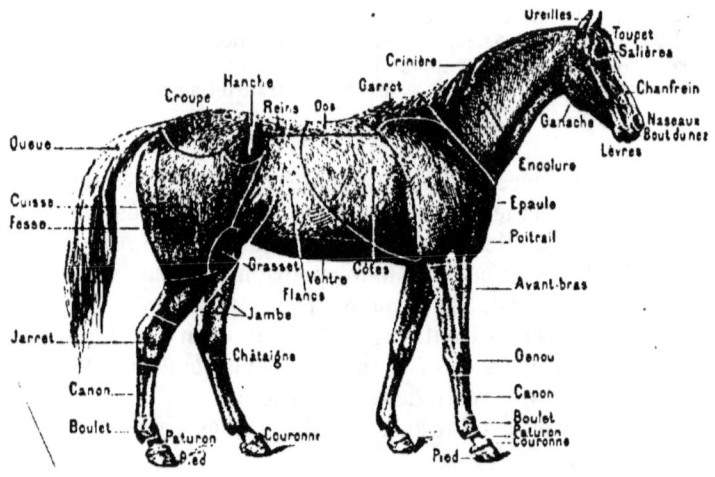

Fig. 439. — Le cheval (détails anatomiques).

est destiné à différentes sortes de travaux selon la grosseur et la conformation de son corps.

La femelle s'appelle *jument*; le mâle, *étalon*, et le petit, *poulain*.

3. Races de chevaux. — Les principales races de chevaux sont : la race **boulonnaise** (*fig.* 440), au corps large, court et trapu, aux jambes épaisses, qui fournit les chevaux de *gros trait* (messageries, halage); la race **percheronne** (*fig.* 441), où l'agilité est unie à la force, qui fournit d'excellents chevaux de *trait léger* (chevaux d'omnibus, de diligences); la race **anglo-normande** (*fig.* 442), au corps élancé, aux jambes fines, et les chevaux de *Bretagne*, utilisés pour traîner les *voitures de luxe* ou comme chevaux de selle ; la race **tarbaise**, dérivée de l'*arabe* (*fig.* 443), qui fournit d'excellents *chevaux de selle*.

4. Élevage du cheval. — La nourriture du jeune poulain est d'abord le lait de sa mère ; on le sèvre vers l'âge de quatre ou cinq mois et on lui donne

Fig. 440. — Cheval boulonnais.

Fig. 411. — Cheval percheron.

Fig. 412. — Cheval anglo-normand.

Fig. 413. — Cheval arabe.

alors une nourriture appétissante et d'une digestion facile (fourrages hachés et ramollis par l'eau bouillante, grains *concassés*[1] ou moulus, etc.). D'ailleurs, dès l'âge de quinze jours il est bon de conduire le jeune poulain au pâturage, où il court librement et mange peu à peu l'herbe. A dix-huit mois, on commence à le faire travailler, tout en le nourrissant abondamment de foin et d'avoine.

5. Alimentation du cheval. — Le cheval a besoin d'une nourriture facile à digérer, quoique très nutritive. La base de cette nourriture est le *foin* et l'*avoine*, auxquels on ajoute un peu de *paille hachée*, parfois des *carottes*, etc. — Dans le Midi, on remplace l'avoine par du *maïs* ou de l'*orge*.

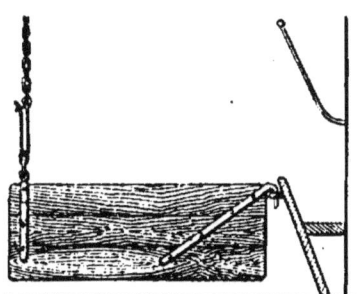

Fig. 414. — Bat-flancs.

6. Hygiène du cheval. — Le cheval est *délicat*. Il doit être *pansé*

---

1. **Concassés** : réduits en petits fragments au moyen d'une machine appelée *concasseur*.

AGRICULTURE.

(Voir *lecture*, p. 248) chaque jour, c'est-à-dire étrillé, brossé et lavé, afin d'enlever les impuretés qui bouchent les pores de la peau. Lorsqu'il est en sueur et qu'il est arrêté, on doit lui mettre une couverture de laine sur le dos et ne pas le laisser exposé aux courants d'air.

L'écurie doit être grande, bien aérée, mais sans *courants d'air* ; les chevaux y sont attachés et séparés par des planches appelées *bat-flancs* (*fig.* 414) afin qu'ils ne puissent se blesser les uns les autres. Les bat-flancs sont suspendus au plafond par l'intermédiaire d'une *sauterelle*, espèce de levier mobile qui permet de les détacher facilement en cas de besoin.

7. Maladies du cheval. — Le cheval est sujet à un grand nombre de maladies et doit être surveillé attentivement. Lorsqu'il manque d'appétit, il faut appeler le *vétérinaire*. (Voir *lecture*, p. 249).

8. L'âne est le cheval du pauvre ; le mulet est le cheval de la montagne. — L'âne (*fig.* 445 et *planche* VII, p. 224) se distingue du cheval par sa petite taille et ses longues oreilles. Il est peu *exigeant* sur la nourriture et rend de grands services aux petits cultivateurs.

Le **mulet** est le produit de l'accouplement de l'âne avec la jument. Plus petit que le cheval mais plus *rustique*[1], bien plus fort que l'âne, il est très utile dans les pays de montagnes par la sûreté de son pas. — L'âne et le mulet s'élèvent et s'entretiennent comme le cheval. Ceux du Poitou et de la Gascogne sont les plus estimés.

Fig. 445. — Âne commun.

9. Le porc. — Le **porc** *est un mammifère omnivore à estomac simple, dont le pied a deux grands et deux petits sabots* (Voir 29ᵉ *leçon*). Il fournit de la viande et de la graisse ; ses poils ou *soies* servent à fabriquer des brosses. C'est un animal précieux pour le petit cultivateur, car il permet d'utiliser certains résidus qui, sans lui, seraient perdus.

Le mâle s'appelle *verrat* ; la femelle, *truie*, et les jeunes, *gorets*.

10. Races de porcs. — Les principales sont : la race *craonnaise*, répandue dans le Maine ; la race *normande* ; la race de *Lorraine* ; la race *périgourdine*[2] planche VII, p. 224 ; les races *anglaises*, au corps épais, à la tête petite.

11. Élevage du porc. — La truie *fig.* 446 fait de six à douze petits qu'on laisse téter pendant environ deux mois. Une fois se-

---

1. **Rustique** : qui supporte bien les rigueurs des saisons.
2. **Périgourdine** : du Périgord, ancien pays de France célèbre par ses truffes. Il forme aujourd'hui le département de la Dordogne et une partie de celui du Lot-et-Garonne.

vrés, on leur donne du petit-lait, du caillé, des bouillies de farine d'orge ou de seigle, etc.

Le porc se développe rapidement, surtout si on fait cuire ses aliments. On l'engraisse en lui donnant en abondance du petit-lait, des eaux grasses, des pommes de terre cuites, du son, de la farine d'orge et de maïs, des tourteaux, etc.

Fig. 116. — Truie et porcelets.

12. Hygiène du porc. — Le porc aime la propreté; la 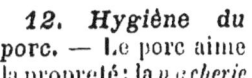 porcherie doit être vaste, bien aérée et lavée très fréquemment à grande eau.

Le porc peut être atteint de *trichinose* et de *ladrerie*, maladies déterminées par de petits vers *parasites* (Voir 32e leçon).

RÉSUMÉ

Le **cheval** sert à porter ou à traîner des fardeaux.

Il existe des chevaux de *gros trait* (**race boulonnaise**); des chevaux de *trait léger* (**race percheronne**); des chevaux de *selle* (**race tarbaise**); des chevaux d'*attelage de luxe* (**race anglo-normande**).

Le cheval est sevré vers l'âge de quatre ou cinq mois; on commence à le faire travailler à dix-huit mois.

La base de la nourriture du cheval est le *foin* et l'*avoine*, auxquels on ajoute de la *paille hachée*. Dans les pays chauds, l'avoine est remplacée par du *maïs* ou de l'*orge*.

L'*écurie* doit être grande, bien aérée et tenue très proprement; chaque jour on doit *panser* le cheval.

L'**âne** est le cheval du pauvre; le **mulet**, le cheval de la montagne.

Le **porc** nous donne de la viande; il est facile à nourrir et s'engraisse rapidement. Il doit être tenu proprement.

EXERCICES

QUESTIONS D'INTELLIGENCE. — 1. Pourquoi, dans le Midi, donne-t-on au cheval du maïs ou de l'orge, plutôt que de l'avoine? — 2. Expliquez ce titre : « L'âne est le cheval du pauvre. » — 3. L'expression : « sale comme un porc » est-elle exacte? — 4. Pourquoi préfère-t-on les mulets aux chevaux pour traîner ou porter les canons de montagne?

DEVOIRS. — I. A quelles classes appartiennent les différents animaux de la ferme? Leurs caractères. — II. Le porc : élevage, maladies.

50ᵉ LEÇON. — LES ANIMAUX DE LA FERME (Suite).

SOMMAIRE. — Le bœuf : principales races; vaches laitières; élevage; étable; maladies. — Le mouton : principales races; élevage, bergerie, maladies. — La chèvre.

1. Le bœuf. — Le bœuf (fig. 447) est un herbivore ruminant, aux cornes courbes, et dont le pied a deux sabots. La femelle se nomme vache; le mâle, taureau ou bœuf, et le petit, veau. Ils sont tous, tôt ou tard, livrés à la boucherie; mais, à la ferme, le bœuf fournit du travail, et la vache donne du lait et des veaux.

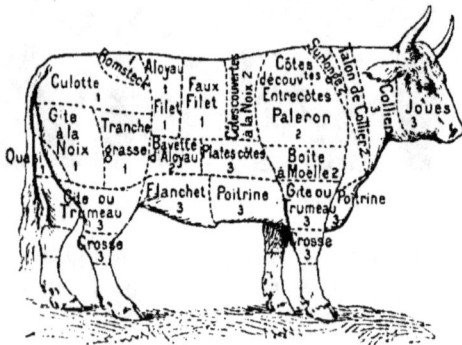

Fig. 447. — Parties d'un bœuf de boucherie. (Les numéros indiquent la qualité de la viande).

2. Principales races. — Les meilleures races laitières sont : la race normande (fig. 448), au pelage[1] jaune rougeâtre rayé de blanc et de noir; la race flamande, au pelage marron foncé avec ou sans taches blanches; la race bretonne (fig. 449), de petite taille, à la robe[2] noire avec de grandes taches blanches; la race hollandaise (fig. 450, grande laitière) et la race de Schwitz (Suisse).

Les meilleures races de travail sont la race garonnaise, la race auvergnate ou de Salers et la race parthenaise (Deux-Sèvres).

Les meilleures races de boucherie sont : la normande (Voir planche VII, p. 224), déjà citée comme race laitière; la race charolaise ou nivernaise (fig. 451), au pelage uniformément blanc; la race de Durham (Angleterre), la plus précoce et la mieux disposée à l'engraissement.

3. Vaches laitières. — Le lait se forme dans le pis. On reconnaît qu'une vache est une bonne laitière lorsqu'elle a le pis volumineux et bien veiné, la tête fine, les membres écartés et l'écusson bien développé. L'écusson est une sorte de dessin situé au-dessus du pis vu de derrière et formé par des poils courts et clairsemés[3], dirigés en sens inverse des autres, c'est-à-dire de bas en haut.

L'alimentation de la vache a une grande influence sur la quantité et la qualité du lait : l'herbe des bons pâturages, les carottes, les tourteaux de colza, les betteraves, les pommes de terre cuites, le son, sont ses meilleurs aliments. Une vache peut fournir de 2 000 à 3 000 litres de lait par an.

4. Élevage. — La nourriture du jeune veau est d'abord le lait de sa mère. Au bout de quelques mois, on le sèvre peu à peu en remplaçant un, puis deux repas de lait par du riz cuit à l'eau, du lait écrémé

---

1. **Pelage** : couleur dominante du poil de certains animaux.
2. **Robe** : pelage.
3. **Clairsemés** : peu serrés.

MAMMIFÈRES : 1. DOMESTIQUES ; — 2. NUISIBLES

additionné de *farine*, etc. Vers l'âge de trois ou quatre mois, il est livré à la boucherie ou conduit au pâturage.

Pendant la belle saison, l'herbe des prairies suffit aux jeunes animaux, mais en hiver on les nourrit à l'étable avec du *foin*, des *carottes*, des *betteraves*, des *tourteaux*, etc. Lorsqu'ils ont atteint leur complet développement, on les

Fig. 148. — Vache normande.

Fig. 149. — Vache bretonne.

Fig. 150. — Vache hollandaise.

Fig. 151. — Vache charolaise.

engraisse, puis on les livre à la boucherie. — L'engraissement exige une nourriture abondante et de bonne qualité ; il se fait à l'étable ou au pâturage.

5. Étable. — Dans l'étable, très *aérée*, mais sans courants d'air, l'éclairage doit être modéré. Le sol imperméable doit être en pente pour permettre l'écoulement des urines vers la fosse à purin et recouvert d'une litière abondante, fréquemment renouvelée.

6. Maladies. — Le bœuf est exposé à la **météorisation** ou *gonflement du ventre* lorsqu'il mange des fourrages *verts* trop *tendres*, principalement de la *luzerne* ou du *trèfle violet*. Ces aliments fermentent dans la panse et les gaz qui s'y accumulent peuvent amener rapidement la mort. On combat cette maladie en faisant prendre à l'animal une cuillerée à bouche d'*ammoniaque* ou *alcali volatil* dans un litre d'eau.

Le bœuf est encore sujet à deux maladies contagieuses : la **fièvre aphteuse**, qui attaque les muqueuses de la bouche et du pis chez la femelle, et fait par suite languir les animaux à l'engraissement ou tarir la sécrétion du lait ; le **charbon**, qui empoisonne le sang et détermine la mort de l'animal.

7. Le mouton est le bœuf des pâturages maigres. — C'est un herbivore ruminant, aux cornes enroulées et dont le pied a deux sabots. Il est élevé pour sa laine et pour sa chair. Les femelles se nomment *brebis* ; les mâles, *béliers*, et les petits, *agneaux*.

On les réunit en un *troupeau* qui, sous la conduite du berger, aidé d'un ou de plusieurs chiens, parcourt de préférence les pâturages secs, là où les bœufs ne peuvent plus tondre l'herbe.

8. Races de moutons. — Les principales races de moutons sont : la race *mérinos* (*fig.* 452), à laine fine, courte et frisée, de première qualité ; la race *berrichonne* (*fig.* 453), et les moutons *bretons*, dits de *prés salés*, élevés au bord de la mer en Bretagne et en Normandie, qui ont une chair exquise ; les moutons de *Larzac* (Aveyron), dont le lait sert à fabriquer le *fromage de Roquefort*; enfin les races anglaises de *Dishley* (*fig.* 454) et de *Southdown* (Voir *planche* VII, p. 224), élevées à la fois pour leur laine et leur chair.

Fig. 152. — Bélier mérinos.

9. Élevage. — La nourriture du jeune agneau est d'abord le lait de sa mère. Au bout de quelques mois, on lui donne en outre une petite quantité de lait écrémé, de farine, de bon foin tendre, etc. Lorsqu'il a atteint son complet développement, on l'engraisse en le nourrissant copieusement soit à la bergerie, soit au pâturage.

Les moutons sont tondus vers le mois de mai. Avant de procéder à la *tonte*, on lave les moutons à grande eau pour nettoyer la toison de toutes les malpropretés qui s'y attachent et pour la débarrasser en partie d'une sécrétion spéciale, le *suint*, dont elle est imprégnée.

10. Hygiène du mouton. — Le mouton craint la *chaleur* et l'*humidité*; la bergerie doit être *vaste*, bien *aérée* et installée dans un endroit *sec*.

Les principales maladies du mouton sont : la *gale*, que l'on combat avec le jus de tabac ; le *piétin*, dû à l'humidité des pâturages et qui atteint le pied

Fig. 153. — Race berrichonne (brebis).

Fig. 154. — Race dishley (brebis).

des moutons et les fait boiter ; le *tournis*, affection due à la présence de vers dans le cerveau de l'animal ; la *clavelée*, affection de la peau, contagieuse et souvent très grave ; le *charbon* ; la *météorisation*.

11. La chèvre est la vache du pauvre. — La chèvre (*fig.* 455) donne son *lait* et des *chevreaux*. Elle trouve facilement à se nourrir et mange les fourrages les plus grossiers. Elle est d'une extrême sobriété; cependant elle est très friande de toutes les jeunes pousses : il faut la tenir éloignée du jardin et de toutes les plantations.

Les chevreaux ont une chair estimée et leur peau est employée à fabriquer des gants.

En Asie, la chèvre de *Cachemire* ou du *Thibet* et la chèvre d'*Angora* fournissent un poil ou duvet très estimé.

La chèvre est exposée aux mêmes maladies que le mouton et réclame les mêmes soins.

Fig. 155. — Chèvre commune.

RÉSUMÉ

Les **bovidés** (*taureau* ou *bœuf*, *vache*, *veau*) fournissent du *lait* ou du *travail*, et de la *viande*.

Les bonnes *vaches laitières* ont le pis volumineux, la tête fine et l'écusson bien développé; elles appartiennent en général aux races **normande, flamande et bretonne**.

Les races **charolaise et normande** sont élevées surtout pour leur chair. Avant de les livrer à la boucherie, on les *engraisse* en leur donnant une nourriture abondante et de bonne qualité.

Les bovidés qui mangent des fourrages verts trop tendres sont exposés à la *météorisation*; on combat cette maladie à l'aide d'alcali volatil.

Le **mouton** glane sa nourriture dans les pâturages pauvres. Il nous donne sa laine et sa chair. Avant de le livrer à la boucherie, on l'engraisse en le nourrissant copieusement.

La **chèvre** donne du lait et des chevreaux.

EXERCICES

QUESTIONS D'INTELLIGENCE. — *1. Quel inconvénient y aurait-il à faire travailler le bœuf pendant plus de 2 ou 3 ans? — 2. Du bœuf tué peut-on tirer autre chose que de la viande? — 3. Quelle est la race laitière utilisée dans votre région? — 4. Pourquoi le mouton trouve-t-il à manger là où le bœuf ne peut plus se nourrir? — 5. Pourquoi peut-on élever la chèvre même dans les pâturages les plus pauvres des montagnes? — 6. D'où vient le nom de cachemire donné à certains châles?*

DEVOIRS. — *I. Les principales races de bœufs. Signes caractéristiques d'une bonne vache laitière, aliments qu'on doit lui donner. — II. Élevage des bovidés; étable, maladies. — III. Les moutons. Élevage, bergerie, maladies.*

51º LEÇON. — LAIT. — BEURRE. — FROMAGES.

SOMMAIRE. — Le lait : sa composition. — La traite, la laiterie. — Fabrication du beurre. — Le fromage : différentes sortes de fromages, leur fabrication.

1. Le lait est un aliment complet. — En effet, il renferme : 1º de l'eau (85 pour 100) ; 2º des globules de *graisse*, la **crème** ; 3º une matière *azotée*, la **caséine** ; 4º une matière *sucrée*, le **sucre de lait** ; 5º des **sels minéraux** (phosphates, chlorures, carbonates).

2. Traite. — La *traite* consiste à tirer le lait du *pis* de la vache. On l'exécute au moins deux fois par jour, en ayant soin de traire jusqu'à la dernière goutte. La traite terminée, on porte le lait à la *laiterie* où on le coule dans un *pot* sur une passoire munie d'une toile en crin ou à travers un linge très propre. Le lait est ensuite livré immédiatement à la consommation ou transformé en *beurre* ou en *fromage*.

3. Soins à donner au lait. — Le lait est très altérable ; il faut de grands soins de propreté pour le conserver dans de bonnes conditions.

Fig. 456. — Baratte normande.

La laiterie est ordinairement une chambre *fraîche*, bien *aérée* ; le sol, en dalles de pierre ou en ciment, rend les lavages faciles ; les fenêtres sont munies de toiles métalliques qui écartent les mouches et de volets qui la protègent contre la chaleur. La température doit y être maintenue entre 12 et 15º.

4. On retire le beurre de la crème. — Pour obtenir du **beurre**, on abandonne le lait pendant quelques jours dans des terrines peu profondes et *évasées*[1]. La *matière grasse du lait*, plus légère que le reste du liquide, monte à la surface : c'est la **crème**, qu'on enlève avec une cuiller et que l'on conserve à part jusqu'au barattage. Il reste dans le vase du lait écrémé et coagulé : c'est le **caillé**.

La crème recueillie est placée dans un instrument spécial appelé **baratte** (*fig.* 456), où elle est agitée fortement. Sous l'influence des chocs répétés, les globules gras de la crème se soudent entre eux et forment des *grumeaux* de beurre qui flottent dans un liquide appelé *lait de beurre* ou *babeurre*. On fait écouler ce liquide, puis on lave le beurre dans la baratte avec de l'eau très pure.

---

1. Évasées : plus larges en haut qu'en bas.

On *délaite* alors le beurre en le pétrissant à l'aide d'une *spatule* en bois ou d'un *malaxeur*.

Le malaxeur le plus simple se compose d'un rouleau cannelé qu'on fait passer sur le beurre placé sur une tablette à rebord (*fig.* 457).

Dans toutes les exploitations agricoles importantes, on obtient la séparation de la crème immédiatement après la traite en se servant d'une écrémeuse mécanique appelée *écrémeuse centrifuge* (*fig.* 458). Un bol en métal,

Fig. 457. — Malaxeur à main.

où de nombreuses ailettes divisent le lait, fait des milliers de tours à la minute. La crème chassée remonte et s'échappe. Le beurre fabriqué avec cette crème est plus fin et plus pur.

La fabrication du beurre laisse comme résidus le *lait écrémé*, dont on peut faire un fromage *maigre*, et le *babeurre*, qui sert surtout à l'alimentation des porcs et des veaux.

5. On retire le fromage du lait coagulé. — Pour que la *matière grasse du lait* reste mélangée à la *caséine*, on fait cailler le lait immédiatement après la traite en y ajoutant de la *présure*, substance laiteuse que l'on retire de l'estomac des jeunes veaux.

6. Les divers fromages. — On les range en quatre groupes : 1° les *fromages frais* ; 2° les *fromages à pâte molle et fermentée* ; 3° les *fromages à pâte sèche et fermentée* ; 4° les *fromages à pâte cuite et fermentée*.

7. Fromages frais (*fig.* 459. — Ces fromages ne sont pas fermentés. Ils s'obtiennent en laissant égoutter

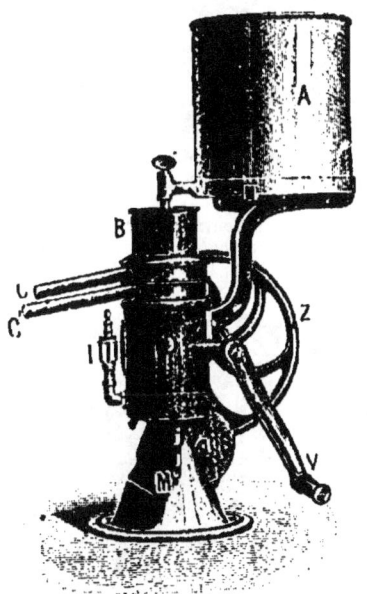

Fig. 458. — Écrémeuse centrifuge : A, récipient pour le lait non écrémé ; B, vis à crème ; C, conduit de la crème ; C', conduit du lait écrémé ; D, bol ; I, boîte à huile ; M, pied en fonte ; V, manivelle ; Z, volant.

le *caillé* dans un *moule* finement troué et garni de toile claire. Le liquide qui s'écoule est appelé *petit-lait* (ou *sérum*) ; on le donne aux porcs.

Le caillé qui provient de lait non écrémé donne un fromage *gras* ; s'il provient de lait plus ou moins écrémé, il donne un fromage *maigre*. Le fromage *double crème* (suisse ou *gervais*, fromage de Neufchâtel ou *bondon*) s'obtient en ajoutant de la crème au caillé du lait non écrémé.

8. Fromages à pâte molle et fermentée (camembert, brie, livarot, etc.) [*fig. 459*]. — Le caillé provenant de lait *non écrémé* est mis à égoutter. Au bout de deux jours, l'égouttage est terminé; on retire

Fig. 459. — Fromages frais ou à pâte molle et fermentée : 1, gournay; 2, coulommiers; 3, camembert; 4, petit camembert; 5, livarot; 6, suisse; 7, pont-l'évêque; 8, bondon; 9, brie de Melun; 10, port-salut; 11, crème demi-sel; 12, brie; 13, cœur crème.

Fig. 460. — Fromages à pâte sèche et fermentée ou à pâte cuite et fermentée : 1, roquefort; 2, gruyère; 3, hollande rouge; 4, parmesan; 5, bourgogne; 6, hollande gras.

les fromages des moules, on les sale avec du sel bien fin, puis on les porte dans une pièce très ventilée, appelée *séchoir* ou *hâloir*, où on les laisse une vingtaine de jours. On les porte alors à la *cave*, où ils subissent une fermentation qui *affine* la pâte.

9. Fromages à pâte sèche et fermentée (cantal, hollande, roquefort, etc.) [*fig.* 460]. — Le caillé provenant de lait *non écrémé* est *pressé* fortement dans les moules, de façon à bien l'égoutter. On procède ensuite comme pour les fromages à pâte molle, mais la *fermentation* est plus lente.

Le fromage de *Roquefort* (Aveyron) est fabriqué avec du lait de *brebis*. Ses veines *bleues* sont dues à de la *mie de pain* moisie. Cette mie, finement pulvérisée, a été répandue sur le caillé au moment de la mise en moules.

10. Fromages à pâte cuite et fermentée (*gruyère*) [*fig.* 460]. — Au sortir de la traite, le lait *non écrémé* est *chauffé*, jusqu'à 35°, dans une chaudière de 300 à 350 litres. On y ajoute alors de la *présure;* le caillé se forme et on continue à chauffer jusqu'à 65°, tout en remuant constamment la masse. La pâte cuite est ensuite mise en moule et soumise, pendant vingt-quatre heures, à une pression de plus en plus forte. Le fromage est ensuite porté à la cave et salé de temps en temps sur ses deux faces. Une fermentation peu active et qui dure cinq à six mois produit des gaz qui forment des *yeux* dans la pâte.

RÉSUMÉ

Le **lait** est très *altérable* et exige de grands soins de *propreté*. Après la traite il est porté à la laiterie et filtré, puis il est utilisé directement ou transformé en *beurre* ou en *fromage*.

Le **beurre** est fabriqué avec la *crème*, matière grasse du lait. La crème, versée dans une *baratte* où elle est agitée fortement, se sépare en beurre et en lait de beurre ou *babeurre*.

Le **fromage** est fabriqué avec le lait *caillé*. Il contient la caséine du lait et plus ou moins de matière grasse, suivant que l'on a employé du lait non écrémé ou du lait plus ou moins écrémé. On distingue:

1° Les fromages *frais* (suisses, bondons);
2° Les fromages *à pâte molle et fermentée* (camembert, brie);
3° Les fromages *à pâte sèche et fermentée* (cantal, roquefort);
4° Les fromages *à pâte cuite et fermentée* (gruyère).

EXERCICES

QUESTIONS D'INTELLIGENCE. — 1. *Avez-vous vu fabriquer du beurre? employait-on les meilleurs procédés? — 2. Dans les villes, les vaches laitières restent toute l'année à l'étable: peuvent-elles donner un lait excellent? — 3. Comment fabrique-t-on le fromage dans votre canton?*

DEVOIRS. — I. *La laiterie: produits, organisation, soins. — II. Dites ce que vous savez sur la fabrication du beurre. — III. Quelles sont les diverses sortes de fromages? Dites ce que vous savez sur la fabrication du fromage de Gruyère.*

52ᵉ LEÇON. — LES ANIMAUX DE BASSE-COUR.

SOMMAIRE. — La poule : de la ponte et des poulets, poulailler, maladies des poules; principales races de poules. — Le dindon. — La pintade. — Le canard. — L'oie. — Le lapin.

1. Basse-cour et volaille. — La basse-cour est la partie de la cour d'une ferme où l'on élève les *volailles* et les *lapins*.

La volaille comprend des *gallinacés* : **poule, dindon** et **pintade**; des *palmipèdes* : **canard** et **oie**. Tous fournissent une *chair* estimée, des *œufs*, des *plumes* et un *fumier* riche en *azote*.

2. La poule donne des œufs et des poulets. — La poule est un oiseau marcheur qui gratte la terre pour y trouver sa nourriture (Voir 30ᵉ leçon). Lorsqu'elle vit en liberté, elle mange des graines perdues, des vers, des insectes, des mollusques, etc. Mais, lorsqu'elle est parquée dans un coin de la cour, on lui donne chaque jour des *graines* (petit blé, orge, sarrasin, avoine, chènevis, maïs, etc.) et, pour la rafraîchir, des *herbes* (orties, salade, oseille), des pommes de terre cuites, etc.

3. De la ponte. — Les poules commencent à *pondre* au début de l'année et s'arrêtent à l'automne, après avoir donné de 80 à 150 œufs. Elles pondent leurs plus beaux œufs de deux à quatre ans; dès la cinquième année elles sont sur le déclin, et à partir de six ans elles ne pondent presque plus.

4. Des poulets. — La poule couve au printemps, parfois en été. On lui met une douzaine de gros œufs, n'ayant pas plus de quinze jours, dans un *nid* ou *couvoir* placé dans un endroit bien aéré, calme et chaud. Elle ne quitte ce nid qu'une fois par jour, pendant quelques instants, pour prendre sa nourriture. Au bout de vingt et un jours, les jeunes *poulets* ou *poussins* sortent des œufs. On vend la plupart des poulets mâles ou *coqs* et l'on conserve les poulets femelles ou *poulettes*, qui donneront des œufs.

Fig. 461. — Couveuse artificielle. — L'eau chaude y maintient une température de 40°.

Afin d'obtenir un grand nombre de poussins à la fois, on emploie aujourd'hui des **couveuses artificielles** (*fig.* 461). Ce sont des caisses en bois munies de tiroirs où l'on place des œufs, et qui sont entourés de réservoirs à eau chaude destinés à maintenir une température constante de 38 à 40°.

Le premier jour de leur naissance les poussins n'ont pas besoin de manger, mais dès le second jour on leur donne des pâtées de mie de pain et de lait (*fig.* 462), puis on y ajoute des œufs durs coupés en morceaux, de la salade ou des orties hachées. Au bout de quinze jours, ils peuvent manger de menues graines et des vers. Avant de les vendre, on les *engraisse*; pour cela, on les enferme dans un endroit chaud et un peu sombre et on leur donne des pâtées de farine d'orge, de sarrasin ou de maïs et de lait de beurre.

5. Hygiène de la poule. — Le *poulailler* est l'endroit où se fait la ponte et où les poules passent la nuit. Il doit être *sec*, bien *ventilé*, *blanchi* de temps en temps au *lait de chaux* et netto é

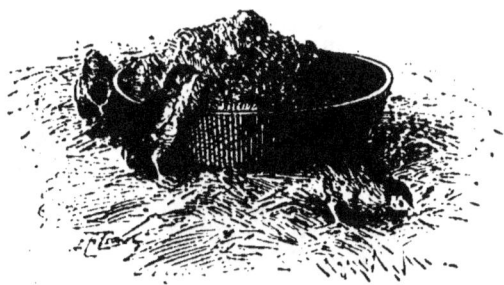

Fig. 462. — Mangeoire pour jeunes poussins.

toutes les semaines; enfin de l'eau, placée dans une auge en bois ou en pierre, doit être renouvelée tous les jours.

Les *nids* ou *pondoirs*, faits de paniers d'osier ou de boîtes en bois, sont placés contre le mur, à 0ᵐ,30 de terre environ. On les garnit de foin ou de paille et on e nettoie souvent.

Les principales maladies des poules sont la *pépie* et le *choléra*. Lorsqu'une poule a la pépie, une peau blanchâtre recouvre le bout de sa langue et l'em-

Fig. 463. — Poule de Houdan.   Fig. 464. — Coq de La Flèche.

pêche de boire comme à l'ordinaire. Pour la guérir, on enlève cette peau avec la pointe d'un canif, puis on frotte la plaie avec du vinaigre. On préserve les poules du choléra par la vaccination.

6. Races de poules. — Les plus estimées sont :

La *race commune*, petite, mais rustique et facile à nourrir. — La *race de Houdan* (Seine-et-Oise) (*fig.* 463), au plumage tacheté de noir et de blanc et à la tête ornée d'une huppe. Elle est précoce, bonne pondeuse et fournit une chair excellente. — La *race de La Flèche* (Sarthe) (*fig.* 464), au plumage noir avec reflets violets et verts sur le dos et les ailes. Cette race, fort bonne pondeuse, est surtout estimée pour la qualité de sa chair. — La race de la *Bresse* (Ain), très bonne pondeuse et à chair très estimée. — La *race de Crèvecœur* (Calvados)

Fig. 465. — Coq de Crèvecœur.   Fig. 466. — Poule cochinchinoise.

(*fig.* 465), très précoce, aux œufs généralement très gros, mais pondeuse moyenne. — La race *cochinchinoise* (*fig.* 466), grande, bonne pondeuse, mais à chair peu estimée. — La race de la *Campine* (Belgique) vantée pour la qualité de sa chair et la quantité de ses produits.

7. Dindon. — Les dindons (Voir *planche* II, p. 134), *du même groupe que la poule*, aiment la liberté; on les conduit dans les champs, les bois, les prés, où ils se nourrissent de graines, de larves et d'insectes, de limaces, etc.

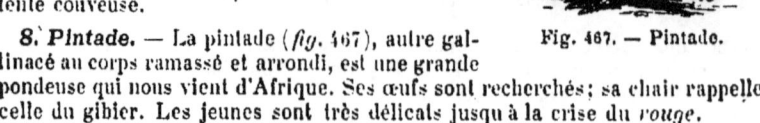

Les jeunes *dindonneaux* craignent l'humidité et périssent parfois en grand nombre, vers l'âge de deux mois, au moment où la crête ou membrane rouge de leur tête et de leur cou se développe (*crise du rouge*). Une fois cette crise passée, ils deviennent très robustes. Vers l'âge de six mois, on les vend après les avoir *engraissés* comme les poulets. La *dinde*, femelle du dindon, pond une trentaine d'œufs par an; elle est excellente couveuse.

Fig. 467. — Pintade.

8. Pintade. — La pintade (*fig.* 467), autre gallinacé au corps ramassé et arrondi, est une grande pondeuse qui nous vient d'Afrique. Ses œufs sont recherchés; sa chair rappelle celle du gibier. Les jeunes sont très délicats jusqu'à la crise du *rouge*.

9. Canard. — Le canard (Voir *planche* II, p. 134) est un *palmipède d'eau douce* (Voir 30ᵉ *leçon*). Il est facile à élever; cependant il faut qu'il ait de l'eau à sa disposition. En liberté, il mange des vers, des insectes, de petits mollusques, etc. On complète sa nourriture avec des graines, du son, des pommes de terre cuites, etc.

La *cane* ou femelle du canard pond jusqu'à 40 œufs par an. Les jeunes ou *canetons* sont engraissés vers l'âge de six mois et vendus ; leur chair est excellente et leur plume *duvet* est fort estimée.

10. Oie. — L'oie (Voir *planche* II, p. 134), autre palmipède, a besoin d'eau claire pour se baigner de temps en temps. Elle mange de l'herbe et des graines qu'elle trouve dans les champs ou sur le bord des chemins ; on y ajoute à la ferme des graines, des pommes de terre cuites, des feuilles de légumes cuites avec du son, etc.

L'oie pond jusqu'à 40 œufs par an et est excellente couveuse. Les jeunes sont engraissés vers l'âge de sept à huit mois et vendus ; ils nous fournissent leur chair, de la plume et du duvet. Leur *foie*, gonflé outre mesure par le *gavage*, sert à faire des *pâtés* de foie gras.

11. Lapin. — Le lapin est un *rongeur* qui vit à l'état libre dans les terriers (*lapin de garenne*). On l'élève dans la basse-cour pour sa chair (Voir *planche* VII, p. 224), pour sa peau qui sert à faire de la colle et pour son poil qui est employé dans la chapellerie.

En été, on nourrit le lapin d'herbes et d'épluchures de légumes. En hiver, on lui donne du foin, des carottes, du son, etc. Son logement s'appelle *clapier*.

RÉSUMÉ

Les **animaux de basse-cour** comprennent les *volailles* (poule, dindon, pintade, canard, oie) et les *lapins*.

La **poule** nous fournit ses œufs et sa chair. Le *poulailler*, endroit où se fait la ponte et où les poules passent la nuit, doit être sec, bien aéré et tenu très proprement.

Les races de poules les plus estimées sont : la race de *Houdan* (Seine-et-Oise), la race de *La Flèche* (Sarthe), la race de la *Bresse* (Ain), la race *cochinchinoise* et la race de la *Campine* (Belgique).

Le **dindon** et la **pintade** nous fournissent leur chair, mais les jeunes sont difficiles à élever. — Le **canard** et l'**oie**, qui aiment aller à l'eau, nous donnent leur chair et leur plume (duvet).

Le **lapin** nous donne sa chair, sa peau et son poil.

EXERCICES

QUESTIONS D'INTELLIGENCE. — *1. La poule mange des vers, des insectes, etc. et cependant on ne la tolère pas dans les jardins; pourquoi? — 2. Dans le pays, quelle race de poules élève-t-on de préférence? tient-on les poulaillers avec assez de soin? — 3. Dans les villages situés sur le bord des rivières, on élève beaucoup d'oies et de canards; pourquoi?*

DEVOIRS. — *I. Dites ce que vous savez sur la poule. Soins à donner aux poussins. Installation du poulailler. — II. Le canard et l'oie. Élevage, produits.*

53ᵉ LEÇON. — LES INSECTES UTILES.

SOMMAIRE. — Les abeilles et leurs métamorphoses : essaims, ruches; usages du miel et de la cire. — Le ver à soie. — Les insectes défenseurs de nos récoltes.

1. Apiculture et sériciculture. — Dans toute la France, on augmente le revenu de la ferme par l'entretien de ruches d'*abeilles* : c'est l'**apiculture**; dans la vallée du Rhône, on élève le *ver à soie* pour son cocon : c'est la **sériciculture**.

2. Abeilles. — Les abeilles (*fig.* 468 à 473), insectes domestiques, nous fournissent le *miel* et la *cire*. Elles vivent en société dans des

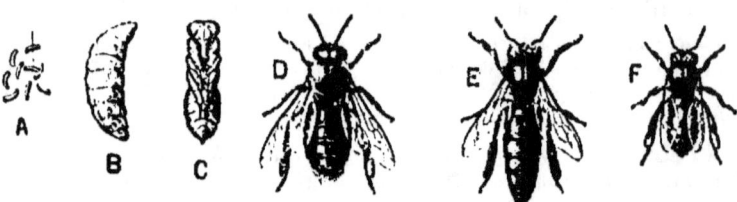

Fig. 468 à 473. — Les abeilles et leurs métamorphoses : A, œufs; B, larve; C, chrysalide; D, mâle ou faux bourdon; E, reine ou mère; F, ouvrière.

ruches; dans chaque ruche, il y a une *mère* ou *reine*, plusieurs centaines de *mâles* ou *faux bourdons* et de 20 à 30 000 *ouvrières*.

La **reine** a un abdomen allongé et armé d'un *aiguillon* (*fig.* 474); elle a pour unique fonction de pondre des œufs, et peut vivre quatre ans.

Les **mâles** ou **faux bourdons** ont un abdomen *velu*[1], dépourvu d'aiguillon; ils ne travaillent pas et, à deux ou trois mois, vers la fin de l'été, ils sont mis à mort par les ouvrières.

Fig. 474. Aiguillon et glandes à venin de l'abeille.

Fig. 475. Cellules des ouvrières et grande cellule d'une mère.

Les **ouvrières**, plus petites, ont un aiguillon; elles sont chargées de tous les travaux de la colonie et vivent près d'un an.

Les unes construisent dans la ruche, avec la **cire** qui suinte entre les anneaux de leur abdomen, des gâteaux ou *rayons* (*fig.* 475) formés de cellules hexagonales et placés verticalement. Les autres vont butiner sur les fleurs; elles y puisent, à l'aide de leur trompe, la matière sucrée qu'elles dégorgent ensuite, modifiée sous forme de **miel**, dans les *cellules*, pour la nourriture d'hiver. Chaque cellule remplie est bouchée avec de la cire. Elles recueillent aussi le *pollen* des fleurs et le rapportent à la ruche, fixé à leur troisième paire de pattes; ce pollen sert à l'alimentation des jeunes ouvrières.

3. Métamorphoses. — La reine pond un œuf dans chaque cellule

---

1. **Velu** : couvert de poils.

libre (*fig.* 475); au bout de trois jours il sort de chacun de ces œufs une larve que les ouvrières nourrissent pendant six jours avec une bouillie faite de miel et de pollen et qu'elles enferment ensuite dans la cellule, en bouchant celle-ci avec un couvercle de cire. La larve s'y transforme, en une quinzaine de jours, en nymphe, puis en insecte parfait. — Quelques cellules sont plus grandes que les autres (*fig.* 475); les larves qui les habitent reçoivent une nourriture spéciale et deviennent des reines que la vieille mère tue aussitôt.

4. Les ruches. — Le rucher doit être installé dans un endroit sec, à l'abri des vents froids et violents. — Les *ruches communes* (*fig.* 476 à 478) sont en liège, en petit bois ou en paille tressée. Ces dernières sont recouvertes d'une robe en paille afin de les abriter de la pluie et du soleil. — Les *ruches démontables* (*fig.* 479) sont munies de cadres verticaux mobiles où les abeilles construisent leurs cellules.

5. D'une ruche trop peuplée sort un essaim. — Vers mai-juin, lorsqu'une colonie est trop nombreuse et que de nouvelles reines sont nées, la vieille reine et une partie des ouvrières abandonnent la ruche et s'accrochent à une branche d'arbre du voisinage. C'est un *essaim* que l'on fait tomber dans une ruche vide pour former une nouvelle colonie. — Dans l'ancienne ruche, les jeunes reines qui viennent d'éclore se livrent des combats acharnés jusqu'à ce que l'une d'elles ait tué les autres.

6. Le miel est un aliment et un médicament. — Sa qualité dépend des lieux et des plantes sur lesquelles les abeilles le récoltent. Les plus estimés sont ceux du Gâtinais[1] et de Narbonne[2]. Le miel inférieur sert à la fabrication du pain d'épice.

La **cire** est employée en pharmacie; on en fait des cierges, des bougies de luxe, de l'encaustique pour faire briller meubles et parquets, etc.

7. Ver à soie. — Le *ver à soie* (*fig.* 480 à 483) est la *chenille* d'un papillon velu et blanchâtre, le *bombyx* du mûrier. Dans la vallée du Rhône, on l'appelle *magnan*, et on l'élève en grand dans des établissements appelés *magnaneries*, où il file son cocon.

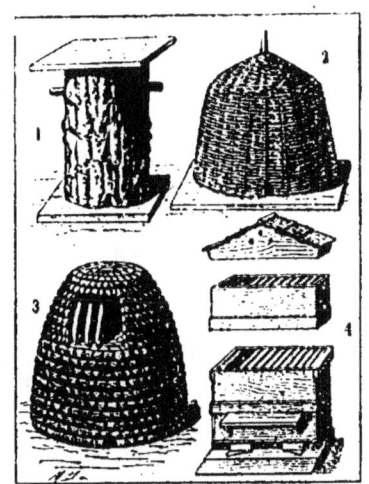

Fig. 476 à 479. — Ruches : 1. en liège; 2. en osier ; 3. en paille ; 4. démontable

---

1. **Gâtinais** : ancien pays de France qui forme aujourd'hui l'est du département du Loiret et quelques portions de ceux de la Nièvre et de l'Yonne; miel renommé.
2. **Narbonne** : chef-lieu d'arrondissement du département de l'Aude. Vins, miel.

Au printemps, lorsque les feuilles du mûrier commencent à se développer on place les œufs de bombyx, qu'on appelle *graine de ver à soie*, dans une chambre maintenue à la température de 25°. Au bout de dix à douze jours, il sort de chaque œuf une petite chenille de 2 à 3 millimètres de longueur, que l'on nourrit avec des feuilles de mûrier. Cette chenille s'accroît rapidement et, au bout de trente-deux jours, après avoir changé de peau quatre fois, elle a 6 à 8 centimètres de longueur. Elle cesse alors de manger et monte sur des branchages de bruyères (*fig.* 315, p. 171) pour y filer un cocon (*fig.* 481) dans l'intérieur duquel elle se transforme en chrysalide (*fig.*482). Au bout de vingt jours cette chrysalide est devenue un insecte parfait, un papillon (*fig.* 483) qui

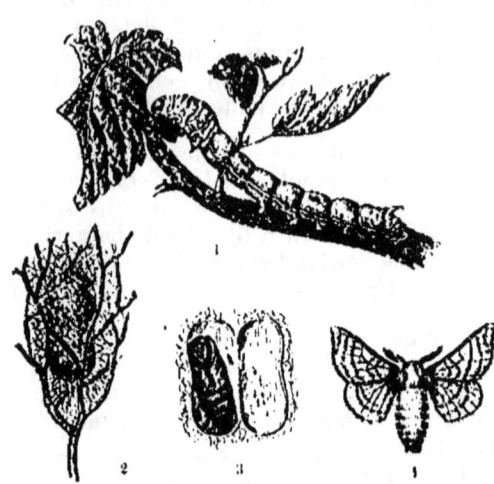

Fig. 480 à 483. — Ver à soie : 1, chenille ; 2, cocon ; 3, cocon ouvert montrant la nymphe ; 4, papillon.

s'échappe par un trou percé à l'une des extrémités du cocon. Ce papillon meurt au bout de deux jours, après avoir pondu des œufs que l'on conserve, dans un endroit frais, pour l'année suivante.

Les cocons percés donnent de la soie difficile à filer. Afin d'obtenir les cocons entiers, on tue les chrysalides en soumettant les cocons à l'action de la vapeur d'eau bouillante, puis on dévide le fil de soie, qui a environ 1 kilomètre de longueur.

8. Les insectes défenseurs de nos récoltes.

Certains insectes font la chasse aux animaux nuisibles à l'agriculture : insectes, chenilles, petits mollusques, etc.

Fig. 484. Carabe doré ou jardinière.

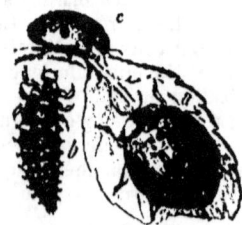

Fig. 485 à 487. Coccinelle : *a*, à 7 points (*b*, sa larve) ; *c*, à 2 points.

Les principaux sont : le *carabe doré* ou *jardinière* (*fig.* 484), qui dévore vers, chenilles et limaces ; la *coccinelle* ou *bête à bon Dieu* (*fig.* 485 à 487), qui se nourrit de pucerons ; le *lampyre* ou *ver luisant*, qui vit de petits mollusques et dont la femelle, dépourvue d'ailes, produit pendant la nuit une lueur particulière; la *libellule* ou *demoiselle* (*fig.* 188, 189), qui voltige au-dessus des eaux, poursuivant mouches et papillons dont elle se nourrit; le *fourmi-lion*, dont la larve creuse dans les terrains sablonneux un trou en forme d'entonnoir au fond duquel elle se cache, et de là lance des grains de sable sur les fourmis et autres insectes qui s'aventurent sur le bord de son piège, afin de les faire

Fig. 188, 189. — Libellule : *a*, sa larve.

Fig. 190. — Ichneumon.

rouler au fond et de les dévorer; l'*ichneumon* (*fig.* 190), qui dépose ses œufs dans le corps de certaines chenilles, lesquelles sont ensuite dévorées par les jeunes larves qui éclosent.

RÉSUMÉ

Les **abeilles** nous fournissent le *miel* et la *cire*. Elles vivent en société dans des *ruches*. Dans chaque ruche il y a une *mère*, des *mâles* et des *ouvrières*.

Des œufs pondus par la mère il sort de petites larves que les ouvrières nourrissent et qui se transforment en nymphes ou chrysalides, puis en insectes parfaits.

Les ruches dites à *cadres mobiles* sont de plus en plus employées, car elles sont très pratiques.

Lorsque la ruche contient trop d'abeilles, la mère et une partie des anciennes ouvrières la quittent et forment un *essaim*.

Le **ver à soie** est la chenille d'un papillon, le bombyx du mûrier. De chacun des œufs de ce papillon sort une petite chenille que l'on nourrit de feuilles de mûrier et qui s'enferme bientôt dans un cocon pour se transformer en nymphe, puis en papillon. Ce sont les cocons qui, dévidés, fournissent la *soie*.

D'autres insectes sont utiles: ce sont : le *carabe doré*, la *coccinelle*, le *lampyre*, la *libellule*, le *fourmi-lion*, l'*ichneumon*, etc.

EXERCICES

QUESTIONS D'INTELLIGENCE. — *1. Si vous êtes piqué par une abeille, que devez-vous faire? — 2. Nommez les insectes utiles que vous avez déjà eu l'occasion de voir. Rappelez, à cette occasion, les oiseaux, les reptiles et les batraciens utiles. — 3. Nommez des insectes qui détruisent des animaux nuisibles.*

DEVOIRS. — *I. Les abeilles : ruches, essaims, miel. — II. Dites ce que vous savez du ver à soie. — III. Montrez en détail comment une société protectrice des insectes pourrait rendre des services.*

54ᵉ LEÇON. — LES INSECTES NUISIBLES.

SOMMAIRE. — L'insecte le plus nuisible : le hanneton. — Les ennemis des céréales : charançon, sauterelles et criquets. — Les ennemis du potager : courtilière, bruche, piéride du chou, sphinx tête de mort. — Les ennemis du verger : pucerons, fourmis, guêpes, chenilles. — Les ennemis des animaux et de l'homme : taon, cousin, mouche. — Autres insectes nuisibles.

1. Le hanneton est l'ennemi de toutes les cultures (Voir *planche* VIII, p. 240). — Il cause chaque année pour plusieurs millions de francs de dégâts. A l'état d'*insecte parfait*, il dévore les feuilles et les bourgeons ; à l'état de *larve* (ver blanc), il ronge les racines et fait mourir les plantes.

Les hannetons sortent de terre vers le mois de mai et vivent plusieurs semaines. Pendant ce temps les femelles s'enfoncent trois fois dans la terre à une profondeur de 10 à 15 centimètres et y déposent chaque fois de 20 à 30 œufs. Au bout d'un mois, de chaque œuf sort une larve ou ver blanc qui recherche immédiatement des racines pour les dévorer. A l'automne, les vers blancs s'enfoncent profondément dans la terre et s'engourdissent, mais au printemps ils recommencent leurs ravages. Vers la fin de leur troisième année, ils sont complètement développés ; ils se renferment alors dans une loge formée de débris végétaux et se transforment en nymphes ou chrysalides, puis en insectes parfaits. Par une belle soirée de mai, ces insectes sortent de terre et volent sur le premier arbre qui se trouve à leur portée pour en dévorer les feuilles.

Le cultivateur doit détruire les hannetons. Le moyen le plus pratique consiste à secouer les arbres le matin, quand les insectes sont encore engourdis. Les hannetons tombent ; on les ramasse et on les tue en les jetant dans un seau contenant un lait de chaux.

2. Les ennemis des céréales : charançon, sauterelles et criquets. — Le charançon du blé, appelé aussi *calandre* (Voir *planche* VIII, p. 240), apparaît en été. Sa femelle pond un grand nombre d'œufs et les dépose dans les tas de blé, un sur chaque grain. Une petite larve sort de chacun de ces œufs et s'enfonce dans le grain de blé qu'elle ronge, ne laissant que l'écorce. Elle se transforme alors en nymphe, puis en insecte parfait.

Fig. 191. — Criquet.

Pour éloigner les charançons, on doit tenir les greniers très propres et soumettre les tas de blé à de fréquents *pelletages*.

Les *sauterelles* se nourrissent de végétaux, mais causent peu de dégâts. Il n'en est pas de même des *criquets* fig. 491 (Voir *planche* VIII, p. 240), qui envahissent parfois l'Algérie en troupes innombrables et y détruisent les céréales et toutes les cultures.

3. Les ennemis du potager : courtilière, bruche, piéride du chou, sphinx tête de mort. — La courtilière (Voir *planche* VIII, p. 240), ou

INSECTES NUISIBLES

Hanneton et sa larve   Chrysomèle   Noctuelles

Mouche à viande et sa larve.

Calandre du blé   Altise des légumes   Piéride du chou et sa larve

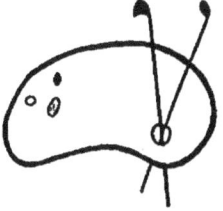

Criquet   Courtilière

Phylloxeras   Œstre du cheval et sa larve   Pyrale de la vigne

Fourmis et leur nymphe   Puceron lanigère

Pl. VIII   SCIENCES PHYSIQUES ET NATURELLES

taupe-grillon se nourrit de vers et de larves, mais avec ses pattes élargies en forme de pelles elle creuse de larges galeries dans la terre et coupe les racines des plantes. Elle cause ainsi de grands dégâts dans les jardins.

Les *bruches* sont de petits insectes, de la famille des charançons, dont les larves rongent l'intérieur des graines des légumineuses (pois, haricots, lentilles).

La *piéride du chou* (Voir *planche* VIII, p. 240) est d'un blanc jaunâtre ; la chenille, d'un vert bleuâtre, dévore les différentes espèces de choux.

Le *sphinx tête de mort* (*fig*. 492) est un papillon nocturne d'une coloration où dominent le jaune et le brun et dont le thorax est orné d'un dessin blanc figurant vaguement une tête de squelette.

Fig. 192. — Sphinx.

Il se montre en mai et en septembre, et sa chenille, qui est très grosse et d'une couleur jaune verdâtre, vit principalement sur les feuilles de la pomme de terre. C'est un ennemi redoutable des abeilles, car s'il s'introduit dans une ruche, il se gorge de miel.

4. Les ennemis du verger : *pucerons, fourmis, guêpes, chenilles*. — Les *pucerons* causent de sérieux dommages aux arbres fruitiers, principalement aux pommiers, dont ils pompent la sève des bourgeons et des jeunes pousses. On les détruit en aspergeant les arbres avec du *jus de tabac* étendu d'eau ou avec du *lait de chaux*.

Les *fourmis* (Voir *planche* VIII, p. 240) vivent en société dans des habitations appelées fourmilières. Une société comprend des mâles, plusieurs femelles pondeuses et un grand nombre d'ouvrières.

Les œufs sont déposés dans les chambres des *fourmilières* ; il en sort de petites larves qui sont nourries par les ouvrières. Ces larves s'entourent d'une coque soyeuse[1] et se transforment en nymphes. On appelle vulgairement œufs de fourmis ces cocons soyeux qui renferment une nymphe.

Fig. 193. — Nid de la guêpe.

Les fourmis se nourrissent de liquides sucrés qu'elles vont chercher sur les fleurs et les fruits. Elles pénètrent parfois dans nos maisons et visitent sucriers et pots de confiture. Pour les faire périr, il suffit de jeter sur la fourmilière de l'eau bouillante ou de l'eau additionnée d'un peu d'huile.

Les *guêpes* vivent en société. On trouve leurs nids (*fig*. 493) dans la

---

1. **Soyeuse** : fine et douce au toucher comme de la soie.

AGRICULTURE.

terre ou suspendus aux branches ou dans les cavités des vieux arbres. Ces insectes recherchent avec avidité les fruits (raisins, prunes, etc.) dont ils percent la peau et causent ainsi de grands dégâts. On les redoute à cause des piqûres qu'ils font avec leur aiguillon venimeux.

La plupart des papillons sont nuisibles, car leurs larves ou *chenilles* ravagent les cultures et surtout les arbres fruitiers dont elles dévorent les jeunes pousses. La loi ordonne aux propriétaires d'arbres d'enlever tous les nids de chenilles avant mars. C'est l'*échenillage*.

5. Les ennemis des animaux et de l'homme : *taon, cousin, mouche.* — Le *taon* (*fig.* 494) est une grosse mouche qui pique les bœufs et les chevaux pour sucer leur sang.

Les *cousins* ou *moustiques* (*fig.* 495) se rencontrent surtout dans le voisinage des eaux stagnantes. Ils volent le soir, pénètrent dans nos maisons et nous font souffrir par leurs piqûres.

La *mouche* vit de tout ce qu'elle peut sucer. Rôdant sur les matières

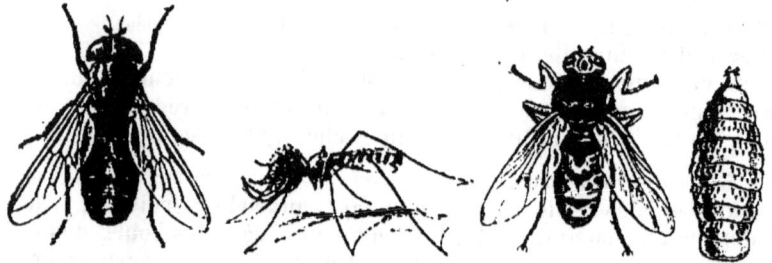

Fig. 494. — Taon.   Fig. 495. — Cousin.   Fig. 496, 497. — Œstro et sa larve.

en putréfaction, elle peut emporter des microbes et contribuer ainsi à la propagation de certaines maladies contagieuses.

L'*œstre du cheval* (*fig.* 496, 497), grosse mouche velue, dépose ses œufs dans les poils du cheval, où ils éclosent. De ce fait, l'animal éprouve des démangeaisons; il se lèche et avale les larves qui causent des désordres dans son estomac et son intestin.

Une grosse mouche *bleue* (Voir *planche* VIII, p. 240) dépose ses œufs sur la viande. De ces œufs sortent immédiatement des larves appelées *asticots*.

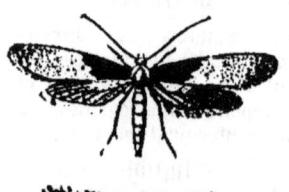

Fig. 498, 499. — Teigne et sa larve.

6. Autres insectes nuisibles. — On peut encore citer : les *teignes* (*fig.* 498, 499), petits papillons de nuit, dont les chenilles rongent les étoffes et les fourrures; les *blattes* ou *cafards*, hôtes désagréables des boulangeries, magasins, etc. et qui dévorent toutes les matières animales ou végétales laissées à leur portée; les *punaises* (*fig.* 500), qui habitent les maisons malpropres; la *puce* (*fig.* 501 à 503) et le *pou* (... 504), parasites de l'homme, qui s'en débarrasse par des soins de p... preté.

Certains insectes attaquent principale...ent la vigne; le plus redoutable est le *phylloxera* (Voir 47ᵉ leçon et p... nche VIII, p. 240).

Dans sa lutte contre les insectes, le cultivat... ne doit pas oublier que ses

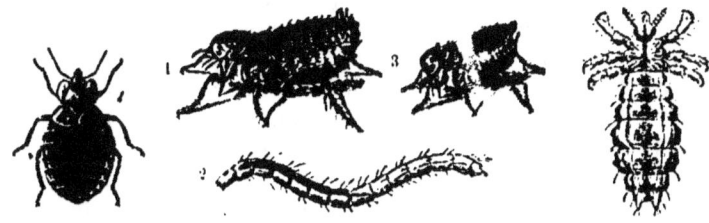

Fig. 500. — Punaise des lits.   Fig. 501 à 503. — Puces : 1, puce de l'homme; 2, sa larve; 3, puce du chien.   Fig. 504. Pou.

meilleurs auxiliaires sont les **oiseaux** (*passereaux, grimp...*) *et les* **petits mammifères** (*hérisson, taupe, musaraigne, chauve-souris*).

RÉSUMÉ

Le hanneton *est l'ennemi de toutes les cultures :* ¹ dévore feuilles et bourgeons, et sa larve (*ver blanc*) ronge les ...cines.

Ennemis des céréales : le *charançon* creuse le grain ... blé; les *criquets* dévorent des moissons entières.

Ennemis du potager : la *courtilière* creuse des galer... et coupe les racines; la larve de la *bruche* vide les graine... s légumineuses; la chenille de la *piéride du chou* le ronge.

Ennemis des arbres fruitiers : les *pucerons* pompent la s... des jeunes pousses; les *chenilles* les dévorent; les *fourmis* et les *guêpes* rongent les fruits et les gâtent.

Autres insectes nuisibles : le *taon* pique les bœufs et les chevaux; le *cousin* pique les hommes et, de même que les *mouches*, propage les maladies contagieuses; les *cafards* des cuisines et les *punaises* des lits sont des hôtes désagréables; le *pou* et la *puce* sont de gênants parasites.

EXERCICES

QUESTIONS D'INTELLIGENCE. — 1. Lors d'une visite que vous faites à votre ami, celui-ci se plaint des moustiques. Dans un pré, près de sa maison, se trouve une mare. Que lui conseillez-vous de faire? — 2. Nommez les insectes nuisibles que vous avez déjà eu l'occasion de voir. — 3. Rappelez les animaux qu'on croit à tort nuisibles et que l'on poursuit injustement.

DEVOIRS. — I. Le hanneton : ses transformations et ses mœurs; dommages qu'il cause, moyen de le détruire. — II. Citez les principaux insectes nuisibles que vous connaissez et indiquez la nature des dégâts qu'ils commettent

LECTURES

1. — Analyse des terres.

Analyse chimique. — L'analyse chimique d'une terre a pour but de déterminer ce que cette terre contient de principes fertilisants. Pour cette analyse, comme pour toutes les analyses d'engrais, du reste, il faut choisir un chimiste expérimenté [1]. Il est essentiel aussi de prélever avec beaucoup de soin l'*échantillon* de la terre à analyser, si l'on veut tirer de l'analyse toutes les indications utiles.

Cet échantillon doit être pris sur un champ d'une composition uniforme. Quand une terre n'est pas homogène, il est nécessaire de composer un échantillon où entre chaque sorte de terrain. Pour le prélever, il faut enlever l'herbe à la surface du sol. On creuse ensuite à la bêche un trou carré de $0^m,20$ à $0^m,40$ de profondeur et à parois bien verticales. Sur l'une de ces parois on enfonce la bêche de façon à enlever une tranche de terre que l'on jette dans une brouette. Cette opération est faite de distance en distance, et les tranches enlevées sont mélangées aussi intimement que possible. On prend 3 kilogrammes de ce mélange et on l'envoie au chimiste, qui recherche l'azote total, l'acide phosphorique, la potasse et la chaux.

Azote. — On appelle *riches* les terres qui donnent à l'analyse de 0,1 à 0,2 pour 100 d'azote; *moyennes*, celles qui en contiennent de 0,08 à 0,1 pour 100; *pauvres*, celles qui en ont moins de 0,08 pour 100.

Il appartient au cultivateur de rendre cette proportion plus forte en donnant à la terre de l'azote immédiatement assimilable. Cet apport est indispensable lorsqu'il s'agit de restituer au sol ce que la récolte lui a enlevé.

Acide phosphorique. — Les terres sont riches, moyennes ou pauvres, suivant qu'elles contiennent de 0,1 à 0,2, de 0,05 à 0,1, ou moins de 0,05 pour 100 d'acide phosphorique.

Comme chaque récolte en enlève au sol une quantité notable, la restitution doit en être faite régulièrement et très largement.

Potasse. — Toute terre manque de cette substance si elle n'en contient pas au moins 0,4 pour 100.

Certaines plantes sont avides de potasse. La restitution doit en être faite intégralement à l'aide du fumier ou des engrais potassiques.

---

[1] Par exemple, le professeur d'agriculture du département. (Il suffit de lui écrire à la préfecture; la lettre lui parviendra).

Chaux. — Quand l'analyse d'une terre n'accuse pas 2 à 3 pour 100 de chaux, il faut faire un apport de cette substance.

La restitution doit se faire largement. Car s'il existe des terres très fertiles qui sont composées par moitié de chaux, il n'en est pas, on ne saurait trop le dire, qui puissent sans cette substance donner de belles récoltes. C'est ce qui rend si précieux le *marnage* et le *chaulage*.

H. FAYET, *les Engrais au village* (Librairie Larousse).

2. — Fabrication du pain.

Au moulin, le blé est broyé à l'aide de meules ou de cylindres mus par le vent, l'eau ou la vapeur (de là les noms de moulins à *vent*, à *eau* ou à *vapeur*). Le produit écrasé contient la *farine* et du *son* provenant de l'enveloppe du grain; on les sépare à l'aide d'un *tamis*[1] et la farine est livrée au boulanger.

Celui-ci la pétrit avec de l'eau tiède passablement salée et du *levain* provenant du pétrissage précédent. (Ce levain contient des ferments ou microbes qui provoquent la fermentation de la pâte, d'où formation du gaz carbonique. On le remplace souvent par de la levure de bière). Le pétrissage se fait à bras d'homme ou au moyen d'un pétrin mécanique (*fig.* 505).

Fig. 505. — Pétrin mécanique : A, auge circulaire; B, pétrisseur; C, C, allongeurs.

Le boulanger divise ensuite la pâte en *pâtons* qu'il place dans des corbeilles *saupoudrées* de farine où ils fermentent et se gonflent; il les porte alors dans un four chauffé à environ 300°. Sous l'influence de la chaleur, les bulles de gaz carbonique augmentent le volume et déterminent les *yeux* du pain.

Avec des blés durs, on fabrique des *pâtes alimentaires* (vermicelle, macaroni, etc.); des blés avariés on retire de l'*amidon* (Voir *48e leçon*).

---

1. **Tamis** : ici, appareil en soie ou en crin qui sert à séparer la farine du son; il a la forme d'un prisme octogonal tournant autour d'un axe incliné : on l'appelle *bluterie*.

3. — Fabrication du sucre de betterave.

Cette fabrication forme une des principales richesses de la France; elle a pour centres les départements du Nord, du Pas-de-Calais et de l'Aisne. Elle comprend une série d'opérations assez compliquées.

Les betteraves sont d'abord lavées, puis découpées mécaniquement en fines lanières appelées *cossettes*. Celles-ci sont placées dans de grands récipients appelés *diffuseurs*, dans lesquels on envoie de l'eau à la température de 60 à 70°. Cette eau passe d'un diffuseur dans un autre et se réchauffe dans des *colonnes intermédiaires* où passent des tuyaux à vapeur; elle enlève ainsi tout le sucre des cossettes. On débarrasse de ses impuretés le jus sucré ainsi obtenu en le mélangeant avec un *lait de chaux*, qui forme avec elles des composés insolubles. Le jus se *clarifie* par le repos, puis il est *filtré*, à travers des toiles résistantes, dans un appareil spécial appelé *filtre-presse*.

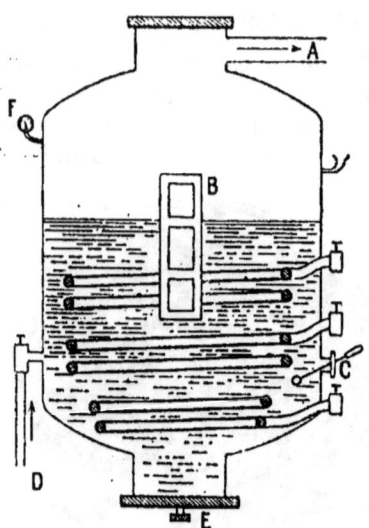

Fig. 506. — Chaudière à cuire : A, sortie de la vapeur d'eau; A', arrivée de la vapeur aux serpentins; B, fenêtre vitrée pour surveiller la cuisson; C, sonde pour prélever des échantillons et s'assurer du degré de cuisson; D, arrivée des jus; E, trappe de vidange; F, manomètre.

Le liquide clair recueilli contient du *sucrate de chaux*. On le soumet, dans une cuve chauffée à 100° par de la vapeur d'eau, à l'action d'un courant de gaz carbonique qui décompose le sucrate. Le liquide se trouble, on l'éclaircit par *filtration*.

Le jus filtré est évaporé dans l'*appareil à triple effet*, puis mis à la cuisson dans la *chaudière à cuire* (*fig.* 506) chauffée à la vapeur et où l'on a fait le vide. Lorsque le sirop est assez cuit, on fait écouler la masse sucrée pâteuse ou *masse cuite* dans de grandes cuves de refroidissement où elle augmente de consistance et où se forment de petits cristaux enchâssés dans la masse sirupeuse. On sépare ces cristaux du sirop ou *mélasse* au moyen de *turbines* (*fig.* 507) tournant avec une vitesse de 1 200 tours à la minute. Le sirop chassé par la force *centrifuge* traverse seul les parois d'un tambour formé d'une toile métallique très fine, les cristaux restent : c'est le sucre brut ou *cassonade*.

La *cassonade* doit être *raffinée*. Pour cela, on la fait dissoudre dans de l'eau et on la clarifie en la faisant bouillir avec du *noir animal* en poudre et du *sang* de bœuf. L'albumine du sang se coagule et emprisonne les impuretés sous forme d'écume, tandis que le noir animal décolore le liquide. Celui-ci est encore filtré sur du noir animal en grains, puis concentré par l'évaporation et enfin versé dans des *formes*, vases coniques ou rectangulaires en tôle galvanisée, où le sucre cristallise. On obtient ainsi des *pains* ou des blocs de sucre qui, sciés, donnent ce que l'on appelle le *sucre à la mécanique*. — Des mélasses, fermentées, on retire de l'alcool par distillation.

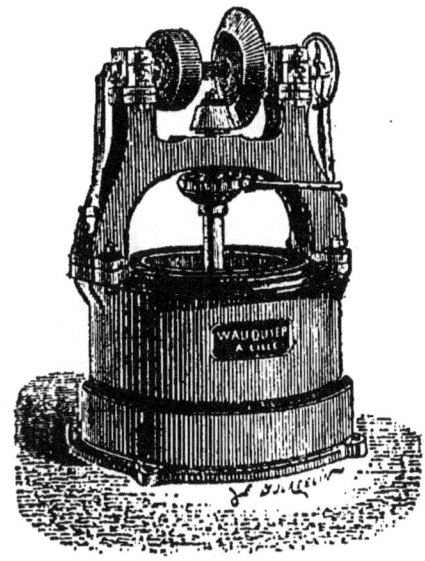

Fig. 507. — Turbine.

On obtient le *sucre candi* en laissant évaporer lentement une dissolution de sucre suffisamment concentrée dans un *cristallisoir* en cuivre au travers duquel on a tendu des fils de chanvre. Les cristaux qui se forment se fixent sur ces fils. Plus l'évaporation est lente, plus les cristaux sont gros et transparents.

Pour préparer le *sucre d'orge, de pomme*, etc., on dissout du sucre dans une petite quantité d'eau; le sirop ainsi obtenu et parfumé à la fleur d'oranger, au citron, à la framboise, etc. est cuit afin de faire évaporer une partie de son eau, puis coulé sur une plaque en marbre ou dans des moules frottés d'huile d'olive. Il se prend en une masse qui, par la suite, cristallise et perd sa transparence.

4. — Le jardin scolaire.

Un jardin scolaire établi suivant le plan de la figure 508 suffirait à toutes les exigences du nouvel enseignement agricole.

Sur un terrain de 100 à 120 mètres carrés, une bande est réservée aux cultures en pots; placées au fond d'un petit fossé, sur du sable maintenu humide, elles servent aux leçons de la classe. — Dans un terrain

AGRICULTURE.

employé à démontrer l'action des engrais chimiques, le sol est constitué par une terre sableuse presque stérile. La bande de gauche : carottes, oignons, navets, pommes de terre ; la bande du milieu : salades, épinards, choux, etc. ; la bande de droite : pois, haricots, tomates, etc., sont toutes divisées en carrés qu'on sépare par des planchettes.

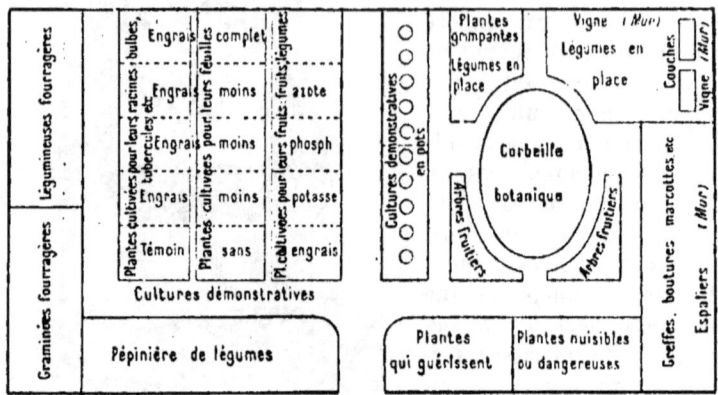

Fig. 508. — Plan d'un jardin scolaire.

Trois plates-bandes de bonne terre bien fumée reçoivent les principales plantes fourragères, les légumes à repiquer et les plantes qui guérissent, qui nuisent ou qui tuent. — Enfin un terrain, bien fumé aussi, est réservé aux légumes en place et aux couches froide et chaude qui permettent certaines cultures (primeurs, melons, etc.).

Une corbeille botanique contient des types des familles de plantes les plus connues ; des plantes grimpantes, une vigne, et des espaliers utilisent les murs du jardin. D'ailleurs des arbres et arbustes fruitiers entourent la corbeille botanique et une véritable école d'arboriculture est installée sur un terrain voisin.

Les élèves intelligents se font un devoir de concourir par leur travail, leurs recherches, leurs dons même de semences et de plantes, à la bonne tenue de ce jardin, qui fait grand honneur à une école et dont ils peuvent retirer un très grand profit.

5. — Pansage des animaux de la ferme.

Pansage du cheval. — Le *pansage* consiste à débarrasser la peau de la crasse et des impuretés déposées à la surface du corps de l'animal.

Trop souvent considéré comme une pratique de luxe, le pansage répond à une nécessité impérieuse et contribue pour une large part au maintien de la santé du cheval, en favorisant la transpiration cutanée, en excitant l'appétit et en activant la digestion.

Les instruments du pansage les plus usités sont l'*étrille*, la *brosse*, le *bouchon*, le *peigne*, l'*éponge*, le *couteau de chaleur* et le *cure-pieds*.

C'est l'**étrille** qui commence le pansage. Son rôle consiste à détacher les impuretés adhérentes à la peau ou à la base des poils.

Après l'étrille on fait agir la **brosse de chiendent**, puis le **bouchon de paille** fortement serré, à l'aide duquel on exerce sur tout le corps, mais particulièrement sur les membres, un massage dont l'effet est des plus salutaires.

Vient ensuite l'**époussette**, qui sert à chasser la poussière laissée par la brosse dans les poils; il reste alors à les lisser avec la brosse en crin passée dans le sens de leur direction. — Le **peigne** lisse la crinière et la queue. — L'**éponge** lave l'encolure, la naissance de la queue, les ouvertures naturelles et les sabots.

Le **couteau de chaleur** consiste en une lame *mousse*[1] qu'on passe sur le corps pour en exprimer l'eau ou la sueur.

Comme l'indique son nom, le **cure-pieds** est une tige de fer à l'aide de laquelle on dégage du creux de la *sole* (sous le fer du cheval) le fumier, les pierres ou la terre qui peuvent s'y trouver accumulés.

Le pansage doit être effectué au moins une fois par jour, car le cheval, très délicat, est sujet à de nombreuses maladies qu'il est d'ailleurs facile de reconnaître.

Coliques. — Le cheval atteint de *coliques* frappe du pied le sol, se laisse tomber, se roule et se relève à plusieurs reprises.

Gourme. — La *gourme* est une inflammation des voies respiratoires qui se manifeste par un écoulement d'humeur par les naseaux. C'est une maladie contagieuse, mais qui peut être *guérie*.

Morve. — La morve est une *ulcération*[2] des naseaux accompagnée d'un écoulement *purulent*[3] de plus en plus épais.

Farcin. — Le *farcin* est identique à la morve, mais les ulcères ne s'observent que sur la peau, principalement sur la peau fine de la face interne des membres, de la bouche, etc.

La morve et le farcin sont des maladies contagieuses même pour l'homme et souvent incurables[4].

---

1. **Mousse** : se dit des instruments de fer dont la pointe ou le tranchant est émoussé. — 2. **Ulcération** : production d'ulcères, c'est-à-dire de plaies accompagnées de suppuration, plaies qui ne tendent pas à se fermer et à se cicatriser d'elles-mêmes. — 3. **Purulent** : qui est de la nature du pus. — 4. **Incurable** (maladie) : qui ne peut être guérie.

Pansage du mouton. — La peau du mouton, préservée des souillures extérieures par la toison, se maintient d'elle-même dans un état de propreté suffisant pour n'avoir pas besoin, en temps ordinaire, d'un pansage, qui serait d'ailleurs difficile à pratiquer.

Pansage de la chèvre. — Les soins de propreté sont très favorables aux chèvres ; celles qui sont peignées et brossées tous les jours donnent un meilleur lait et ont une chair plus délicate ; au contraire, les sujets négligés à ce point de vue sont souvent atteints de démangeaisons, de maladies cutanées et donnent peu de produits.

Les bains sont favorables aux *porcs*, tant par la fraîcheur qu'ils leur procurent que parce qu'ils les mettent à l'abri des démangeaisons dues à la malpropreté et qui retardent leur engraissement. Lorsqu'on ne peut pas faire baigner ces animaux, on doit leur laver la peau avec de l'eau savonneuse.

D'après Troncet et Tanturier, *le Bétail* (Librairie Larousse).

---

6. — L'esprit routinier et les préjugés populaires.

La culture progresse avec plus de lenteur que le commerce et l'industrie, parce qu'elle est la plus ancienne des professions. Ses procédés, transmis de génération en génération par une **tradition routinière**, par un usage séculaire, s'imposent d'autant plus qu'ils sont enracinés depuis plus longtemps : « *Une vieille erreur a toujours plus de force qu'une jeune vérité.* »

Les gens des campagnes semblent ne pas se douter que les conditions économiques actuelles ne sont plus les mêmes qu'autrefois : la concurrence universelle accentue chaque jour la baisse de nos produits agricoles, tandis que les frais de production augmentent sans cesse.

Hier il fallait cultiver du colza et du blé ; aujourd'hui il est plus avantageux de faire de la viande, du lait, des œufs ; demain il faudra s'adonner à d'autres spéculations.

On ne peut s'attarder dans la contemplation du passé : il faut être de son temps et ne pas croire « *qu'on a bien travaillé parce qu'on a beaucoup travaillé* ». Il faut mettre en œuvre tous les facteurs de la productivité, perfectionner ses moyens de production et abaisser ses prix de revient. Il faut encore *savoir bien acheter et bien vendre*, solidariser ses intérêts avec ceux des voisins, employer les transports les plus rapides et les procédés les plus modernes d'emballage.

« L'agriculture doit prendre de plus en plus ce cachet industriel inconnu à nos pères, qui décèle une science, une prévoyance plus éclairée, toujours plus active, plus soutenue, ne livrant au hasard que ce qu'elle ne peut pas encore lui soustraire. » (BOUSCASSE).

Mais, avant d'en arriver là, que de préjugés, que d'erreurs, que de recettes empiriques [1], de **croyances superstitieuses** à déraciner encore chez bon nombre de nos paysans !

En Bretagne, on comble de présents les chemineaux insolents qui passent, car ce sont des *soutireurs de lait* : ils savent attirer à distance, dans leur jarre, le lait des vaches.

Dans la Montagne Noire (au sud des Cévennes), les paysans ne peuvent croire que les sanves (*moutarde*) et la cuscute proviennent de graines; pour eux, c'est le sol qui *lève* ces plantes. — Quand on traverse un ruisseau ou un fossé avec un panier plein d'œufs, ceux-ci seront stériles si on n'a soin de mettre entre eux un morceau de pain qui empêche *les germes de se noyer*. — La *mammite* [2] des vaches est guérie par un empirique qui fait force simagrées, accompagnées de prières de circonstance. — Le sorcier qui trace un cercle imaginaire autour de la ferme et enfouit une poule dans un chêne creux éloigne le renard des poulaillers. Bien mieux, des fermiers ou métayers vont jusqu'à s'abonner au sorcier pour 5 francs l'an.

Dans l'Ouest, on croit que la *carie* est due aux brouillards. Dans le Nord et l'Est, on est moins crédule. Cependant beaucoup de ruraux accordent à la lune une influence prépondérante sur le temps qu'il fait ou doit faire; la *lune rousse* est encore accusée des pires méfaits; les semis effectués en lune décroissante réussissent mieux que les autres. — A la Conversion de saint Paul (10 janvier), le vent qui reste dominant à minuit guide le temps pour le reste de l'année; à la Saint-Médard (8 juin), s'il pleut tout le jour, il pleuvra six semaines durant. — C'est la fumée des locomotives qui apporta la maladie des pommes de terre. — Un cheval acheté doit être entré à reculons, si on ne veut qu'il lui arrive malheur.

Le bouc, dans toutes les régions de la France, « chasse le mauvais air » et préserve le bétail des maladies contagieuses.

On voit, par ces quelques considérations, quel chemin il reste à parcourir pour que le progrès puisse s'installer en maître dans nos campagnes, en chasser les erreurs, les préjugés, les pratiques superstitieuses et la routine.

R. DUMONT, *Routine et Progrès en agriculture* (Librairie Larousse).

---

1. **Empiriques** : suggérées uniquement par une expérience routinière. 2. **Mammite** : inflammation du *pis*.

SUPPLÉMENT DE PHYSIQUE

55ᵉ LEÇON. — LA PESANTEUR.

SOMMAIRE. — Lois de la chute des corps; accélération de la vitesse. — Direction de la pesanteur. — Le pendule. — Poids des corps. — Densité des corps.

1. Tous les corps sont attirés vers la Terre. — Une pomme qui se détache de l'arbre tombe sur le sol. Une pierre suspendue à l'extrémité d'un fil tombe également lorsqu'on coupe le fil.

On donne le nom de **pesanteur** à la force qui attire ainsi les corps et les fait tomber sur la Terre lorsqu'ils ne sont plus soutenus.

Tous les corps sont attirés par la Terre, et si quelques-uns, comme la fumée, les ballons, s'élèvent et flottent dans l'atmosphère, cela tient à ce qu'ils sont plus légers que l'air, qu'ils sont soutenus par lui; ils montent dans l'air comme un bouchon de liège maintenu au fond d'un vase plein d'eau remonte à la surface dès qu'on le lâche.

Fig. 509. — La résistance de l'air retarde inégalement la chute des corps. 1. La pièce et la rondelle de papier qu'elle protège tombent avec la même vitesse. 2. La rondelle, isolée, est retardée par la résistance de l'air.

EXPÉRIENCE. — Si l'on fait tomber, en la tenant bien horizontalement, une pièce de 5 francs sur laquelle repose une rondelle de papier de même diamètre (*fig.* 509, 1), et qu'on lâche le tout, la pièce et la rondelle atteignent en même temps le sol, car la pièce seule subit la résistance de l'air.

Mais si l'on fait tomber en même temps (*fig.* 509, 2) et de la même hauteur, mais isolément, une pièce de 5 francs et une rondelle de papier de même diamètre, la pièce arrive la première au sol. Le retard de la rondelle est dû à la résistance de l'air qui tend à faire équilibre au faible poids du papier.

Dans le vide, c'est-à-dire dans un espace privé d'air, tous les corps tombent avec la même vitesse.

2. La vitesse d'un corps qui tombe augmente avec la hauteur de chute. Lorsqu'une bille tombe sur une table, le choc est d'autant plus fort que la bille tombe de plus haut; c'est qu'en effet elle tombe avec une vitesse qui augmente avec la hauteur de chute.

Pendant la première seconde de chute, on a trouvé qu'un corps parcourt 4m,90; pendant les deux premières secondes, 4,90 × 2²; pendant les trois premières secondes, 4,90 × 3²; etc. Ce qui revient à dire que, dans le vide :

L'espace parcouru par un corps qui tombe est proportionnel au carré du temps employé à le parcourir.

Exemple. — Soit à chercher l'espace parcouru par un corps qui est tombé d'un ballon et a mis 8 secondes pour arriver sur le sol. L'espace parcouru est de 4,90 × 8² = 313m,60. (On n'a pas tenu compte de la résistance de l'air).

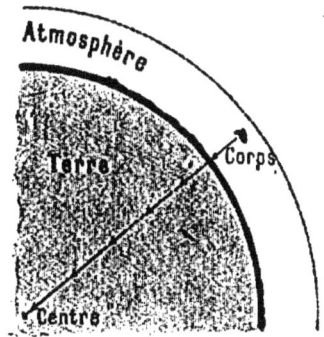

Fig. 510. — Les corps tombent suivant une verticale dont le prolongement aboutit au centre de la Terre.

3. Les corps tombent vers le centre de la Terre. — Les corps tombent suivant une droite dont le prolongement passe par le centre de la Terre (*fig.* 510). Cette droite est appelée *verticale*. Sa direction nous est indiquée par le *fil à plomb*, petite masse de métal suspendue à l'extrémité d'un fil. La verticale est perpendiculaire à la surface de l'eau tranquille, qui est horizontale.

Dans les constructions, les maçons emploient le fil à plomb (*fig.* 511) pour dresser les murs *verticalement* et le niveau de maçon pour s'assurer que les différentes assises sont *horizontales*.

Le *niveau de maçon* (*fig.* 511) se compose de quatre planchettes disposées en rectangle ; un fil à plomb est attaché au milieu de la planchette supérieure. La surface sur laquelle repose le niveau est horizontale lorsque le fil recouvre un trait placé au milieu de la planchette inférieure du rectangle. Souvent aussi, le niveau est formé d'un châssis triangulaire au sommet duquel est suspendu un fil à plomb.

Fig. 511. — Le fil à plomb indique la verticale; le niveau du maçon indique l'horizontale.

4. Le pendule oscille de part et d'autre de la verticale. —

Lorsqu'on écarte le fil à plomb de la direction verticale, il exécute une série de mouvements de va-et-vient appelés *oscillations*. — Le pendule (*fig.* 512) est un fil à plomb pouvant osciller à droite et à gauche de son point de suspension.

On a observé que les petites oscillations d'un pendule ont la même durée, ce qui assure l'uniformité du mouvement des horloges. D'autre part, plus un pendule est long, plus longue est la durée d'une oscillation. Aussi on allonge le *balancier* (pendule) [*fig.* 513] lorsque l'horloge prend de l'avance et on le raccourcit lorsqu'elle reste en retard.

A Paris, un pendule d'un mètre accomplit une oscillation en une seconde.

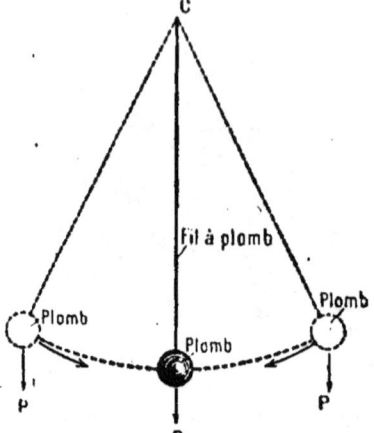

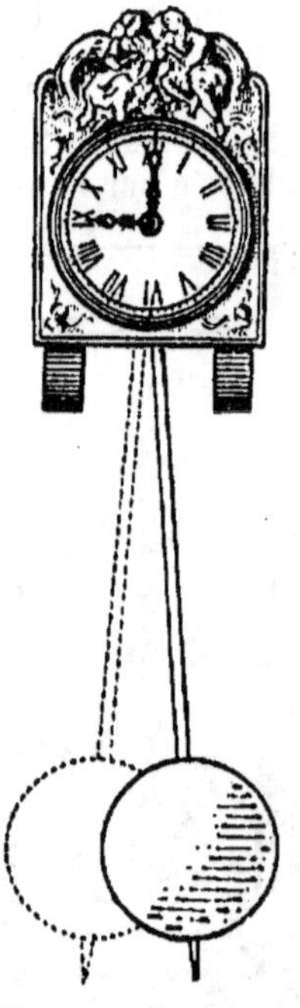

Fig. 512. — Le pendule.

5. Le poids d'un corps est égal à la force d'attraction que la pesanteur exerce sur lui. — Quand nous disons qu'un morceau de plomb est plus lourd qu'un morceau de liège de même volume, nous voulons dire que *pour soutenir le morceau de plomb il faut une force* plus grande que pour soutenir le morceau de liège.

Cette force, qui a une valeur différente pour chaque corps, *représente le poids* de ce corps.

6. Densité des corps liquides et des corps solides. — Si l'on compare le poids d'un corps (liquide ou solide) au poids d'un même volume d'eau, c'est-à-dire si l'on cherche leur rapport, on obtient la *densité* du corps. (On sait que le *rapport* de deux nombres est le quotient de la division du premier par le second).

La densité d'un corps (liquide ou solide) *est donc le rapport du poids d'un certain volume de ce corps au poids d'un même volume d'eau pris à la température de 4° centigrades*. (C'est à cette température que l'eau est à son maximum de densité).

Le décimètre cube et le kilogramme étant pris pour unités de volume et de poids, les nombres qui représentent un certain volume d'eau et le poids de ce volume d'eau sont égaux (1 *décimètre cube* pèse *1 kilogramme*). Aussi, que l'on divise le poids d'un corps par son volume ou par le poids d'un égal volume d'eau, on obtient toujours le même quotient. Mais dans le premier cas ce quotient représente le

Fig. 513. — Pendule ou balancier d'une horloge.

poids *spécifique*, c'est-à-dire le poids d'un décimètre cube de ce corps, et dans le deuxième cas, sa *densité*, c'est-à-dire le rapport entre le poids de ce corps et le poids d'un même volume d'eau.

La densité d'un corps et le poids d'un dm^3 de ce corps sont donc représentés par le même nombre. Ainsi la densité du fer est 7,79 et le poids d'un dm^3 de fer est 7 kg. 79.

Pour calculer la densité d'un solide ou d'un liquide, il suffit de diviser le nombre qui exprime son poids par le nombre qui exprime son volume.

EXEMPLE. — Soit à trouver la densité d'une planche en chêne ayant $1^m,25$ de longueur, $0^m,22$ de largeur et $0^m,025$ d'épaisseur, dont le poids est 5 kilog. 775.
Le volume de la planche est : $1,25 \times 0,22 \times 0,025 = 0^{m^3},006875$ ou $6^{dm^3},875$.
La densité cherchée est $5,775 : 6,875 = 0,84$.
Le cm^3 de ce chêne pèse donc 0 gr. 84 et le dm^3 0 kilog. 84.

Densité de quelques corps.

Métaux (Voir 17ᵉ leçon).	Lait 1,03	Alcool. 0,79
Verre à vitres . . 2,5	Eau de mer . . . 1,02	Chêne . . . . 0,60 à 1,15
Marbre 2,8	Eau distillée à 4°. 1,00	Sapin . . . 0,50 à 0,65
Glace 0,92	Huile d'olive . . . 0,91	Liège 0,25

RÉSUMÉ

Tous les corps tombent lorsqu'ils ne sont plus appuyés ou soutenus. La force qui les attire ainsi vers la Terre s'appelle **pesanteur**.

Si certains corps flottent dans l'air au lieu de tomber et si d'autres tombent lentement, cela tient à la résistance de l'air, car dans le vide tous les corps tombent avec la même vitesse.

La *vitesse* d'un corps qui tombe augmente avec la hauteur de chute. — Les corps tombent suivant une droite appelée *verticale* dont le prolongement passe par le centre de la Terre. La direction de la verticale est donnée par le *fil à plomb*.

Le **pendule** est un fil à plomb pouvant osciller de part et d'autre de son point de suspension. Il sert à régler le mouvement des horloges.

Le **poids** d'un corps est égal à la force capable de soutenir ce corps au-dessus du sol. — La **densité** d'un corps et le poids d'un dm^3 de ce corps sont représentés par le même nombre.

EXERCICES

QUESTIONS D'INTELLIGENCE. — *1. Une pierre a mis 10 secondes pour tomber au fond d'un puits de mine; quelle est la profondeur de ce puits? — 2. Un vase, d'une contenance d'un décimètre cube, pèse vide 0 kg. 180; plein d'huile, il pèse 1 kg. 100; quelle est la densité de cette huile? — 3. 2 dm^3 d'un certain corps pèsent 4 kg. 60. Quelle est la densité de ce corps?*

DEVOIR. — *Parlez de la chute des corps. Montrez que tous les corps sont attirés par la Terre et que l'air les arrête ou les retarde dans leur chute.*

56ᵉ LEÇON. — LEVIERS ET BALANCES.

SOMMAIRE. — Leviers, différentes sortes de leviers. — Balances : pesage d'un objet, double pesée; balance bascule et pont à bascule; balance romaine; peson à ressort.

1. Le levier est la plus simple de toutes les machines. — C'est une barre rigide, mobile autour d'un point fixe appelé *point d'appui*. — On nomme *puissance* la force exercée en un point du levier pour vaincre la *résistance* d'un corps. Les distances qui séparent le point d'appui de la résistance et de la puissance s'appellent les *bras du levier*.

On distingue trois sortes de leviers :

1° Le levier du *premier genre*, dans lequel le point d'appui se trouve

Fig. 514, 515. — La pince des carriers, les ciseaux sont des leviers du 1ᵉʳ genre.

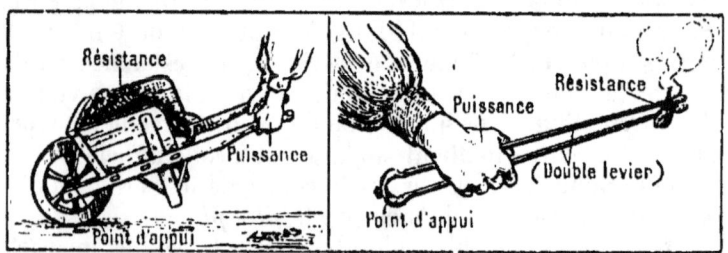

Fig. 516, 517. — La brouette levier du 2ᵉ genre. Les pincettes (levier du 3ᵉ genre).

entre la résistance et la puissance (pince des carriers (*fig.* 514), ciseaux (*fig.* 515), tenailles).

2° Le levier du *second genre*, dans lequel la résistance est entre le point d'appui et la puissance (brouette (*fig.* 516), casse-noisettes).

3° Le levier du *troisième genre*; la puissance est entre le point d'appui et la résistance (pincettes (*fig.* 517), pédale du rémouleur).

Avec un levier du premier ou du deuxième genre, la puissance ou effort à produire est d'autant plus faible que le rapport des longueurs des deux bras du levier est plus grand; ainsi lorsque les deux bras du levier sont égaux (*fig.* 518), la puissance est égale à la résistance; mais, si le bras de la puissance est 2, 3, 4... fois plus long que l'autre (*fig.* 519), la même puissance peut faire équilibre à une résistance 2, 3, 4... fois plus grande.

Avec un levier du troisième genre, l'effort à produire est d'autant plus faible que la différence de longueur des deux bras du levier est plus petite.

2. La balance sert à déterminer le poids des corps. — Sa partie principale est une barre rigide en acier appelée *fléau*. Le fléau peut osciller librement au sommet d'une colonne où il s'appuie en son milieu par l'intermédiaire de l'une des arêtes d'un prisme appelé *couteau*. — Deux *plateaux* en cuivre sont disposés d'une manière variable, suivant les types de balance employés. Dans la *balance ordinaire* (*fig.* 520), ils sont suspendus aux ex-

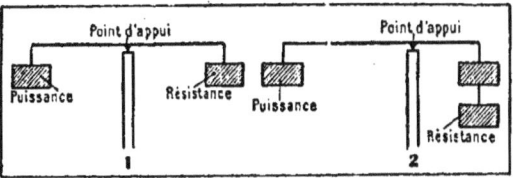

Fig. 518, 519. — Leviers du 1er genre. 1. Les deux bras sont égaux; la puissance est égale à la résistance. 2. Le bras de la puissance est égal à deux fois celui de la résistance; il y a équilibre si la résistance est égale à deux fois la puissance.

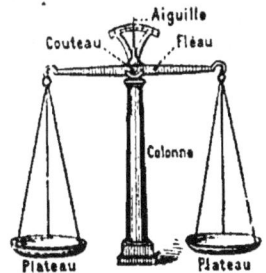

Fig. 520. — Balance ordinaire.

Fig. 521. — Balance de Roberval.

trémités du fléau au moyen de chaînes, tandis que dans la *balance de Roberval* (*fig.* 521), la plus usitée dans le commerce, ils sont posés dessus.

Une balance est *juste* si, les plateaux étant vides ou chargés de poids égaux, le fléau reste horizontal; dans ce cas, une aiguille fixée sur le fléau a la pointe en face du zéro, au centre d'un arc divisé. Une balance est *sensible* lorsque son fléau oscille sous l'influence d'un poids très faible.

3. Comment on pèse un objet. — On détermine le *poids* d'un objet à l'aide d'une balance et de poids connus.

On dépose le corps à peser dans l'un des plateaux et on met dans l'autre autant de poids qu'il en faut pour que le fléau s'arrête dans la position horizontale. Il suffit alors d'additionner les nombres marqués sur les poids pour connaître le poids du corps.

L'unité des mesures de poids est le **gramme**. *Le gramme est le poids d'un centimètre cube d'eau distillée, prise à la température de 4° centigrades*, c'est-à-dire quand elle a son poids maximum.

Quand on dit qu'un objet pèse 200 grammes, par exemple, cela signifie qu'il peut faire équilibre à 200 cm³ d'eau distillée, prise à la température de 4°.

4. La double pesée. — Avec une balance qui n'est pas juste on peut obtenir le poids exact d'un corps, au moyen de la *double pesée*.

On dépose le corps à peser dans un des plateaux et on lui fait équilibre en plaçant dans l'autre du sable ou des grains de plomb. On retire ensuite le corps et on le remplace par des poids marqués. Ils représentent exactement le poids du corps, puisque, comme lui, ils font équilibre au même poids de sable ou de grains de plomb.

5. Balance romaine. — Dans la *balance romaine* (*fig.* 522), employée surtout dans les campagnes, les bras du fléau sont inégaux ;

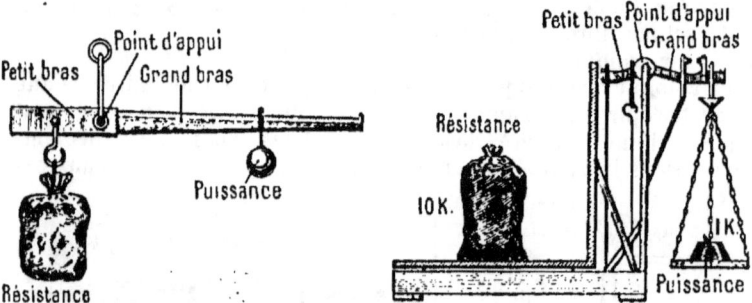

Fig. 522. — Balance romaine. Bras inégaux, à longueur variable ; puissance uniforme.

Fig. 523. — Balance bascule. Bras inégaux, à longueur fixe ; puissance variable.

le plus petit est muni d'un crochet où l'on suspend le corps à peser et le plus long est gradué et muni d'un poids ou curseur que l'on

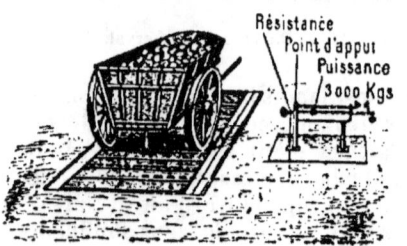

Fig. 524. — Pont à bascule.

fait glisser, lorsqu'on pèse un objet, jusqu'à ce que l'équilibre soit établi. On lit le poids du corps sur le bras gradué, en regard du poids mobile.

Dans les gares de chemins de fer, le mécanisme de la balance romaine est appliqué à la bascule.

6. La balance-bascule ; le pont à bascule. — Dans les gares, dans les grands magasins, etc., pour peser de lourds fardeaux, on emploie la *balance-bascule* (*fig.* 523).

Dans la balance-bascule, les bras du fléau sont inégaux, mais leur longueur est fixe ; un poids de 1 kilogramme, placé du côté du grand bras du fléau, fait équilibre à un corps du poids de 10 kilogrammes placé de l'autre côté.

Dans le *pont à bascule* (*fig.* 524), qui sert pour peser les voitures, le grand bras du levier est muni d'un poids ou *curseur mobile* qui indique, par la place qu'il occupe, le poids de la voiture.

7. Le peson à ressort. — Le *peson à ressort* (*fig.* 525) sert aussi à peser; il ne repose pas sur la théorie des leviers, mais sur l'élasticité de l'acier. Il comprend une lame d'acier, courbée en forme de V. Deux arcs métalliques sont fixés l'un à la branche supérieure, l'autre à la branche inférieure; le premier porte un crochet où l'on suspend le corps à peser, et l'autre, qui est gradué, un anneau pour soutenir le tout. Chacun de ces arcs traverse librement la branche opposée.

Lorsqu'on pèse un objet, les deux parties du V se rapprochent et le poids du corps se lit en face de la branche supérieure, sur l'arc qui a été préalablement gradué d'après des pesées à poids connus.

Cet instrument est peu employé, car l'élasticité imparfaite du métal ne permet pas les pesées précises.

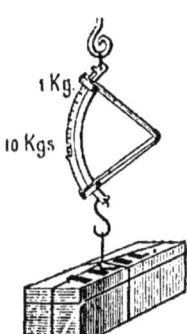

Fig. 525. — Peson à ressort.

RÉSUMÉ

Le **levier** est une barre rigide, mobile autour d'un point fixe appelé *point d'appui*. Il sert à mouvoir, soutenir ou élever les corps. — On nomme *puissance* la force exercée en un point du levier pour vaincre la *résistance* d'un corps. Les distances qui séparent le point d'appui de la résistance et de la puissance s'appellent les *bras du levier*.

La **balance** sert à déterminer le poids des corps. Dans la *balance ordinaire*, les plateaux sont suspendus aux extrémités du fléau; dans la *balance de Roberval*, ils sont posés dessus.

Avec une balance qui n'est pas juste, on obtient le poids exact d'un corps au moyen de la *double pesée*.

La **balance-bascule** a un fléau à bras inégaux; un poids de 1 kilogramme y fait équilibre à un corps du poids de 10 kilogrammes.

La **balance romaine** repose sur le même principe. Le peson à ressort est peu usité.

EXERCICES

QUESTIONS D'INTELLIGENCE. — 1. *Vous voulez vous balancer avec votre petit frère au moyen d'une planche reposant sur une grosse pierre. Votre frère ne pèse que 23 kilogrammes et vous en pesez 46. Comment placerez-vous la planche pour qu'il y ait équilibre?* — 2. *Pour peser un enfant, on a mis sur le petit plateau d'une balance-bascule les poids suivants : 2 kilogrammes, 1 2 kilogramme, 2 hectogrammes et 1 2 hectogramme. Quel est son poids?* — 3. *Comment peut-on se servir d'une balance qui n'est pas juste?*

DEVOIRS. — I. *Dites ce que vous savez sur les leviers.* — II. *Énumérez les appareils qui servent à peser les objets. Décrivez la balance ordinaire. Montrez comment, avec une balance qui n'est pas juste, on peut obtenir le poids d'un corps.*

57ᵉ LEÇON. — LA LUMIÈRE ET LE SON.

SOMMAIRE. — La lumière : sa direction et sa vitesse. — Réflexion de la lumière : miroirs. — Réfraction de la lumière : lentilles, loupes. — Décomposition de la lumière : arc-en-ciel.
Le son : production du son; sa propagation, sa vitesse. — Réflexion du son, écho. — Instruments de musique.

1. La lumière se propage en ligne droite. — On le constate lorsque les volets d'une chambre sont fermés et que la lumière passe par quelques trous. De chaque trou part un *rayon lumineux* dans lequel dansent les poussières de l'air. — La lumière parcourt environ 75 000 lieues à la seconde.

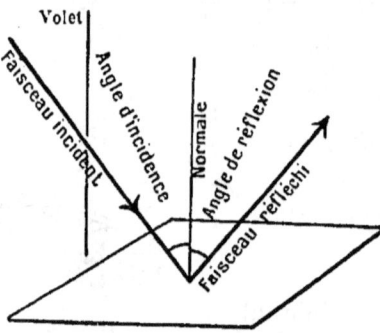

Fig. 526. — Réflexion de la lumière.

2. La lumière se réfléchit. — Lorsqu'un rayon lumineux tombe sur une glace (*fig.* 526), il est renvoyé dans une direction unique : on dit qu'il se *réfléchit*. On le constate en recevant la lumière du soleil sur un petit miroir que l'on fait tourner de manière à renvoyer la *lumière réfléchie* sur le plafond de la chambre.

3. Les miroirs. — Un *miroir* nous fait voir l'image d'un objet placé devant lui. Cette image paraît être derrière le miroir.

Supposons un objet placé devant un miroir (*fig.* 527). Un rayon lumineux qui part de l'objet tombe sur le miroir, se réfléchit et arrive à l'œil de l'observateur. Comme de chaque point de l'objet part un rayon lumineux semblable, tous les rayons réfléchis arrivent à l'œil de l'observateur, qui croit voir l'objet derrière le miroir, dans le prolongement des rayons réfléchis.

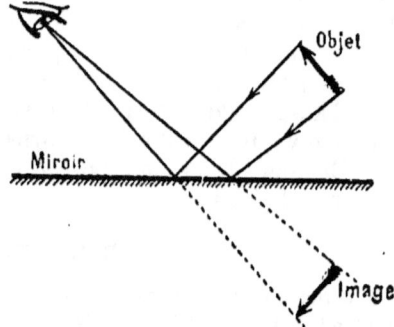

Fig. 527. — Image d'un objet.

4. La lumière se réfracte en passant d'un milieu dans un autre. — Lorsqu'un rayon lumineux passe d'un milieu dans un milieu différent, par exemple de l'air dans l'eau ou de l'eau dans l'air, de l'air dans le verre, etc. il ne suit plus la ligne droite, mais change de direction ; on dit qu'il *se réfracte*.

Ainsi un objet placé en A au fond d'un vase (*fig.* 528) paraît se relever en A' lorsqu'on met de l'eau dans le vase, car un rayon lumineux A I qui part de l'objet se réfracte et l'œil O croit voir cet objet dans le prolongement du rayon réfracté. Il en est de même pour un bâton plongé dans l'eau (*fig.* 529).

5. Les lentilles (*fig.* 530 à 535) *sont de petites masses de verre terminées par des surfaces courbes.* — On fabrique des lentilles

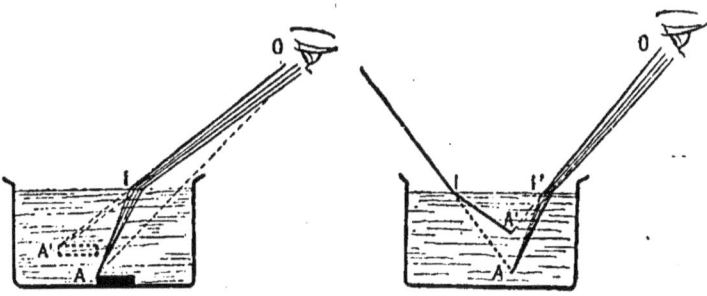

Fig. 528, 529. — Réfraction des rayons lumineux.

bombées ou *convexes*, qui sont convergentes, et des lentilles creusées ou *concaves*, qui sont divergentes. Les rayons lumineux s'écartent au sortir des lentilles divergentes ; ils se réunissent en un point, nommé *foyer*, au sortir des lentilles convergentes.

6. La loupe est une lentille bombée sur les deux faces. — Elle concentre en un point appelé *foyer* la chaleur et la lumière et *grossit* les objets.

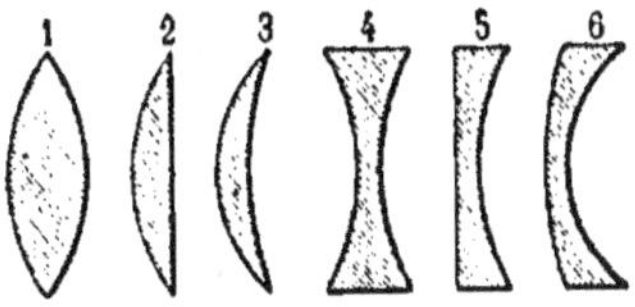

Fig. 530 à 535. — 1, 2, 3, lentilles convergentes ; 4, 5, 6, — divergentes.

Si l'on reçoit sur une loupe la lumière du soleil, celle-ci se réfracte en traversant le verre et tous les rayons lumineux vont se réunir au foyer. Si à ce foyer on place un morceau d'amadou[1], il s'enflamme (*fig.* 536).

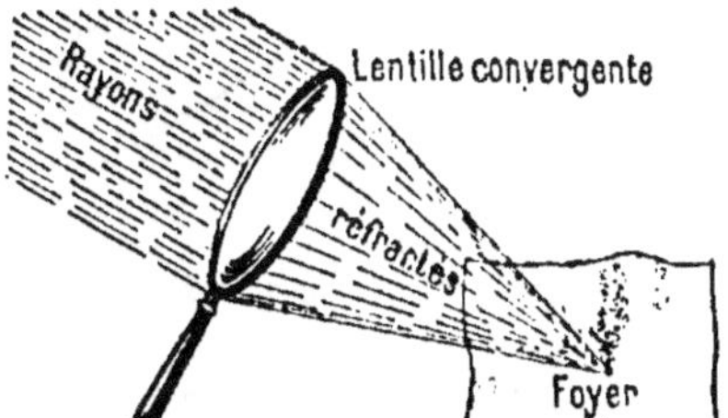

Si l'on regarde à travers une loupe C un objet B placé entre le foyer et la loupe (*fig.* 537), de l'objet partent des rayons lumineux qui se réfractent en traversant la loupe, puis arrivent dans l'œil O de l'observateur, lequel voit en B', dans la direction des rayons réfractés, l'image grossie de l'objet.

Fig. 536. — Une lentille convergente concentre au foyer des rayons brûlants.

En combinant diverses lentilles, on obtient des *microscopes* qui grossissent les objets plusieurs centaines de fois et des *lunettes* qui les rapprochent. Les lentilles sont encore employées dans les lanternes magiques, les appareils photographiques, etc. Enfin on

---

[1]. **Amadou** : substance spongieuse provenant d'un champignon, l'agaric du chêne, et préparée de façon à prendre feu aisément.

SCIENCES PHYSIQUES.

remédie à la *myopie* et à la *presbytie* au moyen de lunettes à verres concaves ou convexes.

7. Un prisme de verre décompose la lumière. — Lorsqu'on fait arriver un rayon lumineux sur un prisme de verre (*fig.* 538), ce rayon lumineux est décomposé et donne, derrière le prisme, une image formée de sept couleurs disposées dans l'ordre suivant : *violet, indigo, bleu, vert, jaune, orangé, rouge*. — L'*arc-en-ciel* a les mêmes couleurs; il provient de la lumière du soleil qui se décompose en traversant les gouttes de pluie.

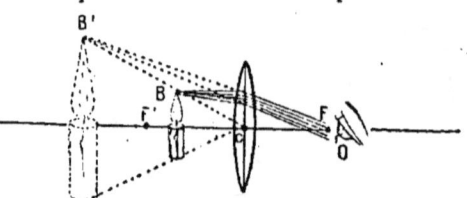

Fig. 537. — La loupe agrandit les objets. F, F', foyers.

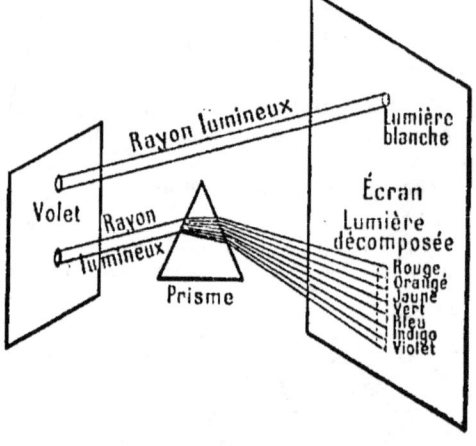

Fig. 538. — Un prisme de verre décompose la lumière.

8. Le son est produit par les vibrations d'un corps. — Si on fixe dans un étau une lame d'acier O (*fig.* 539), et qu'on l'écarte avec le doigt, puis qu'on l'abandonne, elle exécute une série de mouvements de va-et-vient A A', appelés *vibrations*. Si ces vibrations se succèdent assez rapidement, elles produisent un son. De même une corde fortement tendue A B vibre et produit un son lorsqu'on la tire avec le doigt, puis qu'on l'abandonne (*fig.* 540). — Les *corps sonores* en vibrant produisent un son.

9. Les vibrations des corps propagent le son de proche en proche. — Le son parvient à notre oreille par l'intermédiaire d'un corps capable de vibrer. — Lorsqu'un corps vibre, il communique ses vibrations à l'air qui l'environne ; il se produit une série d'*ondes concentriques* qui arrivent à l'oreille, exactement comme les vagues concentriques, qui se produisent lorsqu'on jette une pierre dans l'eau d'un bassin, viennent frapper les bords de ce bassin.

10. La vitesse du son dépend des milieux en vibration. — Dans l'air, le son ne parcourt que 340 mètres par seconde. La lumière va beaucoup plus vite : c'est pourquoi l'on n'entend le bruit d'un coup de fusil tiré à distance que plusieurs secondes après avoir vu la fumée.

Dans les liquides et surtout dans les solides, le son se propage plus vite et avec plus de netteté que dans l'air ; ainsi dans l'eau sa vitesse est environ quatre fois plus grande et dans le bois dix fois plus grande que dans l'air. Si l'on gratte légèrement l'extrémité d'une table, l'oreille appliquée contre cette table perçoit le bruit produit.

11. L'écho est la réflexion du son. — Lorsque le son rencontre un obstacle (mur, colline, etc.), il se réfléchit comme la lumière, de telle sorte qu'un observateur placé en avant de l'obstacle entend le premier bruit, puis un second bruit identique qui semble provenir de derrière l'obstacle. Ce second bruit constitue l'écho.

12. Les instruments de musique. — Dans les instruments à cordes (violon, piano, mandoline, etc.) les cordes vibrent dans l'air ; dans les instruments à vent (clairon, flûte, clarinette, etc.) l'air vibre dans les tuyaux.

Fig. 539. — Vibration d'une lame d'acier.

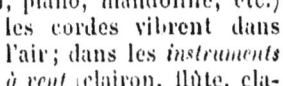

Fig. 540. — Vibration d'une corde.

RÉSUMÉ

La **lumière** se propage en *ligne droite* avec une vitesse de 75 000 lieues à la seconde. — Un rayon lumineux qui tombe sur un *miroir* se *réfléchit* dans une direction unique. Grâce à cette réflexion, le *miroir* donne l'image des objets placés devant lui.

Un *rayon lumineux* change de direction lorsqu'il passe d'un milieu dans un milieu différent ; on dit qu'il se *réfracte*. C'est la réfraction qui fait qu'un bâton plongé dans l'eau paraît brisé.

La *réfraction* est utilisée dans les *lentilles*, qui constituent la partie essentielle de la *loupe*, des *lunettes*, etc.

Le **son** est produit par les *vibrations* d'un corps sonore. Il parcourt dans l'air 340 mètres par seconde ; dans les liquides et surtout dans les solides, sa vitesse est plus grande. — Lorsque le son rencontre un obstacle, il est réfléchi et produit l'*écho*.

La construction des *instruments de musique* repose sur les propriétés vibratoires des cordes tendues et de l'air.

EXERCICES

QUESTIONS ET EXPÉRIENCES. — 1. *Posez le doigt sur la joue gauche, et regardez dans un miroir. Que remarquez-vous?* — 2. *En hiver, découpez une loupe dans un bloc de glace et enflammez de l'amadou.* — 3. *Un charretier fait claquer son fouet et le son lui revient au bout d'une seconde. A quelle distance se trouve l'obstacle qui a fait écho?*

DEVOIRS. — *I. La lumière : propagation, vitesse, réflexion, réfraction. Principales applications. — II. Le son : propagation, vitesse. L'écho.*

58ᵉ LEÇON. — L'ÉLECTRICITÉ.

SOMMAIRE. — L'électricité. Corps bons et corps mauvais conducteurs. Les deux espèces d'électricité; état neutre. Électrisation par influence. Étincelle : foudre; éclair, tonnerre. — Pouvoir des pointes, paratonnerre.

1. L'électricité. — Un bâton de verre *frotté* avec une étoffe de laine *attire* les corps légers (*fig.* 541), tels que barbes de plume, petits morceaux de papier, etc. On donne le nom d'*électricité* à la cause qui produit cette sorte d'*attraction* à la surface des objets frottés.

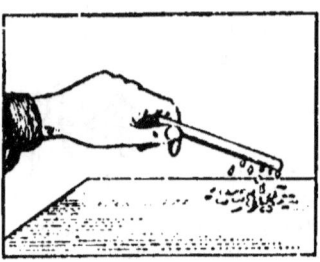

Fig. 541. — Un bâton de verre électrisé attire les corps légers.

2. Les corps sont bons ou mauvais conducteurs de l'électricité. Tous les corps s'électrisent par le frottement; mais tandis que le verre, le soufre, l'ambre jaune, la cire, la soie, etc., gardent l'électricité dans la région frottée, d'autres corps, comme les métaux, le bois, la terre, le corps humain, l'eau, etc., laissent l'électricité se répandre sur toute leur surface et s'écouler sur les corps avec lesquels ils sont en contact. Les premiers sont appelés *corps mauvais conducteurs* de l'électricité et les seconds, *corps bons conducteurs*.

Lorsqu'on tient à la main un corps bon conducteur (métal, bois, etc.) et qu'on le frotte avec une étoffe de laine, l'électricité produite se répand dans le corps frotté, puis passe dans le corps de l'opérateur et finalement se perd

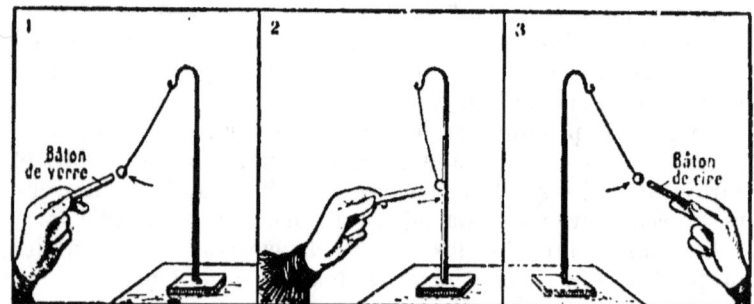

Fig. 542 à 544. — Pendule électrique : 1, un bâton de verre électrisé attire la balle de sureau ; 2, après le contact, il la repousse ; 3, un bâton de cire à cacheter électrisé l'attire de nouveau.

dans le sol. Le corps frotté, ne gardant pas l'électricité, ne peut attirer les corps légers. Pour qu'il conserve l'électricité, on place entre ce corps et la main de l'opérateur un corps mauvais conducteur, un *isolant* (verre, cire, etc.).

3. Il existe deux espèces d'électricité. — On le montre à l'aide du *pendule électrique* (*fig.* 542 à 544), corps léger (balle en moelle de sureau) suspendu à un fil de soie.

Expérience. — Après avoir frotté un bâton de verre avec une étoffe de laine, on l'approche lentement de la petite balle; celle-ci est attirée (*fig.* 541). Si on la fait arriver à toucher le bâton de verre, elle lui prend une partie de son électricité et aussitôt elle s'en écarte et le fait constamment (*fig.* 542). Si on approche ensuite de ce pendule électrisé par le verre un bâton de cire à cacheter, frotté avec une peau de chat, le pendule est *attiré par la cire* (*fig.* 543), tandis qu'il continue à être *repoussé par le verre*.

L'électricité de la cire et celle du verre sont donc différentes par leurs effets. — On donne le nom d'*électricité positive* (ou vitrée) à l'électricité développée sur le verre frotté avec une étoffe de laine. Celle qui se développe sur la cire frottée avec une peau de chat est appelée *électricité négative* (ou résineuse).

Or, on voit ici que deux corps chargés de la même électricité se repoussent et que deux corps chargés d'électricités contraires s'attirent.

4. Un corps est à l'état neutre quand les deux électricités s'y neutralisent. — On admet qu'un corps non électrisé contient des quantités égales d'électricité positive et d'électricité négative. Comme les actions contraires de ces deux sortes d'électricité ne se manifestent pas, on dit que le corps est à l'état *neutre*.

Lorsque deux corps à l'état neutre sont frottés l'un contre l'autre, l'électricité positive se rassemble sur l'un, l'électricité négative sur l'autre, et lorsqu'on les sépare, ces deux corps se trouvent chargés d'électricités contraires. Si on les réunit, ils reviennent à l'état neutre, c'est-à-dire à une sorte d'équilibre électrique. C'est donc que l'électricité positive d'un corps peut neutraliser une quantité égale d'électricité négative d'un autre corps.

5. En présence d'un corps électrisé, un corps à l'état neutre s'électrise. — Les deux électricités qu'il contient se séparent (*fig.* 545). L'électricité de nom contraire à celle du corps électrisé est attirée vers celui-ci et l'électricité de même nom est repoussée à l'autre extrémité.

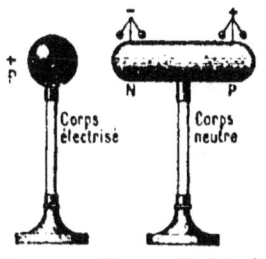
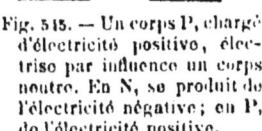

Fig. 545. — Un corps P, chargé d'électricité positive, électrise par influence un corps neutre. En N, se produit de l'électricité négative; en P, de l'électricité positive.

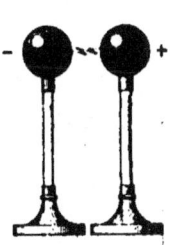

Fig. 546. Deux électricités contraires se réunissent en produisant une étincelle.

C'est l'électrisation par *influence*. Dans la figure 545, la sphère électrisée positivement attire vers elle l'électricité négative du cylindre et repousse l'électricité positive. Si on éloigne le cylindre de la sphère, il repasse à l'état neutre. Mais si, avant de l'éloigner, on le met en contact avec le sol, par exemple en le touchant avec le doigt, l'électricité positive s'écoule, et le cylindre une fois éloigné reste chargé d'électricité négative.

6. L'étincelle est la réunion brusque de deux électricités contraires. — Si l'on rapproche lentement deux corps électrisés l'un positivement et l'autre négativement (*fig.* 546), les deux électricités tendent à se réunir, mais l'air sec, corps mauvais conducteur, s'y oppose. Cependant, lorsque la distance qui sépare les deux corps électrisés est suffisamment petite, la résistance de l'air peut être vaincue et les deux électricités se réunissent brusquement en produisant un trait de feu accompagné d'un bruit sec ; c'est *l'étincelle électrique*.

7. L'éclair est une étincelle électrique. — Franklin[1] démontra le premier que la *foudre* est une étincelle électrique qui jaillit soit entre deux nuages chargés d'électricités de noms contraires, soit entre un nuage et un corps électrisé par lui. La lumière de l'étincelle constitue *l'éclair* et le bruit qui l'accompagne est le *tonnerre*.

Fig. 547. — Paratonnerre de Franklin.

Lorsqu'un nuage orageux passe dans le voisinage d'un objet élevé, d'un clocher par exemple, ce nuage l'électrise par influence et l'électricité de nom contraire à celle du nuage est attirée vers celui-ci. Si le nuage n'est pas trop éloigné et que la résistance de l'air puisse être vaincue, les deux électricités se réunissent brusquement en produisant une étincelle électrique (éclair) entre le nuage et le clocher. On dit que ce clocher a été *foudroyé*.

La foudre tombant de préférence sur les objets élevés, on ne doit pas se réfugier sous les arbres en temps d'orage ; de même il est dangereux de sonner les cloches, car le sonneur est en communication, par la corde, plus ou moins humide, avec le sommet du clocher, et peut être foudroyé.

8. Le pouvoir des pointes. — 1° Un corps électrisé terminé en *pointe* laisse échapper son électricité, revient à l'état neutre. — 2° Lorsqu'on présente une pointe métallique tenue à la main à un corps électrisé, elle s'électrise par influence ; l'électricité de nom contraire à celle du corps est attirée, s'échappe à l'extrémité et va neutraliser une partie de l'électricité de ce corps, tandis que l'électricité de même nom suit le corps de l'opérateur et se perd dans le sol.

---

1. **Franklin** : homme d'État et habile physicien américain (1706-1790). Il observa la présence de l'électricité dans l'atmosphère et inventa le paratonnerre.

9. Le paratonnerre. — Franklin utilisa le pouvoir des pointes dans le *paratonnerre* (*fig.* 647). C'est une forte tige de fer, terminée par une pointe de cuivre ou de métal inoxydable, placée au sommet d'un édifice et communiquant avec une partie humide du sol (puits, étang, etc.) au moyen d'une tige de fer ou d'un câble de fils de fer.

Lorsqu'un nuage orageux passe dans le voisinage d'un paratonnerre, celui-ci est électrisé par influence ; l'électricité de nom contraire à celle du nuage est attirée vers lui, s'échappe silencieusement par la pointe et va neutraliser en partie le nuage qui devient ainsi moins dangereux. — Si le nuage est chargé d'une très grande quantité d'électricité, une étincelle (*éclair*) peut jaillir entre le paratonnerre et lui, mais le paratonnerre formé de corps très bons conducteurs est seul atteint et conduit l'électricité dans la terre. — On admet qu'un paratonnerre protège un espace circulaire d'un rayon égal au double de la longueur de la tige.

RÉSUMÉ

Tous les corps s'*électrisent* par le *frottement*. Les uns, comme le verre, la soie, etc. gardent l'électricité ; on les appelle corps *mauvais conducteurs* ou *isolants*. Les autres, comme les métaux, la terre, le corps humain, l'eau, etc. laissent l'électricité se répandre sur toute leur surface et ne la gardent que s'ils sont *isolés* ; on les appelle corps *bons conducteurs*.

Il existe deux espèces d'électricité : l'*électricité positive* et l'*électricité négative*. Deux corps chargés de la même électricité se repoussent et deux corps chargés d'électricités contraires s'attirent.

Lorsqu'on rapproche deux corps électrisés, l'un positivement et l'autre négativement, les deux électricités se réunissent brusquement en produisant une *étincelle* accompagnée d'un bruit sec.

La *foudre* est une étincelle électrique qui jaillit entre deux nuages ou entre un nuage et la terre. La lumière de l'étincelle constitue l'*éclair* et le bruit qui l'accompagne est le *tonnerre*.

Le *paratonnerre* sert à préserver les édifices de la foudre. Il est basé sur le pouvoir des *pointes*.

EXERCICES

QUESTIONS ET EXPÉRIENCE. — 1. *Dans l'obscurité, passez la main sur le dos d'un chat et observez ce qui se passe.* — 2. *Autrefois, pour éloigner les orages, on sonnait les cloches des églises ; que pensez-vous de cette pratique ?* — 3. *La tige d'un paratonnerre a 10 mètres de longueur, quelle surface protège-t-elle.* — 4. *Pourquoi ne faut-il pas avoir peur du tonnerre ?*

DEVOIRS. — I. *Parlez de l'électricité. Qu'appelle-t-on corps bons et corps mauvais conducteurs ? Comment distingue-t-on les deux espèces d'électricité ? Qu'est-ce qu'un corps à l'état neutre ? Comment se produit l'étincelle électrique ?* — II. *La foudre, l'éclair, le tonnerre. Le paratonnerre.*

59ᵉ LEÇON. — MACHINES ÉLECTRIQUES. PILES.

SOMMAIRE. — **Machines électriques; effets produits par l'étincelle électrique.** — **Piles électriques : pile de Volta, pile au bichromate; usages des piles.** — **Lumière électrique : lampes à arc, lampes à incandescence.**

1. Production de l'électricité. — L'électricité obtenue en frottant un bâton de verre ou d'ambre jaune est en très petite quantité. On en produit en abondance en se servant de *machines électriques* (*fig.* 548) et de *piles électriques*.

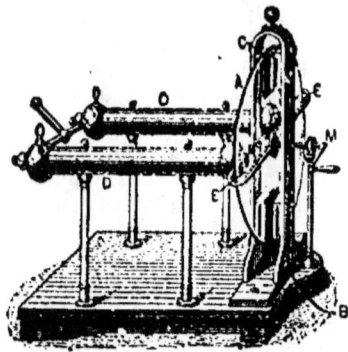

Fig. 548. — Machine électrique de Ramsden.

2. Les machines électriques. — Il existe diverses sortes de machines électriques. L'une des plus anciennes, la machine de Ramsden (*fig.* 548), se compose : 1° d'un **plateau de verre** que l'on fait tourner à frottement entre des coussins ; 2° de deux cylindres métalliques D, appelés *conducteurs*, isolés par des pieds de verre. Ces conducteurs portent deux pièces métalliques E, en forme de fer à cheval, garnies à l'intérieur de pointes qui aboutissent à une faible distance du plateau de verre.

Le plateau de verre frotté par les coussins se charge d'électricité positive (*fig.* 549). En passant devant les pointes métalliques, il les électrise par influence, attire l'électricité négative des cylindres qui, s'échappant par les pointes, ramène à l'état neutre les portions du plateau qui ont franchi les peignes et repoussé l'électricité positive dans les gros conducteurs, desquels on peut alors tirer des étincelles plus ou moins longues.

Certaines machines électriques perfectionnées donnent des étincelles de plus de 50 centimètres de longueur.

3. Effets de l'étincelle électrique. — L'étincelle électrique produit un dégagement de *chaleur* plus ou moins considérable. Avec de fortes machines on peut *fondre* et même *volatiliser*[1] un fil métallique fin (on sait que la foudre détermine souvent des incendies, fond les fils des sonnettes, etc.); enfin l'étincelle électrique peut

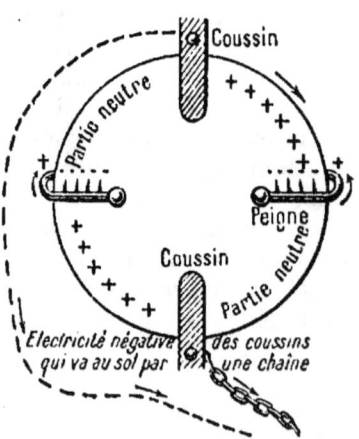

Fig. 549. — Plateau de verre de la machine électrique.

briser ou *percer* certains corps mauvais conducteurs qui s'opposent à

---

1. Volatiliser : transformer en vapeur.

son passage. (La foudre brise parfois les arbres, perce les pierres, tue ou paralyse les êtres vivants, etc.).

4. Les piles électriques. — Dans les *piles*, l'électricité est ordinairement produite par une **décomposition chimique** (*fig.* 550-551) et circule dans un fil conducteur qui aboutit aux extrémités de la pile.

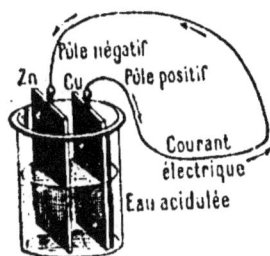

Fig. 550.
Un élément de pile.

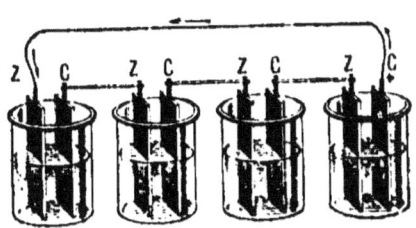

Fig. 551. — Plusieurs éléments de piles réunis en batterie.

La première pile a été inventée par Volta[1]. Elle se composait d'une série de doubles disques en *cuivre* et en *zinc* soudés, empilés les uns sur les autres, mais séparés par des rondelles de drap imbibées d'eau acidulée. Le courant s'affaiblissait rapidement. — On emploie aujourd'hui des piles dont le courant est *constant*; la plus simple est la *pile au bichromate* ou *pile-bouteille*.

5. Pile au bichromate. — La pile au bichromate (*fig.* 107, p. 79) se compose d'une bouteille sphérique en verre, contenant une dissolution de *bichromate de sodium* ou de *potassium* additionnée d'*acide sulfurique*. Le couvercle de la bouteille, en caoutchouc durci ou *ébonite*, porte deux plaques de *charbon* qui plongent dans le liquide. Entre ces deux plaques de charbon se trouve une lame de *zinc* que l'on retire du liquide par une glissière pour **arrêter** le fonctionnement de la pile. Le zinc constitue le *pôle négatif*, et les lames de charbon, le *pôle positif*.

On attache un fil de cuivre à chacun des deux pôles et un courant s'établit du pôle positif au pôle négatif, dès qu'on met les deux fils en contact.

6. Usages des piles. — On utilise les piles pour actionner les *sonneries électriques* (pile Leclanché, *fig.* 552), le télégraphe et le *téléphone*, pour la galvanoplastie, la *dorure*, l'*argenture*, etc.; on les emploie aussi en *médecine*. — Lorsqu'on rapproche et qu'on sépare successivement les extrémités des fils qui partent des deux pôles d'une pile, on obtient de petites étincelles. En associant un certain nombre de piles, on

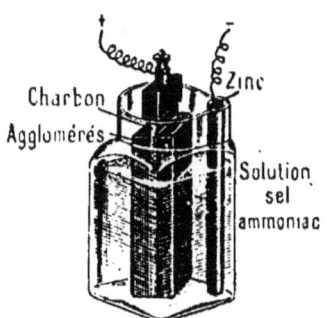

Fig. 552. — Élément de la pile Leclanché.

---

1. **Volta**: physicien italien (1745-1827).

peut obtenir un courant assez puissant pour donner, par une série d'étincelles, une *lumière électrique* continue.

7. Galvanoplastie. — Le courant d'une pile décompose certains sels. C'est sur cette propriété qu'est basée la galvanoplastie, c'est-à-dire l'art de reproduire des médailles, des bas-reliefs, etc. ou de recouvrir un métal d'une légère couche d'un autre métal.

Fig. 553. — Galvanoplastie.

Pour reproduire, par exemple une médaille, on en prend d'abord l'*empreinte* au moyen de cire fondue, de plâtre ou de gutta-percha[1]. On enduit cette empreinte de plombagine, corps bon conducteur de l'électricité, puis on l'attache au pôle négatif d'une pile dont le pôle positif est terminé par une lame de cuivre. Empreinte et lame de cuivre sont alors plongées dans une dissolution concentrée de sulfate de cuivre (*fig.* 553) et on fait passer le courant. — Il se dépose sur l'empreinte

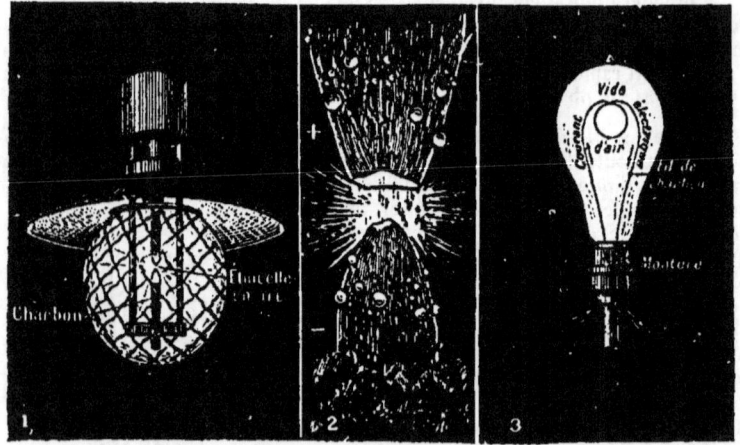

Fig. 554 à 556. — 1, lampe à arc ; 2, arc voltaïque grossi ; 3, lampe à incandescence.

une couche de cuivre que l'on détache lorsqu'elle a une épaisseur suffisante. — Les reliefs de la médaille se trouvent ainsi reproduits.

8. Lumière électrique. — La *lumière électrique* est fournie par les *lampes à arc* ou par les *lampes à incandescence*.

Les **lampes à arc** (*fig.* 554) sont surtout employées pour l'éclairage des rues, des usines, des gares, etc.

---

1. **Gutta-percha** : substance gommeuse analogue au caoutchouc fournie par un grand arbre de l'île Bornéo. On s'en sert pour envelopper les fils des câbles télégraphiques.

Une *lampe à arc* se compose de deux charbons (*fig.* 555), formés de *charbon des cornues*[1] en poudre et de noir de fumée, agglomérés par un sirop de gomme ou du goudron et placés dans le circuit d'un courant assez puissant. Les charbons étant en contact s'échauffent et rougissent. Dès qu'on rompt le circuit en les écartant légèrement, il se produit entre eux une série ininterrompue d'étincelles, avivées par l'incandescence des particules de charbon volatilisées et transportées en partie de chaque pôle à l'autre. Cette flamme, extrêmement brillante, s'appelle *arc voltaïque*. — Comme les charbons s'usent assez rapidement, surtout celui du pôle positif, on maintient entre eux un écartement constant à l'aide d'un *régulateur*, actionné par le courant lui-même.

Les **lampes à incandescence** (*fig.* 556) sont employées dans les appartements, les magasins, etc. Elles sont basées sur la propriété des fils minces de s'échauffer quand ils sont traversés par un courant.

Une *lampe à incandescence* consiste en une ampoule de verre dans laquelle on a fait le vide et qui renferme un fil de charbon (ou de métal) de la grosseur d'un crin de cheval. Lorsque le courant passe dans le fil, celui-ci s'échauffe, devient incandescent et donne une lumière très brillante. — Comme il n'y a pas d'air dans l'ampoule, le charbon ne brûle pas.

RÉSUMÉ

On obtient de **l'électricité** à l'aide de *machines électriques* et de *piles électriques*.

Les **machines électriques** produisent généralement l'électricité par le frottement du verre. Les machines perfectionnées donnent des étincelles assez puissantes pour percer ou briser certains corps, fondre des fils métalliques, etc.

Dans les **piles**, l'électricité est ordinairement produite par une action chimique. La plus ancienne pile est celle de *Volta* ; la plus simple est la pile au *bichromate*.

On utilise les piles pour actionner les *sonneries*, le *télégraphe*, le *téléphone*, etc. ; on les emploie aussi en *médecine*.

La **lumière électrique** est fournie par les *lampes à arc* et par les *lampes à incandescence*.

EXERCICES

QUESTIONS ET EXPÉRIENCE. — 1. *Si vous avez déjà eu l'occasion de voir un objet foudroyé, dites ce que vous avez remarqué.* — 2. *Si vous avez déjà vu une lampe à arc et une lampe à incandescence, dites celle qui donne la lumière la plus douce.* — 3. *Construisez une pile en disposant une rondelle de zinc, une rondelle de drap imbibée d'acide sulfurique et un sou. Répétez cette série plusieurs fois. Attachez un fil de cuivre à la première rondelle de zinc et au dernier sou.*

DEVOIRS. — I. *Parlez des machines électriques et des effets produits par l'étincelle électrique.* — II. *Dites ce que vous savez sur les piles.* — III. *Dites ce que vous savez sur la lumière électrique.*

---

1. Cornues (charbon des) : dépôt très dur de charbon qui se forme sur les parois des cornues pendant la fabrication du gaz d'éclairage.

60ᵉ LEÇON. — MAGNÉTISME.

SOMMAIRE. — Les aimants : aimant naturel, aimant artificiel. — Boussole. — Les électro-aimants. — Sonnerie électrique. — Télégraphe électrique. — Téléphone.

1. Aimant naturel. — On trouve en Suède, dans l'île d'Elbe, en Asie Mineure, etc., un minerai de fer qui *attire* le fer, l'acier, le nickel, etc. ; on lui donne le nom d'*aimant naturel*. La cause qui produit cette attraction s'appelle *magnétisme* (du mot latin *magnes*, aimant).

2. Aimant artificiel. — On obtient, avec des barreaux d'acier, des aimants artificiels par le frottement ou par l'action de la pile. Lorsqu'on frotte un barreau d'acier avec un aimant naturel, il acquiert et conserve la propriété d'attirer le fer; il devient un *aimant artificiel* qui peut à son tour aimanter d'autres barreaux d'acier. Je prends une aiguille à tricoter, je la frotte longuement sur un petit aimant du commerce. J'obtiens un nouvel aimant qui attire la limaille de fer.

3. Pôles des aimants. — Lorsqu'on plonge un barreau d'acier aimanté dans de la limaille de fer (*fig.* 557), la limaille ne s'attache qu'à ses extrémités N S qu'on appelle les deux *pôles*. On donne ordinairement aux barreaux d'acier aimanté la forme d'un *fer à cheval* (*fig.* 558), afin d'en utiliser à la fois les deux pôles.

Fig. 557. — Un barreau aimanté attire la limaille de fer aux deux pôles.

4. Boussole. — Je suspends notre *aiguille aimantée* en son milieu par un simple fil; elle prend la direction *nord-sud*. Je l'en écarte, elle oscille, puis revient à sa première position, la même pointe toujours tournée vers le *nord*.

La *boussole* (*fig.* 559) n'est pas autre chose qu'une aiguille aimantée, posée sur un pivot d'acier autour duquel elle peut tourner librement, et enfermée dans une boîte vitrée qui la protège. L'une de ses pointes, celle qui se tourne vers le nord, est teintée en *bleu*. — La boussole permet de s'orienter et rend d'immenses services aux marins.

Fig. 558. — L'aimant attire les clous qui, aimantés eux-mêmes, en attirent d'autres.

5. Aimantation par la pile. — Pour obtenir un bon aimant artificiel, il faut aimanter par la pile.

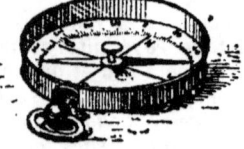

Fig. 559. — Boussole.

Si l'on place une aiguille d'acier dans un tube de verre autour duquel on a enroulé un fil de cuivre isolé (*fig.* 560) et si l'on fait passer dans ce fil le courant d'une pile, l'aiguille est fortement aimantée et conserve son aimantation. Placé dans les mêmes conditions, *un barreau de fer doux*[1] *s'aimante lorsque le courant passe, mais perd son aimantation dès qu'on l'arrête.*

6. Électro-aimant. — L'*électro-aimant* (*fig.* 561 à 563) est une application de l'aimantation et de la désaimantation du fer doux sous l'influence d'un courant électrique. Il se compose d'un morceau de fer doux, ordinairement en forme de fer à cheval, aux extrémités duquel on a enroulé un fil de cuivre recouvert de soie. Lorsqu'on fait passer un courant dans le fil de cuivre, le fer doux s'aimante et peut soulever une pièce de fer. Dès qu'on arrête le courant, le fer doux se désaimante et la pièce de fer tombe. — Dans les *sonneries électriques* et le *télégraphe*, on utilise l'électro-aimant.

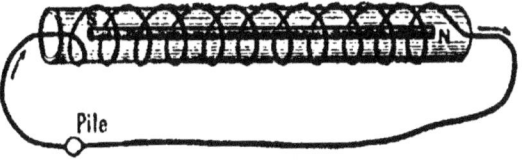

Fig. 560. — Aimantation par la pile.

7. Sonnerie électrique. — Une *sonnerie électrique* (*fig.* 564) comprend un électro-aimant fixé sur une planche verticale. Devant ses extrémités se trouve une pièce de fer doux supportée par une lame d'acier très flexible et surmontée d'une tige munie d'un marteau destiné à frapper sur un timbre. A la pièce de fer doux est fixé un ressort qui communique, par un contact, avec l'un des pôles d'une pile. Le courant arrive dans le fil de l'électro-aimant, passe dans la lame d'acier, puis dans

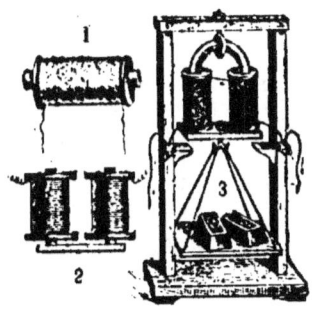

Fig. 561 à 563. — 1, électro-aimant simple; 2, électro-aimant comprenant deux bobines réunies par une traverse de fer doux; 3, électro-aimant en fer à cheval; une plaque transversale en fer doux supportant un plateau chargé de poids est attirée par l'électro-aimant.

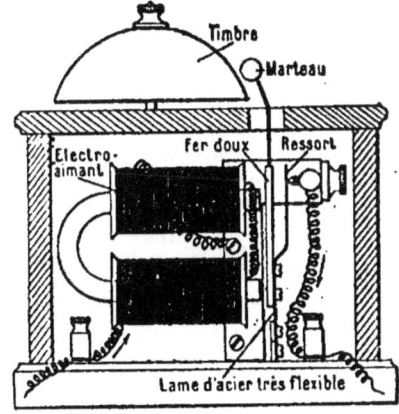

Fig. 564. — Mécanisme d'une sonnerie électrique.

---

1. **Fer doux**: fer non transformé en acier.

SCIENCES PHYSIQUES. 271

la pièce de fer doux et revient à la pile par le ressort ou se perd dans le sol. Mais, dès que le courant passe, l'électro-aimant attire la pièce de fer doux et le marteau frappe le timbre. Alors, le ressort ayant perdu le contact, le courant est interrompu et l'aimantation cesse; la pièce de fer doux n'est plus attirée par l'électro-aimant et le ressort revient au contact. Aussitôt le courant est rétabli, le marteau frappe le timbre et ainsi de suite.

8. Télégraphe électrique. — Le *télégraphe électrique* (*fig.* 565 à 567) permet à des personnes placées dans un même pays ou dans des pays différents de communiquer rapidement entre elles.

Le télégraphe se compose d'un *manipulateur* pour envoyer la dépê-

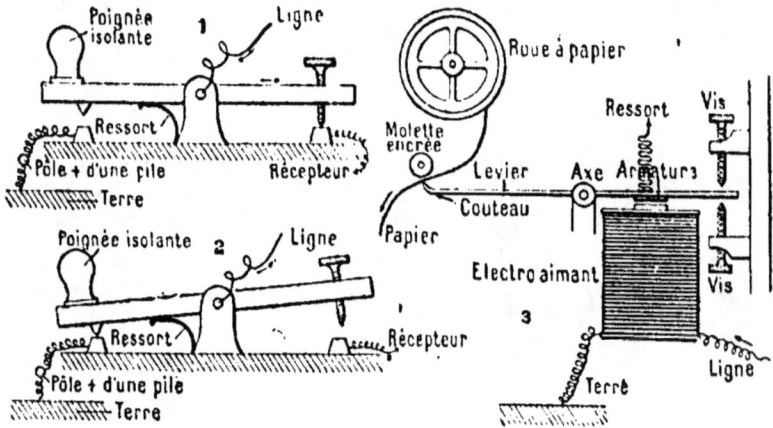

Fig. 565 à 567. — Schéma d'un appareil télégraphique Morse : 1, le manipulateur au repos laisse passer le courant de la ligne vers le récepteur ; 2, le manipulateur en action envoie le courant vers le récepteur du poste voisin ; 3, récepteur du poste.

che, d'un *récepteur* pour la recevoir et d'un *fil* pour conduire, du manipulateur au récepteur, l'électricité produite par une pile.

Le *manipulateur* du télégraphe Morse (*fig.* 565) comprend une pièce métallique mobile autour d'un axe, et maintenue par un ressort.

Le *récepteur* du télégraphe Morse (*fig.* 567) comprend un électro-aimant au-dessus duquel se trouve un levier mobile autour d'un axe et portant à l'une de ses extrémités une *armature* de fer doux. Le levier est maintenu éloigné de l'électro-aimant par un ressort à boudin.

Lorsqu'on appuie sur la poignée du manipulateur (*fig.* 566), le courant qui vient de la pile passe dans le fil de la ligne et arrive à l'électro-aimant du récepteur. Celui-ci attire le levier dont l'autre extrémité soulève une bande de papier entraînée par un mouvement d'horlogerie et l'appuie contre une petite molette couverte d'encre d'imprimerie. Pendant que le courant passe, la petite molette imprime un trait sur le papier. Dès que l'on cesse d'appuyer sur la poignée du manipulateur, le courant s'arrête et le levier, qui n'est plus attiré par l'électro-aimant, laisse le papier s'éloigner de la molette. La longueur du trait dépend donc de la durée du courant. — Avec cet appareil, on obtient des traits et des points qui, combinés entre eux, représentent les lettres de l'alphabet.

9. Téléphone. — Le *téléphone* (fig. 568) permet de transmettre la parole à de grandes distances. Il en existe de nombreux systèmes. Dans le système Ader, le plus employé en France, à chacune des extrémités d'un fil se trouvent un *transmetteur* et deux *récepteurs*.

Le *transmetteur* se compose d'une planchette en bois mince, disposée comme la table d'un pupitre, devant laquelle on se place pour causer. Sous cette plaque sont placées de petites baguettes de charbon.

Les *récepteurs* se composent d'un aimant en fer à cheval dont chacun des pôles est surmonté d'une petite pièce de fer doux autour de laquelle est enroulé un fil. On a ainsi un électro-aimant, lequel est placé devant une plaque mince de fer logée au fond d'une embouchure.

Fig. 568. — Poste de téléphone.

Si, après avoir lancé un courant électrique, on cause devant la planchette du transmetteur, elle vibre et transmet ses vibrations aux baguettes de charbon. Il se produit alors dans le courant des variations d'intensité qui modifient l'aimantation de l'appareil récepteur et communiquent à sa plaque de fer des mouvements qui reproduisent les sons émis devant le transmetteur.

RÉSUMÉ

Un **aimant** est une pièce d'acier, droite ou recourbée, qui a la propriété d'*attirer* le fer, l'acier, le nickel, etc. — Une *aiguille aimantée*, suspendue en son milieu par un fil, prend la direction *nord-sud*, la même pointe étant toujours tournée vers le *nord*.

La **boussole** est une aiguille aimantée posée sur un pivot; elle permet de s'orienter.

L'**électro-aimant** est un morceau de fer doux, droit ou recourbé, aux extrémités duquel on a enroulé un fil de cuivre isolé. Le fer doux s'aimante lorsqu'on fait passer un courant dans le fil et se désaimante lorsqu'on arrête le courant. On utilise cette propriété dans les *sonneries*, le *télégraphe*, le *téléphone*, etc.

EXERCICES

QUESTIONS ET EXPÉRIENCES. — *1. Comment peut-on retirer, sans y toucher avec quoi que ce soit, une aiguille tombée dans un verre d'eau? — 2. Pourquoi les fils télégraphiques sont-ils soutenus par des supports en porcelaine? — 3. Approchez un aimant d'une plume. Que se passe-t-il? Par quel phénomène la plume aimantée peut-elle en attirer une autre?*

DEVOIRS. — *I. Aimant et électro-aimant. Leurs applications. — II. Dites ce que vous savez sur le télégraphe électrique.*

LECTURES

I. — La Télégraphie sans fil.

Elle a pour but de transmettre électriquement les signaux *sans aucun fil intermédiaire*.

Les étincelles qu'on fait jaillir, au moyen de certaines machines électriques, entre deux sphères métalliques, sont formées d'un grand nombre d'étincelles distinctes, qui changent de sens très rapidement, comme si les électricités oscillaient d'une sphère à l'autre. Ces **décharges**, dites **oscillantes**, produisent des *ondes* électriques qui se transmettent à distance, en rayonnant autour de leur centre de production, avec une vitesse de 300 000 kilomètres par seconde.

Si l'on produit des décharges oscillantes à portée d'un petit **tube en verre** C **rempli de limaille métallique** (*tube de Branly*) [*fig.* 569], placé dans le circuit E d'une pile D, le courant qui était arrêté par

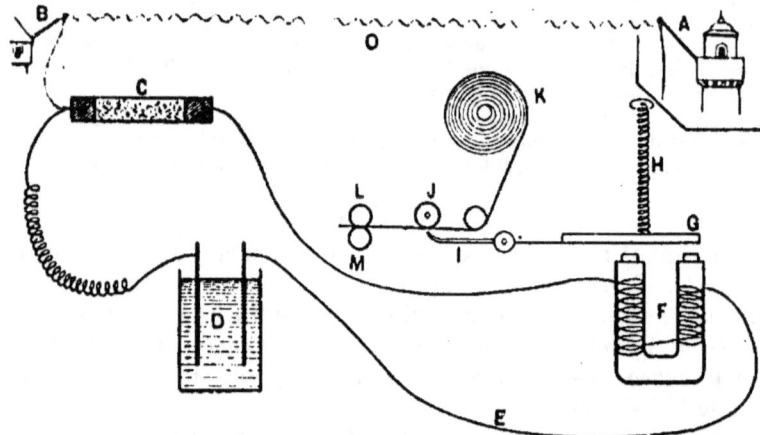

Fig. 569. — Télégraphie sans fil (schéma) : A, poste transmetteur; B, poste récepteur; C, tube de Branly; D, pile; E, circuit; F, électro-aimant; G, barre de fer doux; H, ressort; I, pointe traçante; J, molette encrée; K, rouleau à papier; L, M, molettes qui entraînent la bande de papier; O, ondes hertziennes.

la limaille y circule alors comme dans un fil de cuivre. Mais la limaille rendue conductrice perd cette propriété dès qu'on frappe le tube. Elle redevient conductrice lorsqu'elle est impressionnée par une nouvelle onde électrique.

En émettant des ondes pendant des durées variables, on peut obtenir, par une disposition analogue à celle du télégraphe ordinaire, des traits ou des points qui, combinés entre eux, représentent les lettres de l'alphabet.

A la station du poste transmetteur A, un appareil producteur de décharges oscillantes est mis en communication avec un fil métallique isolé, fixé le long d'un mât (*antenne*). Les ondes électriques O s'y condensent et s'élancent amplifiées dans l'espace.

A la station du poste récepteur B, elles rencontrent un mât semblable et arrivent au tube à limaille que le courant d'une pile peut alors traverser. Mais un petit *frappeur*, actionné par ce même courant, heurte le tube après l'arrivée de chaque onde; la limaille redevient isolante et le courant est interrompu jusqu'à ce qu'une nouvelle onde électrique vienne le rétablir. Un enregistreur Morse D à M traduit automatiquement sur le papier les ondes longues par des traits, et les ondes brèves par des points.

Plus les mâts des postes de départ et d'arrivée sont hauts, plus la distance franchie peut être considérable. La tour Eiffel forme une antenne de 300 mètres, d'où l'on peut échanger des signaux de Paris à Casablanca (Maroc), soit à une distance de 2000 kilomètres.

2. — Les machines électro-magnétiques.

De même que la machine à vapeur transforme de la chaleur en énergie mécanique, de même les machines électro-magnétiques transforment de l'énergie mécanique en énergie électrique ou de l'énergie électrique en énergie mécanique, grâce aux actions réciproques des courants et des aimants et aux phénomènes d'**induction**.

Courants d'induction. — Si l'on place un barreau d'acier dans un tube de verre autour duquel on a enroulé un fil de cuivre isolé formant circuit, et si l'on fait passer dans ce fil le courant d'une pile, le barreau est fortement aimanté. (Voir p. 272).

Inversement, si l'on introduit un aimant dans une bobine de fil de cuivre isolé dont les extrémités sont réunies, il se produit un courant instantané dans le fil et, en retirant l'aimant, il se développe un autre courant instantané, mais inverse du premier.

En éloignant et en approchant rapidement un aimant d'une bobine de fil conducteur, ou inversement, on obtient ainsi un courant électrique qui change de sens à des intervalles de temps très rapprochés. Par un dispositif spécial, on amène ces courants, qu'on appelle **courants d'induction**, à circuler toujours dans le même sens.

Les courants d'induction, très employés dans l'industrie, sont fournis par des machines appelées **magnéto-électriques** ou **magnétos** et **dynamo-électriques** ou **dynamos**.

Machine magnéto-électrique. — Elle se compose d'un *aimant* et d'un *anneau de fer doux* autour duquel est enroulé, en une série de bobines, un fil de cuivre isolé dont les deux extrémités sont réunies. L'anneau de fer doux peut tourner entre les deux pôles de l'aimant. Dans ce mouvement, chaque bobine s'approche, puis s'éloigne des pôles de l'aimant. Il se développe dans ces bobines des courants qui, recueillis et, pour ainsi dire, totalisés, circulent dans un fil extérieur.

Inversement, l'anneau étant au repos, si on lance un courant dans le fil extérieur, ce courant aimante l'anneau de fer doux qui est attiré ou repoussé par les pôles de l'aimant et se met en mouvement.

Ainsi un mouvement mécanique peut produire un courant électrique et inversement un courant électrique peut produire un mouvement mécanique.

Dans les **dynamos**, qui peuvent donner des courants bien plus puissants, l'aimant est remplacé par un **électro-aimant**.

Applications des magnétos et dynamos. — Si, à l'aide d'une force quelconque, chute d'eau, machine à vapeur, etc. on fait tourner l'anneau d'une magnéto ou d'une dynamo, ce mouvement produit un courant qui, amené à distance, peut être de nouveau transformé en mouvement par une machine semblable qui sert de moteur.

C'est ce procédé que l'on emploie, par exemple, dans les **tramways électriques**. — Le courant produit dans une usine est amené par un fil conducteur porté par des poteaux et revient à l'usine par les rails. Ce courant, transmis par le fil aérien à une perche terminée par une roulette (*trolley*), arrive à la machine motrice installée sur la voiture et fait tourner les roues.

Parmi les nombreuses applications des magnétos et des dynamos, on peut encore citer la **traction par l'électricité** des locomotives, des bateaux, des voitures automobiles, la **mise en mouvement** de pompes, de ponts roulants, de machines-outils de toute sorte.

Dans les sous-marins, les automobiles, etc., où la pose d'un fil fixe est impossible, l'électricité est fournie par des **accumulateurs**.

Accumulateurs. — Les accumulateurs sont des réservoirs d'électricité. Un accumulateur se compose d'un vase contenant de l'*eau acidulée* par de l'acide sulfurique et des *lames de plomb* de grande surface. Les lames impaires, réunies entre elles, forment le pôle positif; les lames paires, réunies également, forment le pôle négatif.

On *charge* l'accumulateur en y faisant passer un courant. L'électricité s'accumule sur les lames de plomb et l'accumulateur peut ensuite faire lui-même office de pile.

3. — Le phonographe.

Un son est produit par les vibrations ou mouvements rapides de va-et-vient d'un corps. Faisons vibrer un *diapason* à l'extrémité de l'une des branches duquel nous avons fixé une petite pointe flexible. Si nous déplaçons alors assez rapidement la pointe à la surface d'une plaque de verre enduite de noir de fumée, elle trace sur le verre une ligne en zigzag; elle enregistre le mouvement vibratoire du diapason.

Le **phonographe**, inventé par Edison, est une application de l'enregistrement des vibrations des corps sonores. Il permet de reproduire les sons.

Il se compose d'un *cylindre* en cire, mû par un mouvement d'horlogerie, à la surface duquel se déplace une petite *pointe* fixée au centre d'une *plaque vibrante* qui ferme une espèce d'entonnoir appelé *pavillon*.

Lorsqu'on parle devant le pavillon ou *résonnateur*, la plaque vibre et par suite la pointe appuie plus ou moins sur la cire du cylindre en mouvement sur laquelle elle trace un sillon, de profondeur variable, en forme de vis sans fin. Si l'on ramène la pointe au point de départ, le cylindre tournant toujours avec la même vitesse, elle pénètre dans le tracé que porte le cylindre, et la plaque vibrante reproduit les mêmes vibrations que pendant l'inscription; les sons enregistrés se trouvent donc répétés, et sortent amplifiés du pavillon.

Dans la pratique, on se sert pour les auditions du phonographe de cylindres en ébonite qui ont été moulés sur le cylindre primitif.

---

4. — Les moteurs à gaz ou à pétrole.

Dans ces moteurs, dits **à explosion**, très employés dans la petite industrie et dans les automobiles, on utilise la grande force élastique que possèdent les gaz au moment de l'explosion d'un mélange détonant formé d'**air** et de **gaz combustible** (*gaz d'éclairage, vapeur de pétrole ou d'alcool*).

Les **moteurs à pétrole** (*fig.* 570) se composent d'un *cylindre*, fermé seulement à sa partie postérieure, dans lequel se meut un *piston* P relié à un arbre moteur qui porte un *volant très lourd* par une tige-bielle *b* et une manivelle M. Ils fonctionnent ordinairement en **quatre temps**.

Pendant le premier temps, dit d'**aspiration**, une manivelle ayant mis en mouvement l'arbre moteur, le *piston* s'éloigne du fond du cylindre et aspire par son déplacement un mélange explosif de vapeur de pétrole et d'air qui se fait dans le *carburateur* C; ce mélange passe dans le fond du cylindre par la soupape S à ce moment ouverte et remplit l'espace devenu libre derrière le piston.

Pendant le deuxième temps, dit **de compression**, l'arbre moteur continuant à tourner, le piston revient sur lui-même et comprime le mélange gazeux qui s'échauffe, les soupapes S et T restant closes.

Dans le troisième temps, dit **d'explosion**, une étincelle produite par un courant électrique en B fait détoner le mélange; la *détente brusque* des gaz de la combustion refoule le piston.

Enfin, dans le quatrième temps, dit **d'échappement**, le piston, entraîné par le volant, revient à sa première position; aussitôt la soupape T s'ouvre automatiquement au moyen de la came A mise en mouvement par l'engrenage R r, et les *gaz brûlés* s'échappent à l'extérieur par l'orifice E.

On refroidit le cylindre en faisant circuler extérieurement un courant d'eau froide dans une double enveloppe, ou en augmentant par des ailettes la surface de refroidissement.

Les **moteurs à gaz ou à alcool** diffèrent peu des moteurs à pétrole. Le liquide est introduit en infimes gouttelettes et réduit en vapeur dans une petite chambre métallique chauffée appelée *carburateur*; le mélange détonant est comprimé et enflammé comme dans les moteurs à pétrole.

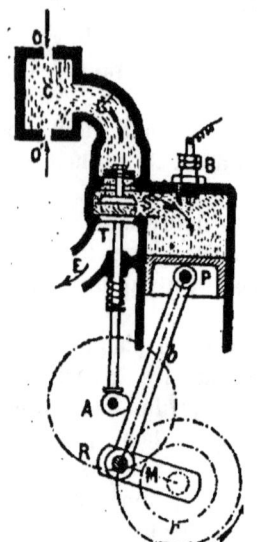

Fig. 570. — Moteur à pétrole (schéma).

Puissance d'un moteur. — La puissance d'un moteur est la quantité de travail qu'il peut fournir par seconde. On exprime cette puissance en **chevaux-vapeur** (HP, suivant l'abréviation de l'expression anglaise *horse power*).

Un moteur a la force d'un **cheval-vapeur** lorsqu'il est capable d'élever, en une seconde, 75 kilogrammes à un mètre de hauteur. Il a la force de 2, 3, 4 chevaux lorsqu'il est capable d'élever, en une seconde, 2, 3, 4 fois 75 kilogrammes à un mètre de hauteur.

Un cheval ordinaire, attelé à une machine élévatoire, ne pourrait élever, en moyenne, que 45 kilogrammes par seconde. En tenant compte du repos qu'il doit nécessairement prendre, on a calculé qu'il faudrait employer 4 ou 5 chevaux ordinaires pour fournir pendant une journée le même travail qu'un moteur d'un cheval-vapeur.

INDEX ALPHABÉTIQUE

Les chiffres renvoient aux pages ; entre parenthèses, ils renvoient aux paragraphes.

Abdomen, 102 (2).
Abeilles, 236.
Abricotier, 210 (12).
Absorbant (pouvoir), 176 (3).
Accumulateurs, 278.
Acide azotique (ou nitrique), 64 (10) ; — chlorhydrique, 62 (5) ; — phosphorique, 244 ; — sulfurique, 56 (8), 63 ; — sulfhydrique, 56 (10).
Acides, 9 (4).
Acier, 71 (3) ; — trempé, 71 (3).
Aéronat, 82.
Aéroplanes, 84.
Aérostat, 81.
Age de charrue, 181 (3).
Agriculture, 6 (3), 171.
Aigle, 135 (6).
Aiguillon, 142 (3), 236 (2).
Ail, 156 (6), 200.
Aimants, 272, 277.
Air, 14 (1) ; — comprimé, 75.
Alambic, 23 (8), 24.
Albatros, 137 (12).
Alcali volatil, 64 (8).
Alcool, 117 (11), 119 (7), 218.
Algues, 156 (7), 162.
Alliages, 73 (12).
Allumettes, 56 (12).
Alluvions, 90 (2).
Aluminium, 72 (8).
Amadou, 261.
Amande, 152 (5).
Amendement, 59 (8), 172.
Amidon, 216.
Ammoniaque, 64 (8), 167, 225.
Ammonites, 95 (5).
Amylacée (matière), 216.
Ane, 131 (2), 222 (8).
Anémomètre, 12 (5).
Anévrisme, 109 (8).
Anguille, 141 (10).
Animaux, 6 (2) ; — bilatéraux, 125 (7) ; — plantes, 125 (7).
Annélides, 143 (8 et 9).
Antennes, 142 (3) ; — 276.
Anthère, 150.
Anthracite, 35.
Apiculture, 236.
Appareil digestif, 102 (3) ; — circulatoire, 107 (2) ; — respiratoire, 110 (2).
Appui (point d'), 256 (1).
Arachides (huile d'), 198 (14).
Araignée, 122 (4), 142 (5).
Arbres fruitiers, 154 (3), 208, 209 ; — des forêts, 211 (16).
Arc-en-ciel, 262 (7).
Arc voltaïque, 271.
Archimède (principe d'), 28 (6).
Ardoise, 87 (7).
Argent, 72 (10).
Argile, 66 ; — réfractaire, 66.
Aromatiser, 199.
Arrête-bœuf, 171.
Artères, 108 (4) ; — aorte (5).

Artichaut, 202.
Articulation, 100 (7).
Articulés, 122 (4), 142.
Asperge, 201 (5).
Axphyxie, 39 (7), 165.
Assolement, 178 (12).
Asticot, 142 (4), 242 (5).
Atmosphère, 10 (1).
Aubépine, 154 (3).
Aubier, 147 (4).
Autruche, 136 (11).
Avalanches, 32 (7).
Avant-train, 181 (3).
Avoine, 156 (6), 186.
Azotates, 64 (10) ; — de soude ; — de potasse, 176 (2).
Azote, 16 (6), 244.

Babeurre, 228 (4).
Bacille, 163.
Bactéries, 162.
Balance, 257 ; — romaine, 258 ; — bascule, 258.
Balancier, 254 (4).
Baleine, 132 (3).
Baliveaux, 211 (15).
Ballons, 81 ; — dirigeables, 82 ; — ballons-sondes, 82.
Baratte, 228 (4).
Baromètre à cuvette, 20 (4).
Basalte, 89 (16).
Bases, 9 (4).
Basse-cour, 232.
Bat-flancs, 222 (6).
Batraciens, 126 (1), 139 (7).
Battitures de fer, 75.
Bec Auer, 52 ; — papillon, 52.
Belette, 128 (8).
Bélier, 225 (7).
Belladone, 206 (2).
Bergerie, 226 (10).
Bête à bon Dieu, 238 (8).
Béton, 59 (5).
Betterave, 189, 190.
Beurre, 228.
Bière, 215.
Bimanes, 126 (2 et 3).
Black-rot, 214 (6).
Blanc d'Espagne, 86 (6).
Blattes, 242 (6).
Blé, 184 ; — noir, 187.
Boa, 139 (5).
Bois, 147 (4) ; — de teck, 169 ; — de travail, de teinture, résineux, 169-170.
Boissons naturelles, 118 (1) ; — artificielles, 118 (1) ; — aromatiques, 118 (2) ; — alcooliques, 119 (3, 4 et 5).
Bombyx, 237 (7).
Bonnet de ruminant, 130 (1).
Bougies, 51 (5).
Bouillie bordelaise, 214 (6).
Bouleau, 211 (16), 169.
Bourdaine, 169.
Bourgeons, 147 (7) ; — de sa-

pin, 205 (1) ; — à bois, à fruits, 209 (4).
Bourrache, 205 (1).
Boussole, 272.
Bouturage, 161 (9).
Brabant double (charrue), 181.
Braise, 36 (10).
Branchies, 140 (9).
Briques, 66 (2).
Brise de mer, de terre, 11 (4).
Bronches, 110 (2).
Bronze, 73 (12).
Brouillards, 31 (5).
Broie, 196 (5).
Bruches, 241 (3).
Brûlis, 174 (15).
Brûlures, 168.
Bruyère, 171, 238.
Buis, 170.
Bulbe, 147 (6) ; — rachidien, 115 (3).
Butter, 267.
Buttoir, 182.

Cafards, 242 (6).
Caïeux, 200 (4).
Caillé, 228 (4).
Caillette, 130 (1).
Caisson à air comprimé, 76.
Calandre, 240 (2).
Calcaire, 58 (1), 171.
Calciner, 59.
Calice, 150.
Calorifères, 49.
Cameline, 198.
Canard, 137 (12), 232, 234.
Canne à sucre, 190 (5).
Canon, 130 (1).
Cantaloup (melon), 203 (6).
Capitule, 155 (4), 202 (5).
Capsule, 152, 197 (9).
Carabe doré, 238 (8).
Carbonate de calcium, 58 (2) ; — de potassium, 60 (9) ; — de sodium, 60 (11).
Carbone, 31 (1) ; 111 (5).
Carbure de calcium, 53, (10).
Carie, 184 (3).
Carnassiers, 126, 128.
Carotte, 190, 200.
Cartilage, 99 (4).
Caséine, 228 (1) et 229 (5).
Cassonade, 246.
Cataplasme, 197.
Cautériser, 64 (9).
Céleri, 202.
Cellules, 236 (2).
Centrifuge (force), 246.
Cep, 212 (1).
Cèpe, 206 (2).
Céréales, 184, 185, 186, 187 ; — (ennemis des), 240.
Cerf, 131 (1).
Cerisier, 209 (6), 210 (9).
Cerveau, 114 (2).
Cervelet, 114 (2).
Cétacés, 126, 132.

Chaleur, 42 (1); — naturelle, artificielle, 42 (1); — lumineuse, obscure, 47 (4); — animale, 112 (6).
Chameau, 130 (1).
Champignons, 156 (7), 206 (2).
Chandelles, 50 (4).
Chanvre, 106.
Charançons, 240 (2).
Charbon, 225 (6).
Charbons, 34 (1 et 2); — de terre, 35 (5); — de pierre, 35 (6); — de bois, 36 (10).
Chardonneret, 135 (7).
Charme, 156 (5), 211 (16).
Charrue, 180, 181.
Chasselas, 212 (1).
Châssis de jardin, 47 (4).
Chat, 128 (8).
Châtaignier, 169.
Chaulage, 184 (3).
Chauve-souris, 127 (6).
Chaux, 173, 245; — vive, 58 (2); — éteinte, 58 (3); — hydraulique, 59 (5); — (pierre à), 58 (1); — (eau de), 58 (3); — (four à), 58 (2); — (lait de), 58 (3).
Chéiroptères, 127 (6).
Cheminées, 48 (6).
Chêne, 147 (4), 211 (16); — liège, 147 (4); — rouvre, 170.
Chènevis, 196 (3).
Chenilles, 142 (4), 242 (4).
Cheval, 220; — vapeur, 280.
Chèvre, 130 (1), 226, 227.
Chèvrefeuille, 207 (3).
Chevreuil, 131 (1).
Chicorée, 155 (4), 201 (5); — sauvage, 172 (6), 203 (1).
Chien, 128 (8).
Chlorate de potassium, 15 (3).
Chlore, 62 (1).
Chlorophylle, 148 (10).
Chlorure de chaux, 62 (3); — de sodium, 63 (6); — de potassium, 178 (10).
Choléra, 233 (5).
Chouette, 135 (4).
Choux, 195 (9), 201.
Chrysalide, 142 (4).
Chyle, 104 (7).
Chyme, 104 (6).
Cidre, 214.
Ciguë, 206 (2).
Ciment, 59 (5).
Circonvolutions, 114 (2).
Circulation, 102 (1), 106.
Cire, 236, 237.
Citrouille, 202 (6).
Clapier, 235 (1).
Classes, 122 (1).
Classification des animaux, 122; — des végétaux, 154.
Clavelée, 226 (10).
Climat, 12.
Cobra, 139 (5).
Coccinelle, 238 (8).
Cochylis, 213 (5).
Cocon, 142 (4), 238 (7).
Cœur, 102 (2), 107 (3); — du bois, 147 (4).

Cognac, 218 (6).
Coiffe, 146 (2).
Coke, 36 (9).
Coliques, 249.
Colonies, 144 (12).
Colonne vertébrale, 99 (4).
Colza, 197.
Combustion, 15 (5).
Composées, 155 (4), 189 (3).
Concassés (grains), 221.
Concombre, 202 (6).
Conducteurs (corps bons ou mauvais), 46 (2), 261.
Conductibilité, 46 (2).
Contagieuse (maladie), 23.
Contre-espalier, 209 (5).
Convergente (lentille), 261.
Convexe (lentille), 261.
Coqs, 232 (4).
Corail, 144 (12).
Corbeau, 135 (7).
Cordes vocales, 110 (3).
Cordon, 209 (5).
Cornée, 115 (6).
Cornichon, 202 (6).
Cornouiller, 169.
Cornues (charbon des), 271.
Corolle, 150.
Corps bruts, 7 (1); — lumineux, éclairés, 50 (1); — simples, composés, 8 (3); — transparents, opaques, 50 (1).
Cossettes, 218 (5).
Côtes, 99 (4).
Cotylédons, 153 (5).
Couche, 200 (2).
Coulemelle, 206 (2).
Couleuvre, 139 (5 et 6).
Coupure, 168.
Courtilière, 240 (3).
Cousins, 242 (5).
Couteau de balance, 257 (2); — de chaleur, 249.
Coutre, 181 (3).
Couverte, 67 (5).
Couverture, 176 (3).
Couveuse artificielle, 232 (4).
Couvoir, 232 (4).
Crabes, 143, (7).
Craie, 86 (6).
Crampons, 117 (5).
Crâne, 99 (4).
Crapaud, 140 (7).
Crème, 228 (1, 4).
Crevette, 143 (7).
Criquets, 240 (2).
Cristal de roche, 6, 88 (11).
Cristallin, 115 (6).
Crocodiles, 138 (1 et 4).
Crucifères, 151 (3), 191.
Crustacés, 142, 143 (7).
Cryptogamiques (maladies), 213.
Cuivre, 71 (4); — étamé, 71 (4); — jaune, 73 (12).
Cuscute, 194 (7).
Cyclones ou typhons, 13 (7).

Dahlia, 206 (3).
Dauphin, 132 (3).
Décharges oscillantes, 276.

Décoction, 204 (1).
Degrés centigrades, 44.
Delta, 90 (2).
Densité, 254 (6).
Dents, 103 (4).
Dérayure, 180 (2).
Derme, 116 (10).
Dextrine, 216 (1).
Diamant, 34 (3).
Diffuseurs, 246.
Digestion, 102 (1).
Digitale, 167, 206 (2).
Dilatation, 42 (2); — des solides, 42 (3); — des liquides, 43 (4); — des gaz, 43 (5).
Dindon, 232, 234.
Dissolution, 22 (3).
Distillation, 54, 218.
Divergente (lentille), 261.
Drainage, 25.
Drêches, 215 (9).
Dromadaire, 130 (1).
Ductile (métal), 70 (2).
Dunes, 92 (5).
Duvet, 235 (9).
Dynamos, 277.

Eau, 22 (1), 118 (1); — potable, 22 (5); — albumineuse, 167; — bouillie, 23 (6); — filtrée, 23 (7); — forte, 65; — de Javel, 62 (4); — de Seltz, 38 (1), 39; — d'infiltration, 26 (3); — de ruissellement, 26 (3); — stagnantes, 40 (9); — minérales, 22 (4); — thermales, 22 (4); — (analyse de l'), 78.
Eau-de-vie, 218 (6).
Ebénisterie, 169.
Ebonite, 269, 279.
Ebourgeonner, 209 (4).
Echalas, 212 (2).
Echalote, 156 (6), 200.
Echassiers, 135 (5), 136 (10).
Echenillage, 212 (4).
Echidnés, 133 (5).
Echo, 263.
Eclair, 266.
Eclairage, 50 (3); — électrique, 53 (12); — au gaz, 80.
Ecobuage, 174.
Ecorce, 147 (4).
Ecrémeuse centrifuge, 229 (4).
Ecrevisse, 142 (4), 143 (7).
Ecrivain, 213 (5).
Ecureuil, 128 (7).
Ecurie, 222 (6).
Ecusson, 160 (7), 224 (3).
Edentés, 153 (5).
Effervescence, 38 (2).
Efflorescence, 64 (10).
Egouts (eaux d'), 163.
Electricité, 261.
Electro-aimant, 273, 278.
Eléphant, 131 (2).
Elevage, 220 (1).
Elytres, 213.
Embranchements, 122 (1).
Empiriques (recettes), 251.
Empois d'amidon, 217 (2).
Empoisonnement, 167.

INDEX ALPHABÉTIQUE.

Engrais, 16, 173, 174.
Ensilage, 192, (5).
Entorse, 168.
Epiderme, 116 (10).
Epinard, 202.
Epine, 169.
Epine-vinette, 170.
Epis, 152 (4).
Eponges, 145 (12).
Escargot, 122 (6), 144 (11).
Espalier, 209 (5).
Espèces, 122 (1).
Essaim, 237.
Estomac, 102 (2), 104 (6).
Etable, 225.
Etain, 71 (5).
Etalon, 220 (2).
Etamines, 150, 151.
Etanche (vase), 67.
Etançons, 181 (3).
Etincelle électrique, 266.
Etoile de mer, 144 (12).
Etoupe, 196 (5).
Etrille, 219.
Eumolpe, 213 (5).
Euphorbe, 206 (2).
Excrétion, 102 (1), 112 (8).
Expansible (gaz), 8 (1).
Expiration, 111 (1).
Extirpateur, 182 (6).

Faïences, 67 (4).
Familles, 122 (1).
Fanons, 132 (3).
Farcin, 219.
Faux bourdon, 236 (2).
Fécule, 217.
Fenaison, 192.
Fenasses, 192 (3).
Fer, 70 (2); — doux, 273; — forgé, 70 (2); — galvanisé, 71 (2); — étamé (ou ferblanc), 71 (2 et 5); — (métallurgie du), 74.
Fermentation, 38 (4), 217 (1).
Ferments, 217 (4).
Feuilles, 146, 147.
Feuillet, 130 (1).
Feux follets, 57 (13).
Fibrine, 108 (1).
Fièvre aphteuse, 225 (6).
Fil à plomb, 253 (3).
Filasse, 196.
Filière, 70 (2), 143.
Filtre au charbon, 23 (7) ; — à la porcelaine poreuse, 23 (7) ; — presse, 216.
Flammes, 53 (11).
Fléau de balance, 257 (2).
Fleur, 150 ; — (quatre), 205.
Fleurons, 135 (4).
Foie, 104 (7), 235 (10).
Foin, 192 (5), 202 (5).
Fontaines incrustantes, 38 (3).
Fonte, 71 (2), 74.
Force élastique des gaz, 8, 41 (10) ; — motrice, 75.
Forêt, 211.
Forme, 164.
Fossiles, 88 (12), 92 (1), 94 (2).
Foudre, 266 (7).
Fougères, 156 (2), 171 (3).

Fouines, 128 (8).
Foulure, 168.
Four à chaux, 58 (2) ; — à puddler, 74 ; — à plâtre, 59 (7) ; — à porcelaine (67).
Fourmilier, 133 (5).
Fourmilière 241 (4).
Fourmi-lion, 239 (8).
Fourmis, 241 (4).
Fourré, 211 (14).
Foyer, 261 (6).
Fracture, 169.
Fraisier, 154 (3), 203 (6).
Friable (résidu), 59 (6).
Fromages, 229, 230, 231.
Froment, 184 (2).
Fruit, 150, 151, 152.
Fruitier, 210.
Fumier, 173.
Fumigations, 55 (6).
Fusain, 169.
Fusible (métal), 70 (1).
Fusion, 42 (2), 54 (1).
Futaie, 211 (14).

Gâché, (plâtre), 60.
Gale, 55 (6), 226 (10).
Galets, 91 (4).
Gallinacés, 135 (5), 136 (9).
Galvanoplastie, 270.
Gargarisme, 205.
Gaz, 7 (1); — carbonique, 38 ; — d'éclairage, 52 (9), 80 ; — liquéfié, 39 ; — portatif, 81 ; — sulfureux, 55 (4).
Geai, 135 (7).
Gelée blanche, 32 (8).
Genres, 122 (1).
Géranium, 206 (3).
Germination, 153 (6).
Gésier, 131 (2).
Girolle, 206 (2).
Girouette, 12 (5).
Glace, 30 (2), 163 ; — (mer de), 91 (3) ; — fondante, 41.
Glaces, 69 (8).
Glaciers, 90 (3).
Glandes salivaires, 103 (5) ; — sudoripares, 112 (9).
Globules du sang, 107 (1).
Glucose, 216 (1).
Gluten, 216 (2).
Gorets, 222 (9).
Gorille, 126 (4).
Gourme, 219.
Gousse, 152 ; — d'ail, 205.
Goût, 116 (8).
Graines, 150, 152.
Graminées, 156 (6), 184, 192.
Gramme, 257 (3).
Granit, 88 (14).
Graphite, 31 (4).
Grappes, 152, 212 (1).
Gravure sur cuivre, 65 (11).
Greffe, 159 (4), 160.
Grêle, 32.
Grenouille, 122 (3), 140 (7).
Grès, 87 (11).
Griffe, 201 (5).
Grimpeurs, 135 (5), 126 (8).
Grisou (gaz des marais), 40 (9).
Grumeaux, 23.

Guano, 176 (2), 177.
Guêpes, 241 (4).
Guide-rope, 81.
Gymnastique, 101 (9), 112 (7).
Gypse (pierre à plâtre), 59.

Hanneton, 122 (4), 240.
Haricot, 154 (3), 203 (6).
Haut fourneau, 74.
Herbes, 192 (1).
Hérisson, 127 (5).
Hérons, 136 (10).
Herse, 182 (5).
Hibou, 135 (6).
Hippopotame, 131 (2).
Hirondelle, 136 (7).
Horloges pneumatiques, 75.
Houblon, 199, 205 (1).
Houille, 33 (5), 93 (4).
Huile végétale, 51 (6) ; — alimentaire, 197 (9, 11) ; — à brûler, 197 (10) ; — lourde, minérale, 51 (7).
Huître, 122 (6), 144 (11).
Humus, 171.
Hydrogène, 22 (2), 79, 111 (5).
Hygiène de la digestion, 105 (9) ; — de la circulation, 109 (8) ; — de la respiration, 112 (7) ; — du système nerveux, 117 (11) ; — du bœuf, 225 (6) ; — du cheval, 221 ; — du porc, 223 ; — du mouton, 226 ; — de la poule, 233.

Ichneumon, 239 (8).
Incandescence, 52 (9).
Incurable (maladie), 249.
Infusion, 204 (1).
Infusoires, 125 (8).
Insectes, 112 ; — utiles, 236 ; — nuisibles, 240.
Insectivores, 126, 127.
Inspiration, 111 (1).
Instruments de musique, 263.
Intestin, 102 (2), 104 (7).
Invertébrés, 125 (9), 142.
Iris, 115 (6).
Irrigation, 25.
Isolant (corps), 264 (2).
Iule, 143 (6).

Jabot, 131 (2).
Jacinthe, 156 (6), 206 (3).
Jardin, 209 ; — scolaire, 217.
Jardinière, 238 (8).
Jute, 196 (2).

Kangourous, 133 (5).
Kaolin, 67 (5).
Kirsch, 218 (6).

Labiées, 155 (4).
Labours, 180.
Ladrerie, 223 (12).
Lait, 228 ; — de beurre, 228 (4) ; petit-lait, 229 (7).
Laiton, 73 (12).
Laitue, 201 (5).
Laminoir, 70 (2).
Lampes à huile, 51 (8) ; — à pétrole, 51 (8) ; — à arc, 270 (8) ; — à incandes-

cence, 53 (12), 271 ; — Davy, 40 (9), 47 (3).
Lampyre, 238 (8).
Lapin, 128 (7), 232, 235.
Larves, 142 (4).
Larynx, 110 (2 et 3).
Légumes, 200 (1).
Légumineuses, 154 (3), 193 (6).
Lentilles, 154 (3), 203 (6), 261.
Levain, 245.
Leviers, 256.
Levure de bière, 218 (4).
Lézards, 138 (1 et 3).
Libellule, 239 (8).
Liliacées, 156 (6).
Limace, 122 (6), 144 (11).
Limbe, 147 (8).
Limon, 90 (2).
Lin, 196.
Liqueurs, 119 (6).
Liquides, 7 (1) ; — poussée des), 28 (6).
Lis, 156 (6).
Lombric, 122 (5), 143 (9).
Loup, 128 (8).
Loupe, 261.
Lumière, 260 ; — électrique, 279.
Lune rousse, 33 (9).
Luzerne, 193 (6), 194.

Macaroni, 247.
Macérateur, 218 (5).
Macération, 204 (1).
Machines à vapeur, 44 (11) ; — électriques, 268 ; — électro-magnétiques, 277 ; — perforatrices, 75 ; — à battre, 183.
Magnan, 237 (7).
Magnétisme, 272.
Magnétos, 277.
Maillechort, 73 (12).
Maïs, 184, 187.
Maladies du bœuf, 225 ; — du cheval, 249 ; — du mouton, 226.
Malaxer, 216.
Malaxeur, 229 (4).
Malléable (métal), 70 (2).
Malt, 215 (9).
Mamelles, 126 (2).
Mammifères, 126 (1 et 2) ; — imparfaits, 133 (5).
Mammouth, 96 (7).
Manchots, 137 (12).
Manioc, 217 (3).
Manipulateur, 274 (8).
Marais salants, 63 (6).
Marbre, 86 (5).
Marcottage, 160 (8).
Marées, 91 (4).
Marguerite, 155 (4) ; — (grande), 207 (3).
Maroquinerie, 139.
Marsupiaux, 133 (5).
Marteau-pilon, 75.
Martinet, 136 (7).
Martres, 128 (8).
Mauve (fleur de), 205 (1).
Mélampyre, 171.
Mélasse, 216.

Mélisse, 155 (4), 205 (1).
Melon, 202 (6).
Membrane pituitaire, 116 (9).
Membres, 99 (5).
Menthe, 155 (4), 205 (1).
Mercure, 19.
Mère de vinaigre, 219.
Merle, 135 (7).
Métamorphoses de la grenouille, 140 (8) ; — des insectes, 142 (4) ; — des abeilles, 236.
Métaux, 70 (1).
Météorisation, 194 (7), 225 (6).
Mica, 88 (14).
Microbes, 14, 23, 162.
Miel, 236, 237.
Mildiou, 214 (6).
Mille-pattes, 122 (4), 143 (6).
Mine des crayons, 33.
Minerais, 122 (1).
Minéraux, 86 (2).
Mire, 79.
Miroirs, 69 (8), 260.
Mistral, 12.
Moelle épinière, 114 (1), 115 (3) ; — de la tige, 147 (4).
Moissonneuse, 185.
Mollusques, 142 (1), 144 (11).
Montgolfières, 10 (3).
Morille, 206 (2).
Morse, 132 (4).
Morsure, 168.
Mortier, 59 (5).
Morve, 249.
Mouche, 142 (4), 242 (5).
Mouettes, 137 (12).
Moule, 144 (11), 167.
Mousses, 156 (7).
Moussons, 11 (4).
Moustiques, 242 (5).
Moût, 215 (9).
Moutarde, 154 (3).
Mouton, 130 (1), 225.
Mulet, 222.
Muscles, 100 (8).
Myopes, 117 (11).
Myriapodes, 142 (2), 143 (6).

Navet, 154, 188, 190, 200.
Navigation aérienne, 81.
Néflier, 169.
Neige, 32.
Nerfs, 114 (1), 115 (4) ; — optique, 116 (6) ; — acoustique, 116 (7) ; — gustatif, 116 (8) ; — olfactif, 116 (9).
Nickel, 72 (9).
Nicotine, 206 (2).
Nielle des blés, 185 (3).
Nitrates, 176 ; — de soude (3) ; — de potasse (4).
Niveau d'eau, 26 (2) ; — de maçon, 253 (3).
Nivellement, 79.
Noir animal, 37 (13), 217.
Noir de fumée, 36 (12).
Noix, 197 (12).
Noyau (fruits à), 152.
Noyer, 156 (5), 197.

Noyés (secours aux), 165.
Nuages, 30, 31 (5).
Nutrition, 102 (1 et 2).
Nymphe, 142 (4).

Odorat, 116 (9).
Œil, 115 (6).
Œillette, 197.
Œstre du cheval, 242 (5).
Œuf, 134 (4), 232.
Oïdium, 213 (6).
Oie, 137 (12), 232, 235.
Oignon, 156 (6), 200.
Oiseaux, 126 (1), 134.
Oléagineuses (plantes), 196 (1), 197.
Olivier, 187.
Ombellifères, 154 (3), 191.
Ondes électriques, 276.
Or, 72 (10).
Ordres, 122 (1).
Oreille, 116 (7), 181 (3).
Orge, 156 (6), 186.
Os, 98 (2) ; — du crâne, 99 (3).
Oscillations du pendule, 254 (4).
Ouïe, 116 (7).
Ouragan, 12 (5).
Ours, 128 (8).
Oursin, 111.
Ovules, 150, 151.
Oxyde de carbone, 40 (8), 52 (9) ; — de fer, 70 (2), 74.
Oxydes, 16 (5).
Oxygène, 14, 15, 79.

Pachydermes, 126 (2), 131.
Pain, 185, 245.
Pal, 212 (3).
Palme (huile de), 198.
Palmette, 209 (5).
Palmipèdes, 135 (5), 137.
Pansage du cheval, 247 ; — du mouton, 250 ; — de la chèvre, 250.
Panse des ruminants, 130.
Papilles, 116 (8).
Papillons, 142 (4), 241, 242.
Paraffine, 51 (7), 57 (12).
Parasites (vers), 144 (10) ; — (plantes), 194.
Paratonnerre, 267.
Parfum (plantes à), 199.
Pas-d'âne, 172 (4).
Passereaux, 135 (3 et 7).
Pâturages, 192 (5).
Paupières, 116 (6).
Pavillon de l'oreille, 116 (7).
Peau, 116 (10).
Pêcher, 209 (6), 210 (11).
Pendule, 253 (4) ; — électrique, 265 (3).
Pendus (secours aux), 166.
Pensée, 206 ; — sauvage, 205.
Pépie, 235 (5).
Pépinière, 208 (1).
Pépins (fruits à), 152.
Perche, 110 (10).
Perdrix, 136 (9).
Péricarpe, 151 (4).
Perméable (terrain), 26 (3).
Pesanteur, 252.

INDEX ALPHABÉTIQUE

Peson à ressort, 259.
Pétales, 150 (1).
Pétiole, 148 (8).
Pétrin, 245.
Pétrole, 51 (7); — (essence, huile de), 51 (7).
Pharynx, 116 (9).
Phonographe, 279.
Phoque, 132 (4).
Phosphore, 56 (11), 167.
Phylloxera, 212 (3).
Pic, 136 (8).
Pierre, 6 (2); — à bâtir, 86 (3); — à chaux, 58 (1); — à fusil, 87 (8 et 9); — gélivo, 86 (4); — meulière, 87 (10); — à plâtre, 59 (6); — de taille, 86 (4).
Piéride du chou, 241 (3).
Piétin, 226 (10).
Pleuvre, 122 (6), 144 (11).
Pigeon, 122 (3), 136 (9).
Piles électriques, 269.
Piment, 151 (4).
Pinson, 135 (7).
Pintade, 136 (9), 232, 234.
Piqûres, 168.
Pis, 224 (3), 228 (2).
Pistil, 150.
Plantation des arbres, 208.
Plantes, 146; — annuelles, bisannuelles, vivaces, 153 (7); — bulbeuses, 156 (6); sarclées, 188; — à tubercules, 188 (1); — racines, 188 (1) — fourragères, 192; — industrielles, 196; — potagères, 200; — qui guérissent, 204; — qui tuent, 205; — qui charment, 206.
Plantule, 152 (5).
Platine, 72 (11).
Plâtre, 59 (6), 173; — (pierre à), 59 (6); — (four à), 59 (7).
Pleurésie, 110 (2).
Plèvre, 110 (2).
Plomb, 72 (7).
Pluie, 31 (6).
Pluviomètre, 31 (6), 32.
Poêles, 48 (7); — do faïence, 48 (7); — en fonte, 40 (8), 48 (7); — mobiles, 40 (8), 49.
Poids des corps, 254 (5).
Poils absorbants, 116 (2).
Pointes (pouvoir des), 266.
Poiré, 215 (8).
Poireau, 156 (6), 201.
Poirier, 169, 209 (6), 210 (8).
Poissons, 122 (3), 140 (9).
Pôles des aimants, 272.
Pollen, 150, 151, 236 (2).
Polypes, 144 (12).
Pomme d'Adam, 110 (3).
Pomme de terre, 188, 200 (1).
Pommier, 169, 209.
Pompes, 20 (5); — aspirante, 77; — aspirante et élévatoire, 78; — foulante, 78; — aspirante et foulante, 78; — à incendie, 78.
Pondoir, 233 (5).
Pont à bascule, 258.

Ponts, 232.
Poro, 131 (2), 222.
Porcelaine, 67 (5).
Porcherie, 223 (12).
Poreux (vases), 67 (3).
Porphyre, 88 (13).
Potasse, 244; — du commerce, 60 (9); — d'Amérique ou de Russie, 60 (9).
Poteries, 66 (3).
Potiron, 202 (6).
Pou, 243 (6).
Poulailler, 233 (5).
Poule, 232; — d'eau, 136 (10).
Pouls, 103 (7).
Poumons, 102 (2), 110 (2).
Pourridié, 213 (6).
Prairies naturelles, 192; — artificielles, 193.
Prêles, 156 (7), 172 (4).
Pression atmosphérique, 18.
Pressoir, 214 (7).
Présure, 229 (5).
Primeurs, 48 (4).
Protozoaires, 125 (8), 145 (13).
Provignage, 212 (1).
Prunier, 169, 209 (6), 210 (10).
Puce, 243 (6).
Pucerons, 211 (4).
Puissance, 256.
Puits, 27 (3); — artésien, 27 (4).
Pulvérisateur, 214 (6).
Punaises, 242 (6).
Purulent (écoulement), 219.
Putréfaction, 38 (4).
Pyrale des feuilles, 213 (5).

Quadrumanes, 126 (2 et 4).
Quartz, 88 (14).
Quinquina (écorce), 170.

Races de chevaux, 220; — de porcs, 222; — de bœufs, 224; — de moutons, 226; — de poules, 233.
Racines, 146; — adventives, 146 (3), 160 (8).
Radis, 200 (3).
Râle, 143 (9), 144 (11).
Ramie, 170.
Ramsden (machine de), 268.
Rapaces, 135 (5 et 6).
Rat des égouts, 128 (7); — des champs, 128 (7).
Rayonnement, 46 (1).
Rayonnés, 122 (7), 144 (12).
Rayons de cire, 236 (2).
Récepteurs, 274 (8), 275 (9).
Réflexion de la lumière, 260.
Réfraction de la lumière, 260.
Regain, 192 (3).
Règnes de la nature, 6; — minéral, végétal, animal (2).
Régulateur, 181 (3).
Reins, 113 (10).
Renard, 128 (8).
Renne, 130 (1).
Repiquer, 201 (4).
Reptiles, 126 (1), 138.
Requin, 140 (9).
Résistance, 256.
Respiration, 110 (1); — des

feuilles, 148 (9); — artificielle, 165, 166.
Rétine, 116 (6).
Rhinocéros, 131 (2).
Rhizomes, 147 (6).
Rhumatismes, 101 (10).
Rhume, 204 (1).
Rigide, 182.
Riz, 187.
Roberval (balance de), 257 (2).
Roches, 86 (2); — calcaires, 86 (3); — argileuses, 86 (7); —. siliceuses, 87 (8); — ignées, 88 (13); — sédimentaires, 88 (12); — volcaniques, 89 (16).
Ronce, 154 (3).
Rongeurs, 126 (2), 127.
Rosacées, 154 (3).
Rosée, 32 (8).
Rosier, 207 (3).
Rossignol, 135 (7).
Rotation des cultures, 178.
Rouge des dindons, 234 (7).
Rougeole, 171 (2).
Rouille, 70 (2).
Rouissage, 196.
Rouleau, 182.
Ruches, 236, 237.
Ruminants, 126 (2), 130.
Rustique (plante), 189, 222.
Rutabaga, 188 (1), 190.

Sable, 68 (6), 91 (4), 171.
Sabots, 126 (2).
Sainfoin, 151 (3), 193.
Salades, 201.
Salpêtre, 64 (10).
Sang, 106 (1); — artériel, veineux, 108 (5), 111 (5); — froid, 138 (1).
Sanglier, 131 (2).
Sangsue, 122 (5).
Sanve, 251.
Sapin, 156 (5), 170, 211 (10).
Sarcopte, 143 (5).
Sardine, 141 (11).
Sarigues, 133 (5).
Sarrasin, 184, 187.
Saturé (air), 31 (4).
Saule, 169.
Saumon, 140 (10).
Sauterelle, 222 (6), 240 (2).
Saveurs, 116 (8).
Savons, 61 (12).
Sciences physiques et naturelles, 6 (1).
Scolopendre, 122 (4), 143 (6).
Scories, 178 (9).
Scorpion, 143 (5).
Seiches, 144 (11).
Seigle, 184 (1), 186.
Séléniteuses (eaux), 59 (6).
Sel marin, 63 (6); — gemme, 63 (6); — (esprit de), 62.
Sels, 9 (4).
Semis, 158 (1), 159 (2).
Sensibilité, 114 (1).
Sépale, 150 (1).
Sériciculture, 236.
Serpent, 122 (3), 134 (1), 139 (5); — de verre, 138 (3).

— à lunettes, 139 (5); — à sonnettes, 139 (5).
Serres d'horticulture, 41 (8); — de rapaces, 135 (6).
Sérum, 106 (1).
Sésame (huile de), 198 (14).
Sève, 146 (2), 148 (8), 149.
Silex, 87 (9).
Silique, 152.
Silo, 188 (2).
Singes, 126 (4).
Siphon, 20 (6).
Sirocco, 12.
Soc, 181 (3).
Soie (fil de), 113 (5).
Soies, 222 (9).
Sol et sous-sol, 85 (2).
Solanées, 154 (1), 188.
Soles, 141 (11), 178 (12).
Solides, 7 (1).
Solipèdes, 131 (2).
Son, 116 (7); — 245, 262.
Sonnerie électrique, 273.
Soude du commerce, 60 (11).
Soufflage du verre, 68 (8).
Soufre, 54 (1), 211 (6).
Souris, 128 (7).
Sphinx tête de mort, 241 (3).
Spores, 156 (7).
Squelette, 98 (2).
Stalactites, 38 (3).
Stalagmites, 38 (3).
Sternum, 99 (4).
Stomates, 149 (11).
Stuc, 60.
Style du pistil, 150.
Suc gastrique, 104 (6); — intestinal, — pancréatique, 104 (7).
Sucre, 190, 216; — de lait, 228 (1); — candi, 217; — d'orge, de pomme, 217.
Suie, 36 (12).
Suint, 56 (9), 226 (9).
Sulfatage, 184 (3).
Sulfate de fer, 56 (8); — de potasse, 178 (10); — de cuivre, 56 (8); — d'ammoniaque, 177 (5).
Sulfure de carbone, 56 (9).
Superphosphates, 178 (9).
Surmulot, 128 (7).
Syncope, 17.
Système nerveux, 114 (1).

Tabac, 117 (11), 199.
Tallage, 182 (7), 184 (3).
Taille des arbres, 208.
Taillis, 211 (11).
Talon (de charrue), 181 (3).
Taon, 242 (5).

Tapioca, 217 (3).
Tarare, 185 (4).
Tâte-vin, 21.
Taupe, 127 (5).
Taupe-grillon, 241 (3).
Taureau, 224 (1).
Teck (bois de), 169.
Tégument, 152 (5).
Teignes, 242 (6).
Télégraphe électrique, 274.
Télégraphie sans fil, 276.
Téléphone, 275.
Tempête, 12 (5).
Ténia, 122 (5), 144 (10).
Terrains stratifiés, 88 (12); — sédimentaires, 94 (1); — primaires, 95 (4); — secondaires, 95 (5); — tertiaires, 95 (6); — quaternaires, 96 (7); — primitifs ou ignés, 94 (1); — calcaires, sablonneux, argileux ou glaiseux, humifères ou marécageux, 171, 172.
Terre, 85 (1); — arable, 85 (2); — végétale, 85 (2), 171; — franche, 172; — forte, 171; — glaise, 66 (1); — (tremblements de), 92 (8).
Terreau, 171, 172.
Têtard, 140 (8).
Textiles (plantes), 196.
Thermomètre, 42 (7).
Tiges, 147; — usages des, 169.
Tilleul (fleurs de), 205 (1).
Toiles métalliques, 40 (9).
Tôle, 70 (2).
Tomate, 154 (4), 203 (6).
Tonnerre, 266 (7).
Topinambour, 188 (1), 189.
Tortues, 138; — cistude, 138.
Tourbe, 35 (7).
Tourmentes, 32 (7).
Tournesol, 9 (4).
Tournis, 226 (10).
Tourteaux, 197 (10).
Trachée, 142 (3); — artère, 110 (2).
Traite du lait, 228.
Tramways à air comprimé, 75; — électriques, 278.
Trèfle, 154 (3), 193 (6), 194.
Treille, 212 (5).
Trichine, 144 (10), 223 (12).
Trieur, 158 (1).
Trilobites, 95 (4).
Trolley, 278.
Trombes, 13 (7).
Tronc, 99 (4).
Truie, 222 (9).
Truite, 110 (10).

Tube digestif, 102; — de Branly, 276; — de Torricelli, 19.
Tubercules, 117 (6).
Tuiles, 66 (2).
Tulipe, 206 (3).
Turbines, 246.
Tympan, 116 (7).

Ulcération, 249.
Urine, 113 (10).

Vache, 224 (1).
Vaisseaux capillaires, 108 (4).
Vapeur d'eau, 8, 14, 30 (3); — évaporation, 30 (3), 41 (9); — condensation, 30 (5); — vaporisation en vase clos, 44 (10).
Varices, 109 (8).
Vase (forme en), 209 (5).
Vaseline, 51 (7).
Vases communicants, 26 (1).
Veau, 224 (1 et 4).
Veines, 108 (4 et 5).
Vendange, 212 (2).
Vénéneux (gaz), 56 (10).
Venin, 139 (5).
Ventouse, 21 (8).
Vents, 11 (4); — alizés, 12; — (rose des), 12 (5).
Ver à soie, 237.
Ver blanc, 240 (1).
Ver luisant, 238 (8).
Verglas, 32 (6).
Vernis, 219 (8).
Verre, 68; — trempé, 69.
Vers, 122 (5), 142; — solitaire, 144 (10); — intestinaux, 205 (1).
Vert-de-gris, 71 (1), 167.
Vertébral (canal), 99 (4).
Vertébrés, 122 (2 et 3).
Vesce, 195 (9).
Vessie, 113 (10); — natatoire, 140 (9).
Vibrations, 262 (8).
Vigne, 212.
Vin, 214.
Vinaigre, 219.
Vipère, 139 (5 et 6).
Vitriol, 56 (8).
Volailles, 232.
Voltamètre, 78.
Vrilles, 147 (5).
Vue, 115 (5 et 6).

Yeux composés, 142 (3); — du fromage, 231 (10); — du pain, 215.

Zèbre, 131 (2).
Zinc, 72 (6).
Zoophytes, 125 (7).

PLANCHES EN COULEURS (HORS TEXTE)

	Pages.		Pages.
I. Minéraux et minerais	84	V. Plantes d'agrément	206
II. Oiseaux utiles	131	VI. Fruits	208
III. Champignons	154	VII. Mammifères	224
IV. Plantes nuisibles	192	VIII. Insectes nuisibles	240

TABLE DES MATIÈRES

	Pages.
AVERTISSEMENT	5
NOTIONS PRÉLIMINAIRES	6

I. — SCIENCES PHYSIQUES

1re Leçon. Propriétés des corps. — Leurs différents états	7
2e Leçon. L'air et le vent : air chaud, air froid; brises, moussons, etc.	10
3e Leçon. Composition de l'air. — Les combustions. — L'aération	14
4e Leçon. La pression atmosphérique : baromètres, pompes, etc.	18
5e Leçon. L'eau. — Eau potable, bouillie, filtrée, distillée, etc.	22
6e Leçon. L'équilibre des liquides. — Vases communicants, etc.	26
7e Leçon. La glace et la vapeur d'eau. — L'eau dans l'atmosphère	30
8e Leçon. Le carbone. — Charbons naturels et artificiels	34
9e Leçon. Le gaz carbonique. — L'oxyde de carbone. — Le grisou	38
10e Leçon. La chaleur. — Dilatation; évaporation	42
11e Leçon. La chaleur. — Rayonnement; conductibilité. — Le chauffage	46
12e Leçon. La lumière naturelle. — L'éclairage artificiel	50
13e Leçon. Le soufre. — Le phosphore; allumettes chimiques	54
14e Leçon. Le calcaire, la chaux. — Le plâtre. — La potasse et la soude	58
15e Leçon. Le chlore. — L'ammoniaque. — L'acide azotique	62
16e Leçon. L'argile. — Le sable. — Briques et tuiles; poteries; faïence et porcelaine; fabrication du verre	66
17e Leçon. Les métaux usuels et les métaux précieux	70

Lectures. Métallurgie du fer, 74. — L'air comprimé, 75. — Les pompes, 77. — Analyse de l'eau, 78. — Le nivellement, 79. — Fabrication du gaz d'éclairage, 80. — La navigation aérienne, 81.

II. — SCIENCES NATURELLES

1. La Terre.

18e Leçon. Composition de l'écorce terrestre. — Roches calcaires, argileuses, siliceuses; granit; porphyre; basalte	85
19e Leçon. L'écorce terrestre (suite). Modifications actuelles	90
20e Leçon. Histoire de l'écorce terrestre. — Les terrains; les fossiles	94

2. L'Homme.

21e Leçon. Le mouvement. — Squelette et muscles	98
22e Leçon. La nutrition. — 1° Digestion. Appareil digestif	102
23e Leçon. La nutrition (suite). — 2° Circulation. Cœur; artères; veines	106
24e Leçon. La nutrition (fin). — 3° Respiration et excrétion	110
25e Leçon. La sensibilité. — Le système nerveux; les sens	114
26e Leçon. Les boissons. — L'alcoolisme	118

3. Les Animaux.

27e Leçon. Classification. — Les six embranchements : vertébrés; articulés; vers; mollusques; rayonnés; protozoaires	122
28e Leçon. Les vertébrés. — 1° Mammifères : bimanes; quadrumanes; insectivores; rongeurs; carnassiers	126
29e Leçon. Les vertébrés (suite). — Mammifères (fin) : ruminants: pachydermes; cétacés; mammifères imparfaits	130

SCIENCES PHYSIQUES ET NATURELLES.

Pages.

30ᵉ Leçon. Les vertébrés (*suite*). — 2° Oiseaux : rapaces; passereaux; grimpeurs; gallinacés; échassiers; palmipèdes........ 134
31ᵉ Leçon. Les vertébrés (*fin*). — 3° Reptiles; 4° batraciens; 5° poissons. 138
32ᵉ Leçon. Les invertébrés : articulés; vers; mollusques. — Les rayonnés. — Les protozoaires................ 142

4. Les Plantes.

33ᵉ Leçon. La racine. — La tige. — La feuille. — La vie des plantes.. 146
34ᵉ Leçon. La fleur. — Le fruit. — La graine. — Germination.... 150
35ᵉ Leçon. Classification. — Plantes à fleurs; plantes sans fleurs..... 154
36ᵉ Leçon. Reproduction des végétaux. — Semis; greffage; bouturage. 158
Lectures. Les microbes de l'eau, 162. — Les exercices physiques, 164. — La médecine des accidents, 165. — Usages des tiges des végétaux, 169.

III. — AGRICULTURE

37ᵉ Leçon. Les terrains. — Amendements. — Engrais............ 171
38ᵉ Leçon. Les terrains (*suite*). — Engrais chimiques. — Assolement.. 176
39ᵉ Leçon. Préparation du sol. — Instruments aratoires............ 180
40ᵉ Leçon. Les céréales. — Le blé; le seigle; l'avoine; l'orge; le maïs. 184
41ᵉ Leçon. Les plantes sarclées. — Pomme de terre; betterave; etc... 188
42ᵉ Leçon. Les plantes fourragères. — Prairies; luzerne; trèfle; etc... 192
43ᵉ Leçon. Les plantes industrielles : textiles, oléagineuses; tabac, etc. 196
44ᵉ Leçon. Les plantes potagères. — Légumes : racines; tiges; fruits; graines; etc................. 200
45ᵉ Leçon. Les plantes qui guérissent; qui tuent; qui charment..... 204
46ᵉ Leçon. Vergers et forêts. — Arboriculture................ 208
47ᵉ Leçon. La vigne; le vin. — Le cidre. — La bière............. 212
48ᵉ Leçon. Amidon et fécule. — L'alcool. — Le vinaigre.......... 216
49ᵉ Leçon. Les animaux de la ferme. — Le cheval; l'âne et le mulet; le porc............... 220
50ᵉ Leçon. Les animaux de la ferme (*suite*). — Le bœuf et la vache; le mouton; la chèvre............... 224
51ᵉ Leçon. Lait. — Beurre. — Fromages................. 228
52ᵉ Leçon. Les animaux de basse-cour. — La poule; le canard; etc.. 232
53ᵉ Leçon. Les insectes utiles. — Abeilles; vers à soie; etc........ 236
54ᵉ Leçon. Les insectes nuisibles à l'agriculture............... 240
Lectures. Analyse des terres, 244. — Fabrication du pain, 245. — Fabrication du sucre de betterave, 246. — Jardin scolaire, 247. — Pansage des animaux, 248. — L'esprit routinier et les préjugés populaires, 250.

SUPPLÉMENT DE PHYSIQUE

55ᵉ Leçon. La pesanteur. — Lois de la chute des corps; poids et densité. 252
56ᵉ Leçon. Leviers et balances................. 256
57ᵉ Leçon. La lumière et le son. — Miroirs; lentilles; arc-en-ciel; écho. 260
58ᵉ Leçon. L'électricité. — Corps bons et mauvais conducteurs; foudre. 264
59ᵉ Leçon. Machines électriques. — Piles. — Lumière électrique.... 268
60ᵉ Leçon. Le magnétisme. — Aimants. — Télégraphe. — Téléphone.. 272
Lectures. La télégraphie sans fil, 276. — Les machines électro-magnétiques, 277. — Le phonographe, 279. — Les moteurs à gaz ou à pétrole, 279.
Index alphabétique................. 281

Paris. — Imprimerie Larousse, 17, rue Montparnasse.

LIBRAIRIE LAROUSSE, 13-17, rue Montparnasse, PARIS (6e)
Envoi franco contre mandat-poste

Cours de Grammaire
Claude Augé

CONFORME A LA NOUVELLE NOMENCLATURE
GRAMMATICALE

Grammaire enfantine (cours préparatoire). 160 exercices, 100 dictées, historiettes, fables et poésies, 80 rédactions d'après l'image, 160 gravures. Livre de l'élève. Reliure parisienne .... 0 fr. 90
Livre du maître .... 1 fr.

Grammaire, cours élémentaire, 600 exercices, 220 lectures, dictées ou poésies, 120 rédactions d'après l'image, 180 gravures. Livre de l'élève. Reliure parisienne .... 0 fr. 90
Livre du maître .... 2 fr.

Grammaire, cours moyen (certificat d'études), 805 exercices, 380 dictées et rédactions, 210 gravures. Livre de l'élève. Cartonné .... 1 fr. 25
Livre du maître .... 3 fr.

Grammaire, cours supérieur, 1200 exercices, 220 gravures. Livre de l'élève. Cartonné .... 1 fr. 70
Livre du maître .... 4 fr.

Les Lectures littéraires
de l'École

Par P. PHILIPPON, Directeur d'École normale,
et Mme PLANTIÉ, Professeur à l'École normale d'Aix

Livre de lecture expliquée à l'usage des cours moyen (2e année), supérieur et complémentaire. Ouvrage remarquablement conçu pour initier la jeunesse aux beautés de notre littérature et former son goût. Livre de l'élève, illustré de 41 reproductions photographiques de chefs-d'œuvre de l'art français, cartonné .... 1 fr. 60
Livre du maître .... 3 fr.

Paris. — Imp. Larousse, 17, rue Montparnasse.